INTRODUCTION TO FOUNDAMENTALS OF
MULTIMEDIA SECURITY

多媒体安全基础导论

钱振兴　张卫明　卢　伟　秦　川　李晓龙 ◎编著

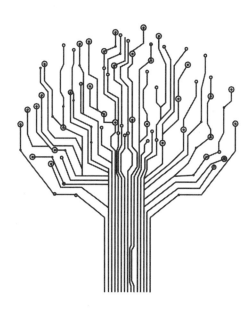

复旦大學 出版社

序 一 | Foreword 1

  二十一世纪以来,世界正在发生深刻的变化,人们的许多生活方式从传统物理空间逐步转移到了网络空间,如何保障数字空间中的内容安全,已成为全世界重点关注的问题。多媒体技术是网络空间中的重要组成部分,在工业、农业、商业、金融、文旅等领域应用广泛,开展多媒体安全的教学与科研,对于推动网络空间的健康有序发展,具有非常重要的意义。

  网络信息安全存在"攻"与"防"两个方面,在国际竞争日益激烈的今天,攻防两方面对于保障国家安全、维护国家利益都至关重要,既要自主可控,又要安全可信,这需要科研工作者们付出更多的努力。另一方面,新问题和新技术不断涌现,网络信息安全方面也需要更多的专业人才,这也对教育工作者提出了知识、能力、价值的融通与素养的更高要求。

  很高兴看到这本《多媒体安全基础导论》,由国内多媒体内容安全领域的优秀学者们共同编著,梳理了多媒体内容安全中的攻防技术,其中涵盖了信息隐藏、感知哈希、真伪取证、模型安全等多方面的研究成果。书中对相关技术做了深入浅出的介绍,既有多媒体内容安全的基础知识,也有最新的研究进展,对于网络信息安全领域的科学研究和人才培养具有积极的意义。

中国工程院院士

2022 年 9 月

序 二 | Foreword 2

　　多媒体是网络时代信息传播的主要形态，而网络空间的一个关键属性是将虚拟对象与物理实体关联，这个属性使得多媒体内容可以干扰人类对物理世界的认知，基于多媒体内容的对抗可以辐射到物理域、信息域和包括舆论、心理、决策、民心在内的认知域，对个人、社会、政治层面的安全形成不同程度的影响。因此多媒体安全已成为网络空间安全的重要组成部分。

　　多媒体安全是伴随着多媒体采集、生成、传播技术的发展而不断演进的技术，尤其是近年来以深度学习的发展极大地影响和改变了多媒体安全的各个分支；另一方面，基于深度学习模型的多媒体生成和分析任务暴露出来一系列新的安全问题，传统多媒体安全的思想在解决这些新问题的过程中也焕发了新的活力。因而，虽然多媒体安全相关的教材已有多部，但是今天亟需一部能反映多媒体安全以及与之相关的人工智能安全前沿进展的教材。

　　很高兴看到"隐者联盟"组织多媒体安全领域的几位优秀学者共同撰写了这部教材。该书介绍了数字隐写、数字水印、感知哈希、可逆隐藏、图像取证这几个传统方向的基本思想、基本方法和前沿进展，并对深度神经网络安全这个新方向作了详细梳理。

　　"隐者联盟"之前推出的《多媒体与人工智能安全研究极简综述》可以作为研究生快速了解该领域前沿的参考书，此次推出的姊妹篇《多媒体安全基础导论》可以作为研究生或高年级本科生系统学习的教科书。这两部书珠联璧合,为多媒体安全方向的研究和教学提供了很好的参考书和教科书。

教育部高等学校网络空间安全专业教学指导委员会委员

2022 年 9 月

序 三 | Foreword 3

很高兴看到振兴、卫明、卢伟、秦川、晓龙几位青年教授的《多媒体安全基础导论》，一本带有"隐者联盟"清晰印记的新书。通读之后，有如下几点感受。

这是适逢其时的导论。多媒体信息安全研究发展迅速，不断升温，但因涵盖隐写与隐写分析、数字水印、可逆隐藏、感知哈希、内容取证、模型安全等多个方向，急切之间不易提纲挈领。这本导论梳理了多媒体信息安全领域的主要发展脉络与当前进展前沿，可令学人迅速掌握该领域全貌与要点。

这是聚焦主要问题的导论。这本书没有面面俱到，例如多媒体加密、视音频安全涉及不多，并非几位作者功力未到，而是开合有度、取舍精当。

这是具有开放意义的导论。所论各个方向还在继续发展之中，所以是导论，而非定论。

我与几位作者相熟已久，知晓他们的后续著述计划，甚为期待。

是为序。

国家杰出青年科学基金获得者

张新鹏

2022 年秋日

前 言 Preface

随着数字信号处理技术的飞速发展,以及图像和视频等采集设备的普及,多媒体数据被广泛使用,人们在获得视听享受的同时,也遇到了许多信息安全问题。多媒体信息安全涉及多媒体产生、传输、分发和应用全流程。面向不同的应用场景,全社会在隐蔽通信、版权保护、篡改取证、隐私保护、模型安全等方面遇到了一系列亟待解决的问题。目前,互联网和人工智能环境下的多媒体信息安全问题正日益受到学术界的广泛关注,本书以数字图像为例对多媒体信息安全的主要方面进行介绍,全书主要内容如下。

第一章为隐写与隐写分析。隐写是指在正常载体中隐藏秘密信息,主要用于隐蔽信息的传输;与之相对抗的技术是隐写分析,旨在揭露秘密信息的存在性,以便进一步阻断秘密信息传送或破解秘密信息。本章详细介绍了LSB隐写、矩阵编码、加减1隐写、加性和非加性隐写、可证明安全隐写、载体选择隐写、批量载体隐写、鲁棒隐写等方法,以及隐写失真定义的相关方法。隐写分析方面主要介绍了基于低维统计特征、高维人工特征、深度学习等的隐写分析方法,以及隐写者检测等方法。

第二章为数字水印。主要内容包含鲁棒水印和认证水印。鲁棒水印是指能够抵抗攻击的水印方法,即含水印图像在经过一种或多种攻击后,水印信息仍能够被检测和提取。认证水印是指含水印图像一旦遭到篡改,提取出的水印就会改变,篡改区域也可以定位和恢复。本章详细介绍了基于扩频、量化、变换域及基于深度学习的鲁棒水印方法。认证水印的内容包括可抵抗矢量量化攻击的脆弱水印,以及基于参考共享、块类型编码和免疫图像的水印方法。

第三章为图像感知哈希。图像哈希可将输入图像映射成一串简短的数字序列,该数字序列具有鲁棒性、唯一性和单向安全性,且可有效表示图像感知特征,为图像大数据处理提供了一种高效技术。图像哈希方法被广泛应用于图像认证、图像质量评价、拷贝检测、社交媒体热点事件检测等方面。本章详细介绍了基于降维、变换、统计特征、局部特征以及深度学习等图像感知哈希方法。

第四章为可逆数据隐藏。可逆数据隐藏技术是指,发送端通过特定方式在图像载体中嵌入数据,接收端不但可以正确提取出隐藏的数据,还能无损恢复出原始图像的内容。本章详细介绍了基于无损压缩、整数变换、直方图平移、像素排序预测、二值半色调的可逆隐藏方法,以及可逆隐藏理论研究等相关内容。

第五章为图像取证。图像取证技术无须预先对图像嵌入信息,而是直接分析数字图像的内容,达到辨别其真实性的目的,该技术主要通过分析图像内容统计分布的不一致性及篡改痕迹,来实现鉴别来源、检测图像操作历史与判断内容真伪等任务。本章详细介绍了面向复制-粘贴、图像修复、图像拼接、图像处理操作、增强和几何操作、操作链、设备来源的取证方法,以及反取证的相关技术。

第六章为神经网络模型安全。由于深度学习在多媒体安全处理领域的广泛应用,目前大多数网络模型处理的对象都是数字图像,因此网络模型的安全问题也是多媒体安全的问题,深入地了解网络模型中存在的各类安全问题,有助于我们更好地掌握多媒体安全未来发展的方向。因此,本章以数字图像处理与分类的神经网络模型为分析对象,针对其中存在的安全问题展开探讨,主要包括对抗样本、后门攻击与防御、样本投毒、模型水印、模型隐私等内容。

本书是国内多所高校的教师与科研人员共同努力的结果,力求对多媒体内容安全中的几个主要研究方向做全面深入的介绍。本书既可作为网络空间安全及相关学科与专业的本科生和研究生的教材,也可为从事多媒体安全相关研究的专业人员提供参考。

感谢复旦大学、中国科学技术大学、中山大学、上海理工大学、北京交通大学对本书出版的支持,也感谢复旦大学出版社为本书问世所提供的帮助。

同时,还特别感谢参与编写本书的青年学者与研究生同学们(排名不分先后):陈可江、王垚飞、李莉、张建嵩、曾凯、姚淇译、尹奕、丁锦扬、冯金刘、赵鑫、张喆、戚宇昂、范泽鑫、王健、李欣然、郭玭豆、黄霖、肖梦瑶、常琪、吴昊锐、尹晓琳、盛紫琦、殷琪林、徐文博、朱春陶、尹承禧、张博林、罗俊伟、祝恺蔓、刘佳睿、钟楠、冯乐、郭钰生、李美玲、薛禹良、施孟特、曾煜伟、谭景轩。

目 录 Contents

1

隐写与隐写分析

概述

　　隐蔽通信的需求贯穿于人类军事斗争与政治斗争历史的各个阶段：从古希腊战争的蜡板覆盖到第二次世界大战的隐形墨水，从西方携带秘密的乐谱到中国的藏头诗，隐蔽通信的手段层出不穷。这些方法广义而言都可以看作隐写术的应用。隐写术是信息隐藏的重要分支，其目的是将秘密消息嵌入各种载体（cover），实现隐蔽通信。

　　隐写术与密码都用于安全通信。密码将消息转化为密文，隐藏了消息内容但是泄露了秘密通信行为。隐写术通常与密码结合使用，先将消息加密，再将其嵌入载体发送，从而不仅隐藏消息的内容，还隐藏秘密通信的过程。因此，隐写术是密码技术的重要补充。当今的数字隐写是古典隐写术思想与现代数字媒体及通信技术融合而产生的技术，通常以数字图像、音频、视频或文本为载体。数字隐写不仅在军事通信中有重要应用，对于保护个人隐私也有重要意义。

　　在隐写通信中，隐写者和检测者之间存在对抗博弈。隐写者将秘密信息嵌入各种载体，从而得到载密（stego）。出于安全原因，隐写者希望载体和载密难以区分。而检测者则致力于区分载体和载密，从而发现隐蔽通信行为，相应的技术被称为隐写分析（steganalysis）。因为所有的技术都是双刃剑，隐写也可能被敌对分子、犯罪集团用来策划犯罪活动或传播非法信息，所以发展隐写分析技术对于维护国家安全十分重要。

　　数字隐写经历了从二元嵌入向三元嵌入（±1嵌入）、从常数失真模型向自适应失真模型发展的阶段。最小化失真隐写是设计自适应隐写最重要的框架,它包含两个关键要素:失真函数与最小化失真编码。在最小化失真编码——校验格编码(syndrome trellis code,STC)——出现后,学界的研究集中于设计失真函数,并从加性失真向非加性失真、从人工设计失真向深度学习设计失真逐步发展。这些都属于修改式隐写,此外还有无须修改的载体选择式隐写以及基于人工智能生成模型的生成式隐写。生成式隐写给可证安全隐写理论带来了用武之地。考虑到应用场景,研究者还发展出应对有损信道的鲁棒隐写和发送长消息的多载体隐写等。

早期隐写分析利用简单的统计特征就可以检测二元嵌入,之后为了检测三元嵌入,开始采用人工设计的高维特征并用机器学习训练分类器。为了应对自适应隐写的发展,基于深度学习的隐写分析逐渐成为主流,特征提取和分类器训练都由机器完成并优化,显著提升了检测能力。此外,隐写分析从检测单张图像向检测批量图像发展,在这个过程中,出现了隐写者检测方法,即用批量图像特征代表隐写者或普通用户。而更广义的隐写者检测跳出了传统隐写分析的范畴,尝试通过分析隐写导致的各种异常行为来识别隐写者。

隐写和隐写分析按照载体(如图像、音频、视频、文本)可以划分为多个分支,针对每种载体都有丰富的算法。本章不按载体分类,也不过多介绍算法细节,而是将重点放在介绍隐写和隐写分析的核心思想上。隐写和隐写分析技术在博弈对抗中不断演化,本章将介绍最关键的思想、方法及其20多年来的发展历程。鉴于该领域大多数重要思想最初都出现在图像载体上,然后再被扩展到音视频、文本等其他载体,所以在下文中我们将主要以图像为例进行介绍。万变不离其宗,相信读者对这些关键思想的理解将有助于快速掌握各类载体上的方法。

1.2 LSB 隐写与矩阵编码

人们使用的通信媒体上通常存在着大量冗余,而以图像为代表的数字媒体更是如此。以常用的数字图像为例,RGB 图像的每个像素使用三个 8 比特数存储颜色信息,共有 256^3 种可能的颜色值;灰度图像的每个像素用一个 8 比特数存储灰度信息,共有 256 种灰度值。相邻的颜色和灰度在视觉上难以区分。自然图像隐写术的基本思想就是利用这种冗余嵌入消息,从而实现隐蔽通信。

1.2.1 LSB Replacement

如何利用载体的冗余呢?最简单也最直观的方法就是最不重要比特替换(least significant bit replacement,简称"LSB 替换")。顾名思义,LSB 替换的基本思想就是用消息比特替换载体中最不重要的比特。以灰度图像为例,最低比特位对灰度的影响最大为 1,因此将最低比特替换为消息比特最多使灰度值变化 1。例如,要在载体图像素值($\cdots$,44,45,46,47,$\cdots$)上嵌入消息比特串($\cdots$0011$\cdots$),只需要将载体的最低比特替换为对应的消息比特,得到载密图像素值($\cdots$,44,44,47,47,$\cdots$)。提取时按相同顺序将最低比特位取出即可恢复消息。

下面简单分析一下 LSB 替换的安全性。如果将一张灰度图的各个位平面截取出来作为二值图像,我们可以发现低位平面具有一定随机性,基本不含有原图的信息,如图 1-1 所示。这一方面是因为低位比特对灰度影响小,另一方面是因为图像在生成、传输等多个过程都会引入噪声。因此,LSB 替换在视觉上是无法区分的,并且由于存在噪声,其在嵌入量小的情况下也具有一定的统计安全性。

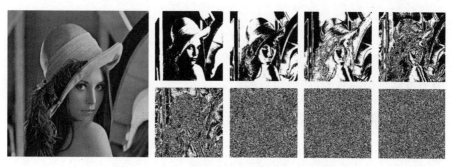

图 1-1 Lena 图与其从高到低的 8 个位平面

不过,过多地替换最低比特位会导致统计特征被破坏,进而被隐写分析者检测出来。怎么能在保持嵌入量的前提下提高安全性呢?一个直接的想法是用尽可能少的修改嵌入更多消息。为了比较单位修改量嵌入消息的多少,定义嵌入效率为嵌入的消息比特数与引入的修改个数的比值。同时为了刻画载荷能力,定义嵌入率为消息比特数与载体长度的比值。在给定的嵌入率下,一个隐藏方法的嵌入效率越高,隐蔽性越好。

消息通常是被加密成伪随机序列后再嵌入。所以对于 LSB 替换,消息比特有 50% 的概率与原 LSB 一致。因此平均每嵌入 1 比特需要修改 0.5 个像素,即嵌入效率为 2。LSB 替换可以达到二元嵌入的最大嵌入率 1,并且可以随机选择部分像素承载消息,从而根据需求减小嵌入率,但是其嵌入效率始终为 2。为了提高嵌入效率,Crandall[1] 从编码理论找到灵感,提出了矩阵编码。

1.2.2 矩阵编码

矩阵编码最初是为了减少修改次数而提出的。[1] 下面这个例子说明了矩阵编码减少修改量的作用。

例 1 设 x_1,x_2,x_3 是 3 个像素的 LSB 位,现在要嵌入 2 比特消息 m_1,m_2。若使用 LSB 替换,可以使用 x_1,x_2 表达这两个比特消息,即输出为 m_1,m_2,x_3,则平均需要修改 1 个像素。

下面换一种方式,用 $x_1 \oplus x_3$ 的值表达第一个比特 m_1,用 $x_2 \oplus x_3$ 的值表达第二个比特 m_2:

若 $m_1 = x_1 \oplus x_3$,$m_2 = x_2 \oplus x_3$,则不做修改;

若 $m_1 \neq x_1 \oplus x_3$,$m_2 = x_2 \oplus x_3$,则修改 x_1;

若 $m_1 = x_1 \oplus x_3$,$m_2 \neq x_2 \oplus x_3$,则修改 x_2;

若 $m_1 \neq x_1 \oplus x_3$,$m_2 \neq x_2 \oplus x_3$,则修改 x_3。

因为消息是伪随机的,所以可以假设 m_1,m_2 独立均匀分布且与载体 LSB 相互独立,即上述四种情况等概率出现,有 $\frac{3}{4}$ 的概率需要修改一个像素,平均修改量为 $\frac{3}{4}$。也就是说嵌入 2 比特消息平均只需要 $\frac{3}{4}$ 个修改,嵌入效率为 $\frac{8}{3}$,超过了 LSB 替换的嵌入效率。

上述方法之所以被称为矩阵编码,是因为它可以用 Hamming 码的校验矩阵来描述。记载体向量为 $\boldsymbol{x}^\mathrm{T}$,消息向量为 $\boldsymbol{m}$,我们要求解一个修改向量 $\boldsymbol{e}$,将载体修改为载密向量 $\boldsymbol{y} = \boldsymbol{x} \oplus \boldsymbol{e}$,使得 $\boldsymbol{Hy} = \boldsymbol{m}$,即 $\boldsymbol{Hy} = \boldsymbol{Hx} \oplus \boldsymbol{He} = \boldsymbol{m}$,

$He = Hx \oplus m$。上面例子采用的是 $(3,2)$ Hamming 码的校验矩阵 $H = \begin{bmatrix} 0 & 1 & 1 \\ 1 & 0 & 1 \end{bmatrix}$。它可以在 3 个像素长的载体上嵌入 2 比特消息,至多只需要修改 1 个载体。求解修改向量 e 的过程与信道编码中 Hamming 码的译码过程相似。Hamming 码校验矩阵的特点保证了可以快速得到一个重量不超过 1 的解。为了说明这一点,我们再看一个例子,用 $(7,4)$ Hamming 码的校验矩阵在 7 长的载体上嵌入 3 比特消息。

例 2 设载体 $x^T = (1\ 0\ 0\ 1\ 0\ 1\ 1)$,消息 $m^T = (1\ 1\ 0)$。$(7,4)$ Hamming 码的校验矩阵为:

$$H = \begin{bmatrix} 0 & 0 & 0 & 1 & 1 & 1 & 1 \\ 0 & 1 & 1 & 0 & 0 & 1 & 1 \\ 1 & 0 & 1 & 0 & 1 & 0 & 1 \end{bmatrix} \qquad (1-1)$$

嵌入过程如下:

将问题 $Hy = Hx \oplus He = m$ 转化为求解

$$He = m \oplus Hx = (1\ 1\ 0)^T + (1\ 0\ 0)^T = (0\ 1\ 0)^T \qquad (1-2)$$

注意到矩阵 H 的列向量由所有 3 维非零向量组成,而且是按二进制数从 1 到 7 排列的。上面方程右侧的 $(0\ 1\ 0)^T$ 是二进制数的 2,刚好是 H 的第 2 列,所以方程的一个解是将 7 维全零向量的第 2 位置设为 1,即 $e^T = (0\ 1\ 0\ 0\ 0\ 0\ 0)$。进一步得到载密向量 $y^T = x^T \oplus e^T = (1\ 1\ 0\ 1\ 0\ 1\ 1)$。

在此例中 $m \oplus Hx$ 共有 8 种情况。当 $m \oplus Hx$ 为零向量时,载体不需要修改;当 $m \oplus Hx$ 为非零向量时,只需要修改 1 个载体元素。因此平均修改量为 $\frac{7}{8}$,即嵌入效率为 $3 \div \frac{7}{8} \approx 3.43$。

一般地,使用 $(2^k - 1, 2^k - 1 - k)$ Hamming 码的校验矩阵可以在 $2^k - 1$ 长的二元载体上嵌入 k 比特消息,至多修改 1 个比特,平均修改 $\frac{2^k - 1}{2^k}$ 个比特,嵌入效率为 $\frac{2^k}{2^k - 1} \cdot k$,嵌入率为 $\frac{k}{2^k - 1}$。随着 k 增加,嵌入率减小,嵌入效率增加。用户可以根据自己需要的嵌入率选择嵌入效率尽可能大的编码方法。

上述隐写方法都是以空域图像为例。事实上,很多隐写思想都是先应用于空域图像,然后被推广到其他数字媒体上,我们只需要把像素值换成其他媒体的量化数字信号即可。例如使用矩阵编码最著名的例子是 F5 算法[2],F5 算法以 JPEG 图像为载体,具体而言是将 JPEG 图像的量化离散余弦变换(discrete cosine transform,DCT)系数作为载体。所以隐写编码具有通用性,可以用于各种载体,是设计隐写算法的核心技术。利用其他信道编码(如 Gray 码)的校验矩阵也可以设计隐写编码。下文中,我们将介绍更高级的隐写编码方法。

1.3 加减 1 隐写

1.3.1 LSB Matching

LSB 替换直接将载体像素值的 LSB 替换为消息比特,这会出现值对效应[1],易被卡方检测、RS 检测有效检出。值对效应的出现是因为在 LSB 替换过程中,像素值 $2i$ 会与 $2i+1$ 相互转换,但并不会与 $2i-1$ 相互转换(如图 1-2 所示)。

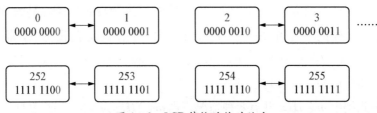

图 1-2 LSB 替换的值对效应

为了打破值对效应,一个改进方法是最不重要比特匹配(LSB matching,也称"LSB 匹配")[3]。LSB 匹配也使用 LSB 来表达秘密消息,当需要修改 LSB 的值时,对载体像素值随机加减 1。在数学上,LSB 匹配可以表示为:

$$y_i = \begin{cases} x_i, & \mathrm{LSB}(x_i) = m_i \\ x_i \pm 1, & \mathrm{LSB}(x_i) \neq m_i \end{cases} \tag{1-3}$$

① 1.12 节中,会进一步说明值对效应。

其中,±1 表示各有 50% 的概率进行 +1 或是 −1。LSB 匹配的修改幅度与 LSB 替换一样都是 1。但是如图 1-3 所示,在 LSB 匹配过程中,每个像素值与左右相邻的值都可能发生转换,从而打破值对效应,且 LSB 匹配的嵌入效率仍与 LSB 替换一样是 2。

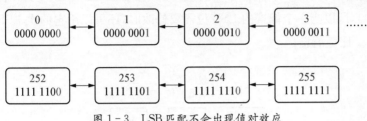

图 1-3　LSB 匹配不会出现值对效应

LSB 匹配开创了加减 1 嵌入(±1 embedding)这类隐写方式,直到今天它依然是最重要的、使用最广泛的隐写方式。这是因为加减 1 嵌入的修改幅度虽然仍为 1,但是它可以提供更高的嵌入率和嵌入效率。下面我们对此进行详细解释。

1.3.2　LSB Matching Revisited

事实上,加减 1 嵌入不仅可能修改 LSB 位,也可能修改次 LSB(second LSB),利用这一点可以提高嵌入效率。最早利用这一想法的方法是 LSBMR(LSB matching revisited)。该方法是 Mielikainen[3] 于 2006 年提出的一种 LSB 匹配的改进版,首先将载体的所有像素两两成对,然后以像素对为单位嵌入消息。假设载体的一个像素对为 (x_i, x_{i+1}),在其中嵌入 2 比特消息 (m_i, m_{i+1}) 后得到 (y_i, y_{i+1}),使得 y_i 的 LSB 携带 1 比特消息 m_i,y_i 和 y_{i+1} 的关系(值域为 $\{0, 1\}$ 的二元函数)$f(y_i, y_{i+1})$ 携带 1 比特消息 m_{i+1},即:

$$\text{LSB}(y_i) = m_i \tag{1-4}$$

$$f(y_i, y_{i+1}) = m_{i+1} \tag{1-5}$$

LSBMR 构造的 f 函数为:

$$f(y_i, y_{i+1}) = \text{LSB}\left(\frac{y_i}{2} + y_{i+1}\right) \tag{1-6}$$

与下式等价：

$$f(y_i, y_{i+1}) = \text{Second-LSB}(y_i) \oplus \text{LSB}(y_{i+1}) \qquad (1-7)$$

事实上，Mielikainen 注意到+1 或-1 操作都会改变一个像素的 LSB 位，但是这两种操作的结果对应的次 LSB 位(Second-LSB)是不同的(如图 1-4)，所以当一个像素的 LSB 位需要修改时，还可以用它的次 LSB 位表达另外 1 比特消息。

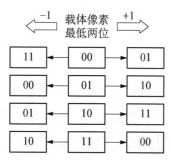

图 1-4　载体像素值+1 和-1 后次 LSB 必不相同

在 LSBMR 中，用第一个像素的 LSB 位表达第一个消息比特 m_i[公式 (1-4)]。若 $\text{LSB}(x_i) \neq m_i$，则需要对第一个像素选择+1 或-1 操作，从而修改第一个像素的 LSB 位，并同时自由控制第一个像素的次 LSB 完成第二个消息比特的嵌入：

$$m_{i+1} = f(y_i, y_{i+1}) = \text{Second-LSB}(y_i) \oplus \text{LSB}(y_{i+1})$$
$$= \text{Second-LSB}(y_i) \oplus \text{LSB}(x_{i+1})$$

这样通过对第一个像素的修改同时完成了 2 比特信息嵌入。若 $\text{LSB}(x_i) = m_i$，则第一个像素不需要修改，此时若 $m_{i+1} = \text{Second-LSB}(x_i) \oplus \text{LSB}(x_{i+1})$，则第二个像素 x_{i+1} 也不需要修改，否则对 x_{i+1} 随机±1 以保证公式(1-5)成立。

基于以上分析，LSBMR 嵌入算法描述如下。

(1) 若 $\text{LSB}(x_i) = m_i$，则 $y_i = x_i$：

① 若已有 $f(x_i, x_{i+1}) = m_{i+1}$ 成立，则 $y_{i+1} = x_{i+1}$，结束；

② 若 $f(x_i, x_{i+1}) \neq m_{i+1}$，则 x_{i+1} 随机加减 1 得到 y_{i+1}，结束。

(2) 若 $\text{LSB}(x_i) \neq m_i$，则需修改 x_i：

① 若有 $f(x_i-1, x_{i+1})=m_{i+1}$，则 x_i 减 1 得到 y_i，结束；

② 若有 $f(x_i+1, x_{i+1})=m_{i+1}$，则 x_i 加 1 得到 y_i，结束。

不难推出，上述过程像素的平均修改个数为：

$$P[\text{LSB}(x_i) \neq m_i] + P[\text{LSB}(x_i)=m_i]P[f(x_i, x_{i+1}) \neq m_{i+1}] \tag{1-8}$$

因为消息经过加密，所以它是随机均匀分布的且与载体独立：

$$P(x_i \neq m_i) = P(x_i = m_i) = P[f(x_i, x_{i+1})=m_{i+1}] = 0.5$$

代入公式(1-8)可得平均修改个数为 $\frac{3}{4}$，即用 $\frac{3}{4}$ 个修改嵌入了 2 比特消息，嵌入效率约为 2.67，高于 LSB 替换和 LSB 匹配。

1.3.3 EMD 编码

LSB 替换和 LSB 匹配都是用 LSB 位表达消息，LSB 位只有 0,1 两个状态，所以是二元嵌入方法，每个像素最多承载 1 比特消息。LSBMR 可以提高嵌入效率是因为注意到了加减 1 嵌入可以对应像素值的三个状态——不修改、加 1 或减 1，这本质上是三元嵌入，每个像素最多可以承载 $\log_2 3$ 比特消息。前文的矩阵编码针对二元嵌入，而三元线性分组码(比如三元 Hamming 码)设计针对 ±1 嵌入的隐写编码，可以从二元域扩展到三元域，从而提高嵌入效率。下面介绍著名的隐写编码 EMD，它本质上是三元 Hamming 码的扩展应用。EMD 是 Zhang 等人[4]于 2006 年提出的利用修改方向(exploiting modification direction)的一个 ±1 嵌入隐写编码，之后 Fridrich 等人[5]基于图着色理论给出了同样的方法。

上文提到，加减 1 嵌入使得 1 个像素有 3 个状态，所以可以承载 $\log_2 3$ 比特消息。如果以 n 个像素为一组，至多只允许对其中 1 个像素进行 ±1 修改，则这个 n 元组有 $2n+1$ 个状态，所以可以承载 $\log_2(2n+1)$ 比特消息，EMD 就是基于这一点设计的。

EMD 算法首先将载体中的所有像素分为若干个长度为 n 的像素值组，设一个像素值分组为 $[g_1, g_2, \cdots, g_n]$，然后试图构造一个提取函数 f，以这 n 个像素值为输入，以 $\{0, 1, \cdots, 2n\}$ 中的某个元素为输出，正好对应可能值为$\{0, 1, \cdots, 2n\}$中元素的消息。EMD构造的f函数为：

$$f(g_1, g_2, \cdots, g_n) = \Big[\sum_{i=1}^{n}(g_i \cdot i)\Big]\bmod(2n+1) \qquad (1-9)$$

它对像素值分组中的第i个元素赋予权值i，不难推导：

(1) 第i个元素$+1$对应f函数$+i$；

(2) 第i个元素-1对应f函数$-i$；

(3) 不修改任何元素对应f函数不变($+0$)。

这样，对n个像素值最多以幅度1改动1个像素值后可使f函数正好覆盖$\bmod(2n+1)$下的所有取值。

图$1-5$给出了$n=2$时的f函数值示意图，可以看出每种情况及它的$2n$个邻居的f函数值正好覆盖模5下的所有取值。

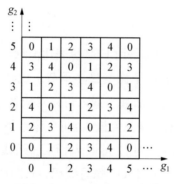

图$1-5$　$n=2$时f函数值

设待嵌入的消息为$d \in \{0, \cdots, 2n\}$，嵌入过程如下。

(1) 若$d=f$，则不修改任何元素；

(2) 若$d \neq f$，则计算d与f之间的差值$s=(d-f)\bmod(2n+1)$：

① 若$s \leqslant n$，则g_s加1；

② 若$s > n$，则g_{2n+1-s}减1。

经过上述操作后，$f=d$成立，提取时直接计算f函数值即可。

EMD的嵌入效率为：

$$\frac{(2n+1) \cdot \log_2(2n+1)}{2n} \qquad (1-10)$$

1.4　最小化隐写失真编码

1.4.1　最小化隐写失真模型

我们前面讲的隐写算法和隐写编码都假设:在相同的修改幅度下,修改不同位置的像素引入的失真(很多文献也称为"代价")是一样的。基于这种假设的隐写模型称为"常数失真模型"。显然,这是为了方便处理的一种粗略假设,基于这种假设的隐写方案没有充分利用载体本身的特性来提升安全性。例如对于图像而言,在同样的修改幅度下,修改纹理较复杂的区域更难被检测出来。所以我们应该为不同区域的像素自适应地定义不同的隐写失真,然后追求最小化总隐写失真,这种模型称为"自适应失真模型"。常数失真模型是自适应失真的特例,常数失真模型下最小化总失真就是追求最小化像素修改个数。

最小化失真隐写的数学模型描述如下。

给定载体序列 $\boldsymbol{x} = (x_1, x_2, \cdots, x_n)$,失真是将载体 $\boldsymbol{x}$ 修改为载密 $\boldsymbol{y} = (y_1, y_2, \cdots, y_n)$ 时引入的,在载体给定的条件下,失真可记为 $D(\boldsymbol{x}, \boldsymbol{y}) = D(\boldsymbol{y})$。假定载体 $\boldsymbol{x}$ 的元素修改为 $\boldsymbol{y}$ 的概率为 $\pi(\boldsymbol{y})$,那么总隐写失真期望可以表示为:

$$E_\pi(D) = \sum \pi(\boldsymbol{y}) D(\boldsymbol{y}) \qquad (1-11)$$

隐写容量等于修改概率的熵。最小化失真隐写就是以嵌入消息的长度 L 为约束条件最小化隐写失真:

$$\begin{aligned} &\min_\pi E_\pi(D) \\ &\text{s. t. } H(\pi) = L \end{aligned} \qquad (1-12)$$

其中

$$H(\pi) = -\sum \pi(\boldsymbol{y}) \log \pi(\boldsymbol{y})$$

是熵函数。根据拉格朗日乘子法,可以求得上述优化问题的最优解为:

$$\pi_\lambda(y) = \frac{1}{Z(\lambda)} \exp[-\lambda D(\boldsymbol{y})]$$

即最优的概率分布与失真的对应关系遵循吉布斯分布。其中 $Z(\lambda)$ 是归一化参数,定义如下:

$$Z(\lambda) = \sum \exp[-\lambda D(\boldsymbol{y})]$$

其中 λ 为拉格朗日因子,$\lambda > 0$。在隐写过程中,给定载体以及对应的失真,λ 随 $H(\pi)$ 单调递减。给定消息长度 L,可通过二元查找确定 λ 的取值。

若元素的修改操作被认为是相互独立的,则 $\boldsymbol{x}$ 修改为 $\boldsymbol{y}$ 的失真是加性的,有 $D(\boldsymbol{y}) = \sum_i^n \rho_i(y_i)$,这里 $\rho_i(y_i)$ 表示将 x_i 改为 y_i 时的失真。以三元修改为例,$I_i = \{x_i+1, x_i, x_i-1\}$ 表示修改状态空间,则最优修改概率为:

$$\pi_i(y_i) = \frac{\exp[-\lambda \rho_i(y_i)]}{\sum_{y_i \in I_i} \exp[-\lambda \rho_i(y_i)]}, \quad i = 1, 2, \cdots, n \qquad (1-13)$$

当 λ 在 $(0, +\infty)$ 内变化时,可以得到消息长度 $H(\pi)$ 和隐写失真 $E_\pi(D)$ 的关系曲线,称为率失真曲线,该曲线是最小化失真隐写的理论界。给定最优修改概率,我们可以通过模拟嵌入估计率失真理论界。

最小化隐写失真模型将隐写算法设计分为了两个问题:一是如何设计合理的失真函数;二是如何设计隐写编码,对给定的失真函数和消息最小化嵌入失真。

1.4.2　STC 的基本思想

STC 对于加性自适应失真可以逼近隐写的率失真理论界。基本的 STC 是二元编码,即消息和载体都是二元序列。假设要嵌入的秘密消息为 $\boldsymbol{m}$,原始载体序列为 $\boldsymbol{x}$,接收方收到的载密序列为 $\boldsymbol{y}$。在了解了矩阵编码之后,我们已经知道隐写编码的一个基本思路:将秘密信息编码在校验子中使得接收方计算校验子 $\boldsymbol{Hy} = \boldsymbol{m}$ 就可以完成信息的提取,而这里的校验矩阵 $\boldsymbol{H}$ 就是信道编码中的奇偶校验矩阵。设满足上述方程的解的集合为:

$$C(\boldsymbol{m}) = \{\boldsymbol{z} \in \{0, 1\}^n \mid \boldsymbol{Hz} = \boldsymbol{m}\} \qquad (1-14)$$

其中 n 为载体序列的长度,则最小化失真嵌入算法 $\mathrm{Emb}(\cdot)$ 要实现的目标为:

$$\mathrm{Emb}(\boldsymbol{x}, \boldsymbol{m}) = \arg\min_{\boldsymbol{y} \in C(\boldsymbol{m})} D(\boldsymbol{x}, \boldsymbol{y}) \qquad (1-15)$$

本节我们只考虑加性失真,即 $D(\boldsymbol{x}, \boldsymbol{y}) = \sum_{i=1}^{n}\rho_i(x_i, y_i)$,这里的 $\rho_i(x_i, y_i)$ 表示将 x_i 变为 y_i 所引入的失真,一般来说当 $x_i = y_i$ 时失真为 0。

由于隐写编码采用的 $\boldsymbol{H}$ 矩阵就是信道编码的奇偶校验矩阵,因此隐写编码的编码算法一般是由信道编码的译码算法改造而来的。Filler 等人[6] 提出的 STC 算法就是由卷积码改造而来:其 $\boldsymbol{H}$ 矩阵一般采用的是卷积码的奇偶校验矩阵的截断矩阵,而编码过程则非常类似于卷积码的维特比译码算法。该类 $\boldsymbol{H}$ 矩阵的一般形式如下:

$$\boldsymbol{H}_{m\times n} = \begin{bmatrix} \hat{h}_{1,1} & \cdots & \hat{h}_{1,w} & 0 & \cdots & 0 & \cdots & \cdots & \cdots & \cdots & \cdots & 0 \\ \vdots & \ddots & \vdots & \hat{h}_{1,1} & \cdots & \hat{h}_{1,w} & 0 & \cdots & \cdots & \cdots & \cdots & 0 \\ \hat{h}_{h,1} & \cdots & \hat{h}_{h,w} & \vdots & \ddots & \vdots & 0 & \cdots & \cdots & \cdots & \cdots & 0 \\ 0 & 0 & 0 & \hat{h}_{h,1} & \cdots & \hat{h}_{h,w} & 0 & \cdots & \cdots & \cdots & \cdots & 0 \\ \vdots & \cdots & \cdots & \cdots & \cdots & \cdots & \cdots & \cdots & \cdots & \cdots & \cdots & \vdots \\ 0 & \cdots & \cdots & \cdots & \cdots & \cdots & \hat{h}_{1,1} & \cdots & \hat{h}_{1,w} & 0 & \cdots & 0 \\ 0 & \cdots & \cdots & \cdots & \cdots & \cdots & \hat{h}_{2,1} & \cdots & \hat{h}_{2,w} & \hat{h}_{1,1} & \cdots & \hat{h}_{1,w} \end{bmatrix} \tag{1-16}$$

它由一个小矩阵:

$$\hat{\boldsymbol{H}}_{h\times w} = \begin{bmatrix} \hat{h}_{1,1} & \cdots & \hat{h}_{1,w} \\ \vdots & \ddots & \vdots \\ \hat{h}_{h,1} & \cdots & \hat{h}_{h,w} \end{bmatrix} \tag{1-17}$$

沿着 $\boldsymbol{H}$ 斜对角线从左上到右下错行排列并对右下角进行截断而形成。

1.4.3 STC 算法的运行流程

STC 算法的运行流程可以用格子图来描述,下面我们通过一个例子来直观且全面地了解格子图的组成以及 STC 算法的运行流程。假设要嵌入的消息为 $\boldsymbol{m}^{\mathrm{T}} = 110$,载体串 $\boldsymbol{x}^{\mathrm{T}} = 011010$,采用的 $\boldsymbol{H}$ 矩阵为如下矩阵:

$$\boldsymbol{H}_{3\times 6} = \begin{bmatrix} 1 & 0 & 0 & 0 & 0 & 0 \\ 1 & 1 & 1 & 0 & 0 & 0 \\ 0 & 0 & 1 & 1 & 1 & 0 \end{bmatrix} \qquad (1-18)$$

可以看出,其中采用的小矩阵为:

$$\hat{\boldsymbol{H}}_{2\times 2} = \begin{bmatrix} 1 & 0 \\ 1 & 1 \end{bmatrix} \qquad (1-19)$$

则 STC 算法要找到使得失真最小的 $\boldsymbol{y}^{\mathrm{T}} = (y_1, y_2, y_3, y_4, y_5, y_6)$ 且满足下式:

$$\begin{bmatrix} 1 & 0 & 0 & 0 & 0 & 0 \\ 1 & 1 & 1 & 0 & 0 & 0 \\ 0 & 0 & 1 & 1 & 1 & 0 \end{bmatrix} \begin{bmatrix} y_1 \\ y_2 \\ y_3 \\ y_4 \\ y_5 \\ y_6 \end{bmatrix} = \begin{bmatrix} 1 \\ 1 \\ 0 \end{bmatrix} \qquad (1-20)$$

我们假设采用常数失真,此时 STC 编码针对该情形的格子图如图 1-6 所示。

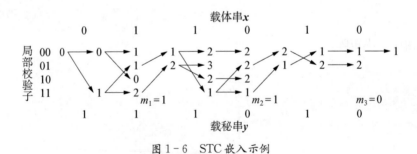

图 1-6 STC 嵌入示例

STC 算法首先将载体串分为 $\frac{n}{w}$ 个子块,每个子块确定秘密消息的一位,在本例中 $w=2$, $n=6$,所以共有 3 个子块,表现为图中从左到右的 3 个块。

由于提取方要做到 $\boldsymbol{Hy} = \boldsymbol{m}$,由线性代数中矩阵乘法的知识,对于向量 $\boldsymbol{y}$ 的某个分量 y_i,若 $y_i = 0$ 则代表不取 $\boldsymbol{H}$ 的第 i 列,若 $y_i = 1$ 则代表取 $\boldsymbol{H}$ 的第 i 列,那么实际上 $\boldsymbol{Hy} = \boldsymbol{m}$ 也可以写为如下形式:

$$m = \sum_{1 \leqslant i \leqslant n,\, y_i = 1} \boldsymbol{H}_i \qquad (1-21)$$

其中 $\boldsymbol{H}_i$ 表示 $\boldsymbol{H}$ 矩阵的第 i 列,这里的加法为普通向量加法,内部各分量的加法为 $GF(2)$ 上的加法,也就是异或运算。STC 算法按照 i 值从小到大运行,对应于 $\boldsymbol{H}$ 矩阵从左向右运行。由于 $\boldsymbol{H}$ 矩阵只有左上到右下的斜对角线上放置的小矩阵 $\overset{\wedge}{\boldsymbol{H}}$ 中有 1,其余均为 0,因此实际上 STC 算法可以认为是从左上到右下运行的。

图中左侧的局部校验子对应于所有的 $\{0, 1\}^h$,其中 h 为小矩阵 $\overset{\wedge}{\boldsymbol{H}}$ 的行数。需要注意的是,局部校验子的高位对应于 $\overset{\wedge}{\boldsymbol{H}}$ 的列向量中靠下的分量,低位对应的是靠上的分量,这是因为算法从矩阵的左上到右下进行,先确定列向量 $\boldsymbol{m}$ 中靠上的位,再确定靠下的位。由于每一个子块运行结束后,要对局部校验子进行右移舍弃其已经被确定了的低位,因此局部校验子的低位对应于列向量中最靠上的分量。

介绍完格子图后,下面描述算法具体的运行流程。

(1)图中每个节点上所标的数字代表走格子图中的当前路径所带来的失真。首先初始失真为 0,初始状态的局部校验子为 00。此时进入格子图的第一个子块:对于该子块的第一位有 2 种选择:若取 1,则将 $\overset{\wedge}{\boldsymbol{H}}$ 的第一列 11 加入局部校验子,此时由于对应的载体位为 0 会引入失真 1;若取 0,则不将 $\overset{\wedge}{\boldsymbol{H}}$ 的第一列 11 加入局部校验子,此时局部校验子保持 00,失真为 0。接下来考虑下一位。对于 00 状态:取 1 则将 $\overset{\wedge}{\boldsymbol{H}}$ 的第二列 10 加入局部校验子得到 10,无失真;取 0 则保持 00 状态,失真为 1。对于 11 状态:取 1 则 $\overset{\wedge}{\boldsymbol{H}}$ 的第二列 10 加入局部校验子得到 10⊕11=01,失真保持 1;取 0 则保持 11 状态,失真变为 2。由于秘密消息第一位 $m_1 = 1$,因此要取低位为 1 的局部校验子,即 11 与 01,此时固定了 m_1 后右移得到新的局部校验子 01 与 00 开始进入下一子块。

(2)第二个子块的开始有 00 和 01 两个状态。首先考虑 00 状态,与前面类似,保持 00 则失真变为 2,变为 11 则失真保持 1;对于 01 状态,保持 01 则失真变为 3,变为 10 则失真保持 2。然后走到下一位:此时开始状态有 4 个,与前面相同计算每个状态转移所引入的失真,对于每个状态只保留一个失真最小的路径,若有多个路径失真都为最小则随机保留一个即可。这样就得到了该位的状态 00、01、10、11,对应的失真分别为 2、2、2、1。然后由于当前秘密消息位为 $m_2 = 1$,因此还是保留 01 和 11 并右移进入下一子块。

(3) 第三个子块开始也有 00 和 01 两个状态,此时到最后一个子块了,只剩下 $\hat{\boldsymbol{H}}$ 矩阵的第一行,也就是不用去管局部校验子的高位了。对于 00 状态,若取 1 则变为 01,失真保持 2,若取 0 则保持 00,失真变为 3;对于 01 状态,若取 1 则变为 00,失真保持 1,若取 0 则保持 01,失真变为 2。此时对于 00 失真最小为 1,对于 01 失真最小为 2。然后进到下一位,由于下一位 $\boldsymbol{H}$ 矩阵对应的值为 0,因此状态直接保持。该子块对应的秘密消息位为 $m_3 = 0$,所以只能取 00 状态,失真为 1。

(4) 最后根据最终状态从右向左确定最终的路径,并将该路径上每一步所确定的 $\boldsymbol{y}$ 的位合起来得到最终的 $\boldsymbol{y}^{\mathrm{T}} = 111010$。

对于自适应失真模型,只需将格子图中的对应边的权值替换为对应的修改失真即可。

1.4.4　双层 STC

在 1.3 节提到加减 1 嵌入较之二元嵌入是更理想的隐写方式。将二元 STC 直接扩展到三元域会使得局部校验子状态数激增,计算复杂度以及内存消耗会急剧增加。在 1.3.2 节我们曾指出,±1 不仅可以修改相似的 LSB 位,还可以控制次 LSB 位的取值,由此出发,Zhang 等人[7]曾提出“双层嵌入”方法,通过 ±1 操作在图像的 LSB 层和次 LSB 层执行两次二元隐写编码,分别嵌入两组消息,并证明了如果二元隐写码可以达到二元隐写的嵌入效率理论界,则双层嵌入就可以达到 ±1 隐写嵌入效率的理论界。这样就将 ±1 隐写编码问题归结为了二元隐写编码问题。

文献[7]中的双层嵌入必须先在 LSB 层嵌入消息,然后在次 LSB 层嵌入。Filler 等人将双层嵌入从两个方面进行了推广,使得消息嵌入可以从任一层开始,并且可以更自然地实现多层嵌入,比如将 ±2 隐写分解为三层嵌入。

接下来介绍 Filler 等人提出的双层 STC(double-layerd STC)[6]算法,该算法通过双层嵌入实现了三元嵌入,对于更多元的情形可以做类似的推广。

　　首先分析双层嵌入的消息容量。给定载体 $\boldsymbol{x}$，用 x_i 表示第 i 个载体像素，用 y_i 表示对应的第 i 个载密像素。下面分析第 i 个载体像素能嵌入的信息量，即 y_i 的概率分布的熵，也即修改 $\{0, +1, -1\}$ 的分布的熵。用 $y_i^{(l)}$ 表示 y_i 的第 l 个 LSB 层，基于熵的链式法则，第 i 个载体像素的载荷量为：

$$H(y_i) = H(y_i^{(1)}) + H(y_i^{(2)} \mid y_i^{(1)}) \tag{1-22}$$

这种分解表明可以先在 LSB 层嵌入消息，然后以 LSB 层的修改结果为条件在次 LSB 层嵌入另一组消息，那么 LSB 层和次 LSB 层的嵌入容量就为：

$$m_1 = \sum_i H(y_i^{(1)}) , \quad m_2 = \sum_i H(y_i^{(2)} \mid y_i^{(1)}) \tag{1-23}$$

　　当然，我们也可以采用另一种分解方式：

$$H(y_i) = H(y_i^{(2)}) + H(y_i^{(1)} \mid y_i^{(2)}) \tag{1-24}$$

这种分解对应的是先在次 LSB 层嵌入消息，然后再以次 LSB 的状态为条件在 LSB 层嵌入消息，两层的容量分别为：

$$m_2 = \sum_i H(y_i^{(2)}) , \quad m_1 = \sum_i H(y_i^{(1)} \mid y_i^{(2)}) \tag{1-25}$$

　　在某一层中嵌入属于二元嵌入，假设不修改所引入的失真为 0，在已知失真函数 $\rho_i(y_i^{(l)})$ 的情形下，由公式 $(1-13)$ 知最优修改概率为：

$$P(y_i^{(l)}) = \frac{e^{-\lambda \rho_i(y_i^{(l)})}}{1 + e^{-\lambda \rho_i(y_i^{(l)})}} \tag{1-26}$$

另一方面，若已知最优的修改概率 $P(y_i^{(l)})$，则由下面的公式也可得出对应的失真函数为：

$$\rho_i(y_i^{(l)}) = \ln \frac{1 - P_i(y_i^{(l)})}{P_i(y_i^{(l)})} \tag{1-27}$$

公式 $(1-27)$ 在文献[6]中被称为"翻转引理"。

　　下面我们用第二种分解方式描述双层嵌入。假设对每个像素 x_i 已经定义好了 ±1 修改的失真 ρ_i^0，ρ_i^{-1}，ρ_i^{+1}，给定要嵌入的消息长度 m，由公式 $(1-13)$ 可以计算出对应的最优修改概率 p_i^0，p_i^{-1}，p_i^{+1}，这也就是给定 x_i 后 y_i 的概率分布。首先从这个三元概率分布分解出 y_i 的次 LSB 层的概率分布。举个例子,为简便,假设所有像素值 $x_i = 2$,二进制表示为 $x_i^{(2)} x_i^{(1)} = 10$。对于次 LSB 层,即第 2 层,+1 修改与不修改都不会影响该层,-1 修改会使其改变,因此有:

$$P(y_i^{(2)} = 0) = p_i^{-1}, \; P(y_i^{(2)} = 1) = p_i^0 + p_i^{+1} \tag{1-28}$$

这样次 LSB 层的最优修改概率就得到了,利用公式(1-25)可以计算出在该层所嵌入的消息容量 m_2,利用公式(1-27)可以获取该修改概率分布情形下的失真函数,这样就可以利用二元 STC 编码完成次 LSB 层的信息嵌入了。

接下来推导 LSB 层的条件概率。当次 LSB 不被修改,即 $y_i^{(2)} = 1$ 时:

$$
\begin{aligned}
P(y_i^{(1)} = 0 \mid y_i^{(2)} = 1) &= \frac{p_i^0}{p_i^0 + p_i^{+1}}, \\
P(y_i^{(1)} = 1 \mid y_i^{(2)} = 1) &= \frac{p_i^{+1}}{p_i^0 + p_i^{+1}}
\end{aligned}
\tag{1-29}
$$

当次 LSB 被修改,即 $y_i^{(2)} = 0$ 时:

$$
\begin{aligned}
P(y_i^{(1)} = 0 \mid y_i^{(2)} = 0) &= 0, \\
P(y_i^{(1)} = 1 \mid y_i^{(2)} = 0) &= 1
\end{aligned}
\tag{1-30}
$$

在本层嵌入的消息量为 $m - m_2$,有了修改概率后,同理可以利用公式(1-27)计算失真函数,并用二元 STC 完成 LSB 层的嵌入。

在上面例子中,由公式(1-30)可以看出:在第一轮嵌入过程中若次 LSB 需要修改,则对应的 LSB 位必然为 1,即 LSB 位不再允许发生变动,因而也不能再承载消息。所以在第二轮嵌入时,这样的 LSB 位被限定为不能修改的点,也被称为"湿点",需要使用湿纸编码嵌入消息。湿纸编码用于解决在部分载体元素"不能修改"的情况下如何嵌入消息的问题。STC 也可以用作湿纸编码,只要把不能修改的元素的失真定义成∞(具体实现时定义为一个充分大的值)即可。

但是当湿点的比率过大时,STC 嵌入失败的概率将变大。这就是为什么 Filler 建议在执行双层嵌入时,第一轮在次 LSB 层嵌入,第二轮在 LSB 层嵌入。因为次 LSB 需要修改的点对应 LSB 层嵌入的湿点,而隐写编码的修改率是很低的,所以第二轮嵌入时湿点比率就很低。若反过来,第一轮先在 LSB 层嵌入,则第一轮不需要修改的点对应次 LSB 层的湿点,因而第二轮嵌入时面临的湿点比率将很高。

1.5 加性隐写失真

STC 编码可以最小化加性隐写失真,所以 STC 出现以后,隐写领域的研究就聚焦于如何设计能合理反映隐写修改代价的加性失真函数。因为隐写的目的是对抗隐写分析的检测,所以最初的思路是针对隐写分析特征设计失真函数:如果一个像素在修改后导致的隐写分析特征变化小,则这个像素的修改代价就小,即隐写失真小。HUGO(highly undetectable stego)[8] 是采用这一思想的代表算法。在 HUGO 算法中,每个像素的隐写失真是通过计算像素修改前后差分像素邻接矩阵(subtractive pixel adjacency matrix,简称"SPAM")特征向量之间的差值加权和得出的[9],但是攻击者可以利用 SPAM 特征空间之外的特征检测 HUGO[8]。针对隐写分析特征设计失真函数给攻击者留下了攻击线索,研究者意识到:利用某些普适的隐写失真定义原则启发式地定义失真函数更为安全。下面介绍两个最重要的隐写失真定义原则。

1.5.1 复杂度优先原则

以图像为例,直观来看,修改纹理平滑的区域容易被察觉,而修改纹理复杂的区域难以被察觉,所以纹理越复杂的区域隐写失真越小。从攻击者角度看,隐写分析主要是通过预测误差挖掘相邻像素的相关性,即用周围像素预测当前像素,进而通过预测误差设计特征。所以若一个像素越难以被周围像素建模和预测,则这个像素越适合被修改,即隐写失真越小,反之这个像素的隐写失真越大。该原则运用的要点是这个像素从各个角度看都难以被预测,才可以说它的隐写失真小,这是因为攻击者可以从多角度进行预测抽取特征。

基于上述原则的代表算法是通用小波失真函数(universal wavelet relative distortion,简称"UNIWARD")[10]。UNIWARD 算法用小波滤波器滤波残差来刻画图像的纹理复杂程度。设 h 为低通滤波器系数,g 为高通滤波器系数,则小波变换一级分解 LH、HL 和 HH 子滤波器的系数分别为:

$$K^{(1)} = h \cdot g^{\mathrm{T}}, \ K^{(2)} = g \cdot h^{\mathrm{T}}, \ K^{(3)} = g \cdot g^{\mathrm{T}} \qquad (1-31)$$

则 $R^{(k)}(x) = K^{(k)} \cdot x$ 和 $R^{(k)}(y) = K^{(k)} \cdot y$ 分别为载体与载密图像的第 k 组的滤波残差,该残差中 (u, v) 位置对应的小波系数为 $W_{uv}^{(k)}(x)$ 和 $W_{uv}^{(k)}(y)$。UNIWARD 算法最终的失真定义为:

$$D(x, y) = \sum_{k=1}^{3} \sum_{u=1}^{n_1} \sum_{v=1}^{n_2} \frac{|W_{uv}^{(k)}(x) - W_{uv}^{(k)}(y)|}{\sigma + |W_{uv}^{(k)}(x)|} \qquad (1-32)$$

其中 $\sigma = 1$ 为数值稳定参数,避免分母为 0,n_1 和 n_2 分别为原始图像的长和宽。该方法中,滤波残差大,隐写失真小,遵循了高纹理复杂度优先修改的原则。

复杂度优先原则是隐写失真设计的最重要的原则,也是各种优秀的隐写算法所遵循的第一原则。

1.5.2 扩散原则

扩散原则是隐写失真设计的另一个重要原则。扩散原则要求两个相邻元素的修改优先级不应有很大差异。换句话说,具有高修改优先级的元素应该将其性质扩散到其邻域,反之亦然。通过这种方式,接近高度复杂区域的元素应该比接近较不复杂区域的元素具有更高的优先级,也就是更小的隐写失真——即使这两个元素在应用复杂性优先规则后具有相同的隐写失真。扩散原则简单易懂,但在 UNIWARD 等方法中被忽略。实际上,扩散原则可以在复杂度优先原则之后使用。

例如,图像中有两个小区域,由 R_1 和 R_2 表示,其中根据复杂度优先原则,它们具有相同的复杂度级别和失真,其相邻区域分别由 $N(R_1)$ 和 $N(R_2)$ 表示,如图 1-7 所示[11]。假设区域 $N(R_1)$ 比 $N(R_2)$ 更复杂,因此基于

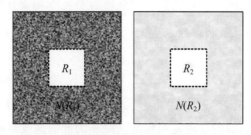

图 1-7 扩散原则示意图

(来源:LI B, TAN S, WANG M, et al. Investigation on cost assignment in spatial image steganography [J]. IEEE Transactions on Information Forensics and Security, 2014, 9(8):1264-1277)

复杂度优先规则，$N(R_1)$ 中元素的修改优先级高于 $N(R_2)$ 中的元素。根据扩散原则，修改 R_1 比修改 R_2 更安全。因此与 R_2 相比，我们应该为 R_1 中的元素定义更小的隐写失真——即使 R_1 和 R_2 具有相同的复杂度。当应用扩散原则时，具有高修改概率的元素将增加其相邻元素的修改概率，反之亦然。本质上，扩散原则使得修改聚集，该原则可以被视为考虑了像素修改的相互影响。

扩散原则可以通过低通滤波器对已定义的失真进行平滑来实现，体现这一思想的代表算法是 HILL(high-pass，low-pass，and low-pass)[12]。

在 HILL 中，使用高通滤波器 $\boldsymbol{H}$ 的滤波残差来刻画图像的纹理复杂程度，用低通滤波器 $\boldsymbol{L}_1$，$\boldsymbol{L}_2$ 来实现失真扩散：

$$\rho = \frac{1}{\mid \boldsymbol{X} \otimes \boldsymbol{H} \mid \otimes \boldsymbol{L}_1} \otimes \boldsymbol{L}_2 \qquad (1-33)$$

式中 $\otimes$ 为卷积操作，高通滤波器 $\boldsymbol{H}$ 为如下 3×3 的形式：

$$\boldsymbol{H} = \begin{bmatrix} -1 & 2 & -1 \\ 2 & -4 & 2 \\ -1 & 2 & -1 \end{bmatrix} \qquad (1-34)$$

$\boldsymbol{L}_1$ 和 $\boldsymbol{L}_2$ 则分别为 3×3 和 15×15 的均值滤波器。文献[12]中的实验表明了失真扩散原则提高了隐写的安全性能。

1.5.3 基于模型的隐写失真定义

与启发式失真定义方法相对应的是基于模型的失真定义方法。这类方法首先要给像素残差假设一个分布(比如高斯分布、广义高斯分布)，通过估计参数(如均值、方差)就可以得到载体分布，然后根据修改方式和假设的修改概率可以推出载密的概率分布，进而可以依据最优假设检验理论得出区分载体与载密的最优检测器。隐写者的目标是最小化最优检测器的势，以此为目标函数并以嵌入率为约束条件，解优化问题可以得到最优修改概率[13]。最后利用翻转引理，即公式(1-27)，可以将修改概率翻转为失真。

相对熵是假设检验的信息论度量，用相对熵可以衡量载体与载密在概率分布上的距离，而相对熵可以通过 Fisher 信息量估计，所以可替换最优检测器的势以相对熵或 Fisher 信息量为目标函数估计最优修改概率[14,15]。

用上述方法得到的失真在所建立的模型意义下是最优的。不过,这个模型是启发式的,建立在对载体分布作粗略假设(比如高斯分布)的基础上,而且模型的分布参数(比如高斯分布的方差)也要用启发式的方法估计。所以,基于模型定义的失真本质上不是最优的,与启发式方法得到的失真相比在提升隐写安全性方面并没有实质优势。从这里可以看出,设计理论上可证安全或最优的隐写算法,其根本障碍在于难以得到载体分布的完备描述。

1.6 非加性失真隐写

前面讲的自适应隐写方法都是加性失真隐写,即假设载体元素的修改是相互独立的,所以总失真等于各元素的失真之和。加性模型为了方便求解和设计编码,对最小化失真模型进行了简化。事实上,隐写过程中载体元素的修改是相互关联的,考虑这种关联性可以显著提升隐写安全性。

早在 2013 年的国际信息隐藏大会上[16],设计非加性隐写编码和非加性隐写失真函数就被列为隐写领域的两个重要问题。在 2014 年,Holub 等提出了基于小波函数定义的通用的失真函数 UNIWARD[10],设计之初它的失真定义方式是非加性的,即考虑了其他元素的修改对当前元素失真所造成的影响,目标是为了维持元素之间的相关性,但是由于没有很好的非加性失真隐写编码方案,因此最终将该失真近似为加性。直到 2015 年,针对非加性失真函数的设计才有了新的突破,Li 等人[17]和 Denemark 等人[18]发现了第一个适用于空域图像隐写的非加性失真定义原则——修改方向聚集原则,基于该原则更新加性失真可以显著提升隐写的安全性。Zhang 等人提出了联合失真分解编码方法(decomposing joint distortion,DeJoin)[19],将非加性编码问题等效分解成几个加性编码问题,实现了快速嵌入。而后,研究者发现了一系列适用于 JPEG 图像的隐写的非加性失真定义原则和方法,如BBC[20]、BBC++[21]和 BBM[22]。

1.6.1 修改方向聚集原则

Li 等人[17]发现在 ±1 隐写过程中,鼓励相邻像素同向修改可以有效保持像素之间的相关性,从而降低隐写分析的检测准确性,这一原则称为"修改方向聚集"(clustering modification directions,简称"CMD")。实现这一原则的方法之一是采用分块多轮嵌入,根据前面数轮嵌入的像素修改方向,更新当前像素失真,鼓励其与周围像素同向修改。

在介绍算法的详细设计过程之前,预先约定 $\boldsymbol{X} = (x_{i,j})^{n_1 \times n_2}$ 和 $\boldsymbol{Y} = (y_{i,j})^{n_1 \times n_2}$ 分别代表载体图像和载密图像。秘密信息的嵌入采用 ± 1 嵌入,位置 (i,j) 的像素的修改失真是一个三元集合 $\rho_{i,j} = [\rho_{i,j}(-1), \rho_{i,j}(0), \rho_{i,j}(+1)]$,分别代表该像素"减1""不变""加1"的失真值,对任何像素点都有 $\rho_{i,j}(0) = 0$。CMD算法具体包含三部分,首先是对图像和消息进行分块,然后按照一定顺序进行嵌入,嵌入过程中对失真进行更新。接下来将详细介绍CMD的嵌入流程:

(1) 为了实现失真的更新并鼓励修改方向一致性,将图像拆分成多个子图,保证大图中的相邻像素拆分到各个子图中。例如将图像分成 $L_1 \times L_2 (L_1, L_2 \geqslant 1)$ 个不重叠的子图 $S_{a,b}$,每个子图的尺寸为 $\left(\dfrac{n_1}{L_1}\right) \times \left(\dfrac{n_2}{L_2}\right)$,其中 $a \in \{1, \cdots, L_1\}$,$b \in \{1, \cdots, L_2\}$,$k_a \in \left\{0, 1, \cdots, \left[\dfrac{n_1}{L_1}\right] - 1\right\}$,$k_b \in \left\{0, 1, \cdots, \left[\dfrac{n_2}{L_2}\right] - 1\right\}$,$[\cdot]$ 代表向下取整,大图中相邻的像素都被分配到各个子图中,这也意味着子图中相邻的像素具有较少的相关性,图1-8展示了一个大小为 6×6 像素的图像拆分例子,即 $L_1 = L_2 = 2$。像素 $x_{1,1}$、$x_{1,3}$、$x_{1,5}$、$x_{3,1}$、$x_{3,3}$、$x_{3,5}$、$x_{5,1}$、$x_{5,3}$ 和 $x_{5,5}$

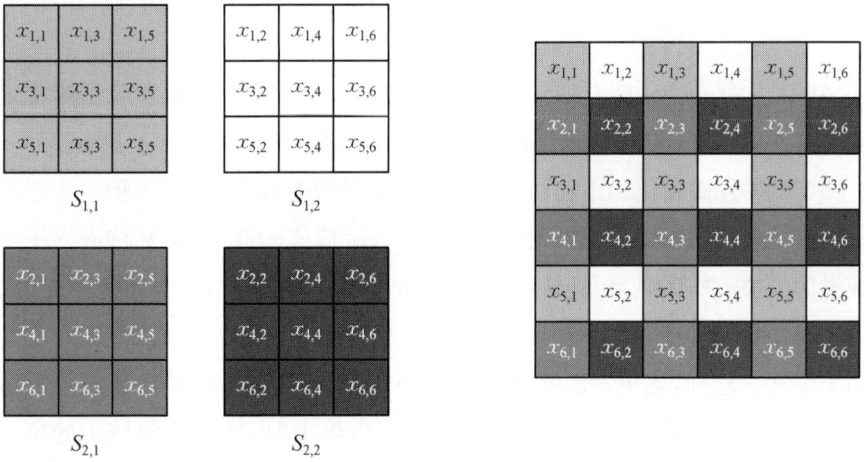

图1-8 图像拆分示例

组成子图像 $S_{1,1}$，像素 $x_{1,2}$、$x_{1,4}$、$x_{1,6}$、$x_{3,2}$、$x_{3,4}$、$x_{3,6}$、$x_{5,2}$、$x_{5,4}$ 和 $x_{5,6}$ 组成子图像 $S_{1,2}$，依此类推。

$$S_{a,b} = \{(i, j) \in \{1, \cdots, n_1\} \times \{1, \cdots, n_2\} \mid \quad (1-35)$$
$$i = a + k_a L_1, j = b + k_b L_2\}$$

（2）根据子图的数量，将消息拆分成均等份，每一部分包含大约 $\dfrac{m}{L_1 \cdot L_2}$ 位秘密信息。

（3）设定嵌入顺序。图 1-9 显示的是水平之字形嵌入顺序，该顺序在大图中的整体效果就如左图所示。

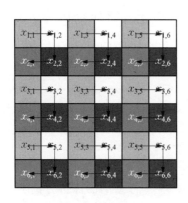

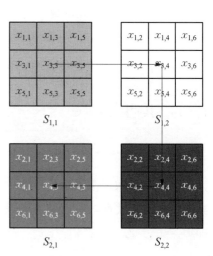

图 1-9 嵌入顺序示例

（4）从第一个子图开始，每次嵌入消息后，计算载体图像和载密图像之间的差异 $\boldsymbol{D} = \boldsymbol{Y} - \boldsymbol{X}$，获得已修改的修改点的位置和方向。

（5）失真初始化。用加性隐写失真函数计算初始失真，嵌入第一个子图采用初始失真，嵌入后续的子图根据已嵌入所造成的修改，更新待嵌入子图像素的失真，失真更新原则为鼓励相邻修改方向一致，具体更新如公式（1-36）所示：其中，α 是一个放缩因子，像素的四邻域为该像素上下左右的四个像素。这样，当更多的邻域像素集中在 $+1/-1$ 时，当前像素在同一方向上将有更小的修改失真。当像素在图像边界上时，使用四邻域中的可用像素。假设子图 $S_{1,1}$、$S_{1,2}$ 和 $S_{2,2}$ 的像素已经被嵌入，现在轮到子图 $S_{2,1}$。

如图 1-10 所示,得到差分图像 D 和初始成本 C,假设使用 $\alpha = 9$。 可以看出,在 $x_{2,1}$ 和 $x_{2,5}$ 的邻域有更多的 +1 修改,因此,相应的失真 $\rho_{2,1}(+1)$ 和 $\rho_{2,5}(+1)$ 分别被更新为 $\dfrac{c_{2,1}}{9}$ 和 $\dfrac{c_{2,5}}{9}$。 同样,由于在 $x_{4,3}$ 的邻域有更多的 -1 修改,因此相应的失真 $\rho_{4,3}(-1)$ 被更新为 $\dfrac{c_{4,3}}{9}$。 如此调整完后,嵌入秘密消息时像素的修改方向都将与相邻方向的修改趋于一致。

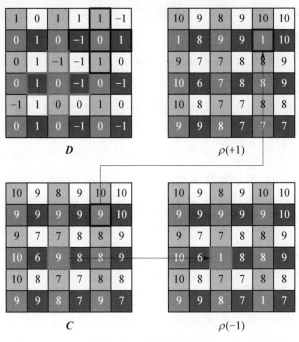

图 1-10 更新失真示例

(6) 重复步骤(4)~(5)直到所有的子图被嵌入秘密消息。

$$\rho_{i,j}(+1) = \begin{cases} \dfrac{c_{i,j}}{\alpha}, & \text{邻域内 +1 的修改多} \\ c_{i,j}, & \text{其他} \end{cases},$$

$$\rho_{i,j}(-1) = \begin{cases} \dfrac{c_{i,j}}{\alpha}, & \text{邻域内 -1 的修改多} \\ c_{i,j}, & \text{其他} \end{cases} \qquad (1-36)$$

1.6.2 非加性隐写编码

目前有两种非加性编码:一是基于失真更新的方式,通过迭代嵌入求解每次的最优修改概率;二是定义联合失真,将失真空间等效转化到概率空间,在概率空间完成分解,再转换到失真空间执行消息嵌入。

隐写编码 STC 只解决了针对加性失真函数的消息嵌入问题,无法直接优化非加性失真。上一节介绍的失真更新策略可以看作一种启发式的非加性隐写编码方法。本节将介绍一种理论上最优的非加性隐写编码方法——联合失真分解编码。[19]

非加性失真的本质是:相邻元素的修改不是独立的而是关联的。为了表达这种关联,可以将相邻元素看作一个整体,定义联合失真。所谓联合失真,指的是将多个载体元素联合看作一个"块"(例如空域图像中的两个相邻像素或者是 JPEG 域的两个相邻 DCT 系数),在块的内部,载体元素是关联的,而块和块之间的修改仍然是独立的。因为块间失真是加性的,所以理论上我们可以用 STC 最小化块的总失真,但是块的修改状态较之单个像素是指数增长的,我们需要将 STC 扩展到多元域上,这会带来无法承受的计算复杂度。

联合失真分解编码的目的就是要降低这种计算复杂度,其主要思想是将联合失真分解为单个载体元素的失真,然后通过加性编码将消息嵌入载体中。虽然失真本身是无法分解的,但是该方法是将联合失真等效转化为联合修改概率,再将联合修改概率分解为边沿概率和条件概率,最后把这两类概率转换为对应的单个元素的失真,从而实现快速嵌入并最小化联合失真。

接下来将以两个像素$(x_{i,1}, x_{i,2})$联合成块 B_i 为例进行步骤描述。

(1) 定义联合失真。可以依据修改方向一致性原则定义块 B_i 的联合失真$\rho^i(l, r)$,联合失真考虑了块内不同嵌入的相互作用,对于块内两个像素$(x_{i,1}, x_{i,2})$而言,每个像素点的失真是一个三元集合,一个块的联合失真则是九元集合,如图 1-11 所示,为了鼓励同向修改,块失真 $\rho^i(l, r)$ 可由块内的两个像素的初始失真$[c_1^i(l), c_2^i(r)]$加权得到:

$$\rho^i(l, r) = \alpha(l, r) \times [c_1^i(l) + c_2^i(r)] \qquad (1-37)$$

公式(1-37)中 $\alpha(l, r)$ 为权重,l 和 r 分别为两个像素 $x_{i,1}$ 和 $x_{i,2}$ 的修改方向 $I \in \{-1, 0, +1\}$。

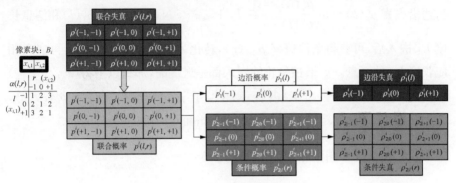

图 1-11 联合失真分解编码示例

(2) 联合修改概率。根据最优嵌入理论,可以得到联合修改概率:

$$p^i(l, r) = \frac{\exp[-\lambda \rho^i(l, r)]}{\sum_{(u, v) \in I^2} \exp[-\lambda \rho^i(u, v)]} \tag{1-38}$$

式中 I^2 为块 B_i 的 9 种修改方式:

$\{(-1, -1), (-1, 0), (-1, +1), (0, -1), (0, 0), (0, +1),$
$(+1, -1), (+1, 0), (+1, +1)\}$。

(3) 分解概率。由于失真空间无法合理分解,因此我们需要将失真空间等效转换到概率空间,在概率空间完成分解。为了降低编码的时间复杂度,该方法设计了两轮嵌入机制,将联合修改概率分解为边沿概率和条件概率,$p_1^i(l) = \sum_{r \in I} p^i(l, r)$,$l \in I$ 表示每个像素块中的像素 $x_{i,1}$ 的边沿概率,如图 1-11 所示,当像素 $x_{i,1}$ 的修改确定后,可以求得 $x_{i,2}$ 的条件概率 $p_{2|l}^i(r) = \frac{p^i(l, r)}{p_1^i(l)}$,$r \in I$,$l \in I$。

(4) 分配消息。在第一轮嵌入中,根据边沿概率,可以求得 $x_{1,1}$,…,$x_{i,1}$,$x_{N,1}$ 能够承载的消息长度为:$L_1 = \sum_{i=1}^{N} H_3[p_1^i(l)]$,在第二轮嵌入中,可以求得在 $x_{1,2}$,…,$x_{i,2}$,$x_{N,2}$ 中嵌入的消息长度为:$L_2 = \sum_{i=1}^{N} \sum_{l \in I} p_1^i(l) H_3(p_{2|l}^i)$,且 $L_1 + L_2 = \sum_{i=1}^{N} H_9(p^i) = L$,其中 H_3 和

H_9 分别为三元和九元信息熵。

(5) 分解和嵌入失真。由第 1.4 节的"翻转引理"可从边沿修改概率获得边沿失真 $\rho_1^i(l)=\ln\dfrac{p_1^i(0)}{p_1^i(l)}$，$l\in I$，$1\leqslant i\leqslant N$，根据失真 $\rho_1^i(l)$ 和消息长度 L_1 嵌入后，可获得条件概率 $p_{2|l}^i(r)$，转化为条件失真 $\rho_{2|l}^i(r)$ 后再嵌入相应长度 L_2 的消息。如果在每轮的嵌入都是最优的，那么以上将 $(x_{i,1}, x_{i,2})$ 修改为 $(x_{i,1}+l, x_{i,2}+r)$ 的概率相当于 $p_1^i(l)\times p_{2|l}^i(r)=p^i(l,r)$，$(l,r)\in I^2$，$1\leqslant i\leqslant N$，这意味着 DeJoin 的总嵌入也是最优的。

1.6.3　JPEG 图像非加性失真定义

由于 JPEG 图像的编码，方向一致性原则不再适用。通过分析空域块边界的安全性和修改分布，我们可以发现隐写修改容易引起更多块效应，破坏空域块边界的分布，同时空域块边界更容易被隐写分析提取有效特征。基于此可以设计两种非加性失真定义原则。

(1) 保持块边界修改连续性原则(block boundary continuity，BBC)[20]，其目的是减少隐写修改造成更多的块效应。实现方式有两种：

① BBC[20]通过鼓励调制相邻块相同位置的系数，来维持块边界修改连续性；

② BBC++[21]通过直接将相邻空域块边界的修改延拓到待嵌入块边界，并更新载体和失真维持这种修改。

(2) 减少块边界的修改并维持块边界分布的原则(block boundary maintenance，BBM)[22]。通过探究块内系数的相关性，鼓励块内相关系数的修改，以减少空域块边界的修改量，具体对于同行或同列的两个坐标差为偶数的 DCT 系数，鼓励异向修改。

1.7　基于深度学习的隐写失真

隐写分析从人工特征向深度学习的发展，显著提升了检测能力，给隐写安全带来挑战。为了应对这种挑战，隐写术的发展思路是以深度学习对抗深度学习。最初的思路是用生成对抗网络(generative adversarial network，GAN)训练完整的隐写方法，包括消息嵌入器、提取器和判别器(隐写分析器),在对抗训练过程中提升安全性。然而,这一框架难以保证消息的严格准确提取。因此,这种框架后续主要用于以图藏图。对于更普遍的隐藏密文序列的需求,学术界目前是退而求其次,转向了"人机结合"的方式,即用深度学习自动设计隐写失真函数,然后用专家设计的隐写编码(如 STC)完成消息的嵌入和提取。

如前所述,以前的自适应隐写如 S-UNIWARD、MiPOD、HILL 等利用启发式原则或基于统计模型设计失真函数。ASDL-GAN[23](基于生成对抗网络的自动隐写失真学习)是第一个利用深度学习设计空域图像隐写失真的工作。ASDL-GAN 采用生成对抗网络模拟加性失真隐写与深度学习隐写分析器之间的对抗,使失真生成器和隐写分析检测器都能通过对抗训练自动学习到图像特征,从而得到自适应于图像的隐写失真。近年来,在 ASDL-GAN 的基础上又提出了 UT-GAN、SPAR-RL、JS-GAN 、JEC-RL[24-27]等多种方法,基于深度学习的隐写失真学习方法已成为隐写领域重要的研究方向。

1.7.1　ASDL-GAN 网络结构概述

ASDL-GAN 采用了最小化加性失真框架,使用 STC 嵌入。网络主要由生成器、模拟嵌入器、判别器三部分组成,如图 1-12(a)所示。其中,生成器负责生成载体图像的隐写修改概率,即自适应隐写失真;模拟嵌入器利用修改概率生成像素三元嵌入的修改值;判别器采用基于卷积神经网络的隐写分析器设计,用于对抗训练。

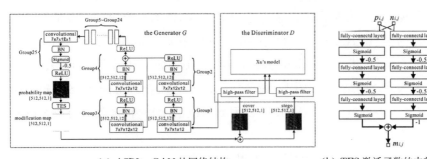

(a) ASDL-GAN 的网络结构　　　　　　　(b) TES 激活函数的内部结构

图 1-12　ASDL-GAN 方法的结构示意图

(来源:TANG W, TAN S, LI B, et al. Automatic steganographic distortion learning using a generative adversarial network [J]. IEEE Signal Processing Letters, 2017, 24(10):1547-1551)

1. 生成器

ASDL‒GAN 的生成器被分为 25 组,每组中包含卷积层、批归一化层(batch normal,BN)和激活层(ReLU 或 Sigmoid),并在前 24 组中采用快捷连接(shortcut connection)来加强特征学习的能力,最后一组的输出是与载体图像相同大小的单张特征图,其中的元素代表对应像素的隐写修改概率,概率大小由激活函数限制在 0~0.5。文献[23]采用了三元嵌入模式,即一个给定的像素 $x_{i,j}$ 会以 $p_{i,j}^{\varphi}$ 的概率被修改到 $x_{i,j}+\varphi$,其中 $\varphi \in \{+1,-1,0\}$,并且对修改概率进行了对称近似,令 $p_{i,j}^{+1}=p_{i,j}^{-1}=p_{i,j}/2$,$p_{i,j}^{0}=1-p_{i,j}$,如此可以得到对应整幅载体图像的嵌入容量

$$C=\sum_{i=1}^{H}\sum_{j=1}^{W}(-p_{i,j}^{+1}\ln p_{i,j}^{+1}-p_{i,j}^{-1}\ln p_{i,j}^{-1}-p_{i,j}^{0}\ln p_{i,j}^{0}) \quad (1-39)$$

2. 模拟嵌入器

为了得到载密图像,还需要从像素修改概率得到像素的修改值,在之前的隐写方案中一般采用模拟嵌入的方法。即对给定的像素值 $m_{i,j}$ 和其修改概率 $p_{i,j}$,生成随机数 $n_{i,j} \in (0,1)$ 得到模拟的修改 $m_{i,j}'$,如下所示:

$$m_{i,j}'=\begin{cases} -1, & n_{i,j} < \dfrac{p_{i,j}}{2} \\ 1, & n_{i,j} > 1-\dfrac{p_{i,j}}{2} \\ 0, & 其他 \end{cases} \quad (1-40)$$

但是在 GAN 的训练流程中,模拟嵌入器应该可微,以满足判别器到生成器的梯度反向传播需求。显然,公式(1‒40)作为一个阶梯函数是不可微的。作为替代,ASDL‒GAN 采用了一个用微型神经网络实现的 TES(ternary embedding simulator)激活函数,以修改概率和随机数为输入,输出三元嵌入修改的结果,如图 1‒12(b)所示。经过提前训练的 TES 能较好地(以超过 90%的概率)将修改概率映射到修改值±1。将修改值与像素值相加即得到修改像素。

值得一提的是,在后续发展中,基于网络的 TES 函数已经被更高效的方法所取代。Yang 等人提出的 UT‒GAN[24]中使用了一种双-双曲正切函数(double-tanh function):

$$m'_{i,j} = -0.5 \times \tanh[\lambda(p_{i,j} - 2 \times n_{i,j})] + \tag{1-41}$$
$$0.5 \times \tanh\{\lambda[p_{i,j} - 2 \times (1 - n_{i,j})]\}$$

这一可微的函数可以模拟嵌入修改的值,这是因为不需要预训练大幅减少了网络迭代对抗训练的时间。另外,双-双曲正切函数的收敛效果也超过了 TES 激活函数,绝大多数的修改概率值都能得到 ±1 的模拟修改结果。但双-双曲正切函数的缺陷是:当修改偏差小时梯度绝对值也很小,容易发生梯度消失的问题。在之后的 SPAR-RL[25] 等基于深度强化学习的方法中,将梯度信息直接回传到生成器(在强化学习中被称为"策略网络"),可以跳过模拟嵌入器的反向传播过程,因此可以直接采用公式(1-40)中的阶梯函数进行模拟修改的采样,避免了梯度消失,使网络更容易收敛。

3. 判别器

判别器可以采用基于卷积神经网络(convolutional neural network,CNN)的隐写分析器(见第 1.14 节)。在 ASDL-GAN 的设计中,基于检测性能和实现效率的双重考虑选择 Xu-Net[28] 作为 GAN 的判别器。该模块以载体-载密图像对作为输入,进行图像的二分类。

1.7.2 ASDL‑GAN 训练策略

1. 损失函数的设计

和所有深度学习网络一样,基于深度学习的隐写失真定义方法也需要设计损失函数,通过 SGD(stochastic gradient descent)、Adam 等优化方法迭代训练以减小损失,最终得到收敛的网络模型,以自适应生成载体的修改失真或修改概率。根据 GAN 对抗训练的需求,ASDL-GAN 的损失函数设计如下。

(1) TES 激活函数的预训练损失。为了使 TES 激活函数满足公式(1-40)中的阶梯函数,预训练 TES 子网的损失函数为:

$$l_{\text{TES}} = \frac{1}{H}\frac{1}{W}\sum_{i=1}^{H}\sum_{j=1}^{W}(m_{i,j} - m'_{i,j})^2 \tag{1-42}$$

(2) 判别器和生成器的对抗训练损失。判别器的目标是区分载体图像和对应的载密图像,这类二分类任务的损失函数一般用交叉熵定义。对于给定的图像标签 y'_i 和判别器输出结果 y_i,损失函数计算过程如下:

$$l_D = -\sum_{i=1}^{2} y_i' \ln y_i \tag{1-43}$$

对于生成器,损失函数是两部分的加权和:一是用于衡量抵抗判别器的检测能力的对抗损失 l_G^1;二是用于保证生成的载密图像能承载给定的消息嵌入率 q 的熵损失 l_G^2。

$$l_G^1 = -l_D \tag{1-44}$$

$$l_G^2 = C - H \times W \times q \tag{1-45}$$

2. 训练流程

ASDL-GAN 网络运行的每一次流程如图 1-12(a)所示,载体图像通过生成器生成修改概率,概率图通过模拟嵌入器生成对应的修改值,修改值与载体图相加得到载密图像,载体图像与对应的载密图像经过判别器输出分类结果,最后由分类结果计算损失函数。在每一次迭代过程中,网络图运行两次。第一次用于优化判别器,Adam 等优化器用梯度下降法优化判别器的参数以减小判别器损失。第二次则根据生成器损失优化生成器参数。经过多次迭代训练后,网络模型趋于稳定,固定此时参数的生成器模型可以用于生成自适应修改概率。最后利用 1.4 节的"翻转引理",即公式(1-27),将修改概率翻转成隐写失真。

在这一方向后来的发展中,UT-GAN[24]有相当重要的地位,除了已经提到的模拟嵌入器的变化外,其采用的 U-Net 结构的生成器在提取图像高维特征的能力上有相当不错的表现,进一步加强了失真生成器的性能。强化学习方法 SPAR-RL[25]的失真函数和训练策略也为解决网络不可微部分的梯度反向传播问题提供了新的解法。另外,JS-GAN[26]和 JEC-RL[27]等方法将空域图像隐写失真学习方法拓展到了 JPEG 图像,加强了相关方法的实用性。

1.8 可证明安全隐写

近 20 年来,多媒体隐写术空前发展,从非自适应隐写到自适应隐写,出现了最小化失真隐写框架,有了可接近理论界的编码,和各种各样复杂的失真函数,从加性失真到非加性失真,从人工设计的失真到基于学习的失真。

这些想法的应用领域从图像载体扩展到音视频、文本,涌现了大量优秀的论文,还有各种实践项目,但是这些方法仍停留在经验安全层面,可证安全才是隐写领域的终极目标。

1.8.1 可证安全隐写的理论

可证安全隐写理论借鉴了可证安全密码的思路,分为信息论安全和计算安全。隐写追求的是难以区分载体和载密的分布,而相对熵可以刻画两个分布的距离。1998 年,Cachin[29] 引入相对熵来定义隐写的信息论安全。设载体数据的分布为 P_C,载密数据的分布为 P_S,载体数据和载密数据的相对熵 $D(P_C \parallel P_S)$ 定义为:

$$D(P_C \parallel P_S) = \sum_{q \in \Omega} P_C(q) \ln \frac{P_C(q)}{P_S(q)} \qquad (1-46)$$

若 $D(P_C \parallel P_S) \leqslant \varepsilon$,则称隐写系统是 ε -安全的;若 $\varepsilon = 0$,则称隐写系统是绝对安全(perfect security)的。

信息安全的隐写就像信息论安全的密码一样,实际应用中的成本很高,并且难以从对称密钥隐写扩展到非对称密钥隐写。为此,2002 年,Hopper 等人[30]在美国加州圣巴巴拉召开的国际密码讨论年会(简称"美密会")上给出了计算安全隐写的定义。

在他们的定义中,载体信道被描述成在历史输出条件下的载体信号的条件概率分布。假设存在关于载体分布的一个完美采样器 M,可以按照载体分布精确采样,在已知一段历史输出 h 的条件下,M 可以采样得到下一段 b 长的载体输出。在这个基础上定义隐写系统为一个三元组(SE,SD,SK):包括嵌入算法 SE、提取算法 SD、密钥生成算法 SK 用来生成密钥 K。待嵌入消息记作 m。嵌入过程就是把密钥 K、消息 m 和历史 h 输入 SE,按 M 去采样,采出一系列载体的样本:

$$c_1 \mid c_2 \mid \cdots \mid c_l \leftarrow SE^M(K, m, h) \qquad (1-47)$$

这里要求接收方通过纠错编码可正确提取,为此需要保证一个超过 $\frac{2}{3}$ 的提取正确率:

$$P\{SD^M[K, SE^M(K, m, h), h] = m\} \geqslant \frac{2}{3} \qquad (1-48)$$

隐写计算安全的定义是对密码学相关定义的模仿。密码学为了定义语义安全,把攻击者描述成在做一个区分游戏。事实上,这种描述对于隐写更直观,因为在隐写安全模型中,攻击者 W 就是在区分载体和载密。在此模型中,攻击者的目的是要区分如下两个采样过程:一是上述的消息嵌入过程,也就是秘密消息驱动的采样过程;二是正常的按照载体分布的随机采样过程。攻击者的成功优势可以定义成他对这两个过程分别报阳性的概率差:

$$\mathrm{Adv}_{\mathrm{S,C}}^{\mathrm{SS}}(W) = \big| P_{K, r, M, SE}\big[W_r^{M, SE(K, \cdot, \cdot)} = 1\big] \qquad (1-49)$$
$$- P_{r, M, O}\big[W_r^{M, O(\cdot, \cdot)} = 1\big] \big|$$

如果对于任何一个概率多项式时间的对手 W,它的攻击优势关于安全参数 k 都是可忽略的,则称该隐写系统是计算安全的。这个安全参数一般是密钥长度。所谓可忽略,就是对于任意一个正多项式 P,对于充分大的 k,这个优势都小于 $1/P(k)$。

最典型的可证安全隐写构造是基于拒绝采样算法。如算法 1 所示,选择一个判别函数 f,有一个目标值 m,然后利用采样器对载体分布进行采样,每次采到一个样本 c,输入 f 来看它的函数值是不是等于目标值 m,如果不等于就拒绝这个采样,重新采样,一直采到一个样本 c,使得 $f(c) = m$ 就结束。显然,若 m 是要嵌入的消息,则采样到的样本 c 就表达了消息 m,接收方将 c 代入判别函数 f 就能提取消息 m。利用拒绝采样构造计算安全的隐写算法,关键在于如何选取拒绝采样算法中的 f 函数。Hopper 等人[30]给出了两个基本构造。

算法 1　拒绝采样 rej_sam

Input:判决函数 f,秘密消息 m,采样器 C_h.
Output:样本 c
1:$c \leftarrow C_h$
2:**While** $f(c) \neq m$ **do**
3:　　$c \leftarrow C_h$
13:**Return** c

第一个构造见算法 2,其使用密码学安全的伪随机函数族 f_k,并基于密钥 k 选取伪随机函数用于拒绝采样。原始的消息 m' 要先经过纠错码编码成序列 m,把它拆成比特序列 m_i,m_i 作为拒绝采样的目标值,对载体进行拒绝采样，每轮要采到一个 c_i，使得 $f_k(c_i)=m_i$，并把 c_i 作为输出。接收方收到 c_i 后计算 f_k 的函数值得到可能含错的消息，然后经过纠错码的译码算法得到消息。

算法 2　基于伪随机函数族的可证安全隐写

PROCEDURE *SE*	PROCEDURE *SD*

Input：Key k，hidden text m'，history h
 let $m = \mathrm{Enc}(m')$
 parse m as $m = m_0 \mid m_1 \mid \cdots \mid m_{\lambda-1}$
 for $i = 0$ to $\lambda-1$ {
 $\qquad c_i = \mathrm{rej\_sam}_{M(h)}^{i,\,f_k}(m_i)$
 $\qquad$ set $h \leftarrow h \parallel c_i$
 }
 Output：$c_{\mathrm{stego}} = c_0, c_1, \cdots, c_{\lambda-1} \in \Sigma^\lambda$
	Input：Key k，stegotext c
	
	 parse c_{stego} as $c_0, c_1, \cdots, c_{\lambda-1}$
	 for $i = 0$ to $\lambda-1$ {
	 $\qquad$ set $\bar{m}_i = f_k(i, c_i)$
	 $\qquad$ let $\bar{m} = \bar{m}_0, \bar{m}_1, \cdots, \bar{m}_{\lambda-1}$
	 }
	 Output：$\mathrm{Dec}(\bar{m})$

拒绝采样算法的安全性可以归约为伪随机函数族的伪随机性。因为在这个拒绝采样过程里面，如果使用一个真随机函数，采到的样本就服从原始的载体分布。如果存在一个算法，可以区分载体与载密，则利用这个算法就可以区分伪随机函数族和随机函数。但是我们假设所用的伪随机函数族是密码学上安全的，即和随机函数计算上不可区分，这就证明了在计算上区分载体和载密不存在可行的算法。

第二个构造可见算法 3，假设存在载体分布 $\mathcal{C}$ 上的无偏函数 f，即按照 $\mathcal{C}$ 的分布采样，采到的样本对应的 f 函数值都是等概率的。如果存在这样的函数，在算法 2 构造里面，就把伪随机函数族换成无偏函数。但要点是，这个函数是可公开的，安全性依赖于加密算法。于是，我们首先用一个安全的密码算法 E_k 对消息进行加密，把消息变成均匀随机分布的密文序列。然后将密文值作为拒绝采样的目标值。安全性证明归约为加密算法 E_k 的安全性。也就是说，要求 E_k 输出的密文是可以通过真伪随机检验的。因为如果用一个真随机序列驱动上述采样过程，则得到满足载体分布的样本，所以若存在算法可区分载体和载密，则基于此算法可以区分 E_k 的密文和随机序列，这与假设 E_k 是计算安全产生了矛盾。

算法 3　基于无偏函数的可证安全隐写

PROCEDURE $SE2$	PROCEDURE $SD2$

Input：Key k，hidden text m'，history h
let $s = E_k(m')$
parse s as $s = s_0 \mid s_1 \mid \cdots \mid s_{\lambda-1}$
for $i = 0$ to $\lambda - 1$ {
　　$c_i = \text{rej\_sam}^f_{M(h)}(s_i, \mid K \mid)$
　　set $h \leftarrow h \parallel c_i$
}
Output：$c_{\text{stego}} = c_0, c_1, \cdots, c_{\lambda-1} \in \Sigma^\lambda$
	Input：Key k，stegotext c_{stego}
	
	parse c_{stego} as $c_0, c_1, \cdots, c_{\lambda-1}$
	for $i = 0$ to $\lambda - 1$ {
	　　set $s_i = f(c_i)$
	　　let $s = s_0, s_1, \cdots, s_{\lambda-1}$
	}
	Output：$D(K, s)$

1.8.2　可证安全隐写的应用

实现可证安全隐写的一个前提条件是存在关于载体完美采样器。但是前面提到的主流的基于自然媒体的修改式隐写都无法满足这个条件，关于自然媒体（比如拍摄、录制的图像、视频、音频等），我们无法得到其完备的分布，也没有完美的采样器，只能对其分布进行估计，所以这类隐写术无法做到可证安全。

人工智能（artificial intelligence，AI）生成模型的兴起给实现可证安全隐写带来了契机。以图像生成为例，人工智能生成模型先是学到了一个分布，基于这个分布再生成图像，这个生成过程就是一个采样过程，所以我们可以得到一个关于生成图像的完美采样器，有时甚至可以获得分布。需要注意的是，该如何定义这种隐写的安全性，也就是要追求与谁不可区分？事实上，只要追求生成的载密数据与 AI 模型正常生成数据不可区分即可！要理解这一点需要回到隐写安全的本质，就是使秘密通信行为与某个普通行为不可区分。因此，用 AI 生成数据做隐写需要一个前提，就是 AI 生成数据在互联网上很流行、很普遍。这种被普罗大众普遍用的东西才是好的载体。如今，互联网上各类图片生成、风格迁移、语音合成、文本生成服务越来越普遍，因此 AI 生成数据可以充当伪装的载体。

那么怎么用生成数据做可证安全隐写呢？这里以文本合成语音为例阐述可证安全隐写的实现方案，如图 1-13 所示。文本语音合成一般分成两步，第一步将文本转化为声学特征（MelSpectrogram），然后通过声码器将声学特征转化为语音信号。WaveRNN[31] 和 WaveGlow 生成模型扮演声码器的角色。其中 WaveRNN 是一种自回归生成模型，它在波形层面建模，将波形序列的联合概率分解成条件概率连乘。

$$P(x \mid h) = \prod_{t=1}^{T} P(x_t \mid x_1, \cdots, x_{t-1}, h) \qquad (1-50)$$

式中 x_t 是 t 时刻语音采样点，因子项表示历史采样点的信息，h 表示辅助信息（如特定人的声学特征）。拥有载体的概率分布，也就意味着我们拥有完美的采样器。这与可证安全隐写模型中对信道（载体）的描述是一致的，因此我们可以采用基于拒绝采样的算法 1 或算法 2 实现隐写方案。

　　与文献[30]中的假设不同，在这个语音合成模型中，我们能观察到载体生成的分布，此时有条件实现比拒绝采样更高效的隐写。实际上当能看到分布的时候，可以做可逆的采样。算术编码的译码算法就是一种可逆采样算法。如图 1 - 13 所示，先把消息用一个安全的加密算法 E_k 加密成伪随机序列，这个伪随机序列可以看作算术编码按照载体分布压缩得到的压缩序列，因而用这个序列按照载体分布执行解压缩过程就得到了载密语音。接收方与发送方共享生成模型，将语音识别成文本，通过相同的生成模型获得语音信号与相应的概率分布，按照这个分布压缩语音信号就可以得到密文，再把密文解密就能得到消息。这个算法的安全性就归约为加密算法 E_k 的安全，载体与载密的不可区分性归约为 E_k 生成的伪随机序列跟随机序列的计算不可区分性。

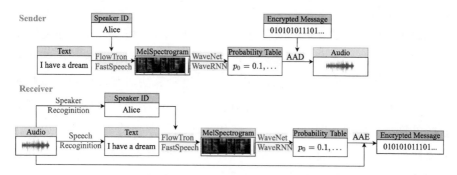

图 1 - 13　基于 WaveRNN 的可证安全隐写模型

（来源：CHEN K, ZHOU H, ZHAO H, et al. Distribution-preserving steganography based on text-to-speech generative models [J]. IEEE Transactions on Dependable and Secure Computing，2022，19(5)：3343 - 3356）

最近,文本生成模型的应用越来越流行,因而生成文本也是理想的实现可证安全隐写的载体[32]。人工智能生成模型不仅为可证安全隐写提供了技术,还提供了数据生态和伪装环境。此外,其他各种生成模型与可证安全隐写理论的结合是隐写领域值得探索的新方向。

1.9 载体选择隐写

目前最主流的隐写是修改式隐写,即通过修改载体元素嵌入秘密消息。即使修改式隐写已发展出了最小化失真模型,但其修改痕迹依然可能被隐写分析检测出来。随着人工智能生成模型的流行,生成式隐写出现了,即在载体生成过程中隐写信息,这种隐写可以证明与正常的生成过程不可区分。除此以外,还有一种隐写方式——载体选择隐写,这种隐写不对载体做任何修改,而是通过在载体与秘密消息之间建立映射关系来隐藏消息。

1.9.1 载体选择隐写的基本思想与方法

载体选择隐写需要在发送方和接收方之间建立一个共享的载体库,并且需要建立一个映射关系,将每一个载体映射到一个特定的消息序列。发送方发送消息时选取消息所对应的载体发送,而接收方按照映射规则计算获得秘密消息。载体选择隐写的优点是不需要对载体做修改,可以完美地抵抗传统隐写分析。

载体选择隐写的思想可以应用于各类载体,下面我们以 Zhou 等人[33]提出的图像选择隐写为例进行描述。首先,该方法通过网络收集一些图像构建一个载体库。其次,该方法通过图像鲁棒哈希算法对载体库中的每张图片计算哈希值。哈希值即代表秘密消息,也就是说图像到消息的映射是通过哈希算法完成的。图像哈希的一个传统应用是图像检索,图像可以基于哈希序列建立一个倒排索引。发送方首先将秘密数据转换为比特串,并将其划分为若干长度相等的片段。然后发送方将每个片段看作哈希值,通过倒排索引获得与该片段对应的图像。如此得到一系列图像作为隐写图像传输给接收方。接收方只要依次计算这些图像的哈希值就解码出了秘密消息。具体流程如图 1-14 所示。

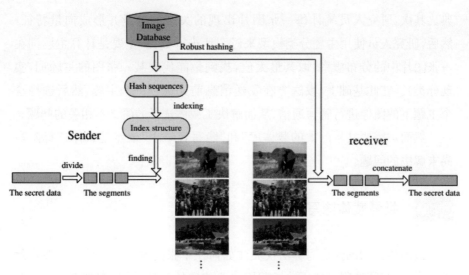

图 1-14　Zhou 等人基于图像的载体选择隐写算法流程

(来源：ZHOU Z, SUN H, HARIT R, et al. Coverless image steganography without embedding[C]//
HUANG Z, SUN X, LUO J, et al. Cloud Computing and Security. Cham：Springer International
Publishing，2015：123-132)

1.9.2　载体选择隐写的局限

载体选择隐写也存在两个明显不足：一是容量小，二是行为异常。

首先是容量小。从上面的例子可以看出，如果一张图像映射成 n 比特消息，那么为了让任意 n 比特消息都可以选择到对应的图像，则大概需要包含 2^n 张图像的图像库。图像库的大小与单张图的隐藏容量是指数关系，所以每张图像不可能代表太长的消息。例如，若一张图只代表 20 比特消息，就需要收发双方共享一个包含 100 万张图像的图像库，才能支撑这个隐写算法。需要共享巨大的载体库是载体选择隐写在实际应用中面临的一个困境。

其次是行为异常。由于单张图的容量小，因此一条消息需要分段映射成多张图发送。站在检测者的角度来看：一方面，发图量远超正常用户是异常行为；另一方面，多个语义无关的图像一起发送也是异常行为，因为普通用户同时分享的一组图像或在一个时段连续分享的图像通常是相关的。

为了解决载体选择过程中多张图像的相关性问题，Zhang 等人[34] 提出了主题分类模型，对图像库中的每一张图像，使用特征袋（bag of feature，BoF）提取图像的特征，从图像中抽取一些具有代表性的关键主题词，形成字典。其次,研究人员统计每一张图片出现的关键词数量并形成向量特征。然后,研究人员使用主题分类模型来对图片进行分类(主要是计算主题词在一张图片中的分布概率,取其最大值,找到最能代表某一张图的主题词,实现分类)。在此基础上,发送方在发送消息前先选定一个主题,然后选择这个主题下的图像进行隐写通信,从而解决了载体选择的语义不相关的问题。

然而,"需要共享巨大的载体库"和"隐写容量小"依然是载体选择隐写尚未解决的问题。

1.10 批量载体隐写

前面讨论的图像隐写算法仅关注如何在单张图像中隐藏信息。在实际应用中,一张图像很可能无法承载用户要传递的信息,因此需要将消息隐藏在多张图像中,这就是批量载体隐写,简称为"批隐写"。

在批隐写的模型中,有 N 张载体图像(图像可能是随机选择的,也有可能是用某种方法挑选出来的)和一个待传递的 M 比特消息序列。那么如何把 M 比特消息分配给 N 张图像才最不容易被检测到? 这就是批隐写研究的问题。每张图像分配的消息长度 $\{m_1, m_2, \cdots, m_N\}$ 或者每张图像的嵌入率 $\{\lambda_1, \lambda_2, \cdots, \lambda_N\}$,称为"批隐写策略"。消息分配后就可以利用单张图像的隐写算法为每张图像嵌入对应的消息。由于批隐写是基于单张图像的隐写方法,所以早期的批隐写都是考虑非自适应的情况,随着自适应隐写的发展,批隐写逐步扩展到自适应的方法。

1.10.1 非自适应批隐写

早期的图像批隐写基于非自适应图像隐写算法,如 LSB 替换。非自适应隐写假设每个像素的修改失真相同,因而载荷能力相同,所以对于同样分辨率的图像,每张图像的隐写容量相同。下面我们假设批隐写模型中所用图像的分辨率相同,Ker 等人证明了这种情况下隐写者的最优策略是平均策略或者随机贪心策略[35,36]。

平均策略下每张图像嵌入率相同,即批隐写策略为: $m_1 = m_2 \cdots = m_N$ $m = M/N$。 当每张图像隐写容量相同,嵌入率很小,且隐写的修改服从凸的指数族分布时,平均策略可以使载体和载密的相对熵最小[36]。

随机贪心策略希望使用最少的载体隐藏秘密消息,不考虑载体的隐写容量差异,假设每张图像能嵌入的最大消息长度都是 m^*,随机选择载体 X_i,嵌入长度等于 m^* 的消息,如果消息没有嵌完,就再随机选择一个载体,嵌入 m^* 比特消息,当剩余消息 $m_r = M - (l-1)m^* < m^*$ 时,就随机选择载体嵌入剩余 m_r 比特消息,至此使用了 l 张图像嵌入了全部消息,剩余 $N-l$ 张图像保持不变。最后将 N 张图像发送出去。

1.10.2 自适应批隐写

平均策略和随机贪心策略都没有考虑图像隐写安全容量的差异。而在自适应隐写模型下,两张分辨率一样的图像,纹理复杂的图像较之纹理简单的图像安全隐写容量就要大很多。在自适应隐写模型下,两个典型的批隐写策略是线性策略和最大贪心策略[37]。

线性策略下每张图像的隐写消息长度正比于它们的隐写容量。如果用 c_i 表示第 i 张图像的隐写容量,那么其分配的消息长度为:

$$m_i = \frac{c_i M}{\sum_{j=1}^{N} c_j} \qquad (1-51)$$

最大贪心策略的思想类似随机贪心策略,隐写者希望使用最少的载体隐藏秘密消息。当图像隐写容量不同时,隐写者优先选择使用容量最大的载体。具体来说,首先根据隐写容量对载体排序,然后选择最大容量的载体,嵌入长度等于其隐写容量的消息,依次迭代下去,直到消息全部嵌完。

虽然 Ker 验证了在非自适应条件下,如果每张图像容量相同,隐写者的最优策略是平均策略或者贪心策略,但考虑了隐写容量差异后,我们需要重新考虑它们的安全性。在利用基于特征的批隐写检测时,隐写的修改对于每个隐写分析特征分量产生的影响是不同的,也就是隐写的嵌入率和失真(这里指特征移动的距离)并不是线性的关系,而是随着相对载荷的增加,失真增加的速度逐渐减小。同时特征对于隐写修改的灵敏度,随着隐写容量的增加而降低。因此,对于容量大的图片,应该嵌入更多的消息。贪心策略一般优于平均策略或线性策略。最大贪心策略优于随机贪心策略,线性策略要优于平均策略[37]。

随着自适应隐写的发展,最小化失真隐写框架成了单张图像隐写的主流框架。在此基础上,Cogranne 等人提出了 image merging sender(IMS)、detectability limited sender(DeLS)和 distortion limited sender(DiLS)三种自适应的批隐写策略[38]。

DeLS 与 DiLS 可以看作"失真平均策略"。DiLS 首先用一个启发式隐写失真定义算法计算每张图像的隐写失真,目标是希望每张图像隐写后的失真相同,然后以此为优化目标通过一个优化策略分配消息长度。DeLS 是将 DiLS 中的启发式失真换成"基于模型的失真",通过对图像像素分布建模,假设图像残差服从某个统计分布,从而可以计算载体与载密的相对熵,DeLS 策略希望每张图像隐写前后的相对熵相同。

IMS 可以看作自适应隐写从单张图像向多张图像的自然扩展,这种方法先将 N 张图像拼成一张图像,然后使用自适应隐写算法进行失真定义和消息嵌入,隐写之后再将图像恢复为原始的多张图像发送。这样利用自适应隐写算法同时实现了消息分配和消息嵌入,不需要人为地计算每张图像的消息长度。

上述 IMS、DeLS、DiLS 策略都考虑了自适应的隐写失真,其中 IMS 策略实质上是最小化整体的隐写失真,安全性最好。

1.11 鲁棒隐写

隐写术的目的是将秘密通信行为伪装成普通行为,所以需要用人们日常生活中最常见的行为作掩盖。当今,在社交网络(例如微信、Twitter 等)上分享图片已经成了人们的一种习惯。在社交网络分享图片是一种理想的为隐写作掩盖的行为。不过,为了提高效率和节约空间,社交网络通常会对用户上传的图片进行处理,例如 JPEG 重压缩、尺度变换等。这些有损处理致使传统的隐写方法失效,所以需要一类同时具有隐蔽性(抗隐写分析检测)和鲁棒性(抗有损处理)的隐写算法,这样的算法被称为"鲁棒隐写"。在社交网络的有损处理中,JPEG 重压缩是最主要的有损处理方式,所以我们重点介绍抗 JPEG 重压缩的鲁棒隐写算法。

1.11.1 鲁棒自适应隐写的设计思路

自适应隐写是目前隐蔽性最好的隐写术,所以当前鲁棒隐写设计的目标就是设计具有鲁棒性的自适应隐写术。那么如何使自适应隐写术具有鲁棒性呢？在水印算法的研究中已经有了很多关于增强鲁棒性的经验，因而将隐写与水印技术结合是实现鲁棒隐写的主要思路之一。

水印算法按嵌入域可以分为空域、DCT、DWT[①] 等，嵌入方法有抖动调制（dither modulation）、扩频（spread spectrum）等。后文，我们将介绍基于抖动调制的自适应隐写算法（dither modulation based adaptive steganography，DMAS）。在此之前，我们先介绍一下基于抖动调制的 DCT 域水印算法。

抖动调制算法是量化索引调制（quantized index modulation，QIM）的一个简单实现。以 DCT 域的 QIM 为例，首先对载体的像素进行 DCT 变换得到 DCT 系数，然后选择其中的若干系数作为载体。对于这些系数，以 Δ 为量化步长对其量化取整，根据结果的奇偶将它们划分为 A 和 B 两类，如图 1-15 中所示。我们令在区间 A 中的系数表示"0"，区间 B 中的表示"1"，在嵌入时，我们只需要将载体系数修改到对应的区间中点处。例如，某个 DCT 系数 $d = 23$，量化步长 $\Delta = 10$，若要此系数表示消息"0"，则修改 $d = 20$，若要表示"1"，则修改 $d = 30$。对所有系数进行对应的修改后我们就完成了嵌入。在此过程中，首先需要将原始载体转化为 DCT 系数，用 DCT 系数的区间对应"0"和"1"，从而得到了一个二元"鲁棒载体"。最后，针对这个二元鲁棒载体使用上述的修改方式以表达要嵌入的信息。在上述例子中，即使载体被重压缩导致 DCT 系数发生波动，但是在接收端，只要 DCT 系数接近 20 就可以正确译码为"0"，DCT 系数接近 30 就可以正确译码为"1"，所以这种嵌入方式具有鲁棒性。

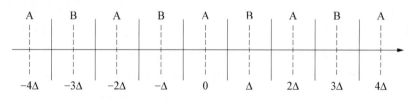

图 1-15　抖动调制划分区间

水印算法的核心主要是两部分：构造鲁棒载体和设计修改方式。在鲁

---

① discrete wavelet transform，离散小波变换，简称"DWT"。

棒隐写中,这两部分仍然是重要的,同时由于隐写追求隐蔽性,因此我们还需要引入隐写失真。所以鲁棒隐写的核心有三部分:构造鲁棒载体、设计修改方式和设计隐写失真。在这三个部分中,鲁棒载体和对应的修改方式保障鲁棒性,而失真设计结合自适应隐写框架可以实现隐蔽性。其具体过程为:在得到鲁棒载体和对应失真之后,我们可以通过 STC 得到载密,然后对比载体和载密,在需要修改的位置使用设计好的修改算法进行修改,最后得到载密图像。

对于传统的自适应隐写,载体都默认是图像的像素值或者 DCT 系数,修改的方式就是+1 或−1。而在鲁棒隐写中,首先要构造鲁棒载体,修改方式也要和鲁棒载体相匹配,修改方式改变后,对应的失真设计也就要跟着改变。可以看出,鲁棒载体的构造是鲁棒隐写算法的核心。所以我们要做的主要就是构造鲁棒载体以及设计对应的修改方式和失真函数。虽然水印给我们提供了鲁棒载体构造的例子,但隐写不能只追求鲁棒性,还需要合理地结合隐写和水印的长处。接下来我们以鲁棒自适应隐写算法——DMAS[39]为例对这几个关键步骤进行介绍。

1.11.2　DMAS 算法

1. 鲁棒载体

DMAS算法是在量化 DCT 系数中进行隐写。因此首先需要将图像分为 8×8 的块,然后对每个块进行 DCT 变换,最后使用 JPEG 压缩中的量化表进行量化。

此外还需要选择合适的 DCT 系数,因为并不是所有的系数都满足我们对鲁棒性和安全性的要求。DCT 系数的安全性指的是在该系数上进行修改对抗检测性的影响,可以通过该系数的自适应隐写失真来度量。DCT 系数的鲁棒性指的是该系数在经过 JPEG 重压缩后变化的可能性。同一个块内的 DCT 系数的鲁棒性和安全性可以基于两个方面来衡量——量化步长和频率。在以往的研究经验中:量化步长越长则该系数越鲁棒,但该系数的安全性会变低;从频率的角度来看,低频区域比较鲁棒。综合鲁棒性和安全性的需求,我们选择中频系数作为载体,因为这部分载体系数量化步长适中,频率也不高,适合作为鲁棒隐写的载体。

2. 修改方式

修改方式为前文介绍的抖动调制算法。具体来说,修改方式需要和得到的鲁棒载体相对应,在 DMAS 中量化步长 Δ 就是该系数对应的 JPEG 压缩的步长,修改时将该系数修改到对应的区间中点,如图 1-16 所示。值得一提的是,抖动调制是二元修改,所以 DMAS 将得到的 DCT 系数视为二元载体,使用二元 STC 得到载密,再对需要修改的系数进行二元调制。

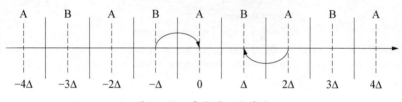

图 1-16　载体的二元修改

3. 失真设计

在自适应隐写的研究中,已经提出了许多有效的失真计算方法。首先可以使用已有的失真计算方法计算 DCT 系数的失真,这个失真称为“基础失真”。鲁棒载体修改的失真就是基础失真的加权值,权重为鲁棒隐写修改对应在载体图片上的修改幅度。例如在 DMAS 中,设 DCT 系数的基础失真为 ρ,在该系数上的修改幅度为 w,则修改该系数的最终失真为 $\zeta = \rho \cdot w$。

在计算载体时,我们使用了 JPEG 压缩的方法来生成 DCT 系数,因此可以观测到 DCT 系数的量化取整误差。这个误差可以作为失真计算的边信息提升安全性。

4. DMAS 隐写过程

在知道如何计算上面三个部分后,使用自适应隐写框架就可以得到 DMAS 算法。DMAS 的总体嵌入流程如图 1-17 所示:首先由空域图像得到 DCT 系数,其次选择中频的 15 个 DCT 系数作为载体,然后计算隐写失真,并通过 STC 编码消息得到修改位置,最后通过抖动调制完成修改得到载密。值得一提的是,在鲁棒隐写中,为了提高鲁棒性,通常在 STC 前对消息进行纠错编码,DMAS 中使用 RS 码(Reed-Solomon code)纠错。提取过程是嵌入的逆过程,提取相同位置的 DCT 系数后使用 STC 和 RS 解码。

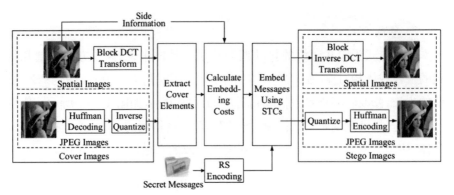

图 1-17　DMAS 嵌入流程

（来源：ZHANG Y, ZHU X, QIN C, et al. Dither modulation based adaptive steganography resisting JPEG compression and statistic detection [J]. Multimedia Tools and Applications, 2018, 77(14):17913-17935)

1.12　基于低维统计特征的隐写分析

早期隐写术以 LSB 替换为主，针对 LSB 替换隐写的检测方法也随之发展起来。虽然 LSB 替换以人眼不可察觉的修改完成消息嵌入，但是人眼不可见并不意味着安全。事实上，通过分析 LSB 替换操作对载体分布造成的影响，构造一两个简单的统计特征就可以有效检测 LSB 替换隐写。本节介绍针对 LSB 替换隐写的两种经典检测方法：卡方检测[40]和 RS 检测[41]。

1.12.1　卡方检测

LSB 替换隐写广泛应用于空域图像、JPEG 图像等。对于空域图像，LSB 替换隐写主要是将像素值的最低有效位用秘密信息替换；对于 JPEG 图像，LSB 替换隐写主要是用秘密信息替换量化后的 DCT 系数的最低有效位。这里，我们以空域图像为例，若待嵌入的秘密信息比特与对应像素的灰度值的最低有效位相同，则不改变原像素；反之，则要改变灰对应像素值的最低位，即在像素值 $2i$ 与 $2i+1$ 之间的翻转。由于秘密消息通常需要先加密再进行嵌入，因此，被嵌入的秘密信息可看作随机分布的"0""1"比特流，隐写后像素值 $2i$ 与 $2i+1$ 出现的频数将趋于相等。设原始图像中取值为 j 的像素数量为 h_j，隐写后图像中取值为 j 的像素数量为 h_j^*，则 LSB 替换隐写有如下现象：

$$|h_{2i} - h_{2i+1}| \geqslant |h_{2i}^* - h_{2i+1}^*| \qquad (1-52)$$

图 1-18 给出了使用隐写软件 Ezstego 隐藏前后图像灰度的局部直方图,其中虚线表示灰度值对的均值。可见,隐写后图像灰度值对的频数(h_{2i}^*, h_{2i+1}^*)趋于相等,但是隐写前后灰度值对频数的均值不变,上述现象称为"值对效应"。

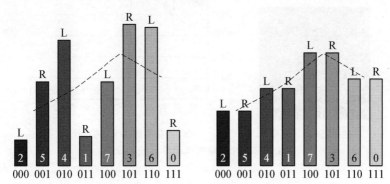

图 1-18　用 Ezstego 隐藏前后图像灰度的局部直方图

(来源:WESTFELD A, PFITZMANN A. Attacks on steganographic systems[C]//PFITZMANN A. Information Hiding. Berlin, Heidelberg: Springer, 2000: 61-76)

对于一幅待检测图像,记像素值 $2i$ 和 $2i+1$ 的频数分别为 u_{2i}、u_{2i+1},它们的均值记作 $v_i = (u_{2i} + u_{2i+1})/2$。由上面的分析知,对于 LSB 替换得到的载密图像,u_{2i} 趋向于 v_i,而对于载体图二者是偏离的。所以我们可以用 v_i 作为 u_{2i} 的经验分布,构造卡方统计量识别这种统计差异,即:

$$\tau = \sum_{i=1}^{d-1} \frac{(u_{2i} - v_i)^2}{v_i} \qquad (1-53)$$

其中 d 为像素值对的数量。$\tau \sim \chi^2(d-1)$,即 τ 满足自由度为 $v = d-1$ 的卡方分布。τ 越小表示图像中含有秘密信息的可能性越大。结合卡方分布的密度函数,设 p 是 u_{2i}、u_{2i+1} 相等的概率,则有:

$$p = 1 - \frac{1}{2^{\frac{d-1}{2}} \Gamma\left(\frac{d-1}{2}\right)} \int_0^{x_{d-1}^2} e^{-\frac{x}{2}} x^{\frac{d-1}{2}-1} dx \qquad (1-54)$$

若 p 接近 1,则认为存在隐写;若 p 接近 0,则认为不存在隐写。对一张连续进行 LSB 替换隐写的图像,检测者可以依次取连续的一组像素进行检测,并对所有检测过的像素组计算 p 值。p 值开始的时候接近 1,当遇到信息中止时,p 值会降为 0,并将保持为 0 直到检测结束。图 1-19 给出了地板瓷砖灰度图像以及对其进行卡方检测的结果。其中图 1-19(b)中横坐标为分析区域占整幅图像的比例,纵坐标为隐写可能性 p 的计算结果。

 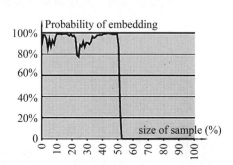

(a) 地板瓷砖原始灰度图 (b) 隐密图像进行卡方统计

图 1-19 对隐密图像的卡方检验示例

(来源:WESTFELD A, PFITZMANN A. Attacks on steganographic systems[C]//PFITZMANN A. Information Hiding. Berlin, Heidelberg: Springer, 2000: 61-76)

由此可见,对于连续 LSB 替换隐写,卡方检测方法是有效的,并且可以大致估计隐写的位置。然而,对于不连续的 LSB 替换隐写(即随机 LSB 替换隐写),卡方检测并不能有效检测。为此研究者提出了 RS 检测方法。

1.12.2 RS 检测

RS 检测[41]由 Fridrich 等人提出,可以对随机 LSB 替换隐写进行有效检测。与卡方检测不同的是,RS 检测使用主动修改(加嵌)探测统计异常的思想,从平滑度的角度观察对待测图片加嵌前后统计特征的变化,从而进行检测。

设待测图像有 $M \times N$ 个像素,划分 n 个像素为一组组成像素组 G,像素组 G 的平滑度由函数 $f(x_1, x_2, \cdots, x_n)$ 来描述,其具体定义为:

$$f(x_1, x_2, \cdots, x_n) = \sum_{i=1}^{n-1} |x_{i+1} - x_i| \qquad (1-55)$$

G 中相邻像素差距越大,函数 $f(x_1, x_2, \cdots, x_n)$ 值越大,平滑度越小,混乱度越大。易知,对于 LSB 替换隐写后的图片,像素进行 $2i \leftrightarrow 2i+1$ 之间的翻转,噪声增加,因此函数 $f(x_1, x_2, \cdots, x_n)$ 值也会随之增加。

像素翻转过程可以通过翻转函数 F_1 来描述:

$$F_1: 0 \leftrightarrow 1, 2 \leftrightarrow 3, \cdots, 254 \leftrightarrow 255 \qquad (1-56)$$

翻转函数 F_1 可由公式表达为:

$$F_1(x) = x + 1 - 2 \times (x \bmod 2) \qquad (1-57)$$

与翻转函数 F_1 对应,定义对偶的翻转函数 F_{-1} 为:

$$F_{-1}: -1 \leftrightarrow 0, 1 \leftrightarrow 2, \cdots, 253 \leftrightarrow 254, 255 \leftrightarrow 256 \qquad (1-58)$$

翻转函数 F_{-1} 可由公式表达为:

$$F_{-1}(x) = F_1(x+1) - 1 \qquad (1-59)$$

同时,由于正常的 LSB 替换隐写中像素可能不被翻转,因此定义翻转函数 F_0:

$$F_0(x) = x \qquad (1-60)$$

对像素组 $G = (x_1, x_2, \cdots, x_n)$,对其进行翻转得到 $F(G)$,计算平滑度 $f[F(G)]$ 并与翻转前像素组的平滑度 $f(G)$ 进行比较。若 $f[F(G)] > f(G)$,则称 G 是正则的;若 $f[F(G)] < f(G)$,则称 G 是奇异的;若 $f[F(G)] = f(G)$,则称 G 是不变的。由于在一般的 LSB 替换隐写中,并不是所有的像素都会被翻转,因此,将翻转函数 F_1 和 F_0 合称为"非负翻转 M",将翻转函数 F_{-1} 和翻转函数 F_0 合称为"非正翻转 $-M$"。对非负翻转,定义 $M = (M_1, M_2, \cdots, M_n)$,其中 $M_i \in \{0, 1\}$:若 $M_i = 0$,则对像素 x_i 进行 F_0 翻转;若 $M_i = 1$,则对像素 x_i 进行 F_1 翻转。非正翻转同理。

将待测图片分成多个大小相同的图像块,并对其分别进行非负翻转和非正翻转,并计算翻转前后图片平滑度的变化情况。R_M 表示待测图像中经过非负翻转正则图像块占所有图像块的比例;S_M 表示待测图像中经过非负翻转奇异图像块占所有图像块的比例。R_{-M} 和 S_{-M} 的定义分别与 R_M 和 S_M 对应。

通过理论分析,可以得到如下三条结论。

(1) 对于干净图片,进行非负翻转和非正翻转的翻转方向不同,但结果是相似的。因此,从统计规律来看,会同等程度地减小图像块的平滑度,即 $R_M \cong R_{-M}$,$S_M \cong S_{-M}$。同时,由于图像块的平滑度减小,有 $R_M > S_M$,$R_{-M} > S_{-M}$。

（2）对于经过 LSB 替换隐写的图片，相当于已经经过了一次非负翻转，因此，再进行非负翻转和非正翻转的结果应有明显差别，即 $R_{-M} - S_{-M} \gg R_M - S_M$。

（3）随着待测图片中信息嵌入比率的增加，待测图片本身的平滑度减小，对其进行非负翻转，正则图像块占所有图像块的比例与奇异图像块占所有图像块的比例的差将逐渐趋近于 0，即 $R_M \cong S_M$。

同时，Fridrich 等人经过大量实验得出：R_{-M} 和 S_{-M} 与信息嵌入比率 p 呈线性关系，R_M 和 S_M 与信息嵌入比率 p 呈二次曲线关系。基于以上结论，我们可以得到图 1-20 展示的结果。其中，横坐标为像素翻转率，基于秘密消息的随机性，这里假设在信息嵌入时会有一半像素发生翻转；纵坐标为各类型图像块占所有图像块的比例，即 R_M、S_M、R_{-M} 和 S_{-M}。

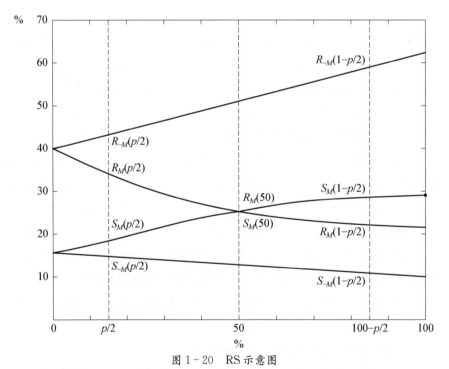

图 1-20　RS 示意图

（来源：FRIDRICH J, GOLJAN M, DU R. Detecting LSB steganography in color, and gray-scale images [J]. IEEE Multimedia, 2001, 8(4):22-28）

对于待测图像，设嵌入率为 p，则约有 $p/2$ 的像素发生翻转。首先分别进行非负翻转和非正翻转得到 $R_M(p/2)$、$S_M(p/2)$、$R_{-M}(p/2)$ 和 $S_{-M}(p/2)$。

其次,对整个待测图像进行翻转得到翻转率为 $1-p/2$ 的图像,并计算 $R_M(1-p/2)$、$S_M(1-p/2)$、$R_{-M}(1-p/2)$ 和 $S_{-M}(1-p/2)$。最后,将这些统计量代入有关 R_M、S_M、R_{-M} 和 S_{-M} 的方程式中,可建立如下方程:

$$2(d_1+d_0)z^2+(d_{-0}-d_{-1}-d_1-3d_0)z+d_0-d_{-0}=0 \quad (1\text{-}61)$$

其中,

$$d_0=R_M(p/2)-S_M(p/2), \quad d_1=R_M(1-p/2)-S_M(1-p/2),$$

$$d_{-0}=R_{-M}(p/2)-S_{-M}(p/2), \quad d_{-1}=R_{-M}(1-p/2)-S_{-M}(1-p/2)。$$

对上式解方程,取绝对值较小的根为 z,由 $p=z/(z-1/2)$ 即可得信息嵌入率估计值 p。

相比于卡方检测,RS 检测能够对随机 LSB 替换隐写进行有效检测。然而,该方法完全将嵌入信息当作噪声,载体图像初始偏差、噪声级别等都会对估计精确性产生影响。虽然 RS 方法是针对 LSB 替换这种早期简单隐写术设计的,但是其主动修改(加嵌)探测统计异常的思想对于现代的隐写分析技术依然有借鉴意义。

1.13 基于高维人工特征的隐写分析

随着 LSB 匹配等方法的出现,早期基于简单统计特征如卡方统计量的隐写分析方法不再奏效。为了提升检测性能,需要更全面、更深入地去分析图像内容,于是,研究人员开始尝试设计高维特征来区分载体与载密图像。在高维特征空间靠人工很难设计分类器,而机器学习提供了完成这一任务的工具,常用的机器学习分类器有支持向量机(support vector machine,SVM)、线性集成分类器等。如此,基于机器学习的高维特征检测算法应运而生。这类方法包含三个环节:一是基于专家知识从图像中提取特征;二是构造包含载体-载密对的训练集,从中抽取特征交给机器学习算法训练分类器;三是抽取待测图像的特征给分类器,得出判决结果。这一框架与一般的基于监督学习的分类任务基本一样。其中最关键也是最有特色的环节在于第一步:如何设计能区分隐写操作带来的细微修改的特征? 下面介绍两类典型特征。

1.13.1 SPAM 特征

针对自然拍摄的图像,其相邻像素之间存在着很明显的相关性,隐写操作一定程度上会破坏这种相关性。所以隐写分析通常是从这个角度提取有效特征。

记图像第 i 行、第 j 列的像素为 $I_{i,j}$,对图像的邻域像素进行统计,观察图像水平或垂直相邻像素的联合分布,发现它们取值越接近,对应的出现频数(概率)越大(如图 1-21、图 1-22 所示)。这里将相邻像素的残差截断在区间 $[-8,8]$,用来降低所要提取特征的维度。基于以上对邻域像素相关性的观察,Pevný 等人[9]提出了差分像素邻接矩阵(subtractive pixel adjacency matrix,SPAM)特征用于空域图像隐写分析。对载体图像进行隐写时会改变载体信号的噪声分布,这种对载体分布的破坏会通过邻域像素差值的分布反映出来。SPAM 方法就是基于这一原理,针对隐写对邻域像素相关性的破坏,计算相邻像素不同方向上的差值并提取相应的统计分布特征。

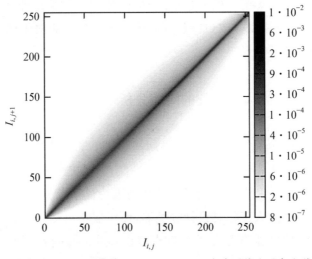

图 1-21 BOSSBase v.1.01 图像库 1 万幅 512×512 灰度图像水平相邻像素联合分布
(来源:PEVNÝ T, BAS P, FRIDRICH J. Steganalysis by subtractive pixel adjacency matrix[C]// Proceedings of the 11th ACM Workshop on Multimedia and Security. New York, NY, USA: Association for Computing Machinery, 2009: 75-84)

首先介绍 SPAM 一阶特征的提取。记 →、←、↑、↓、↖、↘、↗、↙ 为八个方向,用于标记邻域像素在不同方向上的残差,如 $D_{i,j}^{\rightarrow}=I_{i,j}-I_{i,j+1}$ 为从左向右水平方向的邻域像素差值,则其对应的一阶转移概率为

$$M_{u,v}^{\rightarrow}=P(D_{i,j+1}^{\rightarrow}=u \mid D_{i,j}^{\rightarrow}=v) \tag{1-62}$$

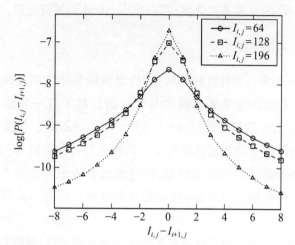

图 1-22　BOSSBase v. 1.01 图像库 1 万幅 512×512 灰度图像水平相邻像素差
值的条件概率分布

（来源：PEVNY T, BAS P, FRIDRICH J. Steganalysis by subtractive pixel adjacency matrix
[C]//Proceedings of the 11th ACM Workshop on Multimedia and Security. New York, NY,
USA：Association for Computing Machinery, 2009：75-84）

如前所述，对 u 和 v 进行截断使得 $u, v \in [-T, T]$，T 为截断长度。类似
地得到 $M_{u, v}^{\leftarrow}$、$M_{u, v}^{\uparrow}$、$M_{u, v}^{\downarrow}$、$M_{u, v}^{\nwarrow}$、$M_{u, v}^{\searrow}$、$M_{u, v}^{\nearrow}$、$M_{u, v}^{\swarrow}$。为了降低总特征
维度并增加特征的稳健性，可以把特征进行合并：

$$F_{u, v}^{+} = \frac{1}{4}(M_{u, v}^{\rightarrow} + M_{u, v}^{\leftarrow} + M_{u, v}^{\uparrow} + M_{u, v}^{\downarrow}) \qquad (1-63)$$

$$F_{u, v}^{-} = \frac{1}{4}(M_{u, v}^{\nwarrow} + M_{u, v}^{\searrow} + M_{u, v}^{\nearrow} + M_{u, v}^{\swarrow}) \qquad (1-64)$$

因为 u 和 v 分别有 $2T+1$ 个取值，所以 $F_{u, v}^{+}$ 和 $F_{u, v}^{-}$ 这两类特征分别有
$(2T+1)^2$ 个，一般在计算一阶 SPAM 特征时会把截断长度 T 取值 4 或 8，
那么对应的特征维数分别就是 162 或 578。对于二阶 SPAM 特征，只需要考
虑到二阶转移概率即可，即

$$M_{u, v, w}^{\rightarrow} = P(D_{i, j+2}^{\rightarrow} = u \mid D_{i, j+1}^{\rightarrow} = v, D_{i, j}^{\rightarrow} = w) \qquad (1-65)$$

由于二阶转移概率有 u、v、w 三个变量，因此此时每类特征应该有 $(2T+1)^3$ 个，我们在计算二阶 SPAM 特征时一般把截断长度取为 3，那么二阶
SPAM 特征的维数就是 686。

SPAM 特征的维度不算太高,可以采用 SVM 训练分类器。

1.13.2 富模型特征

SPAM 方法的一个自然的扩展是:只要提取更丰富的反映像素相关性的特征,就有可能训练出更强的隐写分析器。基于这一思路,Fridrich 等人[42]提出了空域富模型特征(spatial rich model,SRM)。相较之下,SPAM 只采用了几种简单的滤波器计算残差反映相关性,而 SRM 采用了多个子模型来提取更多的特征。所谓子模型,就是通过各种不同滤波方法对图像进行残差计算而得到的高维特征,从而能够更好地表征隐写对邻域像素多种相关性的破坏。

SRM 利用 30 个高通滤波器捕捉图像的邻域相关性,能够很好地捕捉隐写修改对邻域相关性的破坏。SRM 的特征提取过程主要有以下三个步骤。

(1) 获取残差。SRM 中共有 30 个高通滤波器。假设第 j 个高通滤波器表示为 H^j,那么图像滤波器残差 R^j 表示为

$$R^j = X * H^j \tag{1-66}$$

残差滤波核示意如图 1-23 所示。

(2) 量化与截断。获得残差后,若直接统计共生矩阵特征,会导致特征维数过高,这里需要对残差进行量化与截断:

$$R^j \leftarrow \text{trunc}_T\left[\text{round}\left(\frac{R^j}{q}\right)\right] \tag{1-67}$$

式中 q 为量化步长,trunc_T 为截断函数,定义如下:

$$\text{trunc}_T(x) = \begin{cases} x, & x \in [-T, T] \\ T\text{sign}(x), & \text{其他} \end{cases} \tag{1-68}$$

式中 sign()是符号函数。

(3) 统计共生矩阵。在 SRM 方法中,特征表示为每个滤波器的截断残差的四阶联合分布,包括在水平或竖直等方向四个采样像素 $d = (d_1, d_2, d_3, d_4)$ 的联合分布概率。以水平方向为例,有:

$$C_d^{(\text{h})} = \frac{1}{Z}\{(R_i, R_{i+1}, R_{i+2}, R_{i+3}) \mid R_{i+k-1} = d_k, k = 1, \cdots, 4\}$$

$$\tag{1-69}$$

式中 Z 为归一化参数。这样一个四阶共生矩阵一共有 $(2T+1)^4$ 个元素,我们一般取截断长度 T 为 2,则有 625 个元素。

这里给出残差的子类型命名格式:

$$name = \{type\}\{f\}\{\sigma\}\{scan\} \qquad (1-70)$$

式中 type 只有 spam 和 minmax 两种,f 表示线性滤波器数,σ 表示对称指数,scan 表示残差计算方向(如果没有这项,则说明各个方向的残差有统计对称性并需要合并处理)。根据图 1-23 可以看出共有 78 个共生矩阵。

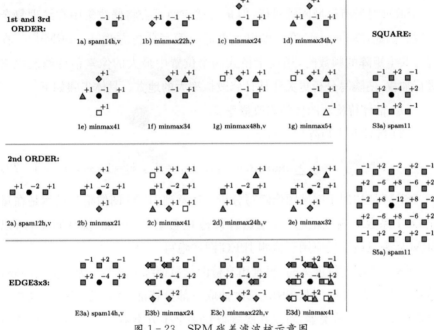

图 1-23　SRM 残差滤波核示意图

(来源:FRIDRICH J, KODOVSKY J. Rich models for steganalysis of digital images [J]. IEEE Transactions on Information Forensics and Security, 2012, 7(3):868-882)

一般认为,负残差图像的统计特性基本不变,即有正负符号对称;图像信号在相反扫描方向上统计特性基本一致,即有扫描方向对称。因此,对 spam 类的四阶共生矩阵可以进行以下合并:

$$\overline{\boldsymbol{C}}_d \leftarrow \boldsymbol{C}_d + \boldsymbol{C}_{-d}, \; \overline{\overline{\boldsymbol{C}}}_d \leftarrow \overline{\boldsymbol{C}}_d + \overline{\boldsymbol{C}}_{\overleftarrow{d}} \qquad (1-71)$$

式中 $-d = (-d_1, -d_2, -d_3, -d_4)$,$\overleftarrow{d} = (d_4, d_3, d_2, d_1)$。当截断长

度 $T = 2$ 时,以上合并使得 spam 类残差共生矩阵元素的数量从 625 下降为 169。显然 minmax 类的共生矩阵也可以进行合并:

$$\bar{C}_d \leftarrow C_d^{(\min)} + C_{-d}^{(\max)}, \ \bar{\bar{C}}_d \leftarrow \bar{C}_d + \bar{C}_{-d} \qquad (1-72)$$

当截断长度 $T = 2$ 时,以上合并将每类 min 与 max 残差共生矩阵元素的数量从 2×625 下降为 1×325。

由于 min 与 max 残差共生矩阵进行了合并,因此矩阵的数量从 78 下降为 45,包括 12 个 spam 类矩阵和 33 个 minmax 类矩阵。这样,在一个量化步长下,SRM 隐写分析的特征维度为 $12 \times 169 + 33 \times 325 = 12\,753$。

SRM 对所有区域同等对待,但是自适应隐写会将修改集中在纹理复杂区域。因此,Denemark 等人提出了自适应隐写分析方法 maxSRM[47]。在统计共生矩阵的频数时,用规定模式四个位置中最大的像素估计修改概率进行加权,使隐写分析更关注估计修改概率大的地方。具体步骤如下:

(1)估计待检测图像的修改概率 β;

(2)统计共生矩阵加权特征。

$$c_{d_1 d_2 d_3 d_4}^{(\text{maxSRM})} = \frac{1}{Z} \sum_{i=1}^{n-3} \max\{\beta_i\} \times [R_{i+k-1} = d_k, \ k = 1, \cdots, 4] \qquad (1-73)$$

SRM 最初用于空域图像隐写分析。注意到 JPEG 图像隐写虽然是在量化 DCT 系数上嵌入消息,但是这种修改也会破坏空域的统计特征,所以 SRM 后来也被扩展应用于检测 JPEG 图像隐写。

SRM 特征的维度太高,很难用支持向量机训练分类器。为解决此问题,通常采用集成学习,即从 SRM 每次抽取一部分特征,然后用 Fisher 线性分类器训练一个子分类器,重复几次就得到多个子分类器,再把这些子分类器集成在一起得到最终的分类器。常用的集成方式是:对这些子分类器的判决结果进行投票,利用择多法得到最终判决结果(如图 1-24 所示)。

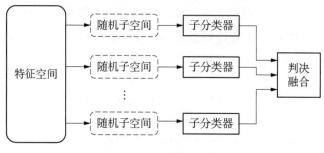

图 1-24 集成分类器

1.14 基于深度学习的隐写分析

随着 STC 编码[6]、加性/非加性失真函数等隐写理论与方法的发展,人工特征隐写分析方法(如 SPAM[9]、SRM[42]等)的检测能力受到了挑战。在人工特征隐写分析框架中,特征是依赖专家知识设计的,分类器是通过机器学习得到的(如支持向量机、集成分类器等)。目前人工特征已达到数万维高度,难以依靠人脑进一步扩展,但是检测更复杂的隐写需要更高维、更精细的隐写分析特征。在基于人工特征的方法中,特征提取与分类器训练这两步是分开执行的,无法同时进行优化,因此很难达到一个异构平衡状态。一个自然的问题是:隐写分析的特征提取和分类器训练是否都可以依赖机器学习完成,并将这两个步骤在统一框架下协同优化? 答案是:深度学习技术可以解决这个问题。

2012 年以来,深度学习技术蓬勃发展,在多个领域(如计算机视觉、自然语言处理等)取得了巨大的成功。国内外的学者也开始将隐写分析和深度学习结合起来。目前,基于深度学习的隐写分析,其性能已经明显超过基于人工特征的隐写分析方法。

1.14.1 传统隐写分析向深度学习隐写分析的过渡

如图 1-25 所示,基于人工特征的隐写分析方法可以分成三步:计算图像的高通残差、启发式地提取特征以及训练分类器。在深度学习网络中,这三个步骤可分别由网络的预处理层、卷积层和全连接层实现。

1. 残差计算→预处理层

残差计算是为了抑制图像内容信息,增强隐写信号,以增大在隐写分析任务下的信噪比。例如在 SPAM 中计算像素差分,在 SRM 中采用多种高通滤波器来计算图像残差。基于深度学习的隐写分析会在网络的前端加上预处理层来提高信噪比。预处理层是卷积结构,一些隐写分析网络(如Ye-Net[43]、Yedroudj-Net[44]、Cov-Net[45]等)会利用 SRM 中的高通滤波器来初始化这些卷积核,这样可以加速网络收敛。也有一些网络的预处理层是随机初始化的(如 SR-Net[46]),这样可以避免网络陷入人工设计的局部最优解,但是所需训练时间更长,也更容易出现过拟合的问题。

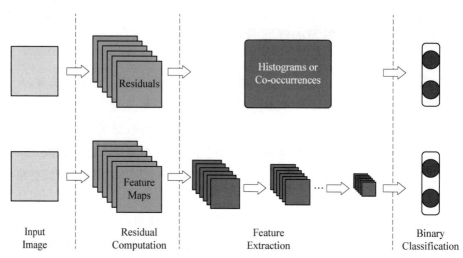

图 1-25　图像隐写分析的框架与卷积神经网络的对比

（来源：YE J, NI J, YI Y. Deep learning hierarchical representations for image steganalysis [J]. IEEE Transactions on Information Forensics and Security，2017，12(11)：2545-2557)

2. 特征提取→卷积层

传统的隐写分析依赖于专业的先验经验和不断启发式尝试计算得到人工启发式的特征。CNN 在计算机视觉领域的成功应用说明了它可以从高维输入中提取复杂的统计依赖关系，并通过重新使用和组合中间层有效地学习图像的深层次表征。由于 CNN 强大的特征提取能力，不需要专家领域的先验知识，就可以提取更加丰富和复杂的图像特征。

3. 分类器→全连接层

传统的隐写分析在提取特征后，再训练机器学习分类器，常见的有支持向量机和集成分类器。深度学习通常使用一层或多层全连接层再加上 softmax 层来实现二元分类。在深度学习的框架下，残差计算、特征提取和分类将作为一个整体框架同时进行优化，解决了传统隐写分析两阶段优化很难达到异构平衡状态的问题。

1.14.2　隐写分析中 CNN 的特点

隐写分析任务与计算机视觉任务有很大不同。隐写分析要处理的隐写信号通常不被人所感知。实际上，在精心设计的隐写算法中，载密图像通常不仅在视觉上而且在统计学上都与载体图像非常相似。因此，基于 CNN 的隐写分析器的特征表示应该与传统计算机视觉任务中的特征表示有很大不同。鉴于此,我们不难发现,直接拿计算机视觉领域的网络结构作为隐写分析器,训练时很难收敛。因此,需要一些专门针对隐写分析的定制设计,以便将领域知识纳入隐写分析网络的学习过程中。

1. 预处理层

隐写的过程可以被看作向载体图像上添加极低信噪比的嵌入信号的过程。预处理层的主要作用是提高信噪比,便于网络收敛。预处理层的两种形式前文已介绍,此处不再赘述。

2. 截断线性激活函数

网络的浅层输出比较线性,而隐写信号通常在$[-1,1]$范围内。为了抑制图像内容,放大隐写信号,在网络的浅层使用截断线性单元(truncated linear unit,TLU)作为激活函数替代修正线性单元(rectified linear unit,ReLU),TLU 的定义如下:

$$f(x)=\begin{cases} -T, & x<-T \\ x, & -T\leqslant x\leqslant T \\ T, & x>T \end{cases} \tag{1-74}$$

式中,T 是实验中确定的参数,且 $T>0$。如图 1-26 所示,相较于 ReLU 激活函数,在网络的浅层使用 TLU 激活函数可以产生更多独特的滤波器和更少的"死"滤波器。

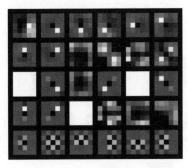

(a) ReLU-CNN　　　　　　(b) TLU-CNN

图 1-26　CNN 网络第一层滤波器在两种激活函数下的可视化结果

(来源:YE J, NI J, YI Y. Deep learning hierarchical representations for image steganalysis [J]. IEEE Transactions on Information Forensics and Security, 2017, 12(11):2545-2557)

3. 结合选择信道的知识

对于自适应隐写,隐写分析者也可以估计每个像素被修改的概率,即选择信道感知(selection-channel-aware,SCA)。结合选择信道的知识,隐写分析器对自适应隐写的检测能力有望得到改善。例如,SCA 与 SRM 特征集相结合,产生了 tSRM、maxSRM 和 σSRM[47] 特征,这些特征在计算相应残差的共生矩阵或直方图时,融入了嵌入概率的一些统计度量。然而,对于 CNN 模型,没有显式地计算共生矩阵或直方图的方法。因此,我们必须找到其他方法来利用嵌入概率。

Ye-Net 将高通残差的 L_1 范数期望的上界作为选择信道 $\varphi(P)$,经过推导,$\varphi(P) = P * |K|$,其中 P 为修改概率矩阵,K 为来自 SRM 的高通滤波器组,"$*$"为卷积操作。后续也有各种形式的选择信道 $\varphi(P)$,最近甚至有用网络来学习 $\varphi(P)$ 的文章。得到 $\varphi(P)$ 后,需要考虑如何将 $\varphi(P)$ 传播到整个网络中。有两种简单的方法可以实现这一点,一种是在 $\varphi(P)$ 和第一层卷积的输出特征图之间应用元素累加,另一种是应用元素乘法。具体应用哪一种可以通过实验来确定。

4. 总体框架

将上述元素结合在一起可以得到深度学习隐写分析的总体框架。图 1-27 展示了 Ye-Net 的结构。网络的前端去除了平均池化层,防止抹除隐写信号。虚线框中的结构只存在于 SCA 的版本中。

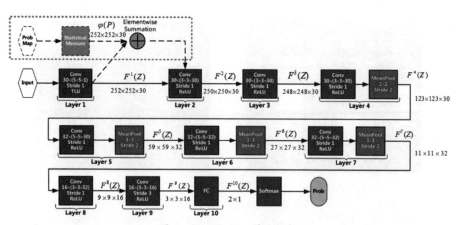

图 1-27 Ye-Net 总体框架

(来源:YE J, NI J, YI Y. Deep learning hierarchical representations for image steganalysis [J]. IEEE Transactions on Information Forensics and Security, 2017, 12(11):2545-2557)

1.14.3　深度学习隐写分析的问题

如图 1-28 所示,根据预处理层是否参与训练,将隐写分析模型分成全学习模型和半学习模型,其中半学习模型在训练过程中预处理层的参数固定,而全学习模型预处理层的参数也参与更新。[48]

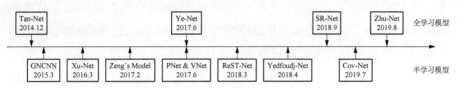

图 1-28　主流隐写分析模型发展图
(来源:陈君夫,付章杰,张卫明,等.基于深度学习的图像隐写分析综述[J].软件学报,2021,32(2):551-578)

从 Xu-Net[28]开始,深度学习的性能开始超越 SRM,目前深度学习隐写分析的性能已经远超传统隐写分析,但是深度学习隐写分析还存在以下三个问题。

(1) 迁移性差。在载体源失配(cover source mismatch,CSM)时,即使是检测相同的隐写算法,模型的检测性能也会大幅下降。

(2) 训练时间长。例如:用 NVIDIA GEFORCE RTX 2080 Ti GPU 训练 SR-Net,当训练集为 4 000 张 256×256 分辨率图像时,需要花费 15 小时,远超传统方法。

(3) 深度学习模型可能会受到对抗样本的攻击。

1.15　隐写者检测

隐写分析的主要目的是检测隐蔽通信的存在,其本质是要发现隐写行为或做隐写行为的人(即隐写者)。传统隐写分析以检测一张图片中是否隐藏信息为目标,事实上这只是隐写分析的手段之一。传统隐写分析若想走向实用面临很多挑战。例如,隐写分析者很难获得隐写者使用的算法和嵌入率;每个用户的图像采集设备及处理方法各不相同,隐写分析的训练集与测试集难以匹配,这使得隐写分析算法在实际场景的检测准确率不高;隐写者还可能会为了迷惑检测者在发送载密图的同时也发送一些载体图。在不能实现信息提取的情况下,单张图像的判决结果难以给出有价值的信息。

在真实场景中,隐写者通常利用公共信道(如 Twitter 等社交平台)传输载密图像,以掩盖隐蔽通信。也就是说,隐写分析者往往面临多个用户,每个用户在某个时间段内会发送多张图像,因此以用户为单位的隐写者检测更具有现实意义。现有的隐写者检测方法可以分为主信道分析和侧信道分析。主信道分析以一组图像代表一个用户,检测用户是否以图像为载体做隐蔽通信,其本质是将传统的单张图检测扩展到批量图检测;而侧信道分析则是从其他角度分析隐写者行为与正常社交用户行为差异来识别隐写者。

Ker[35]首先提出主信道上的隐写者检测方法,核心思想是集成多张图像检测结果进行判断,比如统计检测到的载密图像的数目或者是估计一组图像的平均嵌入率,从而判断一组图像中是否存在载密图。但这些方法的准确性仍然非常依赖于单张图像检测结果的准确性,无法满足真实场景中对鲁棒性的需求。因此,在文献[49]中,Ker 等人假设真实场景中隐写分析者面临的数据大部分为正常用户,只有少数为隐写者,并提出了以用户(对应一组图像)为单位的聚类的方法检测隐写者,对于不同的隐写算法和嵌入率具有更好的鲁棒性。进一步地,Ker 等人在文献[50]中又提出了使用异常检测的方法检测隐写者,也得到了较好的效果。

主信道上的隐写者检测本质上依然是检测载体是否做过修改,而在真实场景中,除了隐写的修改,隐写者和普通用户往往还具有行为上的差异,比如某一时段发图频率过高或发送的图像内容不相关等。从此视角出发,Li 等人[51,52]提出了侧信道隐写者检测方法,即通过行为异常识别隐写者。

1.15.1 主信道隐写者检测

主信道隐写者检测基于传统隐写分析特征,如 PF-274[53]。首先对各个用户的每张图像提取特征,将图像表示为特征空间中的点,由于每个用户的图像来源不同,因此特征空间中相同用户的图像会聚集形成一个点云。假设待检测数据中大多数属于正常用户,只有少量数据属于隐写者。如果特征选择得当,正常用户间由于图像来源不同造成的差异要小于隐写者由于隐写修改造成的和正常用户间的差异,因此隐写者可以看作特征空间中的一个异常的点云。基于各个点云之间的距离[如最大均值差异(maximum mean discrepancy,MMD)距离],可以使用异常检测的方法(如层次聚类和局部异常因子算法)找出隐写者。图 1 - 29 展示了单图隐写分析和隐写者检测的差别：单图隐写分析是二分类问题，两类分别为载体图和载密图[图 1 - 29(a)]；隐写者检测是聚类问题或异常检测问题，每类代表一类用户[图 1 - 29(b)]。

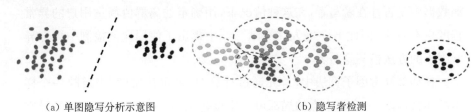

(a) 单图隐写分析示意图　　　　　　　(b) 隐写者检测

图 1 - 29　单图隐写分析与隐写者检测的差别

选择合适的特征是准确检测隐写者的关键，所选择的特征应该对隐写修改敏感而对于图像内容不敏感。相比于高维隐写分析特征，低维的隐写分析特征如 PF - 274 由于信噪比较好，更适用于隐写者检测。而高维特征(如 SRM 特征)对图像内容更敏感，每一维特征仅传递少量的关于隐写修改的信息。在有监督的单张图像隐写分析中，可以通过训练将这些微弱的信息集中起来，因此在单图像隐写分析中，高维特征表现更好。但这种高维特征并不适用于无监督学习的隐写者检测。如果希望在隐写者检测中使用高维特征，最好先通过一些降维方法提高其信噪比。

对所有图像提取特征后，需要对其进行预处理(如白化)以使每个特征的贡献相等，并利用主成分分析等方法投影到不相关的特征空间。然后计算用户两两之间的距离(或者不相似度)，最后基于用户距离使用层次聚类或者异常检测算法发现隐写者。

1. 层次聚类

层次聚类假设隐写者一定存在，其目的是对用户进行分类，使正常的用户位于同一类中，隐写者位于另一类中。在层次聚类中，基于特征空间中点云的距离生成二叉树：首先将所有点云看作单独的只包含一个数据的类，然后依次将距离最近的两个类合并，直到所有类合并构建成一个完整的二叉树。为了更好地聚类，隐写分析者可以向数据中预先注入一个构造的"隐写者"，那么最终与这个构造的"隐写者"分为一类的用户即为实际中检测到的隐写者。

这种方法不需要训练，因此具有更好的鲁棒性。由于在聚类过程中也利用了正常用户之间的距离(即不同数据源的差异),因此为衡量隐写者离群程度提供了参考,而在单张图像的隐写分析中很难利用这部分信息。

2. 局部异常因子算法

层次聚类方法假设隐写者一定存在,而实际上,我们可能并不确定待检测数据中是否存在隐写者,在这种情况下,用确定的离群值衡量用户的异常程度更有意义,因此 Ker 等人在文献[50]中提出了使用异常检测中局部异常因子的方法检测隐写者。

在局部异常因子算法中,首先通过计算"局部可达密度"来反映一个样本的异常程度,一个样本点的局部可达密度越大,这个点就越有可能是异常点。基于局部可达密度,定义局部异常因子为每个点和其邻域点的局部可达密度的平均比值,表示该点的异常程度。如果这个比值的绝对值接近 1,说明该点与其邻域点的密度相差不多,因此和邻域同属一类;如果这个比值的绝对值小于 1,说明该点的密度高于邻域点的密度,用户为密集点;如果这个比值的绝对值大于 1,说明该用户密度小于邻域点的密度,绝对值越大,越有可能是异常点。

在隐写者检测中根据局部异常因子的值对用户进行排序,值越大的用户,越有可能是隐写者。当不确定是否存在隐写者时,可以根据数据特征设定一个判别门限,当用户的局部异常因子值大于该门限时,有可能是隐写者。

1.15.2 侧信道隐写者检测

上述主信道上的检测方法其实是把用户看作一组图像来做异常检测,本质上是在检测隐写修改造成的统计特征差异。而在实际场景中,隐蔽通信通常发生在社交平台这种公共信道,用户在这些平台上具有多维度的行为特征,而现有的隐写软件并没有考虑隐写者的行为。因此除了隐写修改造成的差异,隐写者和正常用户的行为也存在差异。如果从行为角度来检测隐写者,将会得到更好的结果。这种从行为角度检测隐写者的方法就是侧信道隐写者检测。

在文献[51]中,Li 等人注意到社交平台中正常用户在一个时段中发送的相邻图像一般内容相关或者相似,而隐写者通常随机选择图像或者刻意选择纹理复杂的图像作为载体。基于这个观察,Li 等人设计了反映相邻图像内容相关性的差分图像邻接模型（subtractive images adjacent model，SIAM）特征，以该特征训练分类器，可以准确检测出行为异常的隐写者，并通过实验验证了侧信道分析的有效性。

为了躲避上述的侧信道隐写分析，隐写者可能有意识地选择内容相关的图像来作为载体。针对这一问题，Li 等人[52]进一步提出了侧信道分析的互补检测方法，检测者可以挖掘相似图间的相关性作为边信息对传统隐写分析特征矫正，提升传统隐写分析的性能。之所以称作互补检测，是因为：若隐写者采样内容无关的图作载体，会面临侧信道隐写分析的检测；若隐写者以内容相似或相关图像作载体，则面临增强的主信道隐写分析的检测。

在真实场景中，社交用户通常具有多维度的行为特征，如何充分利用这些行为信息，设计侧信道隐写者检测方法，并进一步与传统的隐写分析方法结合，从而准确检测隐写者，对于真实场景中的隐写分析具有重要的意义。

1.16　本章小结

20 多年以来，多媒体隐写与隐写分析都发展出了丰富的思想与方法。但是由于二者的对抗不会停止，因此依然有许多问题值得进一步探索。

隐写方面，最小化失真隐写是当前设计隐写算法的主流框架。STC 编码提供了最小化失真的编码工具，之后十几年的研究主要集中于如何设计隐写失真函数，出现了大量优秀的失真计算方法。但是长期以来编码工具只有 STC 一种。直到 2020 年 Li 等人[54]基于极化码提出另外一种可逼近失真理论界的方法——极化隐写码（steganographic polar code，SPC）。作为安全通信技术，编码多样性是很重要的，所以如何设计丰富多样的高效隐写编码依然是隐写术需要解决的基础问题。

虽然隐写编码配合深度学习设计的失真函数可以进一步提升自适应隐写的安全性，但是无法实现可证安全。基于 AI 生成模型的生成式隐写满足了可证安全隐写理论所需的条件。未来 AI 生成数据将为社交、游戏等元宇宙平台提供支撑，这将为生成式隐写提供理想的数据生态和伪装环境，使得可证安全隐写从理论走向实用。隐写术从经验安全迈向可证安全是一个质的转变，因而发展可证安全隐写的理论、算法、协议与应用是未来隐写术的重要方向。

隐写分析方面,狭义的隐写分析只关心检测,基于深度学习的检测方法已成为主流,但是由于网络数据来源的复杂,这类方法在实际中依然难以发挥作用。未来,结合大数据与 AI 领域的行为分析技术,从更广泛的视角挖掘隐写行为异常、发展隐写者检测技术,是隐写分析走向实用的重要途径。另外,如何提取隐写信息是广义隐写分析中一直没有实质进展的研究课题。隐写信息提取本质上也可以看作一个密码分析问题,它是隐写分析和密码分析交叉领域的挑战问题。

注释

[1] CRANDALL R. Some notes on steganography [J]. Posted on Steganography Mailing List, 1998;1 - 6.

[2] SHARP T. An implementation of key-based digital signal steganography [C]// MOSKOWITZ I S. Information Hiding. Berlin, Heidelberg: Springer, 2001: 13 - 26.

[3] MIELIKAINEN J. LSB matching revisited [J]. IEEE Signal Processing Letters, 2006,13(5):285 - 287.

[4] ZHANG X, WANG S. Efficient steganographic embedding by exploiting modification direction [J]. IEEE Communications Letters, 2006, 10 (11): 781 - 783.

[5] FRIDRICH J, LISONEK P. Grid colorings in steganography [J]. IEEE Transactions on Information Theory, 2007,53(4):1547 - 1549.

[6] FILLER T, JUDAS J, FRIDRICH J. Minimizing additive distortion in steganography using syndrome-trellis codes [J]. IEEE Transactions on Information Forensics and Security, 2011,6(3):920 - 935.

[7] ZHANG W, ZHANG X, WANG S. A double layered "plus-minus one" data embedding scheme [J]. IEEE Signal Processing Letters, 2007,14(11):848 - 851.

[8] PEVNY T, FILLER T, BAS P. Using high-dimensional image models to perform highly undetectable steganography [C]//BÖHME R, FONG P W L, SAFAVI-NAINI R. Information Hiding. Berlin, Heidelberg: Springer, 2010:161 - 177.

[9] PEVNY T, BAS P, FRIDRICH J. Steganalysis by subtractive pixel adjacency matrix [C] // Proceedings of the 11th ACM Workshop on Multimedia and Security. New York, NY, USA: Association for Computing Machinery, 2009:75 - 84.

[10] HOLUB V, FRIDRICH J, DENEMARK T. Universal distortion function for steganography in an arbitrary domain [J]. EURASIP Journal on Information Security, 2014,2014(1):1.

[11] LI B, TAN S, WANG M, et al. Investigation on cost assignment in spatial image steganography [J]. IEEE Transactions on Information Forensics and Security, 2014,9(8):1264 - 1277.

[12] LI B, WANG M, HUANG J, et al. A new cost function for spatial image steganography [C] // 2014 IEEE International Conference on Image Processing (ICIP). 2014:4206 - 4210.

[13] SEDIGHI V, COGRANNE R, FRIDRICH J. Content-adaptive steganography by minimizing statistical detectability [J]. IEEE Transactions on Information Forensics and Security, 2016,11(2):221-234.

[14] FRIDRICH J, KODOVSKY J. Multivariate Gaussian model for designing additive distortion for steganography [C] // 2013 IEEE International Conference on Acoustics, Speech and Signal Processing. 2013:2949-2953.

[15] SEDIGHI V, FRIDRICH J, COGRANNE R. Content-adaptive pentary steganography using the multivariate generalized Gaussian cover model [C]//Media Watermarking, Security, and Forensics 2015: Vol. 9409. San Francisco, California, United States: SPIE, 2015:144-156.

[16] KER A D, BAS P, BÖHME R, et al. Moving steganography and steganalysis from the laboratory into the real world [C]//Proceedings of the First ACM Workshop on Information Hiding and Multimedia security. New York, NY, USA: Association for Computing Machinery, 2013:45-58.

[17] LI B, WANG M, LI X, et al. A strategy of clustering modification directions in spatial image steganography [J]. IEEE Transactions on Information Forensics and Security, 2015,10(9):1905-1917.

[18] DENEMARK T, FRIDRICH J. Improving steganographic security by synchronizing the selection channel [C]//Proceedings of the 3rd ACM Workshop on Information Hiding and Multimedia Security. New York, NY, USA: Association for Computing Machinery, 2015:5-14.

[19] ZHANG W, ZHANG Z, ZHANG L, et al. Decomposing joint distortion for adaptive steganography [J]. IEEE Transactions on Circuits and Systems for Video Technology, 2017,27(10):2274-2280.

[20] LI W, ZHANG W, CHEN K, et al. Defining joint distortion for JPEG steganography [C]//Proceedings of the 6th ACM Workshop on Information Hiding and Multimedia Security. New York, NY, USA: Association for Computing Machinery, 2018:5-16.

[21] WANG Y, LI W, ZHANG W, et al. BBC++: enhanced block boundary continuity on defining non-additive distortion for JPEG steganography [J]. IEEE Transactions on Circuits and Systems for Video Technology, 2021, 31 (5): 2082-2088.

[22] WANG Y, ZHANG W, LI W, et al. Non-additive cost functions for JPEG steganography based on block boundary maintenance [J]. IEEE Transactions on Information Forensics and Security, 2021,16:1117-1130.

[23] TANG W, TAN S, LI B, et al. Automatic steganographic distortion learning using

a generative adversarial network [J]. IEEE Signal Processing Letters, 2017,24 (10):1547 - 1551.

[24] YANG J, RUAN D, HUANG J, et al. An embedding cost learning framework using GAN [J]. IEEE Transactions on Information Forensics and Security, 2020, 15:839 - 851.

[25] TANG W, LI B, BARNI M, et al. An automatic cost learning framework for image steganography using deep reinforcement learning [J]. IEEE Transactions on Information Forensics and Security, 2021,16:952 - 967.

[26] YANG J, RUAN D, KANG X, et al. Towards automatic embedding cost learning for JPEG steganography [C]//Proceedings of the ACM Workshop on Information Hiding and Multimedia Security. New York, NY, USA: Association for Computing Machinery, 2019:37 - 46.

[27] TANG W, LI B, BARNI M, et al. Improving cost learning for JPEG steganography by exploiting JPEG domain knowledge [J]. IEEE Transactions on Circuits and Systems for Video Technology, 2022,32(6):4081 - 4095.

[28] XU G, WU H Z, SHI Y Q. Structural design of convolutional neural networks for steganalysis [J]. IEEE Signal Processing Letters, 2016,23(5):708 - 712.

[29] CACHIN C. An information-theoretic model for steganography [C]//AUCSMITH D. Information Hiding. Berlin, Heidelberg: Springer, 1998:306 - 318.

[30] HOPPER N J, LANGFORD J, VON AHN L. Provably secure steganography [C]//YUNG M. Advances in Cryptology — CRYPTO 2002. Berlin, Heidelberg: Springer, 2002:77 - 92.

[31] CHEN K, ZHOU H, ZHAO H, et al. Distribution-preserving steganography based on text-to-speech generative models [J]. IEEE Transactions on Dependable and Secure Computing, 2022,19(5):3343 - 3356.

[32] KAPTCHUK G, JOIS T M, GREEN M, et al. Meteor: cryptographically secure steganography for realistic distributions [C]//Proceedings of the 2021 ACM SIGSAC Conference on Computer and Communications Security. New York, NY, USA: Association for Computing Machinery, 2021:1529 - 1548.

[33] ZHOU Z, SUN H, HARIT R, et al. Coverless image steganography without embedding [C]//HUANG Z, SUN X, LUO J, et al. Cloud Computing and Security. Cham: Springer International Publishing, 2015:123 - 132.

[34] ZHANG X, PENG F, LONG M. Robust coverless image steganography based on DCT and LDA topic classification [J]. IEEE Transactions on Multimedia, 2018,20 (12):3223 - 3238.

[35] KER A D. Batch steganography and pooled steganalysis [C]//CAMENISCH J L,

COLLBERG C S, JOHNSON N F, et al. Information Hiding. Berlin, Heidelberg: Springer, 2007:265 - 281.

[36] KER A D. Perturbation hiding and the batch steganography problem [C] // SOLANKI K, SULLIVAN K, MADHOW U. Information Hiding. Berlin, Heidelberg: Springer, 2008:45 - 59.

[37] KER A D, PEVNY T. Batch steganography in the real world [C]//Proceedings of the ACM Workshop on Multimedia and Security. New York, NY, USA: Association for Computing Machinery, 2012:1 - 10.

[38] COGRANNE R, SEDIGHI V, FRIDRICH J. Practical strategies for content-adaptive batch steganography and pooled steganalysis [C]//2017 IEEE International Conference on Acoustics, Speech and Signal Processing (ICASSP). 2017: 2122 - 2126.

[39] ZHANG Y, ZHU X, QIN C, et al. Dither modulation based adaptive steganography resisting JPEG compression and statistic detection [J]. Multimedia Tools and Applications, 2018,77(14):17913 - 17935.

[40] WESTFELD A, PFITZMANN A. Attacks on steganographic systems [C] // PFITZMANN A. Information Hiding. Berlin, Heidelberg: Springer, 2000: 61 - 76.

[41] FRIDRICH J, GOLJAN M, DU R. Detecting LSB steganography in color, and gray-scale images [J]. IEEE MultiMedia, 2001,8(4):22 - 28.

[42] FRIDRICH J, KODOVSKY J. Rich models for steganalysis of digital images [J]. IEEE Transactions on Information Forensics and Security, 2012, 7 (3): 868 - 882.

[43] YE J, NI J, YI Y. Deep learning hierarchical representations for image steganalysis [J]. IEEE Transactions on Information Forensics and Security, 2017, 12 (11): 2545 - 2557.

[44] YEDROUDJ M, COMBY F, CHAUMONT M. Yedroudj-net: an efficient CNN for spatial steganalysis [C]//2018 IEEE International Conference on Acoustics, Speech and Signal Processing (ICASSP). 2018:2092 - 2096.

[45] DENG X, CHEN B, LUO W, et al. Fast and effective global covariance pooling network for image steganalysis [C] // Proceedings of the ACM Workshop on Information Hiding and Multimedia Security. New York, NY, USA: Association for Computing Machinery, 2019:230 - 234.

[46] BOROUMAND M, CHEN M, FRIDRICH J. Deep residual network for steganalysis of digital images [J]. IEEE Transactions on Information Forensics and Security, 2019,14(5):1181 - 1193.

[47] DENEMARK T, FRIDRICH J J, ALFARO P C. Improving selection-channel-aware steganalysis features [C] // Media Watermarking, Security, and Forensics 2016. San Francisco, California, USA, 2016:1 - 8.

[48] 陈君夫,付章杰,张卫明,等. 基于深度学习的图像隐写分析综述 [J]. 软件学报, 2021,32(2):551 - 578.

[49] KER A D, PEVNY T. A new paradigm for steganalysis via clustering [C]//Media Watermarking, Security, and Forensics III: Vol. 7880. SPIE, 2011:312 - 324.

[50] KER A D, PEVN Y T. The steganographer is the outlier: realistic large-scale steganalysis [J]. IEEE Transactions on Information Forensics and Security, 2014,9 (9):1424 - 1435.

[51] LI L, ZHANG W, CHEN K, et al. Side channel steganalysis: when behavior is considered in steganographer detection [J]. Multimedia Tools and Applications, 2019,78(7):8041 - 8055.

[52] LI L, ZHANG W, CHEN K, et al. Steganographic security analysis from side channel steganalysis and its complementary attacks [J]. IEEE Transactions on Multimedia, 2020,22(10):2526 - 2536.

[53] PEVNÝ T, FRIDRICH J. Merging Markov and DCT features for multi-class JPEG steganalysis [C] // Security, Steganography, and Watermarking of Multimedia Contents IX: Vol. 6505. SPIE, 2007:28 - 40.

[54] LI W, ZHANG W, LI L, et al. Designing near-optimal steganographic codes in practice based on polar codes [J]. IEEE Transactions on Communications, 2020,68 (7):3948 - 3962.

2

数 字 水 印

2.1 概述

随着移动互联网技术和计算机通信技术的飞速发展,以数字文本、数字图像和数字音/视频为代表的多媒体数据在互联网上广泛发布和传播。虽然多媒体数据给人们带来了便利与经济效益,但是多媒体信息泛滥也带来了各种问题,例如非法占有、复制、篡改、数字版权纠纷等。这就给数字多媒体数据的所有者带来很大的困扰与经济损失。因此,数字多媒体数据亟须解决版权保护和内容认证的问题。

数字水印技术利用载体数据的冗余特性,将一些标识信息嵌入载体数据。这种技术除了可以应用于版权保护、隐蔽通信和追踪溯源外,还可以应用于数字文件的真伪识别、网络的秘密通信、隐含标题与注释、使用控制等,它是多媒体信息安全领域的一个重要分支。数字水印要求以不破坏原始数据的欣赏价值和使用价值为前提,即使经过一定程度的攻击,水印也能够被检测和提取出来。水印可根据不同的使用要求包含不同的信息,如版权信息、版本信息、作者信息、拥有者信息、发行人信息等。载体数据可以是任何一种数字多媒体类型,如图像、声音、视频或电子文档等。本章将按照图 2-1 数字水印技术导图的内容分别对鲁棒水印和认证水印展开介绍。

2.1.1 数字水印的研究现状

自 20 世纪八九十年代起,数字水印的研究成果开始在学术期刊上进行发表,近年来它已经成为对声像数据进行安全保护的一个研究热点。数字

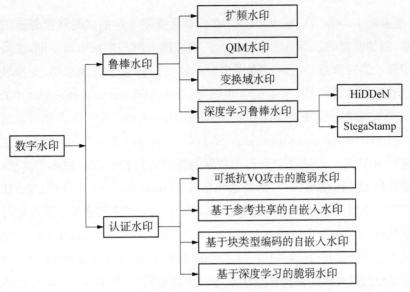

图 2-1　数字水印技术导图

水印技术与密码术不同,数字水印技术不影响载体数据的正常使用;数字水印技术也与隐写术不同,数字水印技术重点在于建立一种信息标识,防止信息被非法传播或篡改,其嵌入的信息是有意义的,而且可以是不加密的。一方面,数字水印技术弥补了密码术的缺陷,可以为解密后的数据提供进一步的保护;另一方面,数字水印技术弥补了隐写术中信息容易被修改的缺陷。因此,数字水印技术成为当今网络信息安全和数字媒体版权保护研究的热点。根据数字水印的技术特点,水印可以分为鲁棒水印和认证水印。

1. 鲁棒水印

数字水印技术作为一种信息安全和版权保护的重要手段,在应用时不可避免地会遭受到各种形式的攻击,能否抵抗对水印的各种攻击已经成为衡量数字水印技术先进性和可靠性的重要标准,因此鲁棒性是数字水印技术的一项基本要求。鲁棒水印是指能够抵抗攻击的水印方法,即在经过一种或多种攻击后,水印信息仍然能够被检测和恢复。在当下,攻击的形式各种各样,常见的攻击方法有压缩攻击、篡改攻击、旋转攻击、缩放攻击、平移攻击、裁剪攻击与贴图攻击等。能够抵御的攻击形式越多,水印的应用场景也就越广泛。

鲁棒水印的研究大致可归纳为两大类:基于传统方法的鲁棒性数字水印研究和基于深度学习的鲁棒性数字水印研究。在传统的鲁棒性数字水印方法中,根据嵌入信息时修改的对象内容进行分类,可以进一步分为空域水印、变换域水印和压缩域水印。空域水印是按照一定的规则直接修改图像像素,例如经典的最低有效位水印[1]。变换域水印与空域水印不同,变换域水印修改的对象是经过信号变换之后的内容。相较于空域水印,变换域水印有着较高的鲁棒性,常见的有离散余弦变换(discrete cosine transform,DCT)[2]、离散小波变换(discrete wawelet transform,DWT)[3]和奇异值分解(singular value decomposition,SVD)[4]。压缩域水印针对压缩形式的图像进行水印嵌入,是直接针对压缩数据的特点进行特殊设计的水印算法,常见的有块截断压缩编码[5]、向量量化(vector quantization,VQ)压缩方法[6]和 JPEG 压缩方法[7]。随着深度学习的不断发展,越来越多基于深度学习的鲁棒性数字水印方法被提出来,例如 HiDDeN[8]模型和 StegaStamp[9]模型。但是考虑到跨媒介(打印-扫描、打印-拍照和屏幕-拍照)失真的影响,许多可抵抗跨媒介信道失真的鲁棒性数字水印方法被提出来,例如:Fang 等人[10]提出的基于模板叠加的水印方案对于屏摄过程中所产生的失真具有较高的鲁棒性;Lin 等人[11]将水印嵌入在图像的傅里叶-梅林域,使用逆对数极坐标映射抵抗图像旋转、缩放和平移所带来的失真等。

2. 认证水印

认证水印一般是为了应对图像篡改而设计的,主要用于验证数字产品内容的完整性,含有认证水印的数据一旦遭到篡改,提取出的水印就会改变,篡改的位置也可以根据水印信息进行定位。

认证水印按照研究方法可以分为基于传统方法的认证水印方法[12-30]和基于深度学习的认证水印方法[31]。根据水印功能的不同,认证水印可以分为脆弱水印[12-16]和自嵌入水印[17-31]。最早的脆弱水印算法于 1995 年被 Walton 等人[12]提出,主要用于图像认证。其核心思想是随机选取图像中的部分像素,计算像素值中除最低有效位以外其他位的校验和,并将其作为水印嵌入最低有效位中,凭借水印信息进行检测和定位。后续研究也涌现出了一系列应用于检测和定位篡改区域的脆弱水印技术,例如:Celik 等人[13]提出了一种多级分层脆弱水印方案,通过提出的分层结构将高层签名信息共享到低层中以抵抗向量量化攻击;Chang 等人[14]提出了一种通过对计算出的哈希码执行折叠操作来生成认证位,并将其插入到每个重叠的 3×3 块的中心像素中的脆弱水印算法;Gul 等人[15]以提高脆弱水印图像质量为目标,提出了一种基于 SHA-256 的脆弱水印方案。为了进一步提升篡改定位精度,Hong 等人[16]通过将未修改像素和每个块的位置信息的哈希码嵌入可修改像素中,并在不可嵌入块中嵌入一位交流系数以提升篡改定位的精度。为了能够在定位篡改区域的基础上进一步恢复篡改区域内容,许多学者提出了自嵌入水印算法。例如 Zhang 等人[29]提出了基于参考共享的自嵌入水印算法,该算法通过从不同区域的原始内容派生出参考信息用于内容恢复,因为参考信息是分散嵌入整个图像中的,局部篡改并不能完全破坏它,同时通过调整参考信息的比特数可以实现不同的恢复能力。Qin 等人[30]提出一种基于非均匀参考的自嵌入脆弱水印方法,利用最优迭代块截断编码(optimal iterative block truncation coding, OIBTC)模式的压缩比特并以非均匀方式交错生成参考位。在接收端,恢复的压缩比特通过 OIBTC 解码恢复检测到的篡改区域,若篡改区域较大,则利用块内和块间的相关性进行恢复。Qian 等人[31]提出了基于深度学习的自嵌入水印算法,并将其定义为"免疫图像"。

2.1.2　数字水印的应用场景

1. 鲁棒水印的应用场景

数字多媒体数据作为一种数字资产,具有一定的使用价值和保护价值。而数字水印作为一种信息嵌入与提取方法,可以将版权信息嵌入多媒体数据以对版权情况进行说明。事实上,现阶段鲁棒性数字水印方法不只是用于所有权证明,还在隐蔽通信、追踪溯源、内容认证、秘密通信、设备控制、广播监视与注释标记等方面具有广阔的应用前景。

2. 认证水印的应用场景

认证水印主要应用于内容验证。当含认证水印的载体数据遭受线性或非线性变换的攻击时,认证水印就会立刻发生改变或毁坏,因此认证水印不适合用于版权保护等领域。而水印信息的脆弱特性使得这类方法适用于内容验证,比如检测图像是否被编辑篡改、损坏或调换。认证水印的特点有很多,一般包括检测篡改的能力、视觉效果的不可感知性、水印的盲提取、篡改位置的探知、图像剪切后检测水印的能力、生成的水印信息应该保证正交性、密钥空间足够大、密钥难以由提取信息反推、未授权方难以自行嵌入该类水印以及水印应该可以被用于压缩域等。这些特点不一定全部同时在某种方法上体现,可根据实际图像认证的应用场景,在设计时酌情考虑。

2.2 鲁棒水印

鲁棒水印是指在遭受各种故意或者无意的攻击行为之后,嵌入载体数据的水印不会发生改变或者说产生的变动非常微小,从而达到保护多媒体知识产权的目的。所以,鲁棒水印的设计初衷就是希望水印信息能够抵抗各种各样的攻击。事实上,现阶段的鲁棒水印技术不仅仅用于版权的保护,其在隐蔽通信、溯源、内容认证上也都有着广阔的应用场景。

目前常见的传统鲁棒性数字水印嵌入和提取方法包括扩频嵌入和提取(扩频方法[32-33])、量化嵌入和提取(量化方法[34-35])。针对水印嵌入时修改的内容不同,可将其分为空域水印[36-38]、变换域水印[2,39]等。近年来,深度学习技术日趋成熟,其在图像处理领域取得了很大成功。同样地,深度学习技术的强大能力也被应用于数字水印技术的研究领域。本小节将介绍一些具有代表性的鲁棒水印方法。

2.2.1 扩频水印

一般来说,构建鲁棒性水印有两个部分:水印结构和嵌入策略。这两个部分的正确设计可以有效增强水印的鲁棒性和安全性。对此,Cox 等人[32]提出了两个主要见解:第一,水印信息被明确地嵌入在感知到的最重要的数据成分中;第二,水印信息由来自高斯分布 $N(0,1)$ 的随机数组成。也就是说,鲁棒水印的实现需要将水印信息嵌入感知上最重要的频带或者区域上。然而,修改这些频带或者区域往往会导致信号质量下降,这正是水印在鲁棒性和不可感知性上存在的矛盾。

为了解决上述矛盾,Cox 等人提出将图像的频域视为通信信道,将水印信息视为在通信信道上传输的信号,攻击则被视为信号传输过程中水印系统必须能够抵抗的噪声。通过类比通信中的扩展频谱技术,水印信息可以通过扩频的方式嵌入载体信号最重要的频谱成分中,于是扩频数字水印算法被提出来。简单地说,扩频水印技术借鉴了扩频通信用高传输带宽换取低信噪比的思想,将 1 比特水印信息隐藏在多个载体系数中,达到扩频和降低传输信噪比的目的。

1. 水印的扩频编码

由于嵌入在图像高频频谱中的水印可以通过任何直接或间接的低通滤

波去除掉,且不会对图像造成任何影响,因此水印信息不应该被嵌入在图像(或其频谱)非重要的感知区域上,那么问题就变成了如何以保真的方式将水印信息嵌入频谱中最重要的感知区域。通常情况下,微小的修改都能使频谱系数发生改变,但是这个微小的变化很容易受到噪声的影响。为了解决这个问题,可把图像或声音的频域视为通信信道,将水印信息视为通过其传输的信号。因此,有意的攻击和无意的信号失真都被视为浸入信号必须免疫的噪声。

扩频通信一般是在较大的带宽上传输窄带信号,使得任何单个频率中存在的信号能量都不能被检测到。类似地,可将水印分布在多个频率区域上,使得任意区域中的能量非常小并且不可检测。因为在水印验证过程已知晓水印的位置和内容,所以可将这些弱信号集中到具有高信噪比的单个输出中。但是,要破坏这样的水印,需要将高振幅的噪声添加到所有频率区域中。将水印分布在图像的整个频谱中可在很大程度上防止有意或者无意的安全性攻击,这主要体现在两个方面:一是水印的位置不明显;二是应以确保在水印受到任何攻击后原始数据严重退化的方式选择频率区域。如果水印中的能量在任何单个频率系数中足够小,则嵌入在图像中的水印可达到不可感知的目的。

感知掩蔽(perceptual mask)是通过计算数据的频率变换所得到的可嵌入水印的区域,它可以在确保不损失数据的感知保真度的条件下,通过扩频方法将水印信号嵌入该区域当中。每个被修改的幅度值只有所有者可知,攻击者最多只知道可能修改的范围。为了确定能够消除水印,攻击者必须假设每次的修改都在此限制的范围内。因此,攻击会在数据中产生可见的瑕疵。类似地,由于压缩或图像处理而导致的信号失真,必须使感知上重要的频谱分量完好无损,否则图像将严重退化,这就是水印鲁棒的原因。图2-2是扩频水印的一般嵌入过程。

Cox等人[32]所提出的扩频水印,其初衷是借用扩频通信中的扩频思想提高数字水印算法的鲁棒性。从水印信息分布到多个频率系数上的扩频方式来看,基于变换域的水印算法都可以看作扩频水印算法。扩频水印算法可以被认为是水印信息经过简单的缩放,然后嵌入载体。该方法在水印信息的嵌入过程中,没有充分利用载体的信息,因此是一种盲嵌入水印方式。以这种方式建立的水印算法,不易实现盲检测,尤其是当嵌入的水印信息具

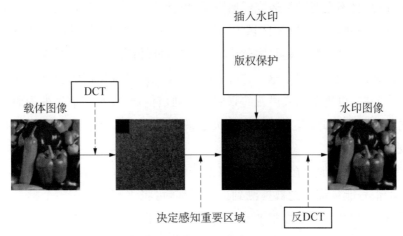

图 2-2 扩频水印的一般嵌入过程

有实际意义时。如果水印信息为伪随机序列,或者采用伪随机序列对水印信息进行调制,产生具有伪随机序列特性的待嵌入序列时,盲检测可以采用相关检测器实现。在这种机制下进行水印嵌入可有效抵抗信号处理操作(如有损压缩、滤波、数/模和模/数转换等)和常见的几何变换(如裁剪、缩放、平移和旋转等)。

假设水印 W 是由 $\{w_i, i=1, 2, \cdots, n\}$ 组成的向量,其中每一个 w_i 的值都是根据 $N(0, 1)$ 独立选择的。X 是由载体系数 $\{x_i, i=1, 2, \cdots, n\}$ 组成的向量,在其中嵌入水印 W 从而获得 S。S 是由嵌入水印后载体系数 $\{s_i, i=1, 2, \cdots, n\}$ 组成的向量。水印的一般嵌入过程为 $S=X \oplus \alpha \oplus W$,$\alpha$ 表示尺度因子,用于控制嵌入强度。在接收方,提取水印 W' 并将其与原始水印 W 进行相似度比较。Cox 等人提出了三种水印嵌入方法,分别是公式(2-1)的加法规则、公式(2-2)的乘法规则和公式(2-3)的指数规则:

$$S = X + \alpha W \qquad (2-1)$$

$$S = X(1 + \alpha W) \qquad (2-2)$$

$$S = X(e^{\alpha W}) \qquad (2-3)$$

在上述的三个公式中:S 表示嵌入水印后的载体变换域系数;W 表示待嵌入的水印编码信息;X 表示载体的变换域系数;α 表示尺度因子,用于控制嵌入强度。强度越大,鲁棒性越高,同时不可感知性越差。为了取得两者间的最佳平衡,一些学者利用人类视觉感知模型来度量尺度因子的最佳值。其中公式(2-1)和公式(2-2)类似,公式(2-2)中的尺度因子为 $\alpha\boldsymbol{X}$,即:$\boldsymbol{S} = \boldsymbol{X} + (\alpha\boldsymbol{X}) * \boldsymbol{W}$。如果对公式(2-3)取对数,可得:

$$\ln(\boldsymbol{S}) = \ln(\boldsymbol{X}) + \alpha\boldsymbol{W} \tag{2-4}$$

在对数极坐标下,公式(2-1)和公式(2-4)十分类似。所以公式(2-1)到公式(2-3)表示的嵌入方式实质上都是相同的。

以图像类型的载体数据为例,扩频水印的嵌入过程如下所述:

(1) 选定待嵌入水印的载体图像,并产生一个服从高斯分布的长度为 n 的随机实数序列 $\boldsymbol{W}$ 作为水印信息;

(2) 对整幅图像进行二维全局 DCT 变换,得到 DCT 的系数矩阵;

(3) 在 DCT 系数矩阵中寻找绝对值最大的 n 个交流系数 $\boldsymbol{X}$ 作为嵌入位置,用来嵌入水印信息;

(4) 根据公式(2-2)得到一个含水印的 DCT 系数矩阵 $\boldsymbol{S}$;

(5) 进行二维的逆 DCT 变换,并对像素灰度值进行截断,使其均值位于 $[0, 255]$ 之间,从而获得含水印的图像。n 个最大的 DCT 交流系数值和相应的水印嵌入位置是提取水印所需的密钥。

以图像类型的载体数据为例,扩频水印的提取过程如下所述:

(1) 对接收到的可能含有水印的图像进行 DCT 变换;

(2) 根据密钥确定可能含有水印信息的 n 个 DCT 系数,利用公式 (2-5)提取水印信息 $\boldsymbol{W}'$:

$$\boldsymbol{W}' = (y_i - x_i)/(\alpha\boldsymbol{X}) \tag{2-5}$$

其中,y_i 是含有水印信息的 n 个 DCT 系数,其中 $i \in \{1, 2, \cdots, n\}$;

(3) 通过公式(2-6)计算原始水印信息 $\boldsymbol{W}$ 与提取水印信息 $\boldsymbol{W}'$ 之间的相似度:

$$\mathrm{sim}(\boldsymbol{W}, \boldsymbol{W}') = \frac{\sum_{i=1}^{n} W(i)W'(i)}{\sqrt{\sum_{i=1}^{n} W(i)^2}} \tag{2-6}$$

其中,$\mathrm{sim}(\boldsymbol{W}, \boldsymbol{W}')$ 与阈值进行比较来判断水印是否存在。阈值可通过实验的方法获得,也可以通过一些统计和假设的方法获得。

　　具体的水印编码和解码过程见图 2-3。值得一提的是,该方法也可直接应用于彩色图像上,彩色图像可以被转换为 YIQ 色彩空间,然后对亮度分量 Y 进行水印的嵌入。

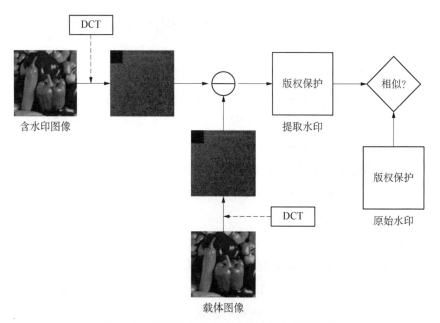

图 2-3　扩频数字水印的编码过程与解码过程

图 2-4　由 Corel Stock Library 提供的 Bavarian couple 图像

(来源:COX I J, KILIAN J, LEIGHTON F T, et al. Secure spread spectrum watermarking for multimedia [J]. IEEE Transactions on Image Processing, 1997, 6(12):1673-1687)

　　为了验证该算法的抗几何攻击能力以及抗打印、扫描和复印的鲁棒性,将水印长度设置为 1000 比特。通过使用公式(2-2)修改图像频谱上 1000 个重要的感知分量来将水印嵌入图像当中。在整个实验中,使用的图像是 Bavarian couple,如图 2-4 所示。

　　首先将水印图像大小缩小至原来的一半,如图 2-5(a)所示。为了恢复水印,再将图像放大到原始的尺寸。在图 2-5(b)中可以看到在缩放的过程中丢失了很多细节,这是因为子采样是通过低通滤波进行操作的。此时,水印检测器对原始水印图像的响应为 32.0,而图 2-5(b)重缩放版本的响应为 13.4。当水印检测器响应值下降 50% 时,水印检测器的响应能力仍然远远高于随机概率水平,表明水印对几何失真具有鲁棒性。

(a) 低通滤波版本,对含水印的 Bavarian
couple 图像进行 0.5 倍缩放

(b) 重缩放的图像在细节显示上
产生明显的失真

图 2-5 水印图像的缩放实验

(来源:COX I J, KILIAN J, LEIGHTON F T, et al. Secure spread spectrum watermarking for multimedia [J]. IEEE Transactions on Image Processing, 1997, 6(12):1673-1687)

图 2-6(a)显示了原始水印图像的裁剪版本,其中仅保留原始图像四分之一的中心区域。为了从该图像中检测水印,将图像的缺失部分替换为来自图 2-4 的原始载体图像的相应部分,如图 2-6(b)所示。此时,水印检测

(a) 含水印的 Bavarian couple 图像的裁剪版本

(b) Bavarian couple 图像的恢复版本

图 2-6 水印图像的裁剪实验

(来源:COX I J, KILIAN J, LEIGHTON F T, et al. Secure spread spectrum watermarking for multimedia [J]. IEEE Transactions on Image Processing, 1997, 6(12):1673-1687)

图 2-7 印刷、复印和扫描之后重缩放的 Bavarian couple 图像

(来源:COX I J, KILIAN J, LEIGHTON F T, et al. Secure spread spectrum watermarking for multimedia [J]. IEEE Transactions on Image Processing, 1997, 6 (12):1673-1687)

器的响应是 14.6。这表明即使已删除 75%的数据,水印检测器的响应能力仍远高于随机概率。

图 2-7 是 Bavarian couple 图像经过以下阶段的处理:印刷、复印、扫描 (300 dpi)和重缩放到 256×256 大小所显示的最终结果。每经过一个阶段的处理,其图像都会受到不同程度的失真,特别是在高频模式下噪声尤为明显,此时水印检测器对水印的响应为 4.0。但是,如果去除非零均值,则水印检测器的响应为 7.0,仍然高于随机概率。

扩频水印算法的主要优点包括:低功率谱密度;保密性好,攻击者并不知道水印的内容以及其位置,破坏水印必然会破坏载体信号;高信噪比;可实现盲检测;对压缩、低通滤波、加法和乘法噪声等信号处理具有很强的鲁棒性。它的缺点主要包括:嵌入率低,一般低于 1 比特/1000 样值;水印检测器依赖含水印的载体信号和原始载体信号之间的同步性,对同步攻击不够鲁棒,帧越长则检测错误率越低,相应地会增加检测的复杂度和时间,降低抗同步攻击的能力。

2. Patchwork 水印算法

除了上述最经典的扩频水印算法外,Patchwork[40] 水印算法是将水印信息隐藏在图像数据的亮度统计特性中。它从原始图像信息中选取一些有关联的数据组成两个对应的集合,并改变这两个集合中数据之间的某种关系,使原始载体图像含有水印信息,给出了一种原始的扩频调制机制。Patchwork 水印算法是在图像域上通过大量的模式冗余来实现鲁棒性的数字水印,虽然该算法一般只能隐藏 1 比特信息,但是仍对图像数据的版权具有一定的保护能力。Patchwork 算法是一种数据量小、能见度低、鲁棒性强的数字水印技术,其生成的含水印图像能够抵抗裁剪、模糊和色彩抖动等攻击方式。

Patchwork 水印算法于 1996 年被 Bender 提出,是一个基于伪随机的统计过程。Patchwork 算法在载体图像中以不可感知的方式嵌入一个具有高斯分布的统计数据。图 2-8 给出了 Patchwork 算法中的单次迭代结果。其中,Patchwork 算法伪随机地选择两个色块(第一个是 A,第二个是 B),色块 A 中的图像数据较亮,而色块 B 中的图像数据较暗,这样做可确保整个图像信息的总体亮度不变。在提取时,采用统计方法检测水印是否存在。因为该算法使用两组互不相交的像素集合,所以在水印的检测过程中不需要原始的载体图像。Patchwork 算法独立于载体图像的内容,它对大多数非几何攻击具有相当高的抵抗能力。

图 2-8 Patchwork 算法中的单次迭代
(来源:BENDER W, GRUHL D, MORIMOTO N, et al. Techniques for data hiding [J]. IBM Systems Journal, 1996, 35(3.4):313-336)

假设算法是针对 256 级线性量化系统,其初始值为 0,图像的灰度值服从均匀分布,图像中点与点的灰度值之间是相互独立的,随机选取的两个像素值的差值是以 0 为中心的高斯分布。Patchwork 算法具体描述如下。

在图像中随机选择两个点 A 和 B。设 a 代表点 A 的亮度,b 代表点 B 的亮度,令

$$S = a - b \qquad (2-7)$$

S 的期望值为 0。虽然期望值为 0,但是不能确定在特定的情况下 S 的值到底是多少,这是因为在该过程中产生的方差 σ_s 相当大。方差 σ_s 是用来表示 S 的样本偏离期望值 0 的程度。假设 $S = a - b$ 且 a 和 b 相互独立,则 σ_s^2 可以通过以下公式计算所得:

$$\sigma_s^2 = \sigma_a^2 + \sigma_b^2 \qquad (2-8)$$

由于 a 和 b 是来自同一个集合中的样本,均服从同一分布,因此 $\sigma_a^2 = \sigma_b^2$。就有:

$$\sigma_s^2 = 2 \times \sigma_a^2 \approx 2 \times \frac{(255-0)^2}{12} \approx 10\,836 \qquad (2-9)$$

这会产生标准偏差 $\sigma_s \approx 104$。

重复迭代该过程 n 次，a_i 和 b_i 分别表示 S_i 在第 i 次迭代期间 a 和 b 的灰度值，将 S_n 定义为：

$$S_n = \sum_{i=1}^{n} S_i = \sum_{i=1}^{n} (a_i - b_i) \tag{2-10}$$

S_n 的期望值是 0，这个性质可以从直观上来理解，即在所选中的数据对中，a 大于 b 的概率应该近似等于 b 大于 a 的概率。因此：

$$S_n = n \times S = n \times 0 = 0 \tag{2-11}$$

若一幅图像的 S_n 很明显地偏离 0，那么就可以得到一个结论：图像的像素值很可能被修改了。此时的方差为：

$$\sigma_{S_n}^2 = n \times \sigma_s^2 \tag{2-12}$$

标准差为：

$$\sigma_{S_n} = \sqrt{n} \times \sigma \approx \sqrt{n} \times 104 \tag{2-13}$$

Patchwork 算法在嵌入水印时仅仅改变整个图像中的一小部分，对图像质量影响微乎其微，加入的水印块是两个 patch。嵌入时，一个 patch 的亮度值增加伴随着另一个 patch 的亮度值减小（增加与减小的值是相等的），这样一加一减，使经过计算后的整个图像的标准差仍保持不变。

事实上，对于较大的 n 值，S_n' 是呈高斯分布的，即使存在若干个 σ_sS 偏差，也可以确定水印的存在。表 2-1 列举的是在修改幅度为 2 的情况下，高斯分布 S_n' 从 0 到 3 的 4 个标准差的偏离时，水印检测的准确性和数据对选取的数目之间的关系。从表中可以看出，如果数据对的选取超过 2 700 个，那么判断的准确性就能达到约 97%。

表 2-1 给定与高斯分布中预期偏差的编码确定性程度($\delta=2$)

标准差	确定性(%)	n
0	50.00	0
1	84.13	679
2	97.87	2 713
3	99.87	6 104

Patchwork 算法基本的嵌入过程如下：

（1）通过密钥 K 和伪随机数生成器来选择 (a_i, b_i)。该密钥和随机数生成器仅为接收方和发送方双方拥有，解码器需要按照和编码器相同的顺序和位置来选择数据对；

（2）将 patch a_i 中的亮度提高 δ，δ 的一般取值在 $0 \sim 256$ 中的 $1\% \sim 5\%$ 的范围内；

（3）将 patch b_i 中的亮度降低相同的 δ 值；

（4）重复此步骤 n 次，最终实现水印的嵌入。

Patchwork 算法人为地修改给定图像的 S 值，使得 S_n' 与预期值存在偏差。在检测水印时，选取的检验统计量是两块 patch 的差的期望值 S_n'。若 $S_n' = 0$，表示没有水印嵌入，属于正常情况；若 $S_n' \neq 0$，表示超出了正常时的情况，有水印嵌入。同样地，水印检测前也需要对编码图像使用同样的密钥 K 和伪随机数生成器来选择数据对 (a_i, b_i)，S_n' 的值可以通过以下公式计算：

$$S_n' = \sum_{i=1}^{n} \left[(a_i + \delta) - (b_i - \delta) \right] \tag{2-14}$$

或者

$$S_n' = 2\delta n + \sum_{i=1}^{n} (a_i - b_i) \tag{2-15}$$

在此过程中，每一步都会累积 $2 \times \delta$ 的期望值。因此，在重复 n 次之后，S_n' 的值为：

$$\frac{2\delta n}{\sigma_{S_n'}} \approx 0.028 \delta \sqrt{n} \tag{2-16}$$

为了进一步提高 Patchwork 算法的性能，上述算法可以进行以下修改。

（1）处理多点而不是单点的 patch。将 Patchwork 引入的噪声转移到低频当中，因为在该处被有损压缩和典型的有限脉冲响应滤波器去除的概率较小。

（2）通过使用仿射编码或一些基于特征识别的启发式的组合，使 Patchwork 算法更加鲁棒。Patchwork 算法的解码对载体图像的仿射变换很敏感，如果在编码过程中，图像中的点在解码之前被平移、旋转或缩放，则编码被丢失的概率很大。

对于 patch 形状的研究，图 2-9 列出了三种情况的一维 patch 形状。在

图 2-9(a)中,patch 非常小,边缘锋利。这导致 patch 的大部分能量集中在图像频谱的高频部分,很难察觉到失真,但也使得它很可能被有损压缩进行移除。针对另一种情况,如图 2-9(b)所示,其大部分信息都包含在低频部分。最后图 2-9(c)显示了一个宽而锐利的 patch,它倾向于将能量分布在整个频谱周围。

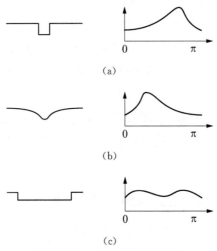

注:左列为 patch,右列为修改频率

图 2-9 patch 的轮廓在很大限度上决定了频率的修改

(来源:BENDER W, GRUHL D, MORIMOTO N, et al. Techniques for data hiding [J]. IBM Systems Journal, 1996, 35(3.4):313-336)

patch 形状的最佳选择取决于图像所经过的变换。如果将图像进行 JPEG 编码,那么将其能量置于低频的 patch 更可取。如果要进行对比度的增强,则将能量置于较高频率会更好。如果图像的变换是未知的,那么将能量置于整个光谱(频谱)中是更有效的。

patch 的排列方式对算法也具有一定的影响。本小节考虑了三种可能性,如图 2-10(a)所示的是最简单的排列方式,一个简单的直线格子,随着网格的填充,会形成连续的梯度边缘,人眼视觉系统(human visual system, HVS)对这种边缘非常敏感。图 2-10(b)通过使用六边形作为 patch 形状。图 2-10(c)是一个较优的解决方案,此方案是完全随机放置 patch。在水平和垂直维度上选择最优 patch 形状将提高载体图像的拼接效果。

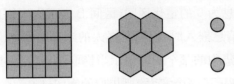

(a) 直线网格 patch   (b) 六边形 patch   (c) 随机 patch

图 2-10　patch 排列方式

(来源:BENDER W, GRUHL D, MORIMOTO N, et al. Techniques for data hiding [J]. IBM Systems Journal, 1996, 35(3.4):313-336)

　　在均匀性上,Patchwork 算法所做的唯一假设是 $S_i = a_i - b_i$ 的期望值为 0。下面的论证可以证明该假设总是满足的:

　　1) 设 a_r 为 a 的时间反转序列;

　　2) $A_r = A^*$, A^* 是 A 的复共轭;

　　3) $F(a * a_r) = AA^*$, F 表示傅里叶变换;

　　4) 根据复共轭的定义,AA^* 处处实数;

　　5) $F^{-1}(AA^*)$ 是偶数;

　　6) 偶数序列围绕零对称。

　　Patchwork 算法也存在一些缺点。其一,它的数据嵌入速率很低,通常每个图像只有 1 比特的水印信息;其二,标记图像中像素所在的位置是有必要的;其三,存在严重仿射变换的情况下对图像进行解码有些困难;其四,算法直接在空域进行水印的嵌入容易引起图像视觉上的变化。用基本的 Patchwork 方法只能进行单比特的水印嵌入,如果要提高水印容量,就需要将图像划分不同的部分。在每一部分中,根据水印值 0 或 1 的不同来选择不同的数据对模式进行修改,但是这样做会带来两方面后果:一是破坏了水印的完整性,使得其对图像的几何攻击不具备鲁棒性;二是水印容量提高有限,因为如果想要较好地体现统计特性,那么图像的分块不能太小。

2.2.2　量化水印

　　量化方法不同于扩频方法的加性嵌入,它实质上类似于索引方法,其主要目的是实现盲检测,主要思想是根据嵌入水印信息的不同将载体数据量化到不同的区间,而提取信息时根据数据所属的量化区间来识别水印信息。量化方法首先需要确定量化表,将数轴分成多个区间,每个区间对应水印的一个分量(0 或 1)。如图 2-11 所示,假设嵌入的水印信息为二进制序列,其中区间 A 表示嵌入信息为 0 的量化区间,区间 B 表示嵌入信息位为 1 的量化区间。当进行水印信息嵌入时,根据所嵌入的水印信息将载体信号量化为 A 区间集或 B 区间集中的某个中间值。当提取水印信息时,如果接收到的数据与 A 区间集的中间值距离较近,则提取的水印信息为 0;否则,提取的水印信息为 1。但是,如果信息采用四进制表示,则需要四个量化器,分别代表 0、1、2、3。也就是说,当用 M 个符号来表示水印信息时,则需要 M 个量化器。

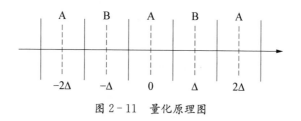

图 2 - 11　量化原理图

量化技术可用公式(2 - 17)表示:

$$Q(x, \Delta) = \mathrm{round}\left(\frac{x}{\Delta}\right)\Delta \qquad (2 - 17)$$

其中,x 表示将要量化的数据,Δ 表示量化步长,round(·)表示四舍五入取整函数,$Q(x, \Delta)$ 表示量化函数。

从公式(2 - 17)可以看出这是个多对一的不可逆函数。经过取整运算,量化的结果都为整数,所以经过量化后的输出是一些非连续的离散值,而在量化允许的误差范围内,这一特性能够确保信息对干扰的抵抗能力,正好满足了水印鲁棒性的要求。使用量化函数时,在满足量化误差小于二分之一的量化步长时,量化后的信息和量化前的信息近似相等,对于图像信息来说能够保证量化前后的图像信息差异很小,从而满足含水印图像的不可感知特性。

1. QIM

QIM 方法是由 Chen 等人[34]基于量化技术提出来的,是一种具有代表性的数字水印技术。作为一种非线性的方法,它消除了载体信号的干扰,在提取水印时不需要提供载体信号,并且在由水印嵌入而引起的图像质量下降和算法的鲁棒性之间取得了很好的平衡。在水印的嵌入阶段,根据待嵌入的水印信息,量化索引调制方法使用不同的量化器将待嵌入水印的系数进行量化,使每个系数值落入待嵌入水印分量相对应的区间,从而产生含水印的量化图像。在提取阶段,通过对照量化表,QIM 方法通过计算嵌入水印的系数所落入的区间来获得相应的水印信息。量化区间的范围一般由一个参数控制,这个参数被称为"量化阈值"(量化方法中的嵌入参数),它控制着量化的力度(水印嵌入的强度)。量化方法实现简单,计算复杂度低,并且可以做到无原始载体图像参与的完全盲提取。由于 QIM 水印算法可以实现水印的盲检测,并且具有容量大、实现简单等优势。因此,该算法在数字水印技术的研究中得到了广泛的关注。

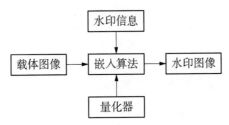

图 2-12 基于 QIM 的数字图像水印算法

在基于 QIM 的数字水印方案中,量化嵌入函数 $S(x, m)$ 被看作对应于索引值函数 m 的关于 x 的函数集。不同的水印信息对应于不同的索引值,而一个索引值又与一个量化器相对应。在嵌入水印信息时,二进制信息 0 和 1 对应两个索引值,这两个索引值又分别与两个量化器相对应。因此,二值水印信息的量化嵌入函数可表示为:

$$S(x, m) = Q_m(x, \Delta) \tag{2-18}$$

图 2-13 展示了基于 QIM 的信息嵌入技术。假设二进制信息位 0 和 1 分别对应于 1 和 2 两个索引值,因此需要两个量化器,它们在 $\mathbb{R}^N$ 中对应的重构点集在图中用"○"和"×"表示。如果 $m=1$,则载体信号用"×"量化器,即 S 是被"×"选中最接近 x 的值。如果 $m=2$,则 x 用"○"量化器进行量化。随着 x 的变化,S 从一个"×"点($m=1$)变化到另一个"×"点或从一个"○"点($m=2$)变化到另一个"○"点,但它永远不会在"×"点和"○"点之间变化,即在嵌入相同的水印信息时,载体信号对应的量化重构点不会在不同量化器的量化重构点集合之间产生变动。

量化器集合的性能与速率、失真和鲁棒性等参数直接相关。例如,集合中量化器的数量决定了信息嵌入率 R_m，量化单元的大小和形状决定了嵌入引起的失真，不同量化器之间的最小距离决定了嵌入的鲁棒性。在图 2 – 13 中，$d_{\min}$ 表示不同量化器的量化值之间的最小距离，其结果决定了嵌入水印的鲁棒性，量化器之间的最小距离越大，鲁棒性越强。量化步长 Δ 决定嵌入所引起的失真程度，嵌入所引起的失真产生于量化误差。$d_{\min}$ 的定义如下：

$$d_{\min} \triangleq \min_{(i, j):i \neq j} \min_{(x_i, x_j)} \| S(x_i, i) - S(x_j, j) \| \qquad (2 - 19)$$

其中 x_i 和 x_j 表示用于嵌入水印信息的载体数据，i 和 j 表示量化索引。

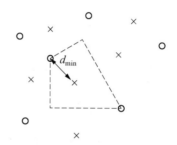

图 2 – 13　基于 QIM 的水印信息嵌入示意图

　　基于 QIM 的数字水印算法具有实现简单、算法复杂度低、消除载体干扰以及低噪声环境下完全抗噪的特点，并且可以做到无原始载体参与的完全盲水印提取。但是，嵌有水印的作品在分发时，若外界的噪声强度超过一定的范围，接收端则难以正确地检测水印信息，而且检测性能随噪声强度的增加急剧下降。为了提高 QIM 算法的性能，失真补偿（distortion compensated，DC）技术被用于 QIM，即 DC – QIM 水印算法。详细内容在下面有所介绍。

　　2. 抖动调制

　　抖动调制（dither modulation，DM）是在传统 QIM 上提出来的一个扩展，也是 QIM 的实际应用。DM 方案的实现过程就是将水印或由水印确定的抖动信号（向量形式）加载到载体信号中，然后对载体信号进行水印的嵌入。DM 的结构十分简单，其中任意一个量化器的量化单元和重构点是其他量化单元和重构点的平移。DM 首先用嵌入信息调制抖动向量，即每个可能的嵌入信号对应一个唯一的抖动向量，然后用相应抖动量化器量化载体信号形成一个复合信号，以实现水印信息的嵌入。

根据 DM 的实现过程,水印的嵌入可以表示为:

$$y = Q_\Delta^m(x) = \text{round}\left[\frac{x + d(m)}{\Delta}\right] \times \Delta - d(m) \qquad (2-20)$$

其中 x 和 y 分别表示载体数据和嵌入水印后的数据,round[·]表示四舍五入取整函数,Δ 表示量化步长,m 为水印信息,$d(m)$ 是水印信息 m 确定的抖动向量,$Q_\Delta^m()$ 是与水印信息相对应的量化器。对于二进制水印 0 和 1 来说,相对应的量化器分别为 $Q_\Delta^1()$ 和 $Q_\Delta^2()$。两个抖动向量必须满足下面的条件:

$$d[1] = \begin{cases} d[0] + \dfrac{\Delta}{2}, & d[0] < 0 \\ d[0] - \dfrac{\Delta}{2}, & d[0] \geqslant 0 \end{cases} \qquad (2-21)$$

其中 $d[0]$ 是服从 $\left[-\dfrac{\Delta}{2}, \dfrac{\Delta}{2}\right]$ 上均匀分布的伪随机序列。其实现过程如图 2-14 所示。

图 2-14 抖动调制

以基于抖动量化索引调制(dither modulation-QIM,DM-QIM)数字图像水印算法为例,水印的嵌入过程如下所述。

设 x 为数字图像,y 为水印信息,d 为抖动量化,其与水印信息对应。水印的嵌入算法可分为以下几步:

(1) 对载体图像 x 进行 8×8 DCT 系数分块;

(2) 计算对应的抖动量化矩阵 d;

(3) 利用 d 及 y 进行量化嵌入;

(4) 合成各个子块,进行 DCT 的逆变换,从而得到嵌入水印后的数字图像 x'。

DM 方案采用最小距离检测器进行水印的检测提取。当水印检测器接收到的数据离"○"点最近时,水印检测器提取到的水印信息为 0,否则为

1。即

$$\hat{m} = \underset{l=0,1}{\mathrm{argmin}}[\hat{y} - \hat{y}(l)]^2 \qquad (2-22)$$

其中 $\hat{y}$，$\hat{y}(l)$ 分别表示接收到的数据值和量化器对接收数据进行 DM 得到的值。水印的检测过程如图 2-15 所示，其中 $d(0)$ 表示水印信息 0 所对应的抖动向量，$d(1)$ 表示水印信息 1 所对应的抖动向量。

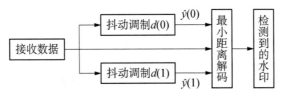

图 2-15 抖动调制水印检测

以基于 DM-QIM 数字图像水印算法为例，水印的提取过程如下所述。

设 x' 为嵌入水印后的数字图像，y' 为提取的水印信息，d 为抖动量化，其与水印信息对应。水印的提取算法可分为以下几步：

（1）水印图像 x' 进行 8×8 DCT 系数分块；

（2）计算对应的抖动量化矩阵 d；

（3）d 及 x' 进行量化误差计算；

（4）利用最小距离检测器检测水印信息，并合成所检测到的水印信息。

3. 带失真补偿的量化索引调制

带失真补偿的量化索引调制（distortion compensated-QIM，DC-QIM）算法在设计时一般考虑两种策略：一是从增强鲁棒性角度，调节量化器尺度因子，增大量化步长，提高抗噪声的鲁棒性；二是减少量化误差，提高含水印信号的保真度。Chen 等人[34]为了提高抵抗噪声的鲁棒性，采用了第一种策略增加量化步长。尺度因子的选择对该算法的水印容量和鲁棒性也有一定的影响。Chen 等人分析了如何选择补偿因子使算法的水印容量达到最大的问题，提出使水印容量达到最大的最优补偿因子 $\alpha^* = \dfrac{\alpha_w^2}{\alpha_w^2 + \alpha_n^2}$（$\alpha_w^2$ 和 α_n^2 分别是水印信息和噪声的方差）。DC-QIM 是利用量化误差对抖动调制进行失真补偿，水印嵌入的流程如图 2-16 所示，嵌入函数为：

$$y = Q_{\Delta/a}^{m}(x) + \{(1-\alpha)[x - Q_{\Delta/a}^{m}(x)]\} \qquad (2-23)$$

其中 x 表示载体数据，y 表示嵌入水印后的数据，$x - Q_{\Delta/a}^{m}(x)$ 表示量化误差。α 为尺度补偿因子，范围为 $(0, 1)$。

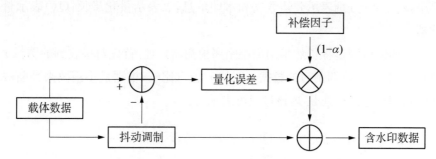

图 2-16　基于 DC-QIM 的数字水印嵌入过程

水印的检测同样采用最小距离检测器，具体参照公式（2-22）。水印的检测流程如图 2-17 所示。

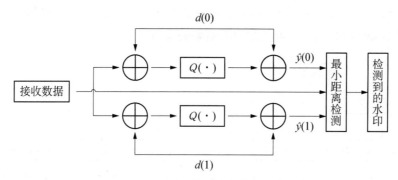

图 2-17　基于 DC-QIM 的数字水印检测过程

◆ 知识扩展：自适应量化索引调制

QIM 水印算法虽然具有容量大、盲检测等优势，但是在水印嵌入的过程当中（或者水印的检测过程当中）采用固定的量化步长，会导致载体信号产生一定程度的失真以及对幅度缩放攻击变得较为敏感等问题。因此，Li 等人[41]根据 Watson 感知模型提出了一种自适应量化步长的计算方法，这样量化步长将随着幅度尺寸因子的变化而自适应变化。该算法的流程图如图 2-18 所示，水印嵌入的方式如下：

$$y_n(x_n, m_n) = Q[x_n + d(n, m_n), \Delta] - d(n, m_n) \qquad (2-24)$$

$$d(n, 1) = \begin{cases} d(n, 0) + \Delta/2, & d(n, 0) < 0, \\ d(n, 1) + \Delta/2, & d(n, 0) > 0, \end{cases} \quad n = 1, 2, \cdots, L$$

$$(2-25)$$

其中，x_n、m_n 分别表示载体数据和水印信息，Δ 表示量化步长，$Q()$ 表示量化器。

水印的检测过程仍然采用最小距离检测器处理，首先对接收到的图像 r 进行调制，然后将调制后的数据与图像 r 进行比较，根据最小距离来判断嵌入的水印信息是 0 还是 1，该过程可表示为：

$$\begin{cases} s_r = (n, 0) = Q[r_n + d(n, 0), \hat{\Delta}] - d(n, 0) \\ s_r = (n, 1) = Q[r_n + d(n, 1), \hat{\Delta}] - d(n, 1) \end{cases} \quad (2-26)$$

$$\hat{m}_n = \underset{l=0, 1}{\operatorname{argmin}} [r_n - s_r(n, l)]^2 \quad (2-27)$$

该方法充分利用了 Watson 感知模型计算自适应量化步长的特性，相较于基本 QIM 水印算法，此方法具有更好的鲁棒性。

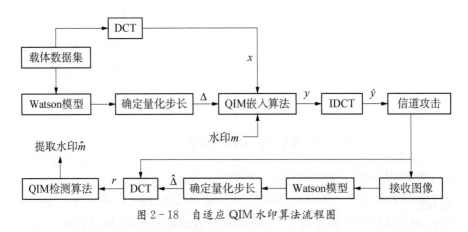

图 2-18 自适应 QIM 水印算法流程图

一般地，版权保护、身份验证和隐蔽通信在应用中可能会遇到有意的、受失真约束的攻击。在这些情况中，攻击者通常会尝试删除或更改嵌入的信息，使其在信号处理上面临失真约束，从而不会损害载体信号的完整性。

攻击者阻止水印解码的能力取决于攻击者对编码和解码过程的了解程度。通常情况下，一些数字水印系统使用密钥和允许适当方式嵌入解码信号的参数。如果只有某一方私下共享编码和解码信息的密钥,而没有其他人可以完成这两个功能中的任何一个,那么水印系统就是一个私钥系统。或者,如果某一方拥有允许其他人编码或解码的密钥,但不能同时进行编码和解码,则该系统是一个公钥密码系统。然而,在某些情况下,我们可能希望允许每个人在不使用密钥的情况下编码和解码水印。因此,文献[34]主要分析了私钥和无密钥系统,并确定了 QIM 在这两种情况下的吸引力。

1. 对私钥系统的攻击

虽然攻击者不知道私钥场景中的密钥,但他可能知道用于嵌入水印的基本算法。Moulin 等人[42]通过假设攻击者知道码本分布而不是实际码本来模拟这样的场景。随着技术的发展,利用 Moulin 和 O'Sullivan 在私钥场景中的结果,从而确定 DC - QIM 方法是针对平方误差失真约束攻击者的最佳(实现容量)方法。

2. 对无密钥系统的攻击

与上述实验相反,在无密钥系统的情况下,攻击者完全了解嵌入和解码过程,包括所有码本。对于这种情况,文献[34]提出的模型更适合完全知情(in-the-clear)攻击,且 QIM 方法具有良好的鲁棒性。

文献[34]主要为此类攻击者考虑两种模型:①有界扰动信道模型,其中信道输入和信道输出之间的平方误差失真是有界的;②有界载体失真信道模型,其中信道输入和信道输出之间的平方误差失真是有界的,载体信号和通道输出是有界的。在这两种模型中,QIM 和 DC - QIM 均可实现无差错解码。

(1) 有界扰动信道。有界扰动信道是指攻击者可以以任意方式扰动复合信号,前提是扰动向量中的能量不超过规定水平,这就要求攻击者不能过于降低原始合成信号。因此,该信道模型仅在输入和输出之间施加最大失真和最小信噪比约束。

(2) 有界载体失真信道。作为有界扰动信号的替代方案,一些攻击者可能在信道输出和载体信号之间,而不是在信道输入之间施加失真约束,因为这种失真是对载体信号退化的最直接的度量。文献[34]通过成功攻击的最小预期失真 D_y 来衡量对攻击的鲁棒性,与预期嵌入引起的失真 D_s 之间的比率是攻击者为去除水印而必须付出的失真代价,因此,它是衡量给定速率下的鲁棒性-失真权衡的质量因子。表 2 - 2 中总结了一部分方法的失真惩罚。

表 2-2 攻击者的失真惩罚

Embedding Method	Distortion Penalty (D_y/D_s)
Regular QIM	$1 + d_{\text{norm}}^2/4N > 0\,\text{dB}$
Binary Dith. Mod. w/uni. scalar quant.	$2.43\,\text{dB} \geqslant 1 + \gamma_c(3/4)/NR_m$
DC - QIM	$-\infty\,\text{dB}$
Additive Spread-spectrum	$-\infty\,\text{dB}$
LBM	$\leqslant 0\,\text{dB}$
Binary LBM w/uni. scalar quant.	$-2.43\,\text{dB}$

注:失真惩罚是攻击者成功去除水印所必须产生的额外失真。小于 0 dB 的失真惩罚表明攻击者实际上可以提高信号质量并同时去除水印。

2.2.3 变换域鲁棒水印

为了改变空域水印算法抗攻击能力较弱的缺点,学者们提出了变换域水印算法。不同于空域水印算法,变换域水印算法在嵌入水印数据之前,要先对载体数据进行某种可逆的数学变换,然后利用某些规则对变换域系数作改变,再通过逆变换得到含水印数据。提取水印时,同样要先对接收到的含水印数据进行变换,在变换域提取水印信息。变换域水印算法有以下三个特点:①水印信息可以均匀分布在载体数据上;②有着更好的隐蔽性,自适应增强水印的嵌入能力;③可以与国际数据压缩标准兼容,可实现在压缩中完成水印编码,增强抗压缩能力。

本小节主要总结了一种对旋转、缩放和平移(rotation, scaling and translation,RST)失真具有鲁棒性的变换域水印算法[11],该算法不需要做两次离散傅里叶变换(discrete Fourier transform,DFT)来得到"强不变量",而是在只作一次 DFT 变换后,把图像 DFT 的幅度谱重采样后进行对数极坐标映射,再沿着坐标轴把幅度系数连加得到一维函数,完成一维的投影,最后把水印加在该函数上。此算法在经过 RST 变换后,会产生微小的改变,但是该算法充分利用了扩频通信中有关边信息的原理,提高了算法的鲁棒性。需要注意的是,该算法只能检测到是否包含水印,并不能提取出水印信息。检测的结果用 0 和 1(即水印是否存在)表示,信息量只有 1 比特。

首先,考虑一幅图像 $i(x, y)$ 和它的二维傅里叶变换 $I(f_x, f_y)$,其中

f_x 和 f_y 是 $[0, 1]$ 范围内的归一化空间频率,且该图像 RST 版本用 $i'(x, y)$ 表示。如公式(2-28)所示:

$$i'(x, y) = i[\sigma(x\cos\alpha + y\sin\alpha) - x_0, \sigma(-x\sin\alpha + y\cos\alpha) - y_0]$$

$$(2-28)$$

RST 的参数分别是 α、σ 和 (x_0, y_0)。

$i'(x, y)$ 的傅里叶变换为 $I'(f_x, f_y)$,其大小如公式(2-29)所示:

$$|I'(f_x, f_y)| = |\sigma|^{-2} |I[\sigma^{-1}(f_x\cos\alpha + f_y\sin\alpha), \quad (2-29)$$
$$\sigma^{-1}(-f_x\sin\alpha + f_y\cos\alpha)]|$$

上述公式与平移参数 (x_0, y_0) 无关。

公式(2-29)的对数极坐标表示如下:

$$f_x = e^\rho \cos\theta \qquad (2-30)$$

$$f_y = e^\rho \sin\theta \qquad (2-31)$$

因此,傅里叶频谱的大小可以写成公式(2-32)或公式(2-33):

$$|I'(f_x, f_y)| = |\sigma|^{-2} |I[e^{(\rho-\ln\sigma)}\cos(\theta-\alpha), e^{(\rho-\ln\sigma)}\sin(\theta-\alpha)]|$$

$$(2-32)$$

$$|I'(\rho, \theta)| = |\sigma|^{-2} |I(\rho-\ln\sigma, \theta-\alpha)| \qquad (2-33)$$

其中对数极频谱的幅值缩放为 $|\sigma|^{-2}$,图像缩放是将图像沿 ρ 轴横向的位移,用 $\ln\sigma$ 表示,图像旋转是将图像沿 θ 轴的周期性位移,用 α 表示。

接下来,定义 $g(\theta)$ 为 $|I(\rho, \theta)|$ 的一维投影:

$$g(\theta) = \sum_j \ln(|I(\rho_j, \theta)|) \qquad (2-34)$$

根据图像频谱的对称性,

$$|F(x, y)| = |F(-x, -y)| \qquad (2-35)$$

只针对 $\theta \in [0°, 180°)$ 计算 $g(\theta)$,把 $g(\theta)$ 两半加在一起得到

$$g_1(\theta') = g(\theta') + g(\theta' + 90°) \qquad (2-36)$$

其中 $\theta' \in [0°, 90°)$。

　　这样做的原因在于,图像中的能量很少在角频率上均匀分布。图像通常在一组方向上具有较高的能量,而在一组正交方向上具有较低的能量。例如,包含建筑物和树木的图像具有明显的垂直结构,在水平频率中产生的能量比在垂直频率中产生的能量要更多(如图 2-19 所示),而海景或日落明显地朝向水平方向,因此会产生更高的垂直频率(如图 2-20 所示)。类似图 2-19 和图 2-20 这样的图像频谱在正交方向上的掩蔽能力是不均匀的。因此,算法使用 $g_1(\theta)$ 而不是使用 $g(\theta)$ 进行计算。如果想修改 $g_1(\theta)$ 中的元素,则可以通过隐藏任意 θ 角度或者 $\theta+90°$ 方向上的噪声来实现,从而增加了水印中的每个元素在保真度约束内嵌入的可能性。

图 2-19　含有明显垂直结构的图像及其 DFT

(来源:LIN C, WU M, BLOOM J A, et al. Rotation, scale, and translation resilient watermarking for images [J]. IEEE Transactions on Image Processing, 2001, 10(5):767-782)

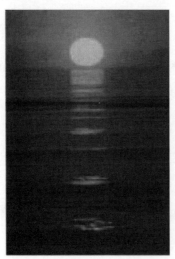

图 2-20　含有明显水平结构的图像及其 DFT

(来源:LIN C, WU M, BLOOM J A, et al. Rotation, scale, and translation resilient watermarking for images [J]. IEEE Transactions on Image Processing, 2001, 10(5):767-782)

显然，$g_1(\theta)$对于平移和缩放都是不变的，但旋转会导致$g_1(\theta)$的值产生偏移。

需要注意的是，该算法中的水印检测器将含水印图像和水印信息作为输入，且仅能确定含水印图像中是否包含水印信息。水印信息是一个长度为N的向量。一般情况下，可通过以下三个条件来确定水印是否存在：①从图像中计算一个提取信号$\boldsymbol{v}=\boldsymbol{g}_1(\theta)$，$N$的值为$\theta$，均匀间隔在0°和90°之间；②利用相关系数将提取到的信号与水印进行比较；③如果相关系数大于检测阈值T，则该图像含有水印。

水印检测的具体过程如下所述。

（1）计算输入图像的离散对数极坐标傅里叶变换，这可以被认为是一个K行N列的数组，其中每一行对应一个ρ值，每一列对应一个θ值。

通过用对数极坐标网格重新采样图像的DFT来计算图像的对数极坐标傅里叶变换。由于在DFT中对数极坐标的采样点通常与笛卡尔坐标的采样点不重合，因此，在重采样过程中必须采用一些插值方法。需要注意的是，DFT通常被认为是图像的平铺模式，如图2-21(a)所示。当图像的内容旋转时，直线平铺网格不会随其旋转。因此，旋转图像的DFT不是该图像的旋转DFT，如图2-21(b)和2-21(c)所示。

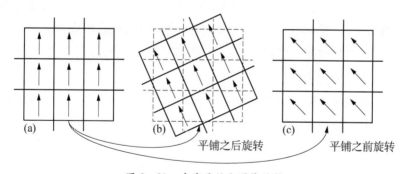

图2-21　直线平铺和图像旋转

一种可能的解决方案是直接使用对数极坐标傅里叶变换，而不是使用笛卡尔傅里叶变换。如果我们希望在DFT的采样点之间获得某一个点的值，则可以通过寻找相应的正弦曲线并计算其与图像的相关性。这就相当于假设图像边界之外的所有像素值都是黑色的，通过对笛卡尔DFT系数进行sinc插值以确定对数极坐标网格上的值。

但是上述方法中使用 sinc 插值代价会很大,因此可以使用低代价的线性插值来近似对数极坐标傅里叶变换,然后再进行下述步骤的零填充:①用黑色来填充图像以获得较大的图像;②取填充图像的 DFT;③使用代价较低的线性插值技术在对数极坐标网格中重新采样。零填充的作用是为了减小图像的失真。通过零填充,可以减少 DFT 样本点和对数极坐标样本点之间的距离,并减少由低代价插值引起的误差。

(2) 对每一列中所有值的对数进行求和,将第 j 列的求和结果与第 $j +$ $N/2 \left(j = 0, \cdots, \left[\dfrac{n}{2} \right] - 1 \right)$ 列的求和结果相加,得到一个提取信号 v,如下:

$$v_j = g_1(\theta_j) \qquad (2-37)$$

其中 θ_j 是离散对数极坐标傅里叶变换矩阵的第 j 列对应的角度。

(3) 在 v 和输入水印向量 w 之间计算相关系数 D,如下:

$$D = \frac{w \cdot v}{\sqrt{(w \cdot w)(v \cdot v)}} \qquad (2-38)$$

(4) 如果 D 比阈值 T 大,则表示水印存在。反之,则表示水印不存在。

水印嵌入的具体过程如下所述。

大多数水印方法都是将原始图像视为噪声进行盲嵌入。嵌入器将小幅度信号添加到该噪声中,并且水印检测器必须足够灵敏,以处理由此产生的小信噪比。如果将嵌入器视为发送方,将载体图像视为通信信道,就相当于有关该信道行为的边信息。

为了既能最大限度地利用嵌入器的边信息,又能同时保持较好的保真度,从而引入"混合函数" $f(v, w)$ 的概念[43]。它以一个提取向量 v 和一个水印向量 w 作为输入,输出一个混合信号 S,S 在感知上接近于提取向量 v,并且与水印向量 w 具有较高的相关性。由于 S 在某种程度上介于 v 和 w 之间,因此被称为"混合信号"。嵌入器通过修改图像来传输这种混合信号,嵌入方法包括以下三个步骤。

(1) 对未嵌入水印的载体图像进行与检测器相同的信号提取过程,得到提取向量 v。

(2) 利用混合函数 $S = f(v, w)$,得到 v 与所需的水印向量 w 之间的混合信号。目前,混合函数只是计算 v 与 w 的加权平均值。

（3）修改原始图像，以便在对其进行信号提取时，所得到的结果是混合函数 S 的值。这个过程的实现方式如下：①修改对数极坐标傅里叶变换 j 列中的所有值，使用其对数之和 S_j 代替 v_j；②将 DFT 幅度值的对数极坐标重采样求逆，从而得到一个修正后的笛卡尔傅里叶幅度值；③将原始 DFT 的复杂项进行缩放，使得能在修改的 DFT 中找到新幅度值；④通过逆 DFT 得到含水印图像。

为了解决在对 DFT 幅度值的对数极坐标重采样进行逆运算时存在不稳定性的问题，可以用一种迭代方法来近似这个步骤。具体而言，对数极坐标傅里叶幅度数组的每个元素都是笛卡尔傅里叶幅度数组的最多四个元素的加权平均值，可以用（公式 2-39）表示：

$$F = MC \tag{2-39}$$

其中 F 表示包含对数极坐标数组所有元素的列向量，C 表示包含笛卡尔数组元素的列向量，M 表示包含用于执行插值的权值。如果要修改对数极坐标数组，使其包含水印，然后找到对应的笛卡尔数组，则必须对 M 进行逆运算。

相反，如果使用迭代过程来执行近似反演，则使用 F' 作为 F 的修改版本。首先观察到 M 的每一行中的四个非零值总和为 1。如果给每个元素 C_{j1}，$\cdots$，C_{j4} 加 $F_i' - F_i$，其中 $M_{i,j1}$，$\cdots$，$M_{i,j4}$ 是非零元素，那么生成的笛卡尔数组将在其对数极坐标映射中产生 F_i'。

不幸的是，如果尝试使用这个方法来改变 F 的所有元素，则需要对 C 的各个元素进行更改。例如，$M_{i,j}$ 和 $M_{K,j}$ 可能是非零的，这样就需要在将 F 更改为 F_i' 和将 F_k 更改为 F_k' 的同时都更改 C_j。对 C 的每个元素使用所有期望变化的加权进行平均来解决这个问题。因此，在上面的示例中，通过公式（2-40）更改 C_j 的值：

$$\frac{M_{i,j}(F_i' - F_i) + M_{K,j}(F_k' - F_k)}{M_{i,j} + M_{K,j}} \tag{2-40}$$

其中，假设 $M_{i,j}$ 和 $M_{K,j}$ 是 j 列中唯一的非零元素。

在上述的结果中，即使图像没有失真，水印检测器也不会提取 S，而是近似 $v = \hat{S}$。如果该向量与水印向量 w（通过相关系数测量）不够相似，则将再次使用嵌入器。每次使用嵌入器后,提取的向量 v 会向 w 靠拢,检测值会增加,通常情况下,三到四次迭代足以产生可以被鲁棒检测的近似值。

在实际环境中,RST 失真通常伴随着裁剪,如图 2-22(f)、(g)和(i)分别显示了与裁剪相关的旋转、缩放和平移。在该算法中,裁剪可以被视为通过加性噪声对提取信号的失真。因此,裁剪会降低检测器的预测值。

对该算法进行六个几何失真攻击的检测:旋转、旋转不裁剪、缩放、缩放不裁剪、平移、平移不裁剪。为了区分旋转、缩放和平移对裁剪的影响,我们将图像用灰度填充,如图 2-22(a)所示。在检测或攻击之前,我们将灰度填充替换为不含水印的灰度填充。填充量对旋转、缩放和平移实验都不会导致图像数据被裁剪,唯一被裁剪的数据是不含水印的填充。因此,旋转前的检测值与旋转后的检测值之间的差异是由旋转所引起的。

攻击前的水印检测器的检测值用来衡量该方法的有效性。由于部分水印图像(水印灰色填充物)已被不含水印的填充所取代,因此在填充示例中这种有效性可能会降低。然而,该实验[如图 2-22(b)~(d)所示]的目的是将由几何失真造成的影响与由裁剪造成的影响区分开。旋转测试中主要进行两个实验以测试该方法对旋转的鲁棒性。测试 1 旨在区分旋转对其他攻击类型的影响,测试 2 是对含有裁剪旋转效果的测试。测试 1 需要执行以下步骤。①用灰度填充图像,增加其大小,然后选择填充量,使旋转时原始图像的任何部分都不超出图像边界,如图 2-22(a)。②在填充图像中嵌入随机选择的水印。③再次将填充物替换为灰度填充。④对上一步所产生的图像使用水印检测器,得到旋转前的检测值。⑤以期望的角度旋转图像,并裁剪到原始图像大小。图 2-22(b)显示了经过该步骤之后所产生的图像。此过程只裁剪了填充部分。⑥对上一步所产生的图像使用水印检测器,得到旋转后的检测值。

测试 2 在没有填充的情况下对原始图像嵌入水印,并允许在旋转后裁剪部分水印图案。结果如图 2-22(f)所示。这两个测试均在相同的 2 000 张旋转图像上进行,图像的旋转角度分别为 4°、8°、30°和 45°,两个实验都从不同的基线开始。这个实验结果表明,该方法对旋转攻击具有鲁棒性。

针对缩放攻击的鲁棒性进行了三个实验。测试 1[图 2-22(c)]和测试 2[图 2-22(g)]是在裁剪和未裁剪的情况下放大的效果。测试 3[图 2-22(h)]通过填充测试缩小比例的效果,在对图像进行嵌入和缩放之后,将图像填充到原始图像的大小,在嵌入前图像不需要进行灰度填充。这三个测试均在原始图像大小的5%、10%、15%和20%的比例上进行。一般来说,按比例放大会降低假阳性的检测概率。对于较高的假阳性概率,缩放对检测的影响很小。此外,在假阳性概率较小的情况下,不同的比例对应的结果也存在着不同。正如预期的那样,这种剪裁的效果随着比例因子的增加而增加,因为更高的尺度因子意味着裁剪得更多。同时也表明,该方法对缩放的减少和增加都具有良好的鲁棒性。

　　由于水印是根据傅里叶系数的大小计算的,因此为了测试平移对水印的影响,进行了两个实验。测试1中,图像在嵌入水印之前被填充并且在嵌入之后填充被替换,并在顶部和左侧填充灰色,结果如图2-22(d)所示。测试2在实验中不填充图像,结果如图2-22(i)所示。测试1和测试2均在相同的2000张图像上进行,平移率为图像大小的5%、10%和15%。测试1的

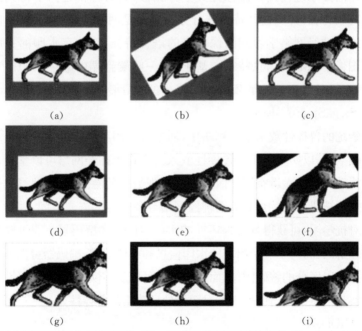

注:(e)和(a)分别是原始图像和填充图像,(b)~(d)表示没有经过裁剪攻击,(f)~(i)表示经过裁剪攻击

图2-22　抗几何攻击的实验结果

(来源:LIN C, WU M, BLOOM J A, et al. Rotation, scale, and translation resilient watermarking for images [J]. IEEE Transactions on Image Processing, 2001, 10(5):767-782)

结果表明,平移对检测概率的影响较小。而测试 2 更多的是对剪切鲁棒性的测试,不是对平移鲁棒性的测试。

上述算法也存在缺点,当坐标系变化时,即进行对数极坐标变换和对数极坐标的逆变换时,某种形式的插值会导致含水印图像的质量急剧下降。

2.2.4 基于深度学习的鲁棒水印

随着深度学习的快速发展,图像处理和图像分类成为深度学习研究领域中最具有代表性的两大任务。如将两者放入数字水印研究领域当中,可将它们看作水印的嵌入算法和水印的提取算法。数字水印的嵌入过程指的是将数字水印信号以某种特定的方式嵌入原始载体图像中,与此同时还要保证含水印图像与原始载体图像在视觉上保持一致。这一过程与图像处理十分相似,都是要求生成的图像与原始图像有着相似的视觉不可感知性。数字水印的提取过程则与图像分类十分相似,其目标都是为了得到图像中隐藏的高维特征,并对这些特征进行分析。但是两者又存在着区别,图像分类需要通过神经网络学习到图像本身的语义特征,而数字水印的提取则需要提取图像中隐藏的信息特征。基于此,一些端到端的数字水印模型被提出来,其中最具代表性的是 Zhu 等人提出的 HiDDeN[8] 模型和 Tancik 等人提出的 StegaStamp[9] 模型。

在传统的鲁棒性数字水印算法中,通常会应用某些变换来找到具有鲁棒性的隐藏空间,以实现水印的鲁棒性嵌入。得益于神经网络可以学会使用不可见的扰动来编码大量有用的信息从而实现数据的隐藏,人为地寻找嵌入空间的方式可被机器代替。其借助神经网络寻找鲁棒的嵌入空间,并对各种攻击展开对抗学习,可获得具有鲁棒性的水印编码器和解码器。通过联合训练编码器和解码器,对于一个给定的水印信息和载体图像,编码器可以产生一个在视觉上难以区分的编码图像,而解码器则可以从中恢复原始水印信息,网络最终能实现信息的自适应嵌入和对图像处理攻击的鲁棒性。

1. HiDDeN

HiDDeN 是一种盲水印算法[8],研究人员的目标是开发一个可学习的、端到端的神经网络模型,使其可以同时应用于数字隐写和数字水印,并且具有足够强的鲁棒性,以此来应对图像的各种失真与变形等。它的框架结构如图 2-23 所示。

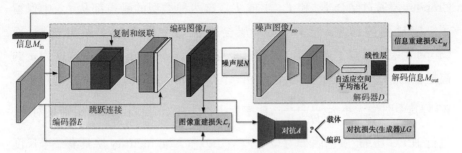

注:在该模型中,主要包括四个部分:编码器(encoder, E)、无参数噪声层(noise layer, N)、解码器(decoder, D)和一个对抗鉴别器(adversarial discriminator, A)。

图 2-23 HiDDeN 模型结构图

(来源:ZHU J, KAPLAN R, JOHNSON J, et al. HiDDeN: hiding data with deep networks[C]// FERRARI V, HEBERT M, SMINCHISESCU C, et al. Computer Vision - ECCV 2018. Cham: Springer International Publishing, 2018: 682-697)

在许多真实场景中,图像在发送方和接收方之间传输会产生失真(例如有损压缩过程)。为了解决该问题,通过在编码器和解码器之间插入噪声层进行建模,这一过程将使用不同的图像变换,并迫使模型能够学习在噪声传输中存在的编码。一般通过最小化以下三项对数据隐藏目标进行建模:①载体图像和编码图像之间的差异;②输入信息和解码信息之间的差异;③对抗检测编码图像的能力。

在 HiDDeN 中,编码器首先要对原始载体图像进行处理,同时也要保持待嵌入信息和原始载体图像具有相同的维度,然后要将两者拼接并进行卷积操作,经过跳跃连接之后会得到与原始载体图像具有相同通道数量的特征图,以此完成信息的嵌入。详细来说,编码器 E_θ(θ 是可训练参数)接收尺寸为 $C \times H \times W$ 的载体图像 I_{co},对其进行卷积操作,从而形成中间表示。之后,合并输入的信息(长度为 L, $M_{in} \in \{0, 1\}^L$),这样编码器可以在输出的任何空间位置嵌入它的部分信息。因此,在空间上复制该信息,并将这个"信息量"与编码器的中间表示进行连接。这确保了下一层中的每个卷积滤波器在跨越每个空间位置进行卷积时能够访问整个信息。经过多层的卷积操作之后,最终生成编码图像 I_{en}(和 I_{co} 有着相同的尺寸)。

在噪声层 N 上,给定输入图像 I_{co} 和 I_{en},产生噪声图像 I_{no},且 I_{en} 和 I_{no} 不需要有相同的维度。这样,网络可以模拟随着尺寸而改变的噪声。在整个噪声层网络结构中,Identity 层不会改变 I_{en} 的大小;Dropout 层和

Cropout 层通过结合 I_{co} 和 I_{en} 生成 I_{no}，这两种类型的噪声都从 I_{en} 中保留了一定比例的像素，但 Dropout 层会根据每个像素独立做出选择，而 Cropout 层则保留了来自 I_{en} 的随机矩形裁剪；Gaussian 层使用宽度为 σ 的高斯核，用来对 I_{en} 进行模糊处理；Crop 层生成 I_{en} 的随机矩形裁剪（$H' \times W'$），其中图像大小为 $\dfrac{H' \times W'}{H \times W}$，比率为 P，$P \in (0, 1)$；JPEG 层则是对 I_{en} 进行 JPEG 压缩［质量因子为 $Q \in (0, 100)$］；Non-identity 层具有一个尺度因子来控制失真的强弱。虽然此网络是用梯度下降训练的，但是在测试时噪声不需要满足可微分的条件。

通过对可微近似训练，噪声层可获得对 JPEG 压缩的鲁棒性。JEPG 压缩将图像分成 8×8 块的区域且在每一个区域内计算 DCT，将得到的频域系数量化为不同的粗糙度。因此，只有相关的感知信息被保留，其中量化步骤是不可微的。量化一个值理论上等同于限制通过该"通道"传输的信息量。为了限制通过特定频域通道传递的信息量，对模拟 JPEG 压缩的噪声层进行建模。这些噪声层使用尺寸 8×8、步长为 8 的卷积层进行 DCT 变换，每个滤波器对应于 DCT 变换中的一个基向量。JPEG-Mask 层使用固定的掩蔽（mask），仅在 Y 通道中保留 25 个低频 DCT 系数，在 U、V 通道中则保留 9 个低频 DCT 系数，其他系数均设置为 0。JPEG-Drop 层则是对 DCT 系数进行逐级丢弃。

HiDDeN 的解码器 D_ϕ（ϕ 是可训练参数）接收 I_{no} 从而输出恢复信息 M_{out}。首先，HiDDeN 使用卷积层在中间表示中产生 L 个特征通道。然后，全局平均池化层将产生消息大小相同的向量 L，平均池化确保 HiDDeN 可以处理不同空间维度的输入。最后，HiDDeN 使用一个单一的线性层来生成预测信息。

HiDDeN 的鉴别器用来解决 I_{en} 和 I_{co} 之间的判别问题。详细来说，A_γ（γ 是可训练参数）类似于解码器的结构，其输出是一个二进制分类。如给定一组图像 $\tilde{I} = \{I_{co}, I_{en}\}$，即载体图像和编码图像，用鉴别器预测给定的 $\tilde{I}$ 中是否包含编码信息，其概率为 $A(\tilde{I}) \in [0, 1]$，从而提高编码图像的视觉质量。

此外，编码图像要从视觉上与载体图像尽可能地相似。图像失真损失被用来描述两者之间的相似性，I_{co} 和 I_{en} 之间的 L_2 距离计算公式如下：

$$\mathcal{L}_I(I_{co}, I_{en}) = \| I_{co} - I_{en} \|_2^2 / (CHW) \quad\quad (2-41)$$

对抗损失,也就是鉴别器检测编码图像 I_{en} 的能力,计算方式如下:

$$\mathcal{L}_G(I_{en}) = \ln[1 - A(I_{en})] \quad\quad (2-42)$$

因预测而产生的分类损失,计算方式如下:

$$\mathcal{L}_A(I_{co}, I_{en}) = \ln[1 - A(I_{co})] + \ln[A(I_{en})] \quad\quad (2-43)$$

原始信息和解码信息之间的 L_2 距离用来计算消息的失真损失,计算公式如下:

$$\mathcal{L}_M(M_{in}, M_{out}) = \| M_{in} - M_{out} \|_2^2 / L \quad\quad (2-44)$$

对 θ、ϕ 执行随机梯度下降,最小化下面的关于输入信息和图像之间损失:

$$E_{I_{co}, M_{in}} [\mathcal{L}_M(M_{in}, M_{out}) + \lambda_I \mathcal{L}_I(I_{co}, I_{en}) + \lambda_G \mathcal{L}_G(I_{en})] \quad (2-45)$$

其中,λ_I 和 λ_G 控制损失的相关权重。

通过对 COCO[44] 训练集中的 10 000 张载体图像进行训练,梯度下降使用 Adam[45] 优化算法。在相关的参数设置中,除了将学习率设置为 10^{-3} 外,其他参数为缺省值。批量大小设置为 12,模型默认训练 200 轮次 (epoch),如果在多个噪声层上进行训练,则相应地需要训练 400 轮次。

在嵌入容量与安全性上,训练 HiDDeN 模型去将长度为 52 位的二进制信息编码到大小为 16×16 的灰度图像中,最终的容量大小为 0.203 bpp(基线)。该方法可以准确地重构出信息且错误率小于 10^{-5},如果需要更高的精度,则需要使用纠错码。

检测率(detection rate,DR)主要用来衡量该模型的安全性,因此文献[8]中训练了隐写分析器,试图将载体图像和隐写图像进行区分,最终的测试精度就是 DR 值。此外,HiDDeN 还使用峰值信噪比来衡量载体图像和隐写图像之间的失真度。最后,文献[8]为每个算法提供了自动测试系统(automatic test system,ATS)[46] 所需的小型数据集进行实验,该数据集包括 250 张载体图像和 250 张隐写图像。实验结果如表 2-3 所示。

表 2 - 3 HiDDeN 模型和一些经典的隐写算法之间容量与安全性的对比

方法	bpp	Bit error	DR(ATS)（%）
HUGO[1]	0.200	—	70
WOW[2]	0.200	—	68
S - UNIWARD[3]	0.200	—	68
HiDDeN(模型权重已知)	0.203	$<10^{-5}$	98
HiDDeN(模型权重未知)	0.203	$<10^{-5}$	50

1. PEVNÝ T, FILLER T, BAS P. Using high-dimensional image models to perform highly undetectable steganography[C]//Proceedings of the 12th International Conference on Information Hiding. Berlin, Heidelberg: Springer-Verlag, 2010: 161 - 177.
2. HOLUB V, FRIDRICH J. Designing steganographic distortion using directional filters[C]//2012 IEEE International Workshop on Information Forensics and Security (WIFS). Costa Adeje, Spain, 2012: 234 - 239.
3. HOLUB V, FRIDRICH J, DENEMARK T. Universal distortion function for steganography in an arbitrary domain [J]. EURASIP Journal on Information Security, 2014, 2014(1):1.

通常在数字水印算法性能评价指标中,鲁棒性优先级别要高于嵌入容量和安全性。即使对编码图像进行失真处理后,水印信息也应该保持不变,因此通过改变训练过程的图像失真类型,使该模型对各种不同的图像失真依然具有鲁棒性。下面的实验是在 YUV 通道的彩色图像上训练该模型,图像的尺寸为 $C \times H \times W = 3 \times 128 \times 128$,信息长度为 $L = 30$,权重因子为 $\lambda_I = 0.7$ 和 $\lambda_G = 0.001$。

利用六个不同的噪声层来训练相对应的六个模型,这六个噪声层分别为:Dropout($p = 0.3$)、Cropout($p = 0.3$)、Crop($p = 0.035$)、Gaussian($\sigma = 2.0$),以及 JPEG-Mask 和 JEPG-Drop,并把这些能够抵抗噪声的模型统称为"专用模型"(specialized model)。位精度(bit accuracy)是指输入信息和预测信息之间相同位的数量,用来测量算法的鲁棒性。图 2 - 24 显示了使用训练好的模型对尺寸为 128×128 的图像进行编码与使用 Digimarc 对尺寸为 128×128 的图像进行编码后的质量对比示例。通过对比,可看到来自专用模型的编码图像在视觉上与载体图像无法区分,且对所有类型的噪声都具有一定的鲁棒性。

在对未进行噪声训练的 HiDDeN 模型进行不同噪声层测试时,该模型表现不佳。由于该模型在训练期间,编码器和解码器之间是无损传输,因此并没有针对图像失真进行鲁棒性的学习。若这些噪声被放入模型训练的过

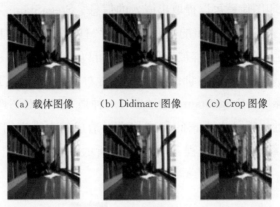

(a) 载体图像　　　(b) Didimarc 图像　　　(c) Crop 图像

(d) Gaussian 图像　　　(e) 噪声图像-1　　　(f) 噪声图像-2

注:(c)～(e)是通过对抗训练所得到的,(f)是未通过对抗训练所得到的,(e)和(f)均是结合六个不同的噪声层所获得的,(c)～(f)是通过专有模型获得的图像。

图 2-24　水印算法的图像失真

(来源:ZHU J, KAPLAN R, JOHNSON J, et al. HiDDeN: hiding data with deep networks[C]// FERRARI V, HEBERT M, SMINCHISESCU C, et al. Computer Vision - ECCV 2018. Cham: Springer International Publishing, 2018: 682-697)

程,则该模型可以对图像失真进行鲁棒性学习。

　　一般情况下,在所有类型的噪声上训练的组合模型不仅普适性有所提高,而且与专用模型相比同样具有竞争力。例如,它对 Cropout 达到了 94% 的位精度,接近专用模型 97% 的位精度。除此之外,Digimarc 是非开源的[①],它只反馈解码固定大小水印的成功或失败,并没有提供有关其误码率的信息,因此很难将其与 HiDDeN 进行比较。为了确保算法比较的公平性,首先估计 Digimarc 的容量,然后使用一个与 HiDDeN 的比特率相匹配的纠错码。最终实验结果表明,HiDDeN 模型具有 $\geq 95\%$ 的位精度,其可与 Digimarc 成功解码的情况相媲美。对于空间域噪声,该模型在高噪声强度下超过了 Digimarc 的性能;针对 Dropout($p = 0.1$),专用模型的位精度 $\geq 95\%$;针对 Crop($p = 0.1$),专用模型和组合模型的位精度均 $\geq 95\%$,但 Digimarc 无法重构 10 个测试水印中的任何一个。

　　2. StegaStamp

　　虽然传统的条形码和二维码都可以起到传递信息的作用,但是对于人类视觉并不美观。因此 StegaStamp[9] 将水印信息嵌入图像中,且通过打印

---

① 参见 Digimarc 官网,www.digimarc.com/home。

并拍摄该含水印图像就可以提取出嵌入的信息。StegaStamp 提出了一种利用噪声层来模拟打印和拍照的过程,通过对"打印-拍照"过程的分析与建模,这一不可定量分析的过程被转化为几个可以显示定义的图像处理操作,继而通过将此处理加入整体训练框架中进行对抗训练;以达到对"打印-拍照"过程的鲁棒性。StegaStamp 通过学习一种强大的针对图像扰动的编码-解码算法,可近似得到由真正的印刷和摄影造成的失真空间。StegaStamp 模型从编码到解码的整个过程,如图 2-25 所示。

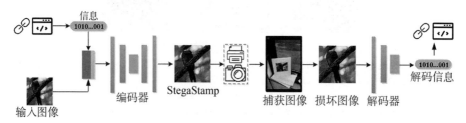

图 2-25 StegaStamp 模型结构图

(1)为超链接分配一个唯一的字符串。

(2)使用 StegaStamp 编码器将字符串嵌入载体图像,从而获得一个编码图像。理想情况下,编码图像和载体图像在视觉不可感知性上是相同的。编码器是一个深度神经网络,与实现解码功能的解码器联合训练。

(3)编码图像被物理打印(或在电子显示屏上显示)并呈现在现实世界中。

(4)用户拍摄实体打印的照片。

(5)使用图像检测器来识别和裁剪所有的图像。

(6)使用 StegaStamp 解码器处理每个图像以检索唯一的字符串,该字符串用于跟踪超链接并检索与图像相关的信息。

StegaStamp 是针对该问题提出的第一个端到端训练的深度网络模型,即使在"物理传输"下也能实现鲁棒性的解码。StegaStamp 的编码器经过训练之后,可将信息嵌入载体图像,同时最小化载体图像和编码图像之间的感知差异。编码器使用一个 U-Net[47]结构,它可接收四通道的 400×400 像素的输入(载体图像 RGB-3 通道加上一个消息通道)并输出三通道的 RGB 残差图像。输入消息为 100 位的二进制字符串,经过全连接层生成

50×50×3 的张量,然后上采样产生 400×400×3 的张量,这种预处理方式有助于模型的收敛。

解码器用于恢复编码图像中的隐藏信息。空间变换网络[48]则被用于增强在捕获和校正编码图像时所引起的透视失真的鲁棒性。变换后的图像通过一系列卷积层、密集层和 sigmoid 激活函数最终产生与消息长度相同的输出。解码器使用交叉熵损失进行监督。

在实际的使用过程中,必须在解码前对屏摄图像进行检测和校正。解码器本身并不能对较大图像进行完整检测,因此,StegaStamp 将现有的语义分割网络 BiSeNet[49]进行微调,用来分割被认为包含有水印图像的区域。

为了对编码的 StegaStamp 实现最小的感知失真,该算法使用 L_2 残差正则化损失函数 L_R、LPIPS[50]感知损失函数 L_P 以及计算载体图像和编码图像之间差异的评价损失函数 L_C,二进制信息则使用交叉熵损失函数 L_M。网络的训练损失函数是四个损失的加权和:

$$L = \lambda_R L_R + \lambda_P L_P + \lambda_C L_C + \lambda_M L_M \qquad (2-46)$$

在整个网络的训练过程中,三个损失函数的调整有助于模型收敛:①当解码器训练精度太高时,这些图像的损失权重 $\lambda_{R,P,C}$ 必须初始设置为 0,之后线性增加 $\lambda_{R,P,C}$;②图像的扰动强度也必须从 0 开始,透视失真是最敏感的扰动,并且以最慢的速度增加;③该模型学会了在图像边缘添加分散注意力的图案。通过余弦衰减增加边缘处 L_2 损失的权重来加速收敛。

在训练时,编码器和解码器之间使用以下的可微图像扰动来近似由物理显示和真实成像之间引起的失真。

(1) 透视变换:假设一个针孔相机模型,同一平面的任意两幅图像可以通过单应性相关联。生成一个随机单应性来模拟未与编码图像标记精确对齐的相机的效果。为了对单应性进行采样,在固定范围内(最多±40 像素,即±10%)均匀地随机扰动标记的四个角位置,然后求解将原始角位置映射到新位置上的单应性,再对原始图像进行双线性重采样以构建透视失真图像。

(2) 运动和散焦模式:相机运动和不准确的自动对焦都会导致模糊。为了模拟运动模糊,对随机角度进行采样并生成宽度在 3~7 个像素之间的直线模糊核。为了模拟失焦,使用高斯模糊核,其标准差在1~3个像素之间随机采样。

(3) 色彩处理:与完整的 RGB 色彩空间相比,打印机和显示器的色彩显示是有限的。相机通过曝光设置、白平衡和色彩校正矩阵来修改其输出。用一系列的随机放射颜色变换来近似这些扰动:①颜色偏移,向从[−0.1,0.1]均匀采样的每个 RGB 通道添加随机颜色偏移;②去饱和,在完整的 RGB 图像和其等效灰度图像之间随机线性插值;③亮度和对比度,仿射直方图用 $m \sim U[0.5, 1.5]$ 和 $b \sim U[−0.3, 0.3]$ 重新缩放 $mx+b$ 之后将颜色通道剪裁到[0,1]的范围内。

(4) 噪声:相机系统所引入的噪声,包括光子噪声、暗噪声和散粒噪声[25]。假设标准的非光子匮乏成像条件,使用高斯噪声模型(采样标准差 $\sigma \sim U[0, 0.2]$)来解释成像噪声。

(5) JPEG 压缩:相机图像通常以有损格式存储在多媒体设备里。JPEG 通过计算图像中的每一个 8×8 块的离散余弦变换并通过四舍五入到最接近的整数(在不同频率下强度不同)来量化得到的系数进行压缩图像。这个舍入步骤是不可微的,所以使用来自 Shin 等人[51]的技巧,用分段函数逼近零附近的量化步骤:

$$q(x) = \begin{cases} x^3, & |x| < 0.5 \\ x, & |x| \geqslant 0.5 \end{cases} \tag{2-47}$$

几乎处处都有非零导数。

针对各种现实环境,文献[9]将含水印图像使用商用打印机进行打印,然后使用手机摄像头进行捕获并测试。图 2-26(a)显示了检测到的四边形和解码精度的捕获帧示例。图 2-26(b)中显示的是,即使 StegaStamp 的某些部分被其他对象覆盖,该模型依然有着很好的鲁棒性。

文献[9]还展示了 StegaStamp 在不受控的室内/外环境中进行恢复信息,以及在受控的显示环境下进行评估其性能。其中包括六种不同的显示器/打印机设备和三种不同的相机设备,总共有 18 种组合方式。在所有的组合方式当中,该模型可获得 98.7%的平均位精度(对 1 980 张捕获图像进行测试)。此外还使用四种不同的训练模型进行真实与合成的消融实验,以

注:该图显示的是消息恢复的准确度,该方法适用于现实世界,且对相机的位置、亮度和阴影具有鲁棒性。

(a) 室外环境下的 StegaStamp 实验示例

注:尽管没有明确训练该方法对覆盖物的鲁棒性,但该算法在这方面依旧保持高鲁棒性。

(b) StegaStamp 鲁棒性实验示例

图 2-26　StegaStamp 的现实环境测试

(来源:TANCIK M, MILDENHALL B, NG R. StegaStamp: invisible hyperlinks in physical photographs[C] // 2020 IEEE/CVF Conference on Computer Vision and Pattern Recognition (CVPR). Seattle, WA, USA, 2020: 2114-2123)

验证 StegaStamp 在训练期间所受到的各种扰动都是鲁棒的。从 ImageNet[52]数据集中随机选择 100 张载体图像,并在每个图像中嵌入随机的 100 位长度的信息。此外,还使用相同的源图像和不同的信息来生成五张额外的含水印图像,因此,总共有 105 张测试图像。在固定照明的室内进行实验,将打印图像放在一个装置平台上以保持一致性,并由装在三脚架上的相机进行捕获,所生成的照片进行手工裁剪和校正并通过解码器进行解码。其中,编码图像分别使用个人打印机 (HP LaserJet Pro M281fdw)、企业打印机(HP LaserJet Enterprise CP4025)和专业打印机 (Xerox 700i Digital Color Press) 进行打印,这些图像还可以以数字形式显示在磨砂的 1080p 分辨率显示器上(Dell ST2410)、光滑的高 DPI 笔记本电脑屏幕上(Macbook Pro 15 英寸)和 OLED 手机屏幕(iPhone X)上。使用 HD 网络摄像头(Logitech C920)、手机摄像头(Google Pixel 3)和 DSLR 摄像头(Canon 5D Mark Ⅱ)对打印之后的图像或者显示在屏幕上的图像进行拍摄,所有的设备都使用其出厂校准设置。在六台多媒体设备和三台摄像机设备的所有 18 种组合中拍摄了 105 张图像,结果列于表 2-4。实验表明,该方法在各种不同的显示器/打印机和相机组合中都具有鲁棒性且所捕获的 1 890 张图像的平均位精度达到 98.7%。

表 2-4 受控显示环境下的解码精度

摄像头	显示方法		5th(%)	25th(%)	50th(%)	平均值(%)
网络摄像头	打印机	企业	88	94	98	95.9
		个人	90	98	99	98.1
		专业	97	99	100	99.2
	屏幕	显示器	94	98	99	98.5
		笔记本电脑	97	99	100	99.1
		手机	91	98	99	97.7
手机摄像头	打印机	企业	88	96	98	96.8
		个人	95	99	100	99.0
		专业	97	99	100	99.3
	屏幕	显示器	98	99	100	99.4
		笔记本电脑	98	99	100	99.7
		手机	96	99	100	99.2
DSLR 摄像头	打印机	企业	86	96	99	97.0
		个人	97	99	100	99.3
		专业	98	99	100	99.5
	屏幕	显示器	99	100	100	99.8
		笔记本电脑	99	100	100	99.8
		手机	99	100	100	99.8

注:使用六种显示方法(三台打印机和三个屏幕)和三个摄像头的组合测试了真实世界的解码精度(正确恢复的比特百分比)。展示了从 ImageNet 随机选择的 105 张图像的第 5、25 和 50 个百分位数和平均值,其中随机采样了 100 比特消息。

此外,还对 1000 张图像进行了合成消融实验,以分别测试每个训练时间扰动对准确性的影响。在没有扰动的情况下训练的模型对颜色失真和噪声具有很强的鲁棒性,但在出现失真、模糊或任何级别的 JPEG 压缩时则鲁棒性很低。使用空间扰动进行训练可以提高对 JPEG 压缩的鲁棒性(可能是因为它具有与模糊相似的低通滤波效果)。同样,使用空间和像素增强进行训练也会产生最佳的实验结果。

该模型还可以被训练用来嵌入不同长度的信息量,结果见表 2-5。在之前的所有实验中,消息长度均设置为 100 比特。图 2-27 比较了具有不同消息长度的四张编码图像。可发现,较大的消息较难编码和解码。

表 2-5　使用不同消息长度训练的模型的图像质量

Metric	消 息 长 度			
	50	100	150	200
PSNR↑	29.88	28.50	26.47	21.79
SSIM↑	0.930	0.905	0.876	0.793
LPIPS↓	0.100	0.101	0.128	0.184

注:平均超过 500 张图像。对于 PSNR 和 SSIM,越高越好。LPIPS 是一种学习的感知相似度度量,越低越好。

注:从左到右分别表示为原始图像、50 比特、100 比特、150 比特和 200 比特。随着多位信息的编码,其感知质量降低。可发现 100 比特的消息长度提供了良好的图像质量。

图 2-27　训练编码不同长度消息的四种模型

(来源:TANCIK M, MILDENHALL B, NG R. StegaStamp: invisible hyperlinks in physical photographs[C] // 2020 IEEE/CVF Conference on Computer Vision and Pattern Recognition (CVPR). Seattle, WA, USA, 2020: 2114 - 2123)

所以,在常规实验中默认将消息长度设置为 100 比特,是因为其在图像质量和信息传输之间提供了很好的平衡。

3. 其他方法

鲁棒性是数字水印算法最重要的指标之一。它代表了数字水印算法能够抵抗各种失真类型的能力。而从屏摄鲁棒水印的实现过程角度来看,鲁棒性对嵌入算法和提取算法都有着一定的要求。对于嵌入过程,鲁棒性要求嵌入的水印信号能够在屏摄过程中完整保留或部分保留,这样经过了屏摄失真后,提取算法仍然具有足够的信号用于解码。而对于提取过程,鲁棒性要求能够从完整保留或部分保留的信号中还原出原始的水印信号,所以对于屏摄算法而言,嵌入算法需要寻找一种足够鲁棒的特征,而提取算法则要从失真中识别这种特征。

Fang 等人[10]提出了一种使用深度神经网络作为提取端的屏摄水印方

案。相较于传统的特征提取方式,该方法的鲁棒性得到了增强。它的嵌入端使用模板叠加的方法,模板是指一种专门设计的图形,可用于携带水印信息和定位信息,对于屏摄过程有着较高的鲁棒性。而提取端借鉴了"先去噪后提取"的思想,设计了一种二阶神经网络模型。第一个阶段主要是增强嵌入的信号模式,第二个阶段用于准确识别模板信号的特征。两阶段网络进行端到端的监督训练。

图 2-28 是水印的嵌入过程,整个框架包括了两个模块:含水印模板的嵌入模块和同步模板的嵌入模块。对于水印模板生成,首先使用 BCH[53] 纠错码和 CRC 校验码对水印序列进行编码,编码后将水印表达为一个带有纠错和校验能力的矩阵。之后为了帮助水印区域的同步操作,使用伪随机高斯噪声块生成了另一个用于同步的模板,并利用翻转自相关的手法使模板具有对称的性质。由于人眼视觉系统对红色和蓝色分量不太敏感,因此将生成的两种模板分别叠加在图像的红色和蓝色分量中,从而实现水印的嵌入。

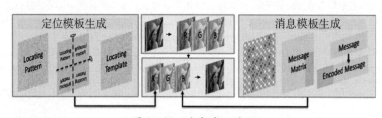

图 2-28 水印嵌入过程

(来源:FANG H, CHEN D, HUANG Q, et al. Deep template-based watermarking [J]. IEEE Transactions on Circuits and Systems for Video Technology, 2021, 31(4):1436-1451)

(1) 水印矩阵的生成。使用 BCH 纠错码和 CRC 校验码对原始水印序列进行编码。生成一个带纠错和校验能力的长度为 l 的序列,之后对该序列进行填充,生成一个尺寸为 $a \times b$ 的矩阵 $\mathbf{W}$(待嵌入水印),其中 $l = 64$, $a = 8$, $b = 8$,生成过程如图 2-29 所示。

(2) 水印模板的生成。在基于模板的水印算法中,通常使用不同的模板表达 1 比特水印"0/1",然后根据 $\mathbf{W}$ 使用模板对矩阵中的对应比特进行替换,从而生成最终嵌入的整体模板。模板的设计对于水印算法至关重要,因为它不仅会影响到算法的鲁棒性,同时也影响到嵌入后的视觉质量。对于视觉质量和鲁棒性的要求,规定了生成水印模板的四个准则。

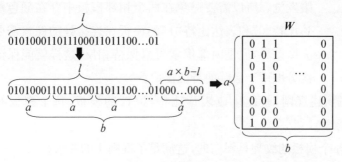

（a）水印矩阵生成过程示意图

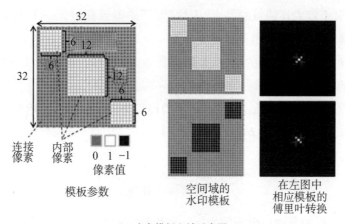

（b）水印模板空域示意图

图 2-29 水印矩阵的生成及水印模板的生成示意图

（来源：FANG H，CHEN D，HUANG Q，et al. Deep template-based watermarking ［J］. IEEE Transactions on Circuits and Systems for Video Technology，2021，31(4)：1436-1451）

准则 1 根据人眼视觉模型的斜向效应，在相同修改量的前提下，拥有斜向纹理的模板相比于横向和纵向纹理的模板有着视觉上更不明显的特性。

准则 2 由于 JPEG 压缩会对高频分量产生较为严重的影响，对低频分量产生较小的影响，因此模板的能量需要更多地集中在低频分量，从而实现更好地对抗失真的鲁棒性。

准则 3 在传输过程中的降采样操作会对模板纹理的内部连通域产生改变，这在一定程度上干扰了设计的水印特征。为了保证水印特征的完整性，模板中至少存在一个较大的连通域。

准则 4 根据人眼视觉特性，颜色或亮度的跳变相比于渐变更容易被人眼发觉。所以需要避免在两个相邻模板中存在颜色跳变。表达比特"0"和表达比特"1"的模板在连接处的像素需要保持无亮度差异，但是内部像素可以保持相反，这样就能保证足够的区分度用于后续的特征提取。

根据上述规则，就能生成表达比特"0/1"的模板，每个模板的大小是 32×32 像素：

① 整个模板的纹理是斜向的，这满足了准则 1 的要求；

② 整个模板的能量集中在低频区域中，这满足了准则 2 的要求；

③ 对于较大连通域的要求，表达"0/1"的模板都包含一个 16×16 像素的大连通域，这满足了准则 3 的要求；

④ 对于表达"0/1"的模板，连接处像素是相同的，而斜向纹理处的像素是相反的，这满足了准则 4 的要求。

假设表达比特"0"和表达比特"1"的模板为 M_0 和 M_1，使用公式(2-48)就能表达最终用于嵌入的水印模板 $P_m^{x,y}$，即：

$$P_m^{x,y} = \begin{cases} M_0, & W^{x,y} = 0 \\ M_1, & 其他 \end{cases} \tag{2-48}$$

其中 x，y 指的是对应模板的坐标。在生成完整的单位水印模板后，需要重复多次嵌入完整的水印模板以满足鲁棒性，在该算法中，重复嵌入了四个完整的水印模板。

（3）定位模板的生成。算法不仅需要保证对屏摄过程的鲁棒性，还需要保证对图像处理攻击的鲁棒性。由于单位水印模板的位置和大小会受到裁剪和缩放的影响，所以需要在提取水印单元之前，对单位水印模板进行定位和调整大小，这一过程是由定位模板来完成的。当定位模板与单位水印模板成一定比例时，可以根据检测到的定位模板的变换来恢复水印模板的原始状态。该算法选择重复嵌入四个完整的水印模板，并将定位模板的大小设置为水印单元大小的四分之一，即图像大小的十六分之一。为了实现上述功能，该算法设计了一种基于对称翻转的定位模板生成方案。整个生成过程由以下三个步骤组成：①生成一个平均值为 0、方差为 0.01 的高斯噪声图像，用 S_0 表示；②在 S_0 上执行三次对称翻转操作，以获得高度对称的模板 P_S，该模板可以表示为

$$P_S^{x,y} = S_0^{x,y} = P_S^{2\times N-x,\,y} = P_S^{x,\,2\times N-y} = P_S^{2\times N-x,\,2\times N-y} \qquad (2-49)$$

其中 P_S 和 P_m 的大小与位置相同；③该算法在一个图像中嵌入了四个相同的 P_m，所以也需要将 P_S 和 P_m 一样重复四次。

（4）模板嵌入的过程。在生成定位模板和水印模板后，需要将这两个模板嵌入图像，该算法重复嵌入了四个完整的水印单元，沿着横轴和纵轴平移水印模板两次，得到最终的水印模板 P_{mf}，同样也包含四个完整的水印单元。最终的定位模板 P_{Sf} 也是由四个重复的定位模板组成。P_{Sf} 和 P_{mf} 的大小和图像大小不同，因此在嵌入之前需要将模板缩放到图像大小。根据人眼对红色和蓝色分量的敏感度远低于绿色分量的 HVS 特性，该方法分别在图像的红色和蓝色分量中嵌入了定位模板 P_{Sf} 和 P_{mf} 水印模板。嵌入过程如下所示：

$$\begin{cases} I'_r = I_r + \alpha \times P_{Sf} \\ I'_g = I_g \\ I'_b = I_b + \beta \times P_{mf} \end{cases} \qquad (2-50)$$

I' 表示嵌入的图像，I'_r、I'_g、I'_b 表示 I' 的红色、绿色和蓝色通道，α、β 表示模板的嵌入强度。

水印的提取过程见图 2-30，该过程主要分为三个部分：首先，根据图像的红色通道分量定位水印区域；其次，利用定位到的水印区域和放缩系数，就能从图像蓝色通道中提取并还原相应的水印模板，将提取到的水印模板分解为多个单比特模板；最后，将每个单比特模板通过两阶段的提取网络进行提取水印操作以及对消息矩阵使用 BCH 纠错码和 CRC 校验码，得到目标水印序列。

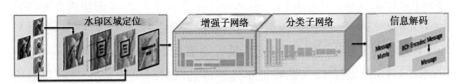

图 2-30　水印矩阵的生成及水印模板的生成示意图

（来源：FANG H, CHEN D, HUANG Q, et al. Deep template-based watermarking [J]. IEEE Transactions on Circuits and Systems for Video Technology, 2021, 31(4):1436-1451）

（1）水印区域定位。对于失真图像，首先需要定位水印区域。利用文献[54]中的方法将屏摄图像进行透视变换来校正镜头失真，再对校正后的图像进行基于强度的 SIFT 关键点的定位操作。假设得到的四个顶点为 $p_1(x_1, y_1)$、$p_2(x_2, y_2)$、$p_3(x_3, y_3)$ 和 $p_4(x_4, y_4)$，并假设校正后预期的这四个点的位置对应为 $p_1'(x_1', y_1')$、$p_2'(x_2', y_2')$、$p_3'(x_3', y_3')$ 和 $p_4'(x_4', y_4')$，将这八个点代入到 $\left(x' = \dfrac{a_1 x + b_1 y + c_1}{a_0 x + b_0 y + 1}, \ y' = \dfrac{a_2 x + b_2 y + c_2}{a_0 x + b_0 y + 1}\right)$ 中可得到八个等式，从而解出八个对应的变量。根据得到的映射，就能从校正后的图像中通过对应点的位置裁剪出待提取的图像。而对于剪裁和缩放失真，则需要利用红色通道的定位模板，校正过程通过 $I_o = I_d - f_w(I_d)$，其中 I_d 表示失真图像，I_o 表示原始图像，f_w 表示维纳滤波操作。之后对 I_o 进行对称性检测，检测过程采用文献[55]中的方法。通过检测对称性的峰值，就可以得到定位模板对应的位置，通过定位模板的位置能推测出水印模板的位置，对其进行筛选，最终可得到水印模板的真实位置。

（2）两阶段提取网络。提取网络主要是由一个增强子网络和一个分类子网络组成。在得到水印模板后，提取网络将水印模板分解成多个单比特水印模板，并将其大小调整为 32×32 像素。由于失真的存在，首先需要利用增强子网络对失真图像块进行信号的增强，放大嵌入的特征。之后，将增强后的图像块送入分类子网络，并使用该网络预测图像块对应的特征标签，分类得到的标签（"0/1"）表示相应的消息比特。当增强子网络有足够的样本训练时，它可以学到良好的特征增强过程，从而有效地从屏摄失真中放大水印模板特征。分类子网络也可以通过增强后的特征有效地提取信息。增强子网络采用了类似于 U‒Net[47] 的网络结构，如图 2‒31 左侧所示。首先使用四个卷积块（Conv-BN-ReLU-Maxpool）将原来的 32×32 图像块下采样到 4×4 大小的特征单元，然后使用全局下采样得到一个 1×1 特征单元，重复四次并连接到上述 4×4 特征单元。最后使用几个卷积块（Upsample-Conv-BN-ReLU）向上采样 4×4 的特征单元并将其映射回原始大小，以获得最终增强后含水印图像块。分类子网络采用了一个类似于 ResNet 的网络结构，它由五个残差单元组成[56]。网络的损失函数为 $L = CE(I_{gt}, I_{pred}) + \lambda[MSE(B_{em}, B_E)]$，$\lambda$ 是失真因子，B_{em} 是无失真的单比特图像块，B_E 是增强后的单比特图像块，I_{gt} 是原始标签，I_{pred} 是预测标签，C 和 E 分别代表分类网络和增强网络。

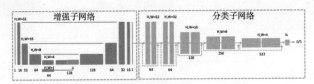

图 2-31 两阶段提取网络示意图

(来源:FANG H,CHEN D,HUANG Q,et al. Deep template-based watermarking[J]. IEEE Transactions on Circuits and Systems for Video Technology,2021,31(4):1436-1451)

（3）水印解码。在提取所有失真单比特图像后,能得到二值水印矩阵 W_{ex}。之后通过水印生成的逆操作将 W_{ex} 还原成原始的水印序列,并对其使用 BCH 纠错码和 CRC 校验码以完成水印解码操作。

在鲁棒性方面,文献[10]主要考虑六种常见的图像处理攻击手段:剪切攻击、放缩攻击、JPEG 压缩、中值滤波、高斯滤波和高斯噪声,表 2-6 列出了详细的实验对比。通过此表可以看出,该方法能保证很好的抗剪切与缩放能力。但当剪切比例小于 50% 时,比特错误率显著提升,这是因为该方法设计时是在一个图像里嵌入了四个完整的水印单元,当剪切比例小于 50 时,它就不能完整地提取出其中的一个水印单元,但如果要实现更小比例剪切攻击的鲁棒性,也可以在一张图像中多次重复嵌入。对于 JPEG 压缩失真,尽管提取端只在质量因子为 50 的情况下进行训练,但是此方法仍然能抵抗质量因子大于 50 的图像失真。更高质量因子的压缩对应着更好的提取精度。对于高斯滤波和高斯噪声所引起的失真,由于此方法的嵌入端是基于方向滤波器的模板匹配的算法,因此对于高斯滤波和高斯噪声而言,此方法依然有着很强的鲁棒性。

表 2-6 对抗不同失真的比特错误率对比

算法		Nakamura[1] (%)	Primila[2] (%)	Gugelmann[3] (%)	本节算法	
失真	参数因子				BER(%)	纠错?
放缩	0.5	—	—	—	0.31	√
	0.75	—	—	—	0.36	√
	1.25	—	—	—	0.34	√
	1.75	—	—	—	0.37	√
	2	—	—	—	0.31	√

续　表

算法		Nakamura[1] (%)	Primila[2] (%)	Gugelmann[3] (%)	本节算法	
失真	参数因子				BER(%)	纠错?
剪切	0.45	—	—	—	0.34	✕
	0.55	—	—	—	0.31	√
	0.75	—	—	—	0.31	√
	0.95	—	—	—	0.31	√
JPEG	50	35.99	42.38	16.16	6.42	√
	60	31.42	39.67	16.16	5.05	√
	70	26.66	37.38	15.63	4.42	√
	80	17.11	33.54	15.21	3.42	√
	90	1.68	28.37	14.87	2.17	√
中值滤波	3×3	0.20	3.39	13.89	0.88	√
	5×5	5.52	11.61	14.77	1.76	√
	7×7	9.38	37.70	15.63	1.83	√
高斯滤波	3×3	0.00	2.12	13.99	0.71	√
	5×5	0.00	3.32	14.40	0.71	√
	7×7	0.00	2.69	14.48	0.68	√
高斯噪声	0.001	0.00	13.45	13.13	0.59	√
	0.002	0.00	11.35	13.04	0.76	√
	0.005	0.00	19.12	13.33	1.44	√
	0.01	0.00	27.32	13.28	3.37	√

1. NAKAMURA T, KATAYAMA A, YAMAMURO M, et al. Fast watermark detection scheme for camera-equipped cellular phone[C]//Proceedings of the 3rd International Conference on Mobile and Ubiquitous Multimedia — MUM'04. College Park, Maryland: ACM Press, 2004: 101-108.

2. PRAMILA A, KESKINARKAUS A, TAKALA V, et al. Extracting watermarks from printouts captured with wide angles using computational photography [J]. Multimedia Tools and Applications, 2017, 76(15): 16063-16084.

3. GUGELMANN D, SOMMER D, LENDERS V, et al. Screen watermarking for data theft investigation and attribution [C] // 2018 10th International Conference on Cyber Conflict (CyCon). Tallinn: IEEE, 2018: 391-408.

　　屏摄鲁棒性测试是从不同距离和不同角度拍摄的条件来实现。为了更好地展示算法的泛化能力,文献[10]轻微地扩展了测试时的拍摄条件。屏摄数据集是在[20，40]cm条件下拍摄生成的，所以测试距离区间选择了[20，60]cm，实验结果如表2-7所示，其中，"模拟""真实""混合"分别表示使用模拟数据集训练的网络、使用真实数据集训练的网络和使用混合数据集训练的网络的提取准确率。

表2-7 不同屏摄距离下的提取比特错误率

距离(cm)	Nakamura (%)	Pramila (%)	Gugelmann (%)	本节算法		
				模拟(%)	真实(%)	混合(%)
20	16.40	26.56	22.56	4.69	2.34	1.95
30	14.75	28.38	27.24	8.59	6.25	4.81
40	17.81	28.62	32.22	6.65	3.50	2.73
50	18.44	28.94	27.05	14.06	12.50	12.11
60	19.50	30.19	30.96	11.33	13.28	11.72

注：同上表注。

为了展现基于深度学习的提取端对鲁棒性能的增强，文献[10]相应地设计了一系列实验。首先使用提出的深度神经网络提取端替换不同方法的原始提取端，并用相同的训练方法训练网络提取端，然后进行鲁棒性的测试。对比原始的提取方法与基于深度学习提取方法的鲁棒性能，实验主要考虑四种失真类型：质量因子为50的JPEG压缩、7×7窗口的中值滤波、7×7窗口的高斯滤波和方差为0.01的高斯噪声，实验结果如表2-8所示。

表2-8 传统方法与深度学习提取端的性能对比

算法	JPEG(QF=50)		中值滤波(7×7)		高斯滤波(7×7)		高斯噪声(σ=0.01)	
	传统(%)	CNN(%)	传统(%)	CNN(%)	传统(%)	CNN(%)	传统(%)	CNN(%)
Nakamura	35.99	29.51	9.38	8.39	0.00	0.00	0.00	0.00
Primila	44.01	38.35	38.76	26.31	4.12	1.19	24.34	22.75
Gugelmann	16.16	15.76	15.63	8.86	14.48	3.39	13.01	16.14

注：同上表注。

文献[10]还分别对高斯噪声、JPEG压缩、屏摄图像的输入和增强子网络的输出进行了对比，并进行了局部放大。对于高斯噪声图像，几乎不能在原始的失真图像中判别模板的特征，但是经过了增强子网络，能有效地区分出对应的模式。所以，增强子网络像一个去噪器，用于自适应地去除噪声。而对于

JPEG 压缩和屏摄失真,嵌入的特征也能有效通过增强子网络放大。

2.3 认证水印

认证水印作为数字水印的一大分支,通常被用于内容认证。因为认证水印具有高度敏感性,即当含水印载体遭受攻击时水印信息也会立刻改变,所以认证水印不能像鲁棒水印一样用于版权保护,但是在验证图像是否被篡改方面却十分有效,部分认证水印甚至能够根据未篡改的水印信息恢复篡改区域的内容。

接下来,本小节将介绍四种经典的认证水印算法:可抵抗向量量化攻击的脆弱水印[13]、基于参考共享的自嵌入水印[29]、基于块类型编码的自嵌入水印[24,25]和基于深度学习的自嵌入水印[31]。

2.3.1 可抵抗向量量化攻击的脆弱水印

早期的脆弱水印算法大多基于公开密钥,该类算法的性能非常优越,但是由于此类算法都是基于块独立的,因此容易受到 VQ 攻击。为了解决这一问题,Celik 等人[13]提出了一种分层脆弱水印算法。本节将先介绍 VQ 攻击的概念,然后详细介绍算法具体内容。

1. 向量量化攻击

攻击者可以利用 VQ 和水印图像伪造出目标图像。由于嵌入过程和认证过程是分块进行的,因此利用 VQ 伪造的图像可以通过算法验证。如果攻击者能够获得足够数量的水印图像,就可以确保伪造的图像具有与其原始未加水印图像相同的视觉效果。为了进一步详细说明 VQ 攻击,Celik 等人[13]定义了块独立性和 K-等价性两个概念。如果一种水印算法通过将宿主图像分割为非重叠块,并使用密钥将水印信息嵌入图像块,则该水印算法被称为是"基于块的"。若每个带水印的块仅通过图像块、水印和密钥生成,则称当前基于块的水印技术是分块独立的(即该水印算法具有块独立性)。基于块的水印技术,其水印嵌入和提取操作可以简述如下:

$$\acute{I} = \mathcal{E}_K(I, W) = \mathcal{E}_{K_1}(I_1, W_1) \parallel \mathcal{E}_{K_2}(I_2, W_2) \parallel \cdots \parallel \mathcal{E}_{K_n}(I_n, W_n)$$

$$(2-51)$$

$$\hat{W} = \mathcal{D}_K(\hat{I}) = \mathcal{D}_{K_1}(\hat{I}_1) \parallel \mathcal{D}_{K_2}(\hat{I}_2) \parallel \cdots \parallel \mathcal{D}_{K_n}(\hat{I}_n) = \hat{W}_1 \parallel \hat{W}_2 \parallel \cdots \parallel \hat{W}_n$$

$$(2-52)$$

其中 $\mathcal{E}_K(\cdot)$ 和 $\mathcal{D}_K(\cdot)$ 分别表示水印嵌入和提取, $I_1, \cdots, I_n$ 和 $W_1, \cdots,$ W_n 分别表示图像块和对应块的水印。$K_1, \cdots, K_n$ 是对应每个块的嵌入密钥,这些密钥由一个单独的密钥 K 生成, $W = W_1 \parallel W_2 \parallel \cdots \parallel W_n$ 表示水印嵌入模式, $\parallel$ 表示串联, $\hat{I}$ 表示可能被篡改的水印图像, $\hat{W}$ 表示提取的水印信息。

如果给定的密钥 K 可以从两个图像块 I_i 和 I_j 中提取出相同的水印,则表示这两个图像块具有 K-等价性,过程如下:

$$\mathcal{D}_K(I_i) = \mathcal{D}_K(I_j) = W \qquad (2-53)$$

因此,当给定密钥 K 时,任何分块独立的水印算法都可以利用 K-等价性判别方法将所有图像块划分为 m 个等价类 $\{C_1, C_2, \cdots, C_m\}$。下面使用一段伪代码来阐述 VQ 攻击的过程。

假设攻击者想要伪造的目标图像为 Y,并且攻击者可以访问一个或多个水印图像。攻击者可以通过以下伪代码构建与 Y 足够相似的伪造图像 $\acute{Y}$:

将大小一样的目标图像 Y 和水印图像 X 分别分块为 $Y = Y_1 \parallel \cdots \parallel Y_n$ 和 $X = X_1 \parallel \cdots \parallel X_n$:

for $i = 1$ to n

将图像 X 中所有等价块找出并记为 $\{C_1, C_2, \cdots, C_k\}$;
找到一个与 Y_i 相似的 $\acute{Y}_i$,且 $\acute{Y}_i \in C_k$;
用 $\acute{Y}_i$ 替换 Y_i;
最终得到 $\acute{Y} = \acute{Y}_1 \parallel \cdots \parallel \acute{Y}_n$。

2. 算法介绍

Celik 等人[13]所提算法的核心思想为:首先将图像进行分层,然后分别在低层次块和高层次块中嵌入水印信息,低层次块中嵌入的水印可以确保定位精度,而高层次块的水印对 VQ 攻击具有更强的抵抗力。

如图 2-32 所示,水印嵌入过程可以分为以下几个步骤。

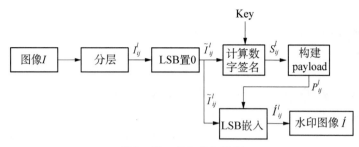

图 2-32 水印嵌入过程

（来源：UTKU CELIK M, SHARMA G, SABER E, et al. Hierarchical watermarking for secure image authentication with localization [J]. IEEE Transactions on Image Processing，2002，11(6)：585-595)

（1）图像内容分层。如图 2-33 所示，首先将图像分割为不重叠的块作为最低层次。然后将当前层次 2×2 个块进行组合，以在下一个层次上创建一个块。因此图像 I 可以分为多个层次，并用 I^l_{ij} 表示层次结构中的一个块，其中 ij 索引表示块的空间位置，l 是块所属的层次。层次结构中的总层数表示为 L。在最低层，将图像 I 分割成大小为 $O\times P$ 个不重叠的块$\{I^l_{00}$，I^l_{01}，…，$I^l_{nm}\}$。

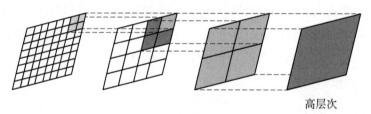

高层次

图 2-33 分层结构

（来源：UTKU CELIK M, SHARMA G, SABER E, et al. Hierarchical watermarking for secure image authentication with localization [J]. IEEE Transactions on Image Processing，2002，11(6)：585-595)

（2）计算数字签名。将每个块 I^l_{ij} 的 LSB 置为 0 得到块 $\tilde{I}^l_{ij}$。利用哈希算法和公钥加密算法计算 $\tilde{I}^l_{ij}$ 块的数字签名并形成一个比特串，顶层块不进行此计算。哈希计算和公钥加密过程如下：

$$H^l_{ij} = \mathcal{H}(\tilde{I}^l_{ij} \| [\text{top}]) \tag{2-54}$$

$$S^l_{ij} = \text{Encrypt}(H^l_{ij}, \text{key}_{\text{private}}) \tag{2-55}$$

其中当 $l=1$ 时指"top"层，即最高层，$\mathcal{H}(\cdot)$ 表示哈希函数，$\text{Encrypt}(\cdot)$ 表示加密函数，S^l_{ij} 表示对应层次图像块的数字签名。

（3）构建 payload。由于层次结构不同，且每个层次上的块共享同一 LSB 平面，因此需要一种分区算法来防止嵌入过程发生冲突。一个简单的策略是将高层次签名扩展到多个低层次块上，并通过 LSB 修改将签名嵌入最低层次结构。因此，每个最低层次的块携带了一部分较高层次块的签名及其自身的独立签名。例如，在一个具有三个层次结构和 S 个比特的数字签名中，最低层次块携带 $(21/16)S$ 个比特，该比特信息由 S 个比特、$S/4$ 个比特、$S/16$ 个比特组成，分别对应于自身的签名、较高层次块的 $1/4$ 和最高层次块的 $1/16$。每个块的签名划分为若干个较小的字符串，其具体数目由对应块所在的层次结构决定，划分过程如下：

$$S_{ij}^l = S_{ij}^l\{0, 0\} \parallel S_{ij}^l\{0, 1\} \parallel S_{ij}^l\{1, 0\} \parallel \cdots \parallel S_{ij}^l\{\Lambda(l)-1, \Lambda(l)-1\}$$

$$(2-56)$$

其中 $\Lambda(l) = 2^{L-l}$。最低层次块的 payload 由从较高层次块继承的签名形成，计算过程如下：

$$P_{ij} = S_{ij}^L \parallel S_{Q_{L-1}(i), Q_{L-1}(j)}\{i - Q_{L-1}(i), j - Q_{L-1}(j)\} \parallel$$
$$\cdots \parallel S_{Q_1(i), Q_1(j)}\{i - Q_1(i), j - Q_1(j)\}$$

$$(2-57)$$

$$Q_k(x) = \left\lfloor \frac{x}{2^{L-k}} \right\rfloor$$

$$(2-58)$$

此方法将块的签名保留在相应块内部的各个层次中。因此，块外的像素操作不会影响签名的恢复，也不会影响块的验证。

（4）水印嵌入。最低层次结构上每个块的 LSB 平面被 payload 替换。$\acute{I}_{ij}^l$ 表示含水印的块，水印图像 $\acute{I}$ 由这些块拼接形成，过程如图 2-34 所示，数学表达形式如公式（2-59）所示。

$$\acute{I} = \begin{bmatrix} \acute{I}_{00}^l & \cdots & \acute{I}_{0n}^l \\ \vdots & \ddots & \vdots \\ \acute{I}_{m0}^l & \cdots & \acute{I}_{mn}^l \end{bmatrix}$$

$$(2-59)$$

如图 2-35 所示，水印验证的详细过程描述如下。

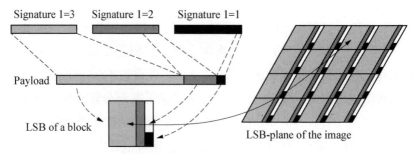

图 2-34　payload 的形成和在 LSB 平面的空间分布
（来源：UTKU CELIK M, SHARMA G, SABER E, et al. Hierarchical watermarking for secure image authentication with localization ［J］. IEEE Transactions on Image Processing, 2002, 11(6):585-595)

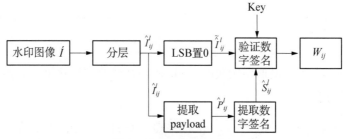

图 2-35　水印验证过程
（来源：UTKU CELIK M, SHARMA G, SABER E, et al. Hierarchical watermarking for secure image authentication with localization ［J］. IEEE Transactions on Image Processing, 2002, 11(6):585-595)

（1）图像分层。采用嵌入过程中的图像分层方法对水印图像进行分层处理。

（2）提取水印信息。从每个块的最低层 LSB 平面提取 $\hat{P}_{ij}^{l}$。通过嵌入期间分区算法的逆过程就可以恢复每个块的签名 $\hat{S}_{ij}^{l}$。

（3）验证签名。在水印嵌入过程中，LSB 置 0 后的块 $\tilde{I}_{ij}^{l}$，其非 LSB 内容是保持不变的。即若提取签名 $\hat{S}_{ij}^{l}$ 与计算签名一致则表示量化块 $\hat{\tilde{I}}_{ij}^{l}$ 通过验证，块 $\hat{I}_{ij}^{l}$ 被视为可信块。具体验证方法如下所述：

$$\hat{H}_{ij}^{l} = \mathrm{Decrypt}(\hat{S}_{ij}^{l}, \mathrm{key}_{\mathrm{public}}) \qquad (2-60)$$

$$\mathrm{Verified} = \begin{cases} 真, & \hat{H}_{ij}^{l} = \mathcal{H}(\hat{\tilde{I}}_{ij}^{l}) \\ 假, & 其他 \end{cases} \qquad (2-61)$$

其中 Decrypt(·)表示解密算法。

图 2-36 给出了针对 VQ 攻击的实验效果图。首先,分别使用文献[57]的算法和本小节分层水印算法生成含水印图像;其次,对两种水印算法进行 VQ 攻击,对由两种水印算法生成的 19 张水印图像分别进行最小块为 8×8 和 10×10 的 VQ 攻击,生成的伪造图像分别如图 2-36(b)和图 2-36(c)所示。通过验证算法可知文献[57]的水印算法不能抵抗 VQ 攻击,而本小节算法最低层次的水印同样不能抵抗 VQ 攻击,但是较高层次的水印信息不能通过验证,即表示本小节算法能够有效抵抗 VQ 攻击。

（a）原始图像　　　　　　（b）伪造图像 1　　　　　　（c）伪造图像 2

图 2-36　抵抗 VQ 攻击的实验效果图

（来源:UTKU CELIK M, SHARMA G, SABER E, et al. Hierarchical watermarking for secure image authentication with localization [J]. IEEE Transactions on Image Processing, 2002, 11(6): 585-595)

2.3.2　基于参考共享的自嵌入水印

基于参考共享的自嵌入水印,其水印内容包含参考比特和认证比特两部分,其中参考比特来源于宿主图像的原始内容,可用于恢复篡改区域内容;认证比特由宿主图像主要内容和参考比特生成,可用于定位篡改区域。对于不同篡改率,使用者的需求可能不同,如在较高的篡改率下使用者只要求低质量的恢复即可,在较低篡改率情况下使用者要求实现高质量恢复。为了解决上述需求,可通过将宿主图像分解为不同层次的信息,大篡改率下恢复低层信息得到低质量恢复图像,小篡改率下能够同时恢复低层次信息和高层次信息从而得到高质量恢复图像。基于普通的参考共享只采用固定的水印信息进行嵌入,故该算法只能达到一种固定的恢复能力,而基于分层结构的参考共享通过分层操作可以生成多个层次的水印信息,在不同篡改率下可动态地恢复不同层次的内容,具有更加灵活的恢复能力。

如图 2-37 所示,在发送端,基于参考共享的方法首先需要生成参考比特,然后进行分块嵌入得到水印图像。在接收端,首先提取水印信息进行篡改定位,然后根据未篡改的参考比特恢复篡改区域的内容。基于普通的参考共享算法和基于分层结构的参考共享算法的不同之处在于参考比特生成方法和篡改恢复的过程。基于分层结构的参考共享通过将图像划分为不同的层,并为每层生成相应的参考比特,在恢复时根据篡改率的不同恢复不同层次的内容。而基于普通的参考共享的算法直接将像素的 5 个最高有效位(most significant bits,MSB)扩展为参考比特。根据理论推导可知,只要篡改率小于相应阈值,两种算法都可近似恢复篡改区域内容。

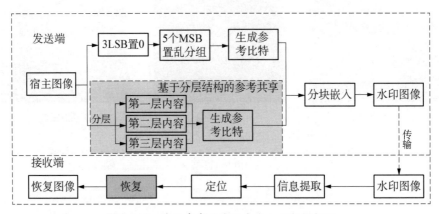

图 2-37 基于参考共享的自嵌入水印框架图

1. 基于普通的参考共享

设宿主图像 I 大小为 $N_1 \times N_2$,总像素个数为 $N = N_1 \times N_2$,并且像素的灰度值 $p_n \in [0, 255]$,$n \in 1, 2, \cdots, N$。假设 N_1 和 N_2 都是 8 的倍数,每一个 p_n 可以由 8 比特 $b_{n,7}, b_{n,6}, \cdots, b_{n,0}$ 表示,水印嵌入的计算过程如下:

$$b_{n,t} = \left\lfloor p_n / 2^t \right\rfloor \mod 2, \ t = 0, 1, \cdots, 7 \qquad (2-62)$$

即

$$p_n = \sum_{t=0}^{7} (b_{n,t} \cdot 2^t) \qquad (2-63)$$

其中 $b_{n,7}, b_{n,6}, \cdots, b_{n,3}$ 称为"MSB 层",$b_{n,2}, b_{n,1}, b_{n,0}$ 称为"LSB 层"。

在给出相关定义后,水印嵌入的详细过程描述如下。

(1) 特征比特生成。收集所有像素的 MSB 层组成一个大小为 $5N$ 比特的 MSB 集合,并将这些比特称为"特征比特"。

(2) 参考比特生成。将上述 $5N$ 比特大小的特征比特集合置乱并划分为 M 个子集(其中置乱规则由密钥控制),每个子集包含 L 个特征比特。其中第 m 个子集的特征比特记为 $c_{m,1}$, $c_{m,2}$, $\cdots$, $c_{m,L}$。对每一个子集,按照如下方式生成 $L/2$ 个参考比特:

$$\begin{bmatrix} r_{m,1} \\ r_{m,2} \\ \vdots \\ r_{m,L/2} \end{bmatrix} = \boldsymbol{A}_m \cdot \begin{bmatrix} c_{m,1} \\ c_{m,2} \\ \vdots \\ c_{m,L} \end{bmatrix}, \ m = 1, 2, \cdots, M \qquad (2\text{-}64)$$

其中 $\boldsymbol{A}_m$ 是大小为 $L/2 \times L$ 的伪随机二值矩阵,公式(2-64)的运算采用模 2 运算,该矩阵由密钥生成。此公式表明 $L/2$ 个参考比特是从整个图像的 MSB 散射生成的,如果图像部分区域被篡改,则参考比特可用来恢复篡改区域。根据上述操作,整幅图像共生成 $5N/2$ 个参考比特。

(3) 认证比特生成。首先,将宿主图像划分为 8×8 大小的非重叠块。同样通过密钥将 $5N/2$ 个参考比特置乱并划分为 $N/64$ 组,即每组 160 个参考比特。其次,将每个图像块中的 MSB 层(即 320 个比特)和对应每个块的 160 个参考比特输入哈希函数中生成 32 个认证比特,类似地对每个图像块依次执行上述操作,为每个块生成 32 个认证比特。

(4) 水印嵌入。将 160 个参考比特和 32 个认证比特进行拼接得到 192 个比特信息,然后使用密钥将 192 个比特信息进行置乱得到最终的水印信息。将 192 个比特的水印信息采用 LSB 替换的方法嵌入每个块的 LSB 层中。

由上述操作可知,宿主图像在嵌入过程中只替换 LSB 层,而保留 MSB 层,因此通过下面的公式可以计算每个像素在嵌入水印后引起的平均能量失真:

$$E_D = \sum_{g_O=0}^{7} \sum_{g_W=0}^{7} (g_W - g_O)^2 \cdot P_W(g_W) \cdot P_O(g_O) \qquad (2\text{-}65)$$

其中 g_O 和 g_W(g_O, $g_W \in [0, 7]$)分别表示嵌入前后 LSB 表示的十进制数,

P_W 和 P_O 分别是 g_W 和 g_O 的概率分布函数。由于新的 LSB 层是以伪随机的方式产生的,因此 g_W 分布近似均匀。假设 LSB 层中数据的原始分布也是近似均匀的,故失真计算如下:

$$E_D = \sum_{g_O=0}^{7} \sum_{g_W=0}^{7} \frac{(g_W - g_O)^2}{64} = 10.5 \qquad (2-66)$$

因此,水印图像的 PSNR 计算如下:

$$PSNR_W \approx 10 \cdot \lg\left(\frac{255^2}{E_D}\right) = 37.9 \, dB \qquad (2-67)$$

由于在嵌入过程中 MSB 层保持不变,只修改了 LSB 层,因此任意图像嵌入水印后的 PSNR 都是 37.9 dB。

定位恢复包含定位篡改区域和恢复篡改区域内容两个功能。假设攻击者在不改变图像大小的情况下篡改含水印的图像,其中篡改块和所有块个数之间的比例被称为"篡改率",并记为 α。首先,根据嵌入过程中的逆过程提取嵌入的水印信息(包括认证比特和参考比特),并按照嵌入过程中认证比特生成方式计算每个块的认证比特。通过对比计算的认证比特和提取的认证比特来判断当前块是否被篡改。而被篡改的内容可通过其他未篡改区域的参考比特来恢复。

(1) 提取水印信息。按照嵌入过程将图像划分为 8×8 大小的块,使用密钥从每个块的 LSB 层提取 192 比特水印信息,其中包含 160 个参考比特和 32 个认证比特。

(2) 定位篡改区域。通过对比计算的认证比特与提取的认证比特来判断当前块是否被篡改。根据当前块 MSB 层中的 320 个比特和 160 个提取的参考比特来计算认证比特,对比计算的认证比特和提取的认证比特。若两者不相同,则表示当前块已被篡改并将其记为"篡改块";若两者相同,则表示当前块未被篡改并将其记为"完好块"。经过分析计算可知,包含篡改内容的图像块被错误判断为"完好块"的概率是 2^{-32}。此概率非常低,即代表该错误判断基本不可能发生。

(3) 恢复篡改区域内容。当篡改率不高时,就能根据完好块中提取的参考比特信息来恢复篡改区域内容。在恢复过程中,首先判断从图像块中提取的每一个参考比特是在篡改块中还是完好块中。然后将完好块对应的参

考比特个数记为 υ，由于有些块可能已经被篡改，因此 $\upsilon \leqslant L/2$。可将公式 (2-64) 重新定义如下：

$$\begin{bmatrix} r_{m,e(1)} \\ r_{m,e(2)} \\ \vdots \\ r_{m,e(\upsilon)} \end{bmatrix} = \boldsymbol{A}_m^{(E)} \cdot \begin{bmatrix} c_{m,1} \\ c_{m,2} \\ \vdots \\ c_{m,L} \end{bmatrix}, \quad m = 1, 2, \cdots, M \qquad (2-68)$$

其中 $r_{m,e(1)}$，$r_{m,e(2)}$，$\cdots$，$r_{m,e(\upsilon)}$ 表示对应完好块所提取的参考比特，$\boldsymbol{A}_m^{(E)}$ 表示由对应完好块参考比特从 $\boldsymbol{A}_m$ 提取出来的行组成的向量组。$c_{m,1}$，$c_{m,2}$，$\cdots$，$c_{m,L}$ 是特征比特的子集。$\boldsymbol{C}_T$ 和 $\boldsymbol{C}_R$ 分别表示由对应篡改块和完好块中 MSB 层组成的向量，故公式(2-68)可修改如下：

$$\begin{bmatrix} r_{m,e(1)} \\ r_{m,e(2)} \\ \vdots \\ r_{m,e(\upsilon)} \end{bmatrix} - \boldsymbol{A}_m^{(E,R)} \cdot \boldsymbol{C}_R = \boldsymbol{A}_m^{(E,T)} \cdot \boldsymbol{C}_T \qquad (2-69)$$

其中 $\boldsymbol{A}_m^{(E,R)}$ 和 $\boldsymbol{A}_m^{(E,T)}$ 为分别由 $\boldsymbol{C}_R$ 和 $\boldsymbol{C}_T$ 在 $\boldsymbol{A}_m^{(E)}$ 对应的列组成的矩阵。等号左边都是已知的，只有 $\boldsymbol{C}_T$ 未知。假设 $\boldsymbol{C}_T$ 的长度为 n_T，因此 $\boldsymbol{A}_m^{(E,T)}$ 的大小为 $\upsilon \times n_T$。上述问题可转化为根据 υ 个等式求 n_T 个未知数的问题。因为这些 MSB 的原始值必须是解，所以只要方程(2-69)有唯一解，即可采用高斯消元法进行求解。如果未知数 n_T 的数量太多，或者方程(2-69)中的线性相关方程太多，则解可能不是唯一的，在这种情况下，无法在解空间中找到真正的解。实际上，如果篡改区域不是太大，则从完好块提取的参考比特可以提供足够的信息来恢复篡改块的 MSB 层。当方程(2-69)对每个子集都有唯一解时，即可成功地恢复篡改块的所有 MSB 层。

由上述分析可知，当且仅当 $\boldsymbol{A}_m^{(E,T)}$ 的秩等于 n_T 时，方程(2-69)存在唯一解。下面分析图像可成功恢复的概率，对于一个大小为 $i \times j$ 的随机二值矩阵，其列线性相关的概率记为 $q(i,j)$，且计算过程如下所示：

$$q(i,1) = \frac{1}{2^i} \qquad (2-70)$$

$$q(i, j+1) = q(i, j) + [1-q(i, j)] \cdot \frac{2^j}{2^i}, \, j = 1, 2, \cdots, i-1$$

$$(2-71)$$

$$q(i, j) = 1, 若 \, j > i \quad\quad (2-72)$$

完好块的比例为 $1-\alpha$,提取的 υ 个参考比特服从如下二项分布:

$$P_\upsilon(i) = \binom{L/2}{i} \cdot (1-\alpha)^i \cdot \alpha^{L/2-i}, \, i = 0, 1, \cdots, L/2 \quad (2-73)$$

同理,n_T 个未知参考比特也服从如下二项分布:

$$P_{n_T}(j) = \binom{L}{j} \cdot \alpha^j \cdot (1-\alpha)^{L-j}, \, j = 0, 1, \cdots, L \quad\quad (2-74)$$

$A_m^{(E, T)}$ 中所有列线性无关的概率为:

$$P_{LI} = \sum_{i=0}^{L/2} \sum_{j=0}^{L} \{P_\upsilon(i) \cdot P_{n_T}(j) \cdot [1-q(i, j)]\} \quad (2-75)$$

特征比特子集的数目为 $5N/L$,篡改块中所有参考比特能被恢复的概率为:

$$P_S = P_{LI}^{5N/L} \quad\quad (2-76)$$

由上可知篡改区域能够被恢复的概率大小取决于篡改率 α、图像大小 N 和系统参数 L。

如图 2-38 所示,L 值越大,成功恢复的概率越高。然而,较大的 L 值意味着方程(2-69)中需要求解更多未知的 MSB,从而导致更高的计算复杂度。为了平衡计算复杂度和恢复概率,L 设置为 512。图 2-39 显示了 P_S 在不同 α,N 和 $L=512$ 下的变化情况。当篡改率 α 和图像大小 N 较小时,成功恢复的概率更高。当篡改率不超过 24% 时,篡改块的所有 MSB 层都可以恢复。

通过组合完好块中的 MSB 层和篡改块中恢复的 MSB 层来重建图像内容。令所有第一个 LSB 和第二个 LSB 为 0,第三个 LSB 为 1,以获得更接近原始 LSB 层的重建图像。与公式(2-66)类似,如果原始数据在 LSB 层中的分布是均匀的,则每个像素中的平均误差能量计算如下:

$$E_D' = \sum_{i=0}^{7} \frac{(i-4)^2}{8} = 5.5 \quad\quad (2-77)$$

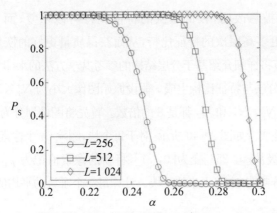

图 2-38 当 $N=512\times512$ 时,概率 P_S 在不同 α 和 L 下的值

(来源:ZHANG X, WANG S, QIAN Z, et al. Reference sharing mechanism for watermark self-embedding [J]. IEEE Transactions on Image Processing, 2010, 20(2):485-495)

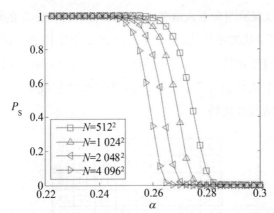

图 2-39 当 $L=512$ 时,概率 P_S 在不同 α 和 N 下的值

(来源:ZHANG X, WANG S, QIAN Z, et al. Reference sharing mechanism for watermark self-embedding [J]. IEEE Transactions on Image Processing, 2010, 20(2):485-495)

因此,将原始内容作为参考时恢复图像的峰值信噪比计算如下:

$$\text{PSNR}_R \approx 10 \cdot \lg(255^2/E_D') = 40.7 \text{ dB} \qquad (2-78)$$

2. 基于分层结构的参考共享

由框架图 2-37 可知,基于分层结构的参考共享和基于普通的参考共享在嵌入和定位恢复方法上是一样的,不同之处在于参考比特生成方式。基于分层结构的参考共享通过将宿主内容分解为不同层次的特征比特,并采用具有不同恢复能力的参考共享方法对不同层次的特征比特进行保护。当

更广泛的区域被篡改时,较低层次的特征比特可以恢复;而当篡改率较低时,可以恢复更多高层次的特征比特,从而获得质量更好的恢复图像。

首先,本节将详细介绍基于分层结构的参考共享方法的水印生成与嵌入。

(1) 图像分层与特征比特生成。假设原始图像大小为 $N_1 \times N_2$,总像素个数为 $N = N_1 \times N_2$,N_1 和 N_2 都是 8 的倍数。首先将图像划分为大小为 8×8 的 $N/64$ 个非重叠块。如图 2-40 所示,对于每个块,删除 64 个像素的三个 LSB,故其像素的灰度级从[0, 255]变为[0, 31],将新的像素值记为 $p_D(i, j)$,$0 \leqslant i$,$j \leqslant 7$。将块分割为 4×4 大小的子块。计算每一个子块的平均值:

$$p^{(1)}(s, t) = \text{round}\left[\frac{1}{16}\sum_{i=4s}^{4s+3}\sum_{j=4t}^{4t+3}p_D(i, j)\right], 0 \leqslant s, t \leqslant 1$$

$$(2-79)$$

其中 round(·)表示四舍五入取整。在第一层中,将 8×8 的块分割为 4×4 的子块,并求每个块的平均值,每个平均值用 5 个比特表示,故共有 20 个比特作为第一层特征比特。由于平均值落在[0, 31]范围内,因此可以在二进制系统中将每个值转换为 5 个比特,从而为每个块生成 20 个比特信息,并将其称为第一层的特征比特。

9	19	23	20	16	12	16	20
13	21	24	25	23	20	15	15
11	17	17	17	18	17	14	18
5	6	9	10	12	16	21	25
8	11	14	20	24	26	27	28
19	23	25	26	27	26	28	29
24	26	26	26	25	26	27	29
22	27	24	21	21	20	24	27

图 2-40 删除三位 LSB 后图像块的像素值

(来源:ZHANG X, WANG S, QIAN Z, et al. Reference sharing mechanism for watermark self-embedding [J]. IEEE Transactions on Image Processing, 2010, 20(2):485-495)

然后,按照以下方式为每个块生成第二层的特征比特。将每个子块划分为大小为 2×2 的四个小子块后,计算小子块和子块的平均值之间的差值:

$$d^{(2)}(s, t) = \text{round}\left[\frac{1}{4}\sum_{i=2s}^{2s+1}\sum_{j=2t}^{2t+1}p_D(i, j)\right] - p^{(1)}\left(\left\lfloor\frac{s}{2}\right\rfloor, \left\lfloor\frac{t}{2}\right\rfloor\right),$$

$$0 \leqslant s, t \leqslant 3$$

$$(2-80)$$

其中$\lfloor \cdot \rfloor$表示向下取整,差值取决于局部区域复杂度的大小。在第二层中,将 4×4 子块分割为 2×2 的小子块,同样计算每个小子块的均值,不同的是在第二层中计算的是小子块与子块之间均值的差。通过对 500 幅风景和肖像图像的统计结果显示,第二层中计算的差值绝大部分都落在[-3,3]范围内,因此利用以下公式将每个块中的 16 个差值限制在[-3,3]范围内:

$$p^{(2)}(s,t)=\begin{cases}-3, & d^{(2)}(s,t)<-3, \\ 3, & d^{(2)}(s,t)>3, \\ d^{(2)}(s,t), & -3\leqslant d^{(2)}(s,t)\leqslant 3,0\leqslant s,t\leqslant 3\end{cases}$$

$$(2-81)$$

故对于每个 $p^{(2)}(s,t)$ 有 7 个可能的值,$p^{(2)}(s,t)$ 在以 7 为底的符号系统中,每个块可以被视为 16 个比特的序列,可以用 45 个比特表示($2^{45}>7^{16}$)。这 45 个比特被称为第二层的特征比特。

类似地,为每个块的第三层生成特征比特:

$$d(s,t)=p_{\mathrm{D}}(s,t)-p^{(1)}\left(\left\lfloor \frac{s}{4}\right\rfloor,\left\lfloor \frac{t}{4}\right\rfloor\right)-p^{(2)}\left(\left\lfloor \frac{s}{2}\right\rfloor,\left\lfloor \frac{t}{2}\right\rfloor\right),0\leqslant s,t\leqslant 7$$

$$(2-82)$$

上述公式表示像素级的局部波动。根据同一图像数据库中的统计结果显示,80%以上的 $d^{(3)}(s,t)$ 在[-1,1]范围内,故按照下式将每个块中 64 个 $d^{(3)}(s,t)$ 的值限制在范围[-1,1]内:

$$p^{(3)}(s,t)=\begin{cases}-1, & d^{(3)}(s,t)<-1, \\ 1, & d^{(3)}(s,t)>1, \\ d^{(3)}(s,t), & -1\leqslant d^{(3)}(s,t)\leqslant 1,0\leqslant s,t\leqslant 7\end{cases}$$

$$(2-83)$$

因此,在以 3 为底的符号系统中,每个块可以被视为含有 64 个比特的序列,并将数字序列转换为 102 个比特($2^{102}>3^{64}$)。这 102 个比特被称为第三层的特征比特。

由图 2-41 可知,由于取整操作和截断操作会导致一些误差,通常截断情况在平滑的图像或区域中较为少见,因此平滑区域的块能够恢复更好的视觉质量。

-1	1	1	1	-1	-1	-1	1
-1	1	1	1	1	1	-1	-1
-1	1	1	1	1	1	-1	-1
-1	-1	-1	-1	-1	0	1	1
-1	-1	-1	-1	-1	0	-1	0
1	1	1	1	1	0	0	1
0	1	1	1	1	1	0	1
-1	1	0	-1	-1	-1	-1	0

1	3	1	0
-3	-2	-1	3
-3	0	0	2
3	3	-3	1

15	17
21	26

(a) $p^{(1)}(s,t)$ (b) $p^{(2)}(s,t)$ (c) $p^{(3)}(s,t)$

图 2-41　三个层次在转换为二进制之前的内容

(来源:ZHANG X, WANG S, QIAN Z, et al. Reference sharing mechanism for watermark self-embedding [J]. IEEE Transactions on Image Processing, 2010, 20(2):485-495)

(2) 参考特征生成。在上述步骤中,第一层、第二层和第三层中的特征比特数分别为 $5N/16$,$45N/64$ 和 $51N/32$。收集第一层中的所有特征比特,并将其伪随机划分为一系列子集,每个子集包含 160 个特征比特。第 m 个子集中的特征比特表示为 $c_{m,1}^{(1)}$, $c_{m,2}^{(1)}$, …, $c_{m,160}^{(1)}$。对于每个子集,按以下方式生成 480 个参考比特:

$$\begin{bmatrix} r_{m,1}^{(1)} \\ r_{m,2}^{(1)} \\ \vdots \\ r_{m,480}^{(1)} \end{bmatrix} = \boldsymbol{A}_m^{(1)} \cdot \begin{bmatrix} c_{m,1}^{(1)} \\ c_{m,2}^{(1)} \\ \vdots \\ c_{m,160}^{(1)} \end{bmatrix} \tag{2-84}$$

其中 $\boldsymbol{A}_m^{(1)}$ 是从密钥导出的伪随机二值矩阵,大小为 480×160,且公式(2-84)中的算术为模 2 运算。第一层共有 $5N/16$ 个特征比特,分组后每组长度为 160 个特征比特,对应生成 480 个参考比特,第一层共生成 $15N/16$ 个参考比特。产生的参考比特数越多,可恢复的篡改区域的范围就越广。然而,这将需要更多的空间来容纳参考比特。为了进行权衡,将每个子集中用于保护 160 个特征比特的参考比特的数量设为 480。故第一层的特征比特共生成 $15N/16$ 个参考比特。

类似地,将第二层中的特征比特伪随机划分为若干子集,每个子集包含 360 个特征比特。对于每个子集,生成 392 个参考比特,392 个参考比特由大小为 392×360 的伪随机二进制矩阵 $\boldsymbol{A}_m^{(2)}$ 与 360 个特征比特的乘积生成:

$$
\begin{bmatrix} r_{m,1}^{(2)} \\ r_{m,2}^{(2)} \\ \vdots \\ r_{m,392}^{(2)} \end{bmatrix} = \boldsymbol{A}_m^{(2)} \cdot \begin{bmatrix} c_{m,1}^{(2)} \\ c_{m,2}^{(2)} \\ \vdots \\ c_{m,360}^{(2)} \end{bmatrix} \tag{2-85}
$$

第二层共有 $45N/64$ 个特征比特,分组后每组长度为 360,对应生成 392 个参考比特,第二层共生成 $49N/64$ 个参考比特。

对于第三层中的特征比特,将其伪随机划分为若干个子集,每个子集包含 512 个特征比特,并使用大小为 256×512 的伪随机二进制矩阵 $\boldsymbol{A}_m^{(3)}$ 为每 512 个特征比特生成 256 个参考比特:

$$
\begin{bmatrix} r_{m,1}^{(3)} \\ r_{m,2}^{(3)} \\ \vdots \\ r_{m,256}^{(3)} \end{bmatrix} = \boldsymbol{A}_m^{(3)} \cdot \begin{bmatrix} c_{m,1}^{(3)} \\ c_{m,2}^{(3)} \\ \vdots \\ c_{m,512}^{(3)} \end{bmatrix} \tag{2-86}
$$

第三层共有 $51N/32$ 个特征比特,分组后每组长度为 512,对应生成 256 个参考比特,第三层共生成 $51N/64$ 个参考比特。

根据上述操作可知,三个层次共生成 $5N/2$ 个参考比特。较低层次中的特征比特更为重要,因此令第一层、第二层和第三层中的参考比特和特征比特的数量之间的比率依次下降,以便在应对大范围篡改时,可以恢复较低层次中的特征比特。

为第 u 层的 $L(u)$ 个特征比特的每个子集生成 $L'(u)$ 个参考比特:

$$
L(1) = 160, \ L(2) = 360, \ L(3) = 512 \tag{2-87}
$$

$$
L'(1) = 480, \ L'(2) = 392, \ L'(3) = 256 \tag{2-88}
$$

如果 $L'(u)$ 满足以下等式,也可以使用其他值:

$$
\frac{5N}{16} \cdot \frac{L'(1)}{L(1)} + \frac{45N}{64} \cdot \frac{L'(2)}{L(2)} + \frac{51N}{32} \cdot \frac{L'(3)}{L(3)} = \frac{5N}{2} \tag{2-89}
$$

例如, $L'(1) = 320$, $L'(2) = 348$, $L'(3) = 384$ 。在此情况下,参考比特的总数仍然是 $5N/2$,但是恢复能力不同。

(3) 认证比特生成。与普通参考共享机制一样为每个块生成 32 个认证比特信息用于定位篡改区域。

(4) 水印嵌入。与普通参考共享机制一样,将 $5N/2$ 个参考比特置乱分组,并将每个块的三个 LSB 替换为 160 个参考比特和 32 个认证比特。

定位篡改区域算法,与基于普通的参考共享具有相同的机制。在恢复过程中,对于第一层、第二层或第三层的特征比特子集,将从完好块中提取的参考比特的数量表示为 υ,如

$$\begin{bmatrix} r_{m,\,e(1)}^{(u)} \\ r_{m,\,e(2)}^{(u)} \\ \vdots \\ r_{m,\,e(\upsilon)}^{(u)} \end{bmatrix} = \boldsymbol{A}_m^{(\mathrm{E})} \cdot \begin{bmatrix} c_{m,\,1}^{(u)} \\ c_{m,\,2}^{(u)} \\ \vdots \\ c_{m,\,L(u)}^{(u)} \end{bmatrix},\ u=1,\,2,\,3 \qquad (2-90)$$

其中左侧的向量是对应完好块的所有可提取参考比特,$\boldsymbol{A}_m^{(\mathrm{E})}$ 是由 $\boldsymbol{A}_m^{(1)}$,$\boldsymbol{A}_m^{(2)}$ 或 $\boldsymbol{A}_m^{(3)}$ 对应于可提取参考比特的行组成的矩阵,并且 $L(u)$ 是不同层次的特征比特子集的大小,如公式(2-85)所示。公式(2-90)右侧的向量包含属于篡改块和完好块的特征比特。与基于普通的参考共享算法类似,可以采用如下公式计算出在不同层次成功恢复特征比特的概率:

$$P_{\mathrm{S}}^{(u)} = \Big\{ \sum\nolimits_{i=0}^{L'(u)} \sum\nolimits_{j=0}^{L(u)} \{ P_\upsilon^{(u)}(i) \cdot P_{n_{\mathrm{T}}}^{(u)}(j) \cdot [1-q(i,\,j)] \} \Big\}^{h(u)},\ u=1,\,2,\,3$$
$$(2-91)$$

$L'(u)$ 是从不同层次的子集导出的参考比特的数目,$h(u)$ 是不同层次的特征比特子集的数目,其计算方法如下所示:

$$h(1)=h(2)=N/512,\ h(3)=51 \cdot N/2^{13} \qquad (2-92)$$

$P_\upsilon^{(u)}$ 是特征比特子集提取参考比特数的概率分布,其计算方法如下所示:

$$P_\upsilon^{(u)}(i) = \binom{L'(u)}{i} \cdot (1-\alpha)^i \cdot \alpha^{L'(u)-i},\ i=0,\,1,\,\cdots,\,L'(u) \quad (2-93)$$

$P_{n_{\mathrm{T}}}^{(u)}$ 是要在子集中求解的特征比特数的概率分布,其计算方法如下所示:

$$P_{n_{\mathrm{T}}}^{(u)}(j) = \binom{L(u)}{i} \cdot (1-\alpha)^{L(u)-j} \cdot \alpha^j,\ j=0,\,1,\,\cdots,\,L(u) \quad (2-94)$$

函数 $q(i,\,j)$ 已在公式(2-70)至公式(2-72)中给出。图 2-42 显示了当

$P_S^{(1)}$、$P_S^{(2)}$ 和 $P_S^{(3)}$ 在不同篡改率 α，$N=512\times512$ 与 $L'(u)$ 取值为公式 (2-88)中数值下的变化情况。当篡改率小于 66%、43% 和 26% 时,第一层、第二层和第三层的特征比特可以以大于 99% 的概率成功恢复($P_S^{(u)}>0.9999$)。

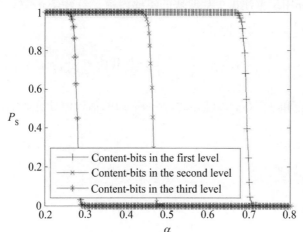

图 2-42　当 $N=512\times512$ 时,不同篡改率下三个层次能够恢复的概率
(来源:ZHANG X, WANG S, QIAN Z, et al. Reference sharing mechanism for watermark self-embedding [J]. IEEE Transactions on Image Processing, 2010, 20(2):485-495)

例如,当 $\alpha=35\%$ 时,只能恢复第一层和第二层的特征比特,但不能恢复第三层的特征比特。如果 $L'(u)$ 被分配了其他值,则特征比特具有不同的抵抗篡改的能力。如表 2-9,给出了当 $P_S^{(u)}>99.99\%$,$L'(u)$ 选取不同值时,对应层次能够抵抗的篡改率。

表 2-9　当恢复概率为 99.99% 时,$L'(u)$ 选取不同值时对应层次能够抵抗的篡改率

$L'(1)$, $L'(2)$, $L'(3)$ 的值	对应层次可恢复时的最大篡改率		
	第一层(%)	第二层(%)	第三层(%)
$L'(1)=320$, $L'(2)=348$, $L'(3)=384$	$\alpha<63$	$\alpha<40$	$\alpha<30$
$L'(1)=400$, $L'(2)=370$, $L'(3)=320$	$\alpha<65$	$\alpha<41$	$\alpha<28$
$L'(1)=480$, $L'(2)=392$, $L'(3)=256$	$\alpha<66$	$\alpha<43$	$\alpha<26$
$L'(1)=560$, $L'(2)=414$, $L'(3)=192$	$\alpha<69$	$\alpha<44$	$\alpha<23$
$L'(1)=640$, $L'(2)=436$, $L'(3)=128$	$\alpha<72$	$\alpha<46$	$\alpha<20$

从表 2-9 中可知,在嵌入过程中可以为特定应用选择合适的 $L'(u)$ 值。$L'(u)$ 值越大,对应层次的特征比特可以抵抗更大的篡改。然而,如前所述,

$L'(u)$的值必须满足公式(2-89)。因此,$L'(u)$值的选取是为了平衡三个层次特征比特的恢复能力。根据实验结果,选择如下参数 $\{L'(1)=480, L'(2)=392, L'(3)=256\}$ 进行计算。

特征比特恢复后,将其转换为十进制数值 $p^{(1)}(s, t)$、$p^{(2)}(s, t)$、$p^{(3)}(s, t)$并用于重建每个篡改块的主要内容。当只有 $p^{(1)}(s, t)$时,$p_D(i, j)$可以按如下公式进行估计:

$$\widetilde{p}_D(i, j)=p^{(1)}\left(\left\lfloor\frac{i}{4}\right\rfloor, \left\lfloor\frac{j}{4}\right\rfloor\right), 0 \leqslant i, j \leqslant 7 \tag{2-95}$$

当 $p^{(1)}(s, t)$和 $p^{(2)}(s, t)$已知时,$p_D(i, j)$的估计值计算如下:

$$\widetilde{p}_D(i, j)=p^{(1)}\left(\left\lfloor\frac{i}{4}\right\rfloor, \left\lfloor\frac{j}{4}\right\rfloor\right)+p^{(2)}\left(\left\lfloor\frac{i}{2}\right\rfloor, \left\lfloor\frac{j}{2}\right\rfloor\right), 0 \leqslant i, j \leqslant 7 \tag{2-96}$$

当 $p^{(1)}(s, t)$、$p^{(2)}(s, t)$、$p^{(3)}(s, t)$已知时,$p_D(i, j)$的估计值计算如下:

$$\widetilde{p}_D(i, j)=p^{(1)}\left(\left\lfloor\frac{i}{4}\right\rfloor, \left\lfloor\frac{j}{4}\right\rfloor\right)+p^{(2)}\left(\left\lfloor\frac{i}{2}\right\rfloor, \left\lfloor\frac{j}{2}\right\rfloor\right)+p^{(3)}(i, j), \quad 0 \leqslant i, j \leqslant 7 \tag{2-97}$$

当 $p^{(1)}(s, t)$的值如图 2-41(a)所示时,即可以获得如图 2-43(a)所示的 $p_D(i, j)$。当 $p^{(1)}(s, t)$和 $p^{(2)}(s, t)$的值如图 2-41(a)和图 2-41(b)所示时,则如图 2-43(b)所示,对应块的恢复质量更好。当 $p^{(1)}(s, t)$、$p^{(2)}(s, t)$、$p^{(3)}(s, t)$的值如图 2-41(a)、图 2-41(b)和图 2-41(c)所示时,则可以获得如图 2-43(c)中显示的最优恢复质量。因此,对于每个被篡改的块,$\widetilde{p}_D(i, j)$的范围可按照如下方式从[0, 31]扩展到[0, 255]:

15	15	15	15	17	17	17	17
15	15	15	15	17	17	17	17
15	15	15	15	17	17	17	17
15	15	15	15	17	17	17	17
21	21	21	21	26	26	26	26
21	21	21	21	26	26	26	26
21	21	21	21	26	26	26	26
21	21	21	21	26	26	26	26

(a) 只有 $p^{(1)}(s, t)$

16	16	18	18	18	18	17	17
16	16	18	18	18	18	17	17
12	12	13	13	16	16	20	20
12	12	13	13	16	16	20	20
18	18	21	21	26	26	28	28
18	18	21	21	26	26	28	28
24	24	24	24	23	23	27	27
24	24	24	24	23	23	27	27

(b) $p^{(1)}(s, t)$和 $p^{(2)}(s, t)$

15	17	19	19	17	17	16	18
15	17	19	19	19	19	16	16
11	13	14	14	17	17	19	19
11	11	12	12	15	16	21	21
17	17	20	20	25	26	27	28
19	19	22	22	27	26	28	29
24	25	25	25	24	24	27	28
23	25	24	23	22	22	26	27

(c) $p^{(1)}(s, t)$、$p^{(2)}(s, t)$、$p^{(3)}(s, t)$

图 2-43 $p_D(i, j)$的恢复情况

(来源:ZHANG X, WANG S, QIAN Z, et al. Reference sharing mechanism for watermark self-embedding [J]. IEEE Transactions on Image Processing, 2010, 20(2):485-495)

$$\tilde{p}(i,j)=8\cdot\tilde{p}_{\mathrm{D}}(i,j)+4, 0\leqslant i,j\leqslant 7 \qquad (2-98)$$

其中,$\tilde{p}(i,j)$是被篡改区域的最终恢复结果。

为了说明基于参考共享的自嵌入水印的有效性,在图 2-44 和图 2-45 中分别给出一个实例。图 2-44 给出了基于普通的参考共享自嵌入水印在篡改率为 23.6% 情况下的定位效果图。图 2-45 给出了基于分层结构的参考共享自嵌入水印在不同篡改率下的恢复效果。

(a) 水印图   (b) 篡改图   (c) 定位图

图 2-44 基于普通的参考共享

(a)   (b)   (c)

(d)   (e)   (f)

注:第一行表示基于分层结构的参考共享算法的水印图在篡改率分别为 64.6%、42.4% 和 23.1% 时的效果图,第二行表示对应篡改率下的恢复效果图。

图 2-45 基于分层结构的参考共享

2.3.3 基于块类型编码的自嵌入水印

通常图像的不同区域具有不同的复杂度,在自嵌入水印算法恢复过程中复杂区域的篡改内容较难恢复。因此,Qian 等人[24-25]将图像进行分块,并对图像块按照复杂度进行分类,对于复杂度高的块分配更多的比特信息用于恢复篡改区域内容,此类算法被称为"基于块类型编码的自嵌入水印算法"。基于块类型编码的水印算法框架如图 2-46 所示。首先,该算法将宿主图像进行分块;其次,根据不同的复杂度计算方法对块进行分类和编码从而生成水印信息;然后,通过参考共享或其他嵌入算法进行水印嵌入从而得到水印图像。在接收端,只需要按照嵌入过程的逆过程即可进行提取恢复。该算法的重点在于根据复杂度对块进行分类和对应不同复杂度的块分配合适数量比特的水印信息,以达到高质量的恢复。

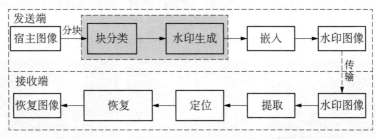

图 2-46 基于块类型编码的自嵌入水印框图

假设有一个大小为 $N_1 \times N_2$ 的 8 比特灰度宿主图像 I,首先将其划分为 8×8 大小的非重叠块。然后通过不同的复杂度计算方法将这些块进行分类。下面简述两种经典的基于块类型编码的自嵌入水印算法。

1. 基于边缘检测的块分类自嵌入水印

(1) 块分类。采用边缘检测函数,如 Sobel, Prewitt 和 Canny 等,对宿主图像 I 进行边缘检测得到一个二值图 G,计算公式如下:

$$G = \mathrm{EDG}(I) \tag{2-99}$$

其中 $\mathrm{EDG}(\cdot)$ 表示边缘检测算法。通过统计每个块中包含的边缘点的个数作为每个块的复杂度衡量指标,按照块内包含的边缘点个数将块按照降序排列,从而将块划分为四种类型 $\{T_i \mid C_1^i, C_2^i, \cdots, C_{R/4}^i : i = 1, 2, 3, 4\}$,其中 T_i 表示块的类型,而 $C_j^i (j = 1, \cdots, R/4)$ 表示这些块属于 T_i。

（2）水印生成。首先，对每个块进行 DCT 变换。其次，根据标准 JPEG 量化表对 DCT 系数进行量化。然后，为了恢复复杂篡改区域的内容，在嵌入过程中需要对复杂度高的块分配更多的比特信息，而对于低复杂度的块可以分配更少或者不分配任何比特信息（属于第四类的块不分配任何比特信息），只通过图像修复技术对不分配比特信息的块进行恢复。因此，对于属于前三种类别的块，其量化的 DCT 系数按照如图 2-47 的表进行编码。其中对于 DC 系数用 8 比特无符号二进制位表示，而 AC 系数用 7 位有符号系数表示。四种类型的块分别分配 80、60、40 和 0 个比特信息。为了辨别每个块的类别，需要为每个块添加 2 个额外的比特{"11"，"10"，"01"，"00"}以分别标记{T_1，T_2，T_3，T_4}，故水印信息包含分配的比特信息和标记信息两部分。

8	7	6	5	4	0	0	0
7	6	5	4	0	0	0	0
6	5	4	0	0	0	0	0
5	4	0	0	0	0	0	0
4	0	0	0	0	0	0	0
0	0	0	0	0	0	0	0
0	0	0	0	0	0	0	0
0	0	0	0	0	0	0	0

(a)

8	7	6	5	0	0	0	0
7	6	5	0	0	0	0	0
6	5	0	0	0	0	0	0
5	0	0	0	0	0	0	0
0	0	0	0	0	0	0	0
0	0	0	0	0	0	0	0
0	0	0	0	0	0	0	0
0	0	0	0	0	0	0	0

(b)

8	7	6	0	0	0	0	0
7	6	0	0	0	0	0	0
6	0	0	0	0	0	0	0
0	0	0	0	0	0	0	0
0	0	0	0	0	0	0	0
0	0	0	0	0	0	0	0
0	0	0	0	0	0	0	0
0	0	0	0	0	0	0	0

(c)

图 2-47 不同类型中编码系数的比特预算表，三个表分别对应 T_1，T_2，T_3

（来源：QIAN Z, FENG G. Inpainting assisted self recovery with decreased embedding data [J]. IEEE Signal Processing Letters，2010，17(11)：929-932）

（3）水印嵌入。在嵌入过程中可以选择不同的嵌入算法（如 LSB 替换或者量化索引调制等）进行水印的嵌入，嵌入过程表述如下：

$$S = \mathrm{EMB}(I, R, [A]) \tag{2-100}$$

其中 EMB(·)表示数据嵌入操作，S 表示水印图像，R 是生成的比特信息，A 是认证比特，算子[·]表示认证比特生成方法是可选的。

（4）定位恢复。在定位恢复过程中，假设接收端接收到的图像 S' 中有部分区域被篡改。首先通过比较认证比特识别篡改区域，然后根据如下方法从 S' 提取比特信息 R'：

$$R' = \mathrm{EXT}(S') \tag{2-101}$$

其中 EXT(·)表示数据提取操作。利用提取的 R'，使用图 2-48 中给出的

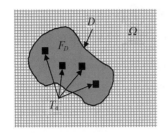

图 2-48 利用修复技术
的图像自恢复
（来源：QIAN Z, FENG
G. Inpainting assisted self
recovery with decreased
embedding data ［J］. IEEE
Signal Processing Letters,
2010, 17(11):929-932）

表为每个不同类型的块重新生成系数。经过反量化和 IDCT 后，一个不含 T_4 块内容的参考图像被重建。恢复方式如图 2-48 所示，其中 D 和 Ω 分别表示损坏区域和可靠区域。用相应的参考内容 F_D 填充区域 D：

$$Z = S'(D \leftarrow F_D) \qquad (2-102)$$

其中"←"表示替换操作，Z 表示初步恢复图像。由图 2-48 可知，D 区域中的一些 T_4 块尚未恢复，如图中标记的黑色块。这些块中的内容将使用修复技术进行恢复。修复过程如下所示：

$$Z' = \text{INP}(Z, \text{MSK}) \qquad (2-103)$$

其中 MSK 表示要恢复的块，INP(·)表示修复操作，Z' 表示修复的结果图像。有多种图像修复方法，如文献[58]—[60]，通常选择基于相干传输[60]的方法，因为它计算简便、易于实现。

图 2-49 给出了篡改和恢复的部分实验结果，其中图 2-49(a)是大小为 512×512 的水印图像，PSNR=51.1 dB，图 2-49(b)是篡改图像，图 2-49(c)是使用提取的比特信息初步恢复的图像，图 2-49(d)是修复后的结果图像。恢复后的"Lena"和"Goldhill"的 PSNR 分别为 41.4 dB 和 38.1 dB。

(a) 原始图像　　　　　　　　　　(b) 篡改图像

(c) 初步恢复图像　　　　　　　　(d) 结果图像

图 2-49　自恢复实验

（来源：QIAN Z, FENG G. Inpainting assisted self recovery with decreased embedding data ［J］. IEEE Signal Processing Letters, 2010, 17(11):929-932）

2. 基于 DCT 非 0 系数长度的块分类自嵌入水印

(1) 块分类

第一步是图像分块,将一个大小为 $N_1 \times N_2$ 的图像(其中 N_1,N_2 是 8 的倍数,$N_1 \times N_2 = N$) 划分为 8×8 大小的非重叠块,共生成 $R = N_1 \times N_2/64$ 个块。

第二步是块量化,对每个块进行 DCT 变换,并利用质量因子 $Q = 50$ 的量化表进行量化。

第三步是计算量化系数长度,对每个 8×8 大小的量化系数矩阵进行 zigzag 扫描,从而生成一串末尾含有连续 0 的数据。如图 2-50(b)展示了一个块量化后的系数$[83, 2, 1, -1, 1, -1, 0, -1, 0, -1, 0, 0, 0, \cdots]$。将系数向量记为$[c_1, c_2, \cdots, c_{64}]$,向量中最后一个非 0 系数的索引记为 i_{LNC}。在上述的例子中,$i_{\text{LNC}} = 10$。当所有系数都为 0 时,$i_{\text{LNC}} = 0$,因此 i_{LNC} 有 65 个选择($i_{\text{LNC}} = 0, \cdots, 64$)。

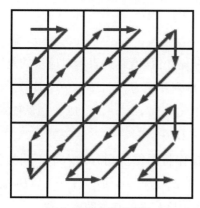

83	2	-1	0	0	0	0	0
1	1	-1	0	0	0	0	0
-1	0	0	0	0	0	0	0
-1	0	0	0	0	0	0	0
0	0	0	0	0	0	0	0
0	0	0	0	0	0	0	0
0	0	0	0	0	0	0	0
0	0	0	0	0	0	0	0

(a) zigzag 扫描示意图　　　　　　　　(b) 块量化后的系数

图 2-50　量化系数计算示意图

(来源:QIAN Z, FENG G, ZHANG X, et al. Image self-embedding with high-quality restoration capability [J]. Digital Signal Processing, 2011, 21(2):278-286)

第四步是计算直方图,经过上述操作可以获得大小为$(N_1/8) \times (N_2/8)$ 的索引矩阵,矩阵中的元素表示对应每个 8×8 大小块的最后一个非 0 系数的索引值。按照以下公式计算索引矩阵的直方图:

$$p_k = 64 \cdot n_k/N, k = 0, \cdots, 64 \qquad (2-104)$$

其中 n_k 表示 i_{LNC} 等于 k 的图像块数量。例如，图 2-51(b)给出图像[如图 2-51(a)所示，是一幅大小为 512×512 的标准图像]对应的索引矩阵的直方图。

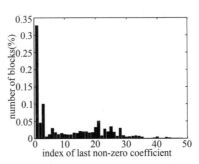

(a) 灰度图   (b) 灰度图像矩阵索引的直方图

图 2-51 直方图计算示意图

(来源:QIAN Z, FENG G, ZHANG X, et al. Image self-embedding with high-quality restoration capability [J]. Digital Signal Processing, 2011, 21(2):278-286)

第五步是复杂度排序，根据每个块的 i_{LNC} 值(值越大表示对应块的复杂度越高)，将每个块按照 i_{LNC} 值进行升序排列并记为$\{B_1, B_2, \cdots, B_R\}$。将索引$[0, 64]$划分为六个部分$\{[0, 3], [4, 6], [7, 9], [10, 12], [13, 16], [17, 64]\}$，并将其记为 $[L_i, U_i]$，$i=1, 2, \cdots, 6$。

第六步是图像块分类，按照上述的操作将图像块划分为六个不同类型的集合 $\{\{B_1, B_2, \cdots, B_{p_1}\}; \{B_{p_1+1}, B_{p_1+2}, \cdots, B_{p_2}\}; \cdots; \{B_{p_5+1}, B_{p_5+2}, \cdots, B_R\}\}$，对于每一部分，计算属于该范围的直方图值之和

$$S_i = \sum_{j=L_i}^{U_i} p_j, \; i=1, 2, \cdots, 6 \tag{2-105}$$

其中，p 是公式(2-104)中计算的直方图的值。例如，上述图像块的集合$\{S_1, S_2, \cdots, S_6\}$对应值为$\{0.472, 0.047, 0.044, 0.032, 0.072, 0.333\}$，并且对应于每个部分的块的总数是$\{1\,933, 193, 180, 133, 294, 1\,363\}$。计算 S_1、S_2、S_3 的和为

$$TH = \sum_{i=1}^{3} S_i \tag{2-106}$$

根据 TH 的值，将 $\{S_1, S_2, \cdots, S_6\}$ 调整为一个新的集合 $\{S_1', S_2', \cdots, S_6'\}$。因此，块被重新分类。分类方法如表 2-10 所示。

表 2-10 块分类方法

if TH > 0.5
a. 如果 $S_1 > 0.5$，则 $\{S_1', S_2', \cdots, S_6'\} = \{0.5, 0, 0, 0, 0, 0.5\}$，对应块分配如下：$\{\{B_1, B_2, \cdots, B_{R/2}\}; \{\times\}; \{\times\}; \{\times\}; \{\times\}; \{B_{R/2+1}, \cdots, B_R\}\}$，其中 $\{\times\}$ 表示没有块属于此类型
b. 如果 $S_1 + S_1 > 0.5$，则 $\{S_1', S_2', \cdots, S_6'\} = \{S_1, 0.5 - S_1, 0, 0, 0.5 - S_1, S_1\}$，对应块分配如下：$\left\{ \begin{matrix} \{B_1, B_2, \cdots, B_{p_1}\}; \{B_{p_1+1}, B_{p_1+2}, \cdots, B_{R/2}\}; \{\times\}; \{\times\}; \\ \{B_{R/2+1}, B_{R/2+2}, \cdots, B_{R-p_1}\}; \{B_{R-p_1+1}, \cdots, B_R\} \end{matrix} \right\}$
c. $\{S_1', S_2', \cdots, S_6'\} = \{S_1, S_2, 0.5 - S_1 - S_2, 0.5 - S_1 - S_2, S_2, S_1\}$，对应块分配如下：$\left\{ \begin{matrix} \{B_1, B_2, \cdots, B_{p_1}\}; \{B_{p_1+1}, B_{p_1+2}, \cdots, B_{p_2}\}; \{B_{p_2+1}, B_{p_2+2}, \cdots, B_{R/2}\}; \\ \{B_{R/2+1}, \cdots, B_{R-p_2}\}; \{B_{R-p_2+1}, \cdots, B_{R-p_1}\}; \{B_{R-p_1+1}, \cdots, B_R\} \end{matrix} \right\}$
Else
d. 如果 $S_6 > 0.5$，则 $\{S_1', S_2', \cdots, S_6'\} = \{0.5, 0, 0, 0, 0.5\}$，对应块分配如下：$\{\{B_1, B_2, \cdots, B_{R/2}\}; \{\times\}; \{\times\}; \{\times\}; \{\times\}; \{B_{R/2+1}, \cdots, B_R\}\}$
e. 如果 $S_6 + S_5 > 0.5$，则 $\{S_1', S_2', \cdots, S_6'\} = \{S_6, 0.5 - S_6, 0, 0, 0.5 - S_6, S_6\}$，对应块分配如下：$\left\{ \begin{matrix} \{B_1, B_2, \cdots, B_{R-p_5}\}; \{B_{R-p_5+1}, B_{R-p_5+2}, \cdots, B_{R/2}\}; \{\times\}; \{\times\}; \\ \{B_{R/2+1}, B_{R/2+2}, \cdots, B_{p_5}\}; \{B_{p_5+1}, \cdots, B_R\} \end{matrix} \right\}$
f. $\{S_1', S_2', \cdots, S_6'\} = \{S_6, S_5, 0.5 - S_6 - S_5, 0.5 - S_6 - S_5, S_5, S_6\}$，对应块分配如下：$\left\{ \begin{matrix} \{B_1, B_2, \cdots, B_{R-p_5}\}; \{B_{R-p_5+1}, B_{R-p_5+2}, \cdots, B_{R-p_4}\}; \\ \{B_{R-p_4+1}, B_{R-p_4+2}, \cdots, B_{R/2}\}; \{B_{R/2+1}, \cdots, B_{p_4}\}; \{B_{p_4+1}, \cdots, B_{p_5}\}; \\ \{B_{p_5+1}, \cdots, B_R\} \end{matrix} \right\}$

经过表 2-10 的操作，六种类型的块被重新分类为 $\{S_1', S_2', \cdots, S_6'\}$，其中 $S_1' = S_6'$，$S_2' = S_4'$，$S_3' = S_5'$。图 2-52(a)中 $\{S_1', S_2', \cdots, S_6'\}$ 的值被调整为 $\{0.472, 0.028, 0, 0, 0.028, 0.472\}$，并且对应块的类型如下 $\{\{B_1, B_2, \cdots, B_{1933}\}; \{B_{1934}, \cdots, B_{2048}\}; \{\times\}; \{\times\}; \{B_{2049}, \cdots, B_{2163}\}; \{B_{2164}, \cdots, B_{4096}\}\}$。

（2）水印生成与嵌入

对应不同类型的块，采用六个不同的表来分配直流系数（简记为"DC"）和交流系数（简记为"AC"）的个数，如图 2-52 所示，其中 DC 系数转换为无符号二进制数，AC 系数转换为有符号二进制数。同时，为了辨别图像块的类型，需要在编码比特的头部添加标记信息。与 $\{S_1',\ S_2',\ \cdots,\ S_6'\}$ 相对应的标记信息是$\{001,\ 010,\ 011,\ 100,\ 101,\ 110\}$。

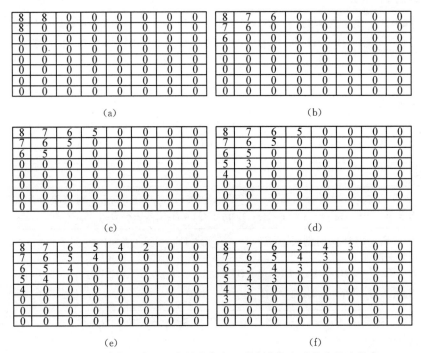

图 2-52　对应六种不同类型块来分配 DC 系数和 AC 系数的长度

（来源：QIAN Z, FENG G, ZHANG X, et al. Image self-embedding with high-quality restoration capability [J]. Digital Signal Processing, 2011, 21(2):278 - 286)

表 2-11 给出了编码系数的数量（DC 和 AC）以及每种类型图像块编码后的长度。如图 2-50(b)中所示的块，如果其对应于 S_4'，则编码数据为 100 01010011 0000010 0000001 100000 000001 100000 00000 10000 00000 10000 0000 000，而要编码系数的数目是 12，块的编码长度是 70。假设对应于类型 S_i' 的块编码长度为 len_i，则两个对应类型的块的编码长度之和为 128。根据表 2-10，原始图像被压缩为 N 位，计算方法如下：

$$\sum_{i=1}^{6}(\text{len}_i \cdot S_i' \cdot R) = \sum_{i=1}^{3}\left[(\text{len}_i + \text{len}_{7-i}) \cdot S_i' \cdot R\right]$$

$$= 128 \cdot N/64 \sum_{i=1}^{3} S_i' = N$$

$$(2-107)$$

表 2-11 不同类型块的编码信息

类型	用于编码的系数个数	每个块的编码长度
S_1'	3	27
S_2'	6	43
S_3'	9	58
S_4'	12	70
S_5'	16	85
S_6'	22	101

采用文献[29]的方法为每个块生成认证比特,然后将认证比特与上述操作中压缩的 N 个比特数据进行拼接置乱形成水印信息,最后利用文献[29]的算法将水印信息嵌入图像的 LSB 层中。根据文献[29]可知,对于 512×512 大小的图像,当前算法能够抵抗的最大篡改率为 35%,即当篡改率小于 35%时该算法能够恢复篡改区域的水印信息。

(3) 定位恢复

按照嵌入过程中一样的分块操作对图像进行分块处理,然后对比计算的认证比特和提取的认证比特以定位篡改区域。同样利用从未篡改区域提取的比特信息恢复篡改区域的比特信息以实现初步恢复。初步恢复后,根据提取标记信息识别图像块的类别,并根据表 2-10 推导出被篡改块的系数编码比特串。然后,对于每个字符串,使用图 2-52 中的表来计算 DCT 系数。最后,经过反量化、IDCT 和舍入操作得到最终恢复图像。

如图 2-53 所示,给出篡改定位的实验结果,其中两个水印图像的质量分别为 37.7 dB 和 37.9 dB,实验过程中使用 Photoshop 对水印图像进行篡改,其中图 2-53(d)黑色块表示篡改块的检测结果,篡改率分别为 16.6% 和 18.8%,显然两个篡改率小于 35%,因此该算法能够恢复被篡改区域的水印信息,初步恢复图像的质量为 34.4 dB 和 25.1 dB。最后,经过反量化、IDCT 和舍入操作得到最终恢复图像,如图 2-53(f)。

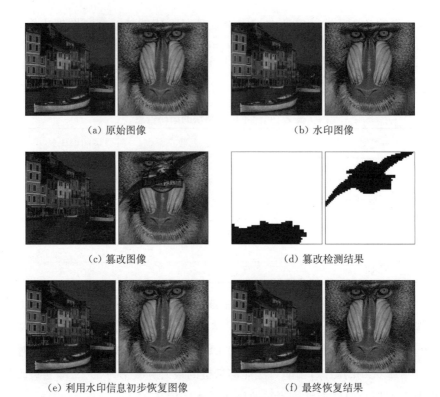

（a）原始图像　　　　　　　　　　（b）水印图像

（c）篡改图像　　　　　　　　　　（d）篡改检测结果

（e）利用水印信息初步恢复图像　　　　　　（f）最终恢复结果

图 2-53　篡改定位的实验结果

（来源：QIAN Z，FENG G，ZHANG X，et al. Image self-embedding with high-quality restoration capability [J]. Digital Signal Processing，2011，21(2):278-286)

2.3.4　基于深度学习的自嵌入水印

近年来随着计算机算力的飞速发展，神经网络的性能得到大幅度的提升，深度神经网络也被应用于数字水印技术中。与传统的自嵌入水印算法相比，基于深度学习的自嵌入水印算法能够自主学习图像的特征表示，并且通过迭代训练形成一种端到端的水印嵌入，检测定位和篡改恢复模式。目前基于深度学习的自嵌入水印算法较少，本小节将介绍一种由 Qian 等人[31]提出的基于深度学习的自嵌入水印算法，他们将其命名为"免疫图像"。

"免疫图像"是一种在图像被篡改之后依然能够恢复的特殊图像。与传统自嵌入水印图像不同之处在于：①传统自嵌入水印图像会将图像的良性修改认为是篡改且不一定能够恢复，而"免疫图像"能够更加灵活地恢复良性篡改和恶意篡改；②传统自嵌入水印图像是通过人工寻找特征并将其映射到图像的各个区域以保证在一定篡改情况下依然能够恢复图像内容,而"免疫图像"只需要通过迭代训练深度神经网络就能够自主学习特征并将其映射到图像的各个区域。如图 2-54 所示,只需要将"免疫图像"生成算法集成到相机中,相机拍出的图像就是一种"免疫图像"。"免疫图像"为图像的完整性认证提供了简便有效的途径。

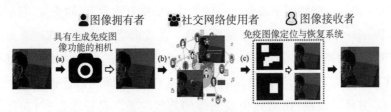

图 2-54 免疫图像算法的实际应用场景

(来源:YING Q, QIAN Z, ZHOU H, et al. From image to imuge:immunized image generation [C]//Proceedings of the 29th ACM International Conference on Multimedia. New York, NY, USA:Association for Computing Machinery,2021:3565-3573)

图 2-55 给出了"免疫图像"生成的整体框架。免疫图像是采用深度学习的方法生成,其训练过程总共包含三个阶段。①图像拥有者使用编码器对原始图像进行编码生成免疫图像 I_M。②利用攻击层模拟图像在传输过程中可能受到的攻击,从而得到篡改图像 I_A。③在接收端首先利用验证网络 V 定位篡改区域输出一个掩膜 M 并将掩膜与篡改图像 I_A 相乘得到修正后的图像 I_V。然后,将修正后图像 I_V 输入到解码器中进行恢复,最终得到恢复后的图像 I_R。

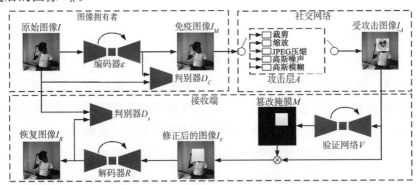

图 2-55 免疫图像的整体框架图

(来源:YING Q, QIAN Z, ZHOU H, et al. From image to imuge:immunized image generation[C]//Proceedings of the 29th ACM International Conference on Multimedia. New York, NY, USA:Association for Computing Machinery,2021:3565-3573)

下面从网络结构、训练技巧和目标函数设计对免疫图像的生成方法进行介绍，并在最后给出相应实验结果。

1. 网络结构

编码器、验证网络和解码器都是采用 U - Net 网络[47] 作为主干网络，U - Net 网络的跳连结构能够在保留低层信息的同时扩大感受野。两个判别器 D_C 和 D_S，分别用于改善免疫图像 I_M 和恢复图像 I_R 的质量，判别器结构与 Patch - GAN[61] 的判别器结构一致。在攻击层中使用了两种恶意攻击和五种良性攻击。恶意攻击有：①内容替换，即随机选择免疫图像的部分区域，并将其内容替换为其他图像内容；②复制平移，即随机选择免疫图像部分内容，并将其复制-粘贴到免疫图像的其他位置。良性攻击有：加性高斯白噪声、高斯模糊、JPEG 压缩、缩放和裁剪。

其中编码器分为编码部分和解码部分。编码部分由四个编码段组成，每个编码段包括卷积层、归一化层和激活单元。特征图经过步长为 2 的池化层进行卷积。输入图像经过整个编码部分后，其输出特征图的大小变为原始图像大小的 $1/16 \times 1/16$。解码部分由四个解码段组成，每个解码段通过系数 2 来扩展空域尺寸大小，同时减小通道数。每个解码段包含步长为 2 的转置卷积层、归一化层和激活单元。同一水平层的编码段特征将与解码段输出进行融合（concatenate），然后，再将融合后的特征图输入下一个解码段。在解码部分的最后，采用一个激活单元为 tanh 的 1×1 大小的卷积层，最后输出一个残差图 R，然后将残差图 R 和原图 I 进行相加得到最终的免疫图像 I_M（$I_M = I + R$）。

2. 训练技巧

在训练过程中存在以下难点：篡改位置分布几乎是随机的，篡改区域大小也不同。篡改区域的定位误差将直接影响恢复图像的质量。因此，需要先确保能够精准定位篡改区域，然后将正确修正图像输入解码器进行恢复。为了达到此效果，研究人员提出了任务解耦训练方式。在解码过程中，研究人员为了得到更好的恢复质量，采用了 Patch - GAN 思想，将图像从低分辨率到高分辨率逐步进行内容恢复，同时还提出一种基于 U - Net 的渐进重构策略和局部特征共享机制。

（1）任务解耦。如图 2 - 56 所示，当验证网络未收敛时，验证网络和解码网络并行训练。在并行训练时，解码器输入正确篡改定位的图像。当验证网络损失函数收敛时,解码器则采用验证网络的输出作为输入进行内容恢复。

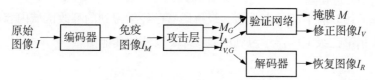

图 2-56　解耦过程中的数据流图

(来源：YING Q, QIAN Z, ZHOU H, et al. From image to imuge：immunized image generation[C]// Proceedings of the 29th ACM International Conference on Multimedia. New York, NY, USA：Association for Computing Machinery, 2021：3565-3573)

(2) 渐进恢复。如图 2-57 所示,在第一阶段中,首先将输入图像下采样为原来的 $1/8 \times 1/8$ 大小并将其输入到第四级编码段,将下采样图像反馈到第四级解码段以生成低分辨率的恢复图像,其余三个上层编码段和解码段不用于生成恢复图像。在第二阶段,使用第三级编码段和解码段生成恢复图像。此阶段图像恢复为原始大小的 $1/4 \times 1/4$。

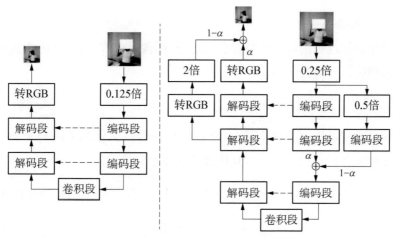

图 2-57　渐进恢复过程

(来源：YING Q, QIAN Z, ZHOU H, et al. From image to imuge：immunized image generation[C]// Proceedings of the 29th ACM International Conference on Multimedia. New York, NY, USA：Association for Computing Machinery, 2021：3565-3573)

(3) 局部特征共享。如图 2-58 所示,局部特征共享机制只在解码器的前两层进行。将编码段的第二层输出和解码段的第三层输出输入公式 (2-108)以生成新的特征 $F_{G,2}$,其中 $M_{G,3}$ 表示 M 下采样版本。因此,解码

段的第二层的输入变为 $F_{D,2}=\mathrm{Concat}[F_{G,2}, F_{D,3}]$,即:

$$F_{G,2}=F_{G,2}*M_{G,3}+F_{E,3}*(1-M_{G,3}) \tag{2-108}$$

公式(2-108)前半部分表示第二级解码器已经学习到的篡改区域内容,后半部分表示第三级编码器学习到的除 Mask 以外的其他信息。

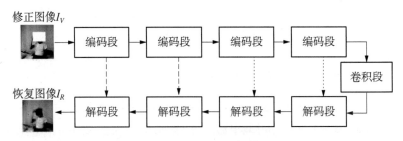

修正图像I_V

编码段 → 编码段 → 编码段 → 编码段

卷积段

恢复图像I_R

解码段 ← 解码段 ← 解码段 ← 解码段

- - - ▶ / ····▶:采用/不采用局部特征共享进行通道融和

图 2-58 局部特征共享

(来源:YING Q, QIAN Z, ZHOU H, et al. From image to imuge:immunized image generation[C]// Proceedings of the 29th ACM International Conference on Multimedia. New York, NY, USA: Association for Computing Machinery,2021:3565-3573)

3. 目标函数设计

整个训练过程的目标函数包含三部分:图像重建损失、篡改分类损失和判别器损失。计算公式如下:

$$L_G=L_{\mathrm{rec}}+\alpha L_{\mathrm{cls}}+\beta L_{\mathrm{dis}} \tag{2-109}$$

图像重建损失包含两个部分,篡改区域内容损失记为 L_R,整个免疫图像与原始图像的损失记为 L_C,具体计算过程如下:

$$L_R=\|I-I_R\|_2^2+\|I\cdot M_G-I_R\cdot M_G\|_2^2/\|M_G\|_1 \tag{2-110}$$

$$L_C=\|I-I_M\|_2^2 \tag{2-111}$$

$$L_{\mathrm{rec}}=L_R+\gamma L_C \tag{2-112}$$

篡改分类损失采用二元交叉熵作为损失函数,其计算过程如下:

$$L_{cls}=-\{M\ln M_G+[1-M\ln(1-M_G)]\} \tag{2-113}$$

其中 M_G 表示正确篡改 Mask,M 表示预测的 Mask。

判别器损失采用 Patch-GAN 中的判别器损失函数,计算过程如下:

$$L_{\mathrm{dis}}(\hat{p}) = \| 1 - D_\theta(\hat{p}) \|_2^2 \qquad (2-114)$$

$$L_{\mathrm{dis}} = L_{DR} + \theta L_{DC} \qquad (2-115)$$

$$L_D(p, \hat{p}) = \frac{1}{2} \| D_\theta(p) \|_2^2 + \frac{1}{2} \| 1 - D_\theta(p) \|_2^2 \qquad (2-116)$$

其中判别器 D_C 就是最小化 $L_D(I, I_M)$，判别器 D_S 就是最小化 $L_D(I, I_R)$。

在整个训练过程中，首先采用任务解耦和渐进恢复策略进行训练，即验证网络和其他网络进行并行训练，直到验证网络收敛。验证网络收敛后，解除任务解耦。在篡改定位和解码过程中为了避免边沿模糊，将矩阵 M 变为二元矩阵，同时采用核大小为 4 的腐蚀膨胀操作来扩大篡改预测区域。

如图 2-59 所示，图像在遭受篡改后，免疫图像在验证网络的辅助下能够实现精准定位，同时将校正图像输入解码网络中以近似恢复篡改内容。

（a）原始图像　（b）免疫图像　（c）篡改图像　（d）篡改检测　（e）恢复图像

图 2-59　篡改检测及内容恢复效果图

（来源：YING Q, QIAN Z, ZHOU H, et al. From image to imuge：immunized image generation[C] //Proceedings of the 29th ACM International Conference on Multimedia. New York, NY, USA：Association for Computing Machinery, 2021：3565-3573）

2.4　本章小结

本章节主要围绕数字多媒体水印算法展开研究。随着互联网时代的到来，数字多媒体变得更加丰富，并充斥在每个人的日常生活中。随之而来的问题与挑战是如何保护在互联网中流通的数字媒体的版权问题，如何判断其真实性和完整性。数字水印算法作为一种解决上述问题的有效方法，经过数十年的发展，已经具有了一个相对完整的理论体系。针对不同的问题，存在不同的水印算法作为有效解决方法。鲁棒水印算法由于其水印不易擦除的特性而被广泛用于解决多媒体版权问题，而对于多媒体真实性、完整性问题，可通过认证水印算法实现。在鲁棒水印算法中，传统的鲁棒水印算法针对旋转、缩放、平移、裁剪、滤波、压缩和拼贴等简单的攻击。通过采用一些变换将多媒体信息映射到其他更加鲁棒的隐藏空间中,然后根据相应的编码与量化方法来实现水印的鲁棒嵌入。随着计算机算力的大幅度提升,深度神经网络得到充分的发展,深度神经网络凭借其强大的特征学习能力在鲁棒水印算法中逐渐占据重要地位,基于深度学习的鲁棒水印算法通常按照"编码器-噪声层-解码器"的框架设计网络达到鲁棒水印嵌入提取的目的。认证水印算法可以归纳为脆弱水印、自嵌入水印和基于深度学习的自嵌入水印(即书中介绍的"免疫图像")。其中脆弱水印和自嵌入水印通常都是采用哈希函数来确保水印的敏感性,并通过分块等操作达到定位篡改区域的效果。另外,自嵌入水印中不仅包含用于篡改定位的水印信息,还将图像自身内容根据相应的映射规则作为恢复比特信息用于恢复篡改区域的内容。近年来提出的"免疫图像"利用其设计的深度神经网络自主地学习篡改定位和篡改恢复算法,能够有效辨别恶意攻击和非恶意攻击,使得认证水印在使用中更加便利。

通过对数字水印近十年来的研究成果进行分析,下面将从鲁棒水印和认证水印两方面总结该领域存在的问题以及未来发展面临的挑战。

2.4.1 鲁棒水印算法存在的问题以及未来发展面临的挑战

(1)鲁棒性方面。在跨媒介传输过程中(如屏摄、打印拍摄等方面)依然无法像二维码一样便利有效。因此,如何保证算法在多种条件失真情况下(如拍摄时的失焦模糊、大角度拍摄、拍摄部分屏幕)的鲁棒性依然是需要继续解决的问题。

(2)水印容量方面。目前的鲁棒水印算法容量通常以二值图或者几十、几百个比特信息作为水印,但是在真实使用场景中算法容量会影响其使用范围。大容量的数字水印算法能够保护更多产品的版权(如一个公司需要将上千万产品的序列号作为水印信息嵌入),同时也能实现更加精确的泄密溯源。因此,如何提升鲁棒水印算法容量仍然是一个亟待解决的问题。

(3)基于深度学习的鲁棒水印。基于深度学习算法通过噪声层来模拟真实场景中可能遭受的攻击来保证算法的鲁棒性,但是许多失真是不可建模的或者是不可导的。目前依然缺少一个行之有效的途径来解决梯度不可回传的问题,针对深度学习鲁棒水印算法,其鲁棒性仍然是一个值得关注的问题。

2.4.2　认证水印算法存在的问题以及未来发展面临的挑战

（1）敏感性方面。篡改定位的精度是根据认证水印算法的敏感性实现的，但是目前大多算法都是基于块进行篡改定位，很少能够实现精确到像素的定位效果。同时在日常生活中，传输的媒体信息通常都会经过压缩或者一些常见的非恶意处理操作。因此，如何保证图像认证水印算法对恶意攻击和非恶意攻击的敏感性是一个需要继续解决的问题。

（2）恢复效果方面。目前报道的认证水印算法大多是利用固定的参考数据生成方法，得到固定的恢复性能，无法实现给定篡改率或在恢复质量的前提下达到最优恢复效果或抵抗最大篡改率的效果。当篡改率过大时，恢复效果并不理想。因此，设计一个具有强适应性和高恢复质量的算法依然是图像认证水印算法的目标。

（3）免疫图像。在云计算环境中，如何在兼顾用户隐私保护的同时实现密文图像参考数据嵌入也是亟待解决的问题。"免疫图像"或许是一个较好的解决方法，但是就目前"免疫图像"算法而言，其恢复能力有限。因此如何提升"免疫图像"的恢复能力并将其集成到各种图像采集设备中是后续需要关注的问题。

注释

[1] LI W, ZHANG W, LI L, et al. Designing near-optimal steganographic codes in practice based on polar codes [J]. IEEE Transactions on Communications, 2020, 68 (7):3948 – 3962.

[2] PARAH S A, SHEIKH J A, LOAN N A, et al. Robust and blind watermarking technique in DCT domain using inter-block coefficient differencing [J]. Digital Signal Processing, 2016, 53:11 – 24.

[3] KRONLAND-MARTINET R, MORLET J, GROSSMANN A. Analysis of sound patterns through wavelet transforms [J]. International Journal of Pattern Recognition and Artificial Intelligence, 1987, 1(2):273 – 302.

[4] YANAI H, TAKEUCHI K, TAKANE Y. Singular value decomposition (SVD) [M]//YANAI H, TAKEUCHI K, TAKANE Y. Projection Matrices, Generalized Inverse Matrices, and Singular Value Decomposition. New York, NY: Springer, 2011:125 – 149.

[5] DELP E, MITCHELL O. Image compression using block truncation coding [J]. IEEE Transactions on Communications, 1979, 27(9):1335 – 1342.

[6] QIN C, JI P, WANG J, et al. Fragile image watermarking scheme based on VQ index sharing and self-embedding [J]. Multimedia Tools and Applications, 2017, 76 (2):2267 – 2287.

[7] SKODRAS A, CHRISTOPOULOS C, EBRAHIMI T. The JPEG 2000 still image compression standard [J]. IEEE Signal Processing Magazine, 2001, 18 (5): 36 – 58.

[8] ZHU J, KAPLAN R, JOHNSON J, et al. HiDDeN: hiding data with deep networks [C]//FERRARI V, HEBERT M, SMINCHISESCU C, et al. Computer Vision – ECCV 2018. Cham: Springer International Publishing, 2018:682 – 697.

[9] TANCIK M, MILDENHALL B, NG R. StegaStamp: invisible hyperlinks in physical photographs [C]//2020 IEEE/CVF Conference on Computer Vision and Pattern Recognition (CVPR). Seattle, WA, USA, 2020:2114 – 2123.

[10] FANG H, CHEN D, HUANG Q, et al. Deep template-based watermarking [J]. IEEE Transactions on Circuits and Systems for Video Technology, 2021, 31 (4):1436 – 1451.

[11] LIN C, WU M, BLOOM J A, et al. Rotation, scale, and translation resilient watermarking for images [J]. IEEE Transactions on Image Processing, 2001, 10 (5):767 – 782.

［12］WALTON S. Image authentication for a slippery new age ［J］. Dr Dobb's Journal，1995，20(4)：18 – 26.

［13］UTKU CELIK M，SHARMA G，SABER E，et al. Hierarchical watermarking for secure image authentication with localization ［J］. IEEE Transactions on Image Processing，2002，11(6)：585 – 595.

［14］CHANG C，HU Y，LU T. A watermarking-based image ownership and tampering authentication scheme ［J］. Pattern Recognition Letters，2006，27(5)：439 – 446.

［15］GUL E，OZTURK S. A novel hash function based fragile watermarking method for image integrity ［J］. Multimedia Tools and Applications，2019，78（13）：17701 – 17718.

［16］HONG W，CHEN M，CHEN T. An efficient reversible image authentication method using improved PVO and LSB substitution techniques ［J］. Signal Processing：Image Communication，2017，58：111 – 122.

［17］FRIDRICH J，GOLJAN M. Protection of digital images using self embedding ［C］// Content Security and Data Hiding in Digital Media. New Jersey，USA，1999.

［18］和红杰，张家树. 对水印信息篡改鲁棒的自嵌入水印算法 ［J］. 软件学报，2009，20(2)：437 – 450.

［19］HASAN Y M Y，HASSAN A M. Tamper detection with self-correction hybrid spatial-DCT domains image authentication technique ［C］//2007 IEEE International Symposium on Signal Processing and Information Technology. Giza，Egypt，2007：369 – 374.

［20］TONG X，LIU Y，ZHANG M，et al. A novel chaos-based fragile watermarking for image tampering detection and self-recovery ［J］. Signal Processing：Image Communication，2013，28(3)：301 – 308.

［21］ZHANG X，WANG S. Fragile watermarking scheme using a hierarchical mechanism ［J］. Signal Processing，2009，89(4)：675 – 679.

［22］ZHU X，HO A T S，MARZILIANO P. A new semi-fragile image watermarking with robust tampering restoration using irregular sampling ［J］. Signal Processing：Image Communication，2007，22(5)：515 – 528.

［23］ZHANG X，WANG S. Fragile watermarking with error-free restoration capability ［J］. IEEE Transactions on Multimedia，2008，10(8)：1490 – 1499.

［24］QIAN Z，FENG G. Inpainting assisted self recovery with decreased embedding data ［J］. IEEE Signal Processing Letters，2010，17(11)：929 – 932.

［25］QIAN Z，FENG G，ZHANG X，et al. Image self-embedding with high-quality restoration capability ［J］. Digital Signal Processing，2011，21(2)：278 – 286.

［26］ZHANG X，WANG S，FENG G. Fragile watermarking scheme with extensive content restoration capability [C]//HO A T S, SHI Y Q, KIM H J, et al. Digital Watermarking. Berlin, Heidelberg: Springer, 2009:268 - 278.

[27] CHEDDAD A, CONDELL J, CURRAN K, et al. A secure and improved self-embedding algorithm to combat digital document forgery [J]. Signal Processing, 2009,89(12):2324 - 2332.

[28] HE H, ZHANG J, CHEN F. Adjacent-block based statistical detection method for self-embedding watermarking techniques [J]. Signal Processing, 2009, 89 (8): 1557 - 1566.

[29] ZHANG X, WANG S, QIAN Z, et al. Reference sharing mechanism for watermark self-embedding [J]. IEEE Transactions on Image Processing, 2010,20 (2):485 - 495.

[30] QIN C, JI P, CHANG C, et al. Non-uniform watermark sharing based on optimal iterative BTC for image tampering recovery [J]. IEEE MultiMedia, 2018,25(3): 36 - 48.

[31] YING Q, QIAN Z, ZHOU H, et al. From image to imuge: immunized image generation [C] // Proceedings of the 29th ACM International Conference on Multimedia. New York, NY, USA: Association for Computing Machinery, 2021: 3565 - 3573.

[32] COX I J, KILIAN J, LEIGHTON F T, et al. Secure spread spectrum watermarking for multimedia [J]. IEEE Transactions on Image Processing, 1997,6 (12):1673 - 1687.

[33] COX I J, KILIAN J, LEIGHTON T, et al. A secure, imperceptible yet perceptually salient, spread spectrum watermark for multimedia [C]//Southcon/96 Conference Record. Orlando, FL, USA, 1996:192 - 197.

[34] CHEN B, WORNELL G W. Quantization index modulation: a class of provably good methods for digital watermarking and information embedding [J]. IEEE Transactions on Information Theory, 2001,47(4):1423 - 1443.

[35] MALVAR H S, FLORÊNCIO D A. Improved spread spectrum: a new modulation technique for robust watermarking [J]. IEEE Transactions on Signal Processing, 2003,51(4):898 - 905.

[36] ZONG T, XIANG Y, NATGUNANATHAN I, et al. Robust histogram shape-based method for image watermarking [J]. IEEE Transactions on Circuits and Systems for Video Technology, 2014,25(5):717 - 729.

[37] ZHAO Z, LUO H, LU Z, et al. Reversible data hiding based on multilevel histogram modification and sequential recovery [J]. AEU-International Journal of Electronics and Communications, 2011,65(10):814 - 826.

[38] 熊祥光. 空域强鲁棒零水印方案 [J]. 自动化学报, 2018,44(1):160-175.

[39] LIU S, PAN Z, SONG H. Digital image watermarking method based on DCT and fractal encoding [J]. IET Image Processing, 2017,11(10):815-821.

[40] BENDER W, GRUHL D, MORIMOTO N, et al. Techniques for data hiding [J]. IBM Systems Journal, 1996,35(3.4):313-336.

[41] LI Q, COX I J. Using perceptual models to improve fidelity and provide invariance to valumetric scaling for quantization index modulation watermarking [C] // Proceedings. (ICASSP'05). IEEE International Conference on Acoustics, Speech, and Signal Processing, 2005: Vol.2. Philadelphia, PA, 2005: ii/1-ii/4 Vol.2.

[42] MOULIN P, O'SULLIVAN J A. Information-theoretic analysis of information hiding [J]. IEEE Transactions on Information Theory, 2003,49(3):563-593.

[43] COX I J, MILLER M L, MCKELLIPS A L. Watermarking as communications with side information [J]. Proceedings of the IEEE, 1999,87(7):1127-1141.

[44] LIN T, MAIRE M, BELONGIE S, et al. Microsoft COCO: common objects in context [C]//FLEET D, PAJDLA T, SCHIELE B, et al. Computer Vision - ECCV 2014. Cham: Springer International Publishing, 2014:740-755.

[45] KINGMA D P, BA J. Adam: a method for stochastic optimization [C]//3rd International Conference on Learning Representations, ICLR 2015. San Diego, CA, USA, 2015.

[46] LERCH-HOSTALOT D, MEGÍAS D. Unsupervised steganalysis based on artificial training sets [J]. Engineering Applications of Artificial Intelligence, 2016,50:45-59.

[47] RONNEBERGER O, FISCHER P, BROX T. U-Net: convolutional networks for biomedical image segmentation [C]//NAVAB N, HORNEGGER J, WELLS W M, et al. Medical Image Computing and Computer-Assisted Intervention - MICCAI 2015. Cham: Springer International Publishing, 2015:234-241.

[48] JADERBERG M, SIMONYAN K, ZISSERMAN A, et al. Spatial transformer networks [C] // Proceedings of the 28th International Conference on Neural Information Processing Systems-Volume 2. Cambridge, MA, USA: MIT Press, 2015:2017-2025.

[49] YU C, WANG J, PENG C, et al. BiSeNet: bilateral segmentation network for real-time semantic segmentation [C] // FERRARI V, HEBERT M, SMINCHISESCU C, et al. Computer Vision - ECCV 2018. Cham: Springer International Publishing, 2018:334-349.

[50] ZHANG R, ISOLA P, EFROS A A, et al. The unreasonable effectiveness of deep features as a perceptual metric [C]//2018 IEEE/CVF Conference on Computer

Vision and Pattern Recognition. Salt Lake City, UT, USA, 2018:586 - 595.

[51] SHIN R, SONG D. JPEG-resistant adversarial images [C]//NIPS 2017 Workshop on Machine Learning and Computer Security: Vol. 1. California, USA, 2017:8.

[52] DENG J, DONG W, SOCHER R, et al. ImageNet: a large-scale hierarchical image database [C] // 2009 IEEE Conference on Computer Vision and Pattern Recognition. Miami, FL, USA, 2009:248 - 255.

[53] BOSE R C, RAY-CHAUDHURI D K. On a class of error correcting binary group codes [J]. Information and control, 1960,3(1):68 - 79.

[54] FANG H, ZHANG W, ZHOU H, et al. Screen-shooting resilient watermarking [J]. IEEE Transactions on Information Forensics and Security, 2019,14(6):1403 - 1418.

[55] FANG H, ZHANG W, MA Z, et al. A camera shooting resilient watermarking scheme for underpainting documents [J]. IEEE Transactions on Circuits and Systems for Video Technology, 2019,30(11):4075 - 4089.

[56] HE K, ZHANG X, REN S, et al. Deep residual learning for image recognition [C] //2016 IEEE Conference on Computer Vision and Pattern Recognition (CVPR). Las Vegas, NV, USA, 2016:770 - 778.

[57] PING W W. A public key watermark for image verification and authentication [C]// Proceedings 1998 International Conference on Image Processing. ICIP98 (Cat. No. 98CB36269): Vol. 1. Chicago, IL, USA: IEEE Comput. Soc, 1998: 455 - 459.

[58] BERTALMIO M, BERTOZZI A L, SAPIRO G. Navier-Stokes, fluid dynamics, and image and video inpainting [C] // Proceedings of the 2001 IEEE Computer Society Conference on Computer Vision and Pattern Recognition. CVPR 2001: Vol. 1. Kauai, HI, USA: IEEE Comput. Soc. , 2001: I - 355 - I - 362.

[59] BERTALMIO M, SAPIRO G, CASELLES V, et al. Image inpainting [C] // Proceedings of the 27th Annual Conference on Computer Graphics and Interactive Techniques-SIGGRAPH'00. Not Known: ACM Press, 2000:417 - 424.

[60] BORNEMANN F, MÄRZ T. Fast image inpainting based on coherence transport [J]. Journal of Mathematical Imaging and Vision, 2007,28(3):259 - 278.

[61] ISOLA P, ZHU J, ZHOU T, et al. Image-to-image translation with conditional adversarial networks [C]//2017 IEEE Conference on Computer Vision and Pattern Recognition (CVPR). Honolulu, HI: IEEE, 2017:5967 - 5976.

3

图像感知哈希

3.1　概述

　　由于互联网的普及以及智能手机、数码相机等成像设备的发展,图像、音频和视频等多媒体数据越来越多地通过互联网传输。例如,数字图像通常在 Facebook、Instagram 和 Twitter 等社交网络上传播。与此同时,各式各样图像编辑工具的出现降低了不法分子对数字图像修改的难度,这导致数字图像内容极易遭到破坏和篡改。为了验证图像的真实性与可靠性,近年来,图像感知哈希已发展成为多媒体安全研究领域的一个前沿方向[1]。

　　图像哈希技术源于密码学,可用于图像认证[2]。密码学哈希,如安全哈希算法(secure hash algorithm 1,SHA‐1)和信息摘要(message digest 5,MD5)对输入数据异常敏感[3],即使输入数据存在 1 比特的细微差距也可能导致输出的巨大变化,极易导致雪崩效应。因此密码学哈希常用于文件或文本数据的认证,但不适用于图像数据[4]。数字图像通常受到诸如压缩、缩放、量化和增强等非恶意的处理,这些处理通常会改变像素值,但不会改变图像的感知内容。因此,逐位验证的传统密码学哈希不适合图像的真实性和完整性认证[5]。为解决此问题,图像感知哈希被用于认证数字图像内容,它从输入的图像中提取鲁棒、独有的特征,并利用这些特征生成哈希序列。

　　图像感知哈希又称"图像摘要"或"图像指纹",是对图像感知内容的简短表示[6]。图像哈希算法将输入图像转换为固定长度的字符串,对于感知内容相似的图像对,将产生一对相同或相似的哈希序列;而对于感知内容不同的图像对,将产生一对显著不同的哈希序列。通过计算两个哈希序列之间的相似性,计算原始图像与待认证图像的哈希距离,认证结果则取决于设定的阈值。

图像哈希方案一般包含预处理、特征提取、哈希生成三个阶段,如图 3-1 所示。在预处理阶段,对输入图像进行空域/频域变换、图像尺寸调整、颜色空间转换、平滑去噪、降维压缩等操作。其中,调整图像的尺寸是为了固定最终哈希的长度。在特征提取阶段,从经过预处理操作得到的二次图像中提取图像特征,生成中间哈希值。最后在哈希生成阶段,将得到的中间哈希值进行量化、压缩和加密、置乱等操作。为保证哈希值的安全性,可在密钥控制下得到最终哈希[7]。

图 3-1 图像哈希的生成过程

(来源:LI X, QIN C, YAO H, et al. Perceptual hashing for color images [J]. Journal of Electronic Imaging, 2021, 30(6):063023)

一个理想的图像哈希算法需要具备以下特性:

① 单向性:哈希值从图像和密钥中计算而来,这个过程应不可逆;

② 感知鲁棒性:图像在经过常规的处理操作后,尽管其内部数据结构略有变化,但其感知内容在很大程度上保持不变,两幅感知内容相同/相似的图像的哈希序列应高度相似;

③ 唯一性/抗冲突性:两幅感知内容不同的图像的哈希序列应极度不同;

④ 密钥依赖安全性:使用错误密钥生成的哈希序列应该与使用正确密钥生成的哈希序列显著不同,即攻击者在没有正确密钥的条件下无法破解或伪造图像的哈希序列[8]。

1996 年,Schneider 等人[9]提出了一种基于图像内容的数字签名方案,这一工作开辟了图像哈希领域的研究。在他们之后涌现了大量致力于鲁棒特征提取的图像哈希算法,如基于降维的奇异值分解(singular value decomposition, SVD)、非负矩阵分解(nonnegative matrix factorization, NMF)、快速约翰逊-林登斯特拉斯变换(fast Johnson-Lindenstrauss transform, FJLT),基于不变特征变换的 DCT、DWT、傅里叶-梅林变换

（Fourier-Mellin transform，FMT），基于局部特征的尺度不变特征变换（scale invariant feature transform，SIFT）、Harris 角点等，以及基于统计特征的直方图、方差、均值等哈希算法。为充分挖掘数据内部信息，研究人员进一步利用深度学习技术，通过对目标函数的逼近来得到哈希函数与哈希序列。

图像感知哈希技术受传统密码学哈希的启发，借鉴了多媒体认证等相关理论，将图像感知信息表示成简短的摘要。目前，图像感知哈希被应用在众多领域，如图像内容认证、篡改检测、图像复制检测、数字取证、图像配准和图像质量评估等[10]。

3.2　基于降维的哈希算法

降维技术，如 SVD[11-12]、NMF[13-14]、局部线性嵌入（locally linear embedding，LLE)[15]和压缩感知（compressive sensing，CS)[16]等，将高维空间的低层次特征嵌入低维空间，在许多图像处理操作的攻击下均能成功捕捉数字图像的不变特征。本节将以一种使用 NMF[13]技术的图像哈希算法为例，详细介绍基于降维的哈希算法。该哈希算法基于低秩矩阵近似，其成功在很大程度上取决于所采用的约束和构建最低错误分类率，与此同时也保留甚至增强了必要的攻击鲁棒性。在描述 NMF 哈希算法之前，本节将先简单介绍 SVD 方法[11]和 LLE 方法[15]。以上三种基于降维的哈希算法颇具代表性。

3.2.1　SVD 方法

SVD 哈希算法将图像视为矩阵，将图像低秩近似矩阵中的保留系数作为哈希值。选择 SVD 是因为在 Frobenius 范数意义下矩阵的最佳低维近似是由第一奇异值和相对应的奇异向量产生的。SVD 哈希算法的主要流程如下。

① 给定一幅图像 I，将图像 I 的大小调整为 $n \times n$。

② 从 I 中伪随机选择 p 个 $m \times m$ 大小的重叠块 A_i，$1 \leqslant i \leqslant p$。

③ 计算得到每个重叠块的 SVD，如下：

$$A_i = U_i S_i V_i^T \qquad (3-1)$$

其中 U_i 和 V_i 分别是大小为 $m \times m$ 的左、右奇异向量实矩阵；S_i 是大小为 $m \times m$ 的实对角矩阵，它是由奇异值沿对角线组成的。收集每个重叠块中前 r_1 个最大奇异值对应的左、右奇异向量。令 $\gamma = \{u_1^i, \cdots, u_{r_1}^i, v_1^i, \cdots, v_{r_1}^i\}$，其中 $\{u_1^i, \cdots, u_{r_1}^i\}$ 和 $\{v_1^i, \cdots, v_{r_1}^i\}$ 分别是第 i 个重叠块的第一个左、右奇异向量。

④ 将集合 $\Gamma = \{\gamma_1, \cdots, \gamma_p\}$ 中的向量伪随机排列形成一个平滑图像 J（二次图像）。给定一个伪随机选择的初始奇异向量，通过在 Γ 中选取后续向量的方式形成 J，选取的规则为下一个向量在 L_2 范数意义下与前一个向量最为接近，由此，Γ 中的所有元素都被伪随机重排成平滑图像 J。

⑤ 形成图像 J 之后，伪随机选择 $w \times w$ 个大小的重叠块 B_i，$1 \leqslant i \leqslant t$。

⑥ 继续对每个 B_i 重新应用 SVD，将每个 B_i 前 r_2 个最大奇异值对应的左、右奇异向量记为 $f_i = \{u_{b1}^i, \cdots, u_{br_2}^i, v_{b1}^i, \cdots, v_{br_2}^i\}$，其中 $\{u_{b1}^i, \cdots, u_{br_2}^i\}$ 和 $\{v_{b1}^i, \cdots, v_{br_2}^i\}$ 分别是第 i 个重叠块的第一个左、右奇异向量。

⑦ 生成的哈希值记为 $h = \{f_1, f_2, \cdots, f_t\}$。

文献[11]的作者在哈希提取过程中的两个阶段均应用了 SVD，增强了算法感知鲁棒性的同时引入了更多随机性。然而，用 SVD 方法增加鲁棒性是有代价的。当 SVD 的构造对奇异向量施加正交约束获得低阶近似时，由于忽略了局部特征，因此会导致较高的错误分类率，这可以通过选择较大的近似等级来避免。

3.2.2　LLE 方法

LLE 是一种非线性降维算法，其利用线性重建的局部对称性来捕捉高维数据中的非线性结构。LLE 通过计算低维、邻域保持嵌入和非线性流形的全局结构来有效地发现高维数据的紧凑表示，是一种无监督学习算法。

Tang 等人[15]提出了一种基于 LLE 的图像哈希算法。首先通过双线性插值将输入图像尺寸调整为 $M \times M$，图像的颜色空间由 RGB 转换为 CIE L*a*b* 颜色空间。其次将 L 分量划分为非重叠块，计算每个图像块内的像素均值构造特征矩阵 F，将高斯低通滤波应用于矩阵 F。

为了构建二次图像，从 F 中利用密钥随机选择大小为 $n \times n$ 的 N 个重叠块。将每个块内的像素逐列连接成大小为 $n^2 \times 1$ 的高维向量。记第 i 块对应的向量为 $\boldsymbol{x}_i (1 \leqslant i \leqslant N)$。因此,二次图像 $\boldsymbol{X}$ 可以表示为 $\boldsymbol{X} = [\boldsymbol{x}_1, \boldsymbol{x}_2, \cdots, \boldsymbol{x}_N]$,图 3-2 是二次图像构造的示意图。

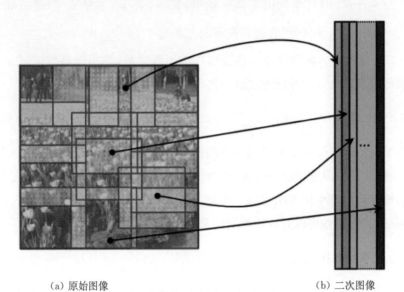

（a）原始图像　　　　　　　　　　（b）二次图像

图 3-2　二次图像构造示意图

（来源:TANG Z, RUAN L, QIN C, et al. Robust image hashing with embedding vector variance of LLE [J]. Digital Signal Processing, 2015, 43: 17-27)

　　LLE 的性能优于一些流行的方法,如主成分分析(principal component analysis, PCA)和多维尺度(multidimensional scaling, MDS)等。经典的 LLE 算法由三个步骤组成,即近邻选择、权重计算和低维嵌入向量计算。LLE 算法的详细步骤如下。

　　(1) 近邻选择。设 $\boldsymbol{x}_i$ 是维度为 D 的向量,其中 $D = n^2$, $1 \leqslant i \leqslant N$。通过 $\boldsymbol{x}_i$ 和其他向量 $\boldsymbol{x}_j$ 之间的欧氏距离来确定 $\boldsymbol{x}_i$ 的 c 个近邻($1 \leqslant i \leqslant N$, $1 \leqslant j \leqslant N$, $i \neq j$),如公式(3-2)所示:

$$U(\boldsymbol{x}_i, \boldsymbol{x}_j) = \sqrt{\sum_{l=1}^{D} \left[x_i(l) - x_j(l) \right]^2} \qquad (3-2)$$

其中 $x_i(l)$ 和 $x_j(l)$ 分别为 $\boldsymbol{x}_i$ 和 $\boldsymbol{x}_j$ 的第 l 个元素,c 个最小距离对应的向量则为 $\boldsymbol{x}_i$ 的 c 个近邻。

　　(2) 权重计算。计算权重矩阵 $\boldsymbol{W} = (W_{i,j})_{N \times c}$。权重矩阵可以用 $\boldsymbol{x}_i$ 的近邻线性重建。重建误差由以下代价函数 ε 计算:

$$\varepsilon(\boldsymbol{W}) = \sum_{i=1}^{N} \left| \boldsymbol{x}_i - \sum_j W_{i,j}\boldsymbol{x}_j \right|^2 \tag{3-3}$$

其中 $W_{i,j}$ 是 $\boldsymbol{x}_i$ 和 $\boldsymbol{x}_j$ 之间的权重。在实际中，$\boldsymbol{W}$ 可以通过最小化公式 (3-3)来计算，但其受到以下两个约束：其一，若 $\boldsymbol{x}_j$ 不是 $\boldsymbol{x}_i$ 的最近邻，则 $W_{i,j}=0$；其二，$\boldsymbol{x}_i$ 的所有近邻权重的总和为 1，即 $\sum_j W_{i,j}=1$。

（3）低维嵌入向量计算。在获得权重矩阵之后，将每个高维向量 $\boldsymbol{x}_i$ 映射到低维向量 $\boldsymbol{y}_i$，这可以通过最小化代价函数 ρ 来计算：

$$\rho(\boldsymbol{Y}) = \sum_{i=1}^{N} \left| \boldsymbol{y}_i - \sum_j W_{i,j}\boldsymbol{y}_j \right|^2 \tag{3-4}$$

其中 $\boldsymbol{Y}=[\boldsymbol{y}_1, \boldsymbol{y}_2, \cdots, \boldsymbol{y}_N]$ 是一个由所有低维嵌入向量构成的矩阵。

将 LLE 应用于二次图像 $\boldsymbol{X}$，获得这些低维嵌入向量后，计算每个嵌入向量的统计量以产生图像哈希值。文献[15]选择方差作为表示低维嵌入向量的特征，因为方差可以有效地测量向量元素的波动。

3.2.3 NMF 方法

首先介绍 NMF 方法的背景和理论。给定一个大小为 $m \times n$ 的非负矩阵 $\boldsymbol{V}$，NMF 方法旨在寻找两个非负矩阵因子 $\boldsymbol{W}$ 和 $\boldsymbol{H}$，满足 $\boldsymbol{V} \approx \boldsymbol{WH}$。首先定义量化近似质量的代价函数用于寻找这两个非负矩阵因子。目前主要有两种代表性的代价函数。第一种是经典的欧氏距离或 Frobenius 范数，如公式(3-5)所示：

$$\Theta_{\mathrm{E}}(\boldsymbol{W}, \boldsymbol{H}) \equiv \left(\sum_{j=1}^{n} \| \boldsymbol{v}_j - \boldsymbol{Wh}_j \|_2^2 \right)^{1/2} = \| \boldsymbol{V} - \boldsymbol{WH} \|_{\mathrm{F}} \tag{3-5}$$

另一种则是广义相对熵（Kullback-Leibler, KL）[17]，

$$\Theta_{\mathrm{E}}(\boldsymbol{V} \| \boldsymbol{WH}) \equiv \sum_{i=1}^{m} \sum_{j=1}^{n} \left(V_{ij} \ln \frac{V_{ij}}{\sum_{l=1}^{r} W_{il}H_{lj}} - V_{ij} + [\boldsymbol{WH}]_{ij} \right)$$

$$\tag{3-6}$$

当 $\sum_{ij}V_{ij} = \sum_{ij}[\boldsymbol{WH}]_{ij} = 1$ 时，简化为标准 KL 散度，即相对熵。此时矩阵可视为归一化的概率分布。

受 Kozat 等人[11]的启发，Monga 等人[13]提出了一种基于 NMF 的哈希算法。该算法将哈希目标视为随机降维，在保留原始图像矩阵本质的同时，

防止猜测和伪造的恶意攻击。Monga 等人[13]引入了一种基于 NMF 的伪随机信号表示。由于该算法与文献[11]提出的相似,且它是基于 NMF[18]的两阶段应用,因此将其称为 NMF - NMF 哈希算法,其详细步骤如下:

(1) 给定一个大小为 $M \times M$ 的图像 I,伪随机选择 p 个 $m \times m$ 大小的重叠子图像 $A_i \in \mathbb{R}^{m \times m}$,$1 \leqslant i \leqslant p$;

(2) 计算得到由每个重叠块 A_i 的前 r_1 个排序向量构成的 NMF 矩阵 ($r_1 \ll m$),即 $A_i \approx W_i F_i^T$,其中 W_i 和 F_i 大小均为 $m \times r_1$;

(3) 对这些矩阵进行伪随机排列,得到二次图像 J;

(4) 对获得的二次图像 J 再重新应用 NMF 得到由前 r_2 个排序向量构成的 NMF 矩阵,即 $J \approx WH$;

(5) 将 W 的行和 H 的列连接,即可得到哈希值。

研究 NMF - NMF 哈希向量噪声的统计特性意义重大。设图像 I 的 NMF - NMF 哈希向量为 $h_K^{\text{NMF-NMF}}(I)$,攻击版本的哈希向量为 $h_K^{\text{NMF-NMF}}[A_g(I)]$。通过观察原始图像和对应攻击版本哈希向量的差异来获得噪声的统计特性。通过在不同图像与密钥上重复一个给定的攻击可获得噪声向量空间。图 3 - 3 (a)展示了 NMF - NMF 哈希向量的噪声协方差矩阵,图 3 - 3 (b)显示了 SVD - SVD 哈希向量的噪声协方差矩阵。可以看出,在相同攻击 A_g(旋转、裁剪和调整)下,图 3 - 3(a)中的协方差矩阵几乎完全分布在对角线上,这表明 NMF 域对几何攻击较为鲁棒。

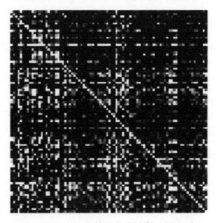

(a) NMF - NMF 算法的噪声协方差矩阵　　(b) SVD - SVD 算法的噪声协方差矩阵

图 3 - 3　噪声协方差矩阵的可视化图

(来源:MONGA V, MIHÇAK M K. Robust and secure image hashing via non-negative matrix factorizations [J]. IEEE Transactions on Information Forensics and Security,2007,2(3):376 - 390)

3.3 基于变换的哈希算法

目前用于提取鲁棒特征的各种变换方法已成功应用于图像哈希的生成过程。变换方法一般包括 DFT[19]、四元数变换（quaternion transform，QT）[20]、DCT[21]、Radon 变换（Radon transform，RT）[22-23]、DWT[24]、对数极坐标变换（log-polar transform，LPT）[25]等。变换域中的频率系数是重要特征，可利用其生成最终的哈希值。从变换域提取的鲁棒特征对某些处理与攻击具有较强的鲁棒性，本节将介绍三种代表性的基于变换的图像哈希算法。

3.3.1 Radon 变换方法

Radon 变换[23]是沿一组给定方向获取二维图像 $f(x, y)$ 的线积分，数学表达式为：

$$I(r, \theta) = R\{f(x, y)\} = \iint f(x, y)\delta(r - x\cos\theta - y\sin\theta)\mathrm{d}x\,\mathrm{d}y$$

$$(3-7)$$

其中 $I(r, \theta)$ 表示二维图像 $f(x, y)$ 的 Radon 变换，$r = x\cos\theta + y\sin\theta$，$\delta(\cdot)$ 是脉冲函数，$0 \leqslant \theta \leqslant 2\pi$。已知 xOy 平面上的直线 L，r 为直线 L 到原点的距离，θ 为直线 L 的法线与 x 轴正向的夹角，给定 r 和 θ 可确定唯一的直线 L。在空间域中，设图像 $f(x, y)$ 平移的坐标为 (x_0, y_0)，Radon 变换如公式（3-8）所示：

$$R\{f(x - x_0, y - y_0)\} = I(r - x_0\cos\theta - y_0\sin\theta, \theta) \quad (3-8)$$

若图像 $f(x, y)$ 利用因子 λ 进行缩放（$\lambda > 0$），则 Radon 变换的缩放计算如公式（3-9）所示：

$$R = \left\{f\left(\frac{x}{\lambda}, \frac{y}{\lambda}\right)\right\} = \lambda I\left(\frac{r}{\lambda}, \theta\right) = I_\lambda(r, \theta) \quad (3-9)$$

若图像 $f(x, y)$ 以角度 θ_t 进行旋转，则对应的 RT 将以相同角度变化，如公式（3-10）所示：

$$R\{f(x\cos\theta_t - y\sin\theta_t, \ x\sin\theta_t + y\cos\theta_t)\} = I(r, \ \theta + \theta_t) \quad (3-10)$$

Nguyen 等人[22]提出了一种基于 Radon 变换的图像哈希算法,步骤如下:

(1) 首先将输入图像 $I(x, y)$ 转换为灰度图像,并下采样到规范大小 512×512。

(2) 之后在特征提取阶段应用 Radon 变换,包括两个步骤:

① Radon 变换,利用投影角度 $\theta = 0°, 1°, \cdots, 179°$ 对预处理图像分别进行 Radon 变换,得到一组投影集合 $\{R_\theta(x_i')\}$,每个角度 θ 的投影是沿着该方向到原点距离 x_i' 定义的直线投影路径的线积分向量;

② 特征随机化,将投影路径分别沿每个角度 θ 计算权重和,可获得中间哈希向量的 180 个元素,即 $h_\theta = \sum_{i=1}^{N_p} \alpha_i R_\theta(x_i')$, $\theta = 0°, 1°, \cdots, 179°$,其中 N_p 为投影路径数量,$\{\alpha_i\}$ 是均值为 m、方差为 σ^2 的正态分布伪随机数。

(3) 将由步骤(2)生成的 180 个元素统一量化成最终哈希值。

3.3.2 FMT 方法

本节介绍一种基于 FMT[26] 的图像哈希算法。该算法对常见的图像处理操作(如适度的几何失真和滤波失真等)具有鲁棒性,同时引入了一个评估图像哈希算法安全性的通用框架。

对一幅图像 $i(x, y)$,设其 2-D 傅里叶变换为 $I(f_x, f_y)$,其 RST 的图像版本为 $i'(x, y)$,其中旋转、缩放和平移的参数分别为 α、σ 和 (x_0, y_0),即

$$i'(x, y) = i[\sigma(x\cos\alpha + y\sin\alpha) - x_0, \ \sigma(-x\sin\alpha + y\cos\alpha) - y_0] \quad (3-11)$$

$i'(x, y)$ 的 2-D 傅里叶变换可写成:

$$|I'(f_x, f_y)| = |\sigma|^{-2}|I[\sigma^{-1}(f_x\cos\alpha + f_y\sin\alpha), \ \sigma^{-1}(-f_x\sin\alpha + f_y\cos\alpha)]| \quad (3-12)$$

其中 $f_x = \rho\cos\theta$、$f_y = \rho\sin\theta$,f_x 和 f_y 归一化的空间频率均位于 $[0, 1]$ 范围。$\rho \in [0, 1]$ 为归一化半径,$\theta \in [0, 2\pi)$ 是角度参数。公式(3-12)可用极坐标改写为:

$$| I'(\rho, \theta) | = | \sigma |^{-2} | I(\rho\sigma^{-1}, \theta - \alpha) | \qquad (3-13)$$

在公式(3-13)中可观察到傅里叶变换的幅度与平移参数(x_0, y_0)无关。图像域旋转和傅里叶变换域旋转的量相同,以零频率为中心,用固定半径ρ对变换幅值$| I'(\rho, \theta) |$进行积分,可得:

$$h(\rho) = \int_0^{2\pi} | I'(\rho, \theta) | \, \mathrm{d}\theta \approx \int_0^{2\pi} | I(\rho, \theta - \alpha) | \, \mathrm{d}\theta \approx \int_0^{2\pi} | I(\rho, \theta) | \, \mathrm{d}\theta$$

$$(3-14)$$

在预处理阶段,首先对输入图像进行低通滤波与下采样。其次进行直方图均衡以获得图像$i(x, y)$。将图像$i(x, y)$进行傅里叶变换以获得$I(f_x, f_y)$。利用公式(3-13)将傅里叶变换输出转换为极图像$I'(\rho, \theta)$。

在特征提取阶段,沿θ轴在$[0, 2\pi)$范围内的K等距点上对$I'(\rho, \theta)$求和$\left(\theta \in \left\{\dfrac{\pi}{K}, \dfrac{3\pi}{K}, \cdots, (2K-1)\dfrac{\pi}{K}\right\}\right)$,即可获得图像特征向量$h_\rho$。由于$h_\rho$仅依赖于图像内容,因此提出了两种随机化方法来获取密钥依赖特征,具体如下。

算法1 由公式(3-13)获得$| I'(\rho, \theta) |$,并沿θ轴计算加权和来求得第j个哈希值:

$$h_j = \sum_{i=0}^{K-1} \beta_{\rho_j, i} \left| I'\left(\rho_j, \frac{(2i+1)\pi}{K}\right) \right| \qquad (3-15)$$

其中$\{\beta_{\rho_j, i}\}$为均值m、方差σ^2的正态分布密钥依赖伪随机数。

算法2 使用一个密钥生成半径$\{\varphi_j\}$的随机集合,再从公式(3-13)中获得$| I'(\rho, \theta) |$,并对该集合中的每个半径沿θ轴求和,则第j个哈希值可以表示为:

$$h_j = \sum_{\rho \in \varphi_j} \beta_\rho \sum_{i=0}^{K-1} \left| I'\left(\rho, \frac{(2i+1)\pi}{K}\right) \right| \qquad (3-16)$$

在后处理阶段,将得到的统计向量用灰度编码进行量化得到二进制哈希值[27]。二进制序列通过三阶里德-米勒(Reed-Muller)解码器进行压缩。

除感知鲁棒性外,图像哈希的另一个重要性能是安全性(在不知晓密钥的情况下,攻击者不能轻易伪造或估计哈希值)。Swaminathan等人[26]从攻击者的角度利用微分熵来度量图像哈希的安全性。攻击者已知哈希算法 g（·）和图像内容 I，并试图在不知道密钥的情况下估计哈希值。攻击者能否获得成功，很大程度上取决于哈希值的随机性。随机性越高，则估计哈希值越困难。在接下来的讨论中，本节重点关注特征提取阶段输出的安全性。由于量化和压缩阶段是与特征提取阶段紧密联系的，因此一旦得到特征提取阶段的微分熵，后续各个阶段的微分熵亦可得到。

连续随机变量 X 的微分熵用 $\mathbb{S}(X)$ 表示为：

$$\mathbb{S}(X) = \int_{\Omega} f(x) \log_2 \left(\frac{1}{f(x)} \right) \mathrm{d}x \qquad (3-17)$$

其中 $f(x)$ 为 X 的概率密度函数，Ω 为 $f(x)$ 的范围。在大多数图像哈希方案中，特征提取阶段的输出由确定性部分和随机部分组成。具体来说，确定性部分由已知的图像内容决定，随机部分由使用密钥生成的伪随机数决定。在该算法的分析中，将特征提取阶段的输出建模为随机变量，根据微分熵对哈希算法进行安全度量。

下面两个例子对安全度量的解析表达式进行了详细表述。

例 1 在上述的算法 1 中，哈希值的随机性由变量 $\{\beta_{\rho_k, i}\}$ 引入，变量 $\{\beta_{\rho_k, i}\}$ 是密钥依赖的伪随机数。最终哈希可看作这些高斯分布随机变量的加权和 [如公式（3-15）所示]。由于高斯随机变量之和也呈高斯分布，因此哈希值 h_k 同样为高斯分布，其均值 $E(h_k)$ 和方差 $Var(h_k)$ 分别为：

$$E(h_k) = m \sum_{i=0}^{K-1} \left| I'\left(\rho_k, \frac{(2i+1)\pi}{K} \right) \right| \qquad (3-18)$$

$$Var(h_k) = \sigma^2 \sum_{i=0}^{K-1} \left| I'\left(\rho_k, \frac{(2i+1)\pi}{K} \right) \right|^2 \qquad (3-19)$$

因此，算法 1 特征提取阶段的微分熵 $\mathbb{S}(h_k)$ 可以写成：

$$\mathbb{S}(h_k) = \frac{1}{2} \log_2 \left[(2\pi e)\sigma^2 \sum_{i=0}^{K-1} \left| I'\left(\rho_k, \frac{(2i+1)\pi}{K} \right) \right|^2 \right] \quad (3-20)$$

微分熵 $\mathbb{S}(h_k)$ 随着方差 σ^2 的增大而增大，使得哈希方案变得比预期更安全。此外，微分熵随着样本点 K 数量的增加而增加。这是因为 K 的值越高，意味着生成每个哈希值时涉及的随机数就越多，哈希值就越难以伪造。

例 2 与此同时,在算法 2 中使用密钥生成半径{φ_k}的随机集合,以及用公式(3-16)求和权值 β_ρ。将 q_ρ 定义为半径为 ρ 的极坐标傅里叶变换系数的和值,其表达式为:

$$q_\rho = \sum_{i=0}^{K-1} \left| I'\left(\rho, \frac{(2i+1)\pi}{K}\right) \right| \tag{3-21}$$

选择 ρ 个来自 $\varphi_\rho = \{\rho_1, \rho_2, \cdots, \rho_N\}$ 的值生成哈希序列。设 λ_{ik} 为伯努利分布随机变量,可将公式(3-16)用 q_ρ 和 λ_{ik} 重写为:

$$h_k = \sum_{i=1}^{N} \lambda_{ik}\beta_{ik}q_{\rho_i} \tag{3-22}$$

每个哈希值都是 N 项的加权求和,而这些项中每项均为一个伯努利和一个高斯分布随机变量的乘积。因此,哈希值 h_k 不再呈高斯分布。为找到哈希值 h_k 的微分熵,使用公式(3-22)找到 h_k 的概率密度函数(probability density function, PDF),之后利用 PDF 确定熵值。这些 h_k 的 PDF 是许多高斯 PDF 的总和,通过公式(3-17)难以找到微分熵的精确表达式。因此,可利用熵的凹性得到微分熵的下边界。此下边界可用傅里叶变换的能量压缩性质来简化。为不失一般性,假设半径的顺序为 $\rho_1 < \rho_2 < \cdots < \rho_N$。因为 q_{ρ_i} 是沿半径为 ρ_i 的圆的傅里叶变换系数绝对值的和,所以对于大多数图像满足:

$$q_{\rho_1} \geqslant q_{\rho_2} \geqslant \cdots \geqslant q_{\rho_N} \tag{3-23}$$

利用上述不等式,可得到一个紧凑下边界:

$$\mathbb{S}(h_k) \geqslant \frac{2^N-1}{2^{N+1}}\log_2(2\pi e\sigma^2 q_N^2) + \frac{1}{2^N}\sum_{i=1}^{N}\binom{N}{i}\log_2 i \tag{3-24}$$

接下来,利用高斯分布在相同方差的分布中具有最大的微分熵这一事实来推导其上边界。除此之外,一个高斯分布随机变量的微分熵只取决于其方差。因此,通过寻找哈希值 h_k 的方差,得到了上边界 $\mathbb{S}(h_k)$,

$$\mathbb{S}(h_k) \leqslant \frac{1}{2}\log_2\left[(2\pi e)\left(\frac{\sigma^2}{2}+\frac{m^2}{4}\right)\sum_{j=1}^{N}q_{\rho_j}^2\right] \tag{3-25}$$

图 3-4 展示了例 2 中不同数量的采样点(N)的实际值以及导出的下边界和上边界。通过从哈希值 h_k 的 PDF 数值计算微分熵来获得真实值。

可观察到用公式(3-25)绘制的上边界非常紧凑,几乎等于实际值。这是因为哈希值的真实 PDF 接近高斯分布,与上边界计算中具有相同的均值和方差。

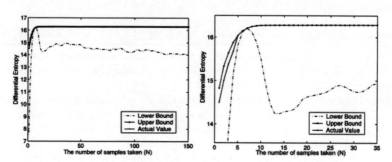

注:显示了下边界、上边界和实际值(实际的图在左边,放大后的图在右边)

图 3-4　算法 2 哈希值的微分熵相对于采样点数 N 的绘制

(来源:SWAMINATHAN A, MAO Y, WU M. Robust and secure image hashing [J]. IEEE Transactions on Information Forensics and security, 2006, 1(2):215-230)

表 3-1 列出了不同算法下 Lena、Baboon、Peppers 图像哈希值的微分熵。算法 1 的微分熵在 8.2~15.6 范围内。这是因为算法 1 中的每个哈希值基于公式(3-15)中的求和半径都有不同数量的随机性。如果对应的傅里叶变换系数幅度更大,则哈希值的方差也会更大。因此,一些哈希值可能很难被估计,这也是算法 1 的缺点之一。算法 2 则克服了这个缺点,由于求和是在随机选择的子集上进行的,因此所有的哈希值都具有相似的随机性。算法 2 的特征提取阶段的微分熵高于算法 1,这是由于算法 2 中随机权重被更大的因子缩放,因此哈希值的总体方差将更高。算法 2 的微分熵大于文献[28]的微分熵,这可以归因于文献[28]中的低通滤波操作,它减少了随机变量的方差。文献[29]的微分熵低于算法 1 和算法 2。这是因为即使未知确切的块分区,文献[29]中的图像统计也可以估计出合理的准确性。另一方面,在算法 1 与算法 2 中,攻击者需要猜测计算特征中的随机变量(β_{ik})。

表 3-1　三种不同的差分算法的差分熵

哈希算法	微 分 熵		
	Lena	Baboon	Peppers
算法 1	8.2~15.6	13.58~16.18	8.76~15.46
算法 2	16.28	16.39	16.18

哈希算法	微　分　熵		
	Lena	Baboon	Peppers
Fridrich 的方案[1]	8.31	8.32	8.14
Venkatesan 的方案[2]	5.74～11.48	5.96～11.70	5.65～11.39

1. FRIDRICH J, GOLJAN M. Robust hash functions for digital watermarking[C]//Proceedings International Conference on Information Technology: Coding and Computing (Cat. No. PR00540). Las Vegas, NV, USA, 2000: 178-183.
2. VENKATESAN R, KOON S M, JAKUBOWSKI M H, et al. Robust image hashing[C]//Proceedings 2000 International Conference on Image Processing (Cat. No. 00CH37101): Vol. 3. Vancouver, BC, Canada, 2000: 664-666 vol. 3.

3.3.3　四元数变换方法

四元数越来越多地用于彩色图像处理[20,30]，主要原因是彩色图像可被视为具有四元数类型颜色表示的向量场，无须单独计算三个通道，可更好地保留重要颜色特征。四元数可将彩色图像的三个通道表示为组合亮度和色度分量的向量。四元数是复数的推广，可表示为：

$$q = A_1 + A_2 i + A_3 j + A_4 k \tag{3-26}$$

其中 A_1 为一个实部，A_2、A_3、A_4 为三个虚部。i、j、k 为虚数单位，它们满足

$$i^2 = j^2 = k^2 = -1,\ ij = -ji = k,\ jk = -kj = i,\ ki = -ik = j \tag{3-27}$$

若四元数的实部 A_1 为零，则称为纯四元数。彩色图像的像素(x,y)可用纯四元数表示为：

$$f(x,y) = f_r(x,y)i + f_g(x,y)j + f_b(x,y)k \tag{3-28}$$

其中 $f_r(x,y)$、$f_g(x,y)$ 和 $f_b(x,y)$ 分别表示 RGB 彩色空间图像 $f(x,y)$的像素(x,y)的红色、绿色和蓝色值。

Yan 等人[30]采用四元数傅里叶-梅林变换（QFMT）用于计算图像哈希值。为获得给定图像 $f(x,y)$的四元数傅里叶-梅林矩（quaternion Fourier-Merlin moments，QFMMs），将 RGB 空间中的图像 $f(x,y)$转换到极坐标空间，即 $f(r,\theta) = f_r(r,\theta)i + f_g(r,\theta)j + f_b(r,\theta)k$。原始图像 $f(x,y)$

第 $m+n$ 阶 QFMMs 可表示为：

$$Q_{m,n} = \int_{r=0}^{\infty} \int_{\theta=0}^{2\pi} r^{m-1} \mathrm{e}^{-\mu n \theta} f(r, \theta) \mathrm{d}\theta \mathrm{d}r \qquad (3-29)$$

其中 m 和 n 是正整数，μ 是单位纯四元数，即 $\mu^2 = -1$。可以使用 MATLAB 的四元数工具箱对公式(3-29)进行求解。

四元数 QFMT 哈希算法将图像的颜色和结构特征结合，详细步骤如下。

(1) 将原始图像 $f(x, y)$ 的大小用双线性插值调整为标准尺寸 $P \times P$，记为 $f'(x, y)$。

(2) 在四元数图像中，用 f_1 表示边缘强度，f_2 表示结构信息，f_3 和 f_4 表示颜色信息。

(3) 形成一个新的四元数图像：

$$f''(x, y) = \omega_1 f_1(x, y) + \omega_2 f_2(x, y) \cdot \mathrm{i} + \omega_3 f_3(x, y) \cdot \mathrm{j} + \omega_4 f_4(x, y) \cdot \mathrm{k} \qquad (3-30)$$

其中 ω_1、ω_2、ω_3 和 ω_4 是四元数分量的权重；f_1、f_2、f_3 和 f_4 是 $f'(x, y)$ 的特征映射。

(4) 利用 2D 双边滤波计算图像 $f'(x, y)$ 的结构通道 f_2：

$$f_2 = \mathrm{Gray}[g(x', y')] \qquad (3-31)$$

其中

$$g(x', y') = \frac{\sum_{x,y} f'(x, y) w(x', y', x, y)}{\sum_{x,y} w(x', y', x, y)} \qquad (3-32)$$

(5) 除结构信息外，图像边缘的变化可反映拼接伪造。因此，选择边缘强度 f_1 反映边缘信息。用上述不同程度的双边滤波的两个结构图之间的差异来计算 f_1：

$$f_1 = \mathrm{Gray}[g_{\sigma_{d1}, \sigma_{r1}}(x', y') - g_{\sigma_{d2}, \sigma_{r2}}(x', y')] \qquad (3-33)$$

其中 $\sigma_{d1} = \sigma_{d2} = 3$ 是空间域标准偏差；$\sigma_{r1} = 0.1$，$\sigma_{r2} = 0.5$ 是强度域标准偏差；$g_{\sigma_{d1}, \sigma_{r1}}(x', y')$ 和 $g_{\sigma_{d2}, \sigma_{r2}}(x', y')$ 由公式(3-32)计算得到。

(6) 颜色通道 f_3 和 f_4 分别由公式(3-34)和公式(3-35)定义：

$$f_3(x, y) = R(x, y) - G(x, y)$$

$$= \left[f_r'(x, y) - \frac{f_g'(x, y) + f_b'(x, y)}{2} \right] -$$

$$\left[f_g'(x, y) - \frac{f_r'(x, y) + f_b'(x, y)}{2} \right] \quad (3-34)$$

$$= \frac{3[f_r'(x, y) - f_g'(x, y)]}{2}$$

$$f_4(x, y) = B(x, y) - Y(x, y)$$

$$= \left[f_b'(x, y) - \frac{f_r'(x, y) + f_g'(x, y)}{2} \right] - \left[\frac{f_r'(x, y) + f_g'(x, y)}{2} \right.$$

$$\left. - \frac{|f_r'(x, y) - f_g'(x, y)|}{2} - f_b'(x, y) \right]$$

$$= 2f_b'(x, y) - f_r'(x, y) - f_g'(x, y) + \frac{|f_r'(x, y) - f_g'(x, y)|}{2}$$

$$(3-35)$$

其中 $f_r'(x, y)$、$f_g'(x, y)$、$f_b'(x, y)$ 分别是图像 $f(x, y)$ 的像素 (x, y) 的红色、绿色和蓝色值。$R(x, y)$、$G(x, y)$、$B(x, y)$ 和 $Y(x, y)$ 由公式(3-36)—公式(3-39)定义:

$$R(x, y) = f_r'(x, y) - \frac{f_g'(x, y) + f_b'(x, y)}{2} \quad (3-36)$$

$$G(x, y) = f_g'(x, y) - \frac{f_r'(x, y) + f_b'(x, y)}{2} \quad (3-37)$$

$$B(x, y) = f_b'(x, y) - \frac{f_r'(x, y) + f_g'(x, y)}{2} \quad (3-38)$$

$$Y(x, y) = \frac{f_r'(x, y) + f_g'(x, y)}{2} - \frac{|f_r'(x, y) - f_g'(x, y)|}{2} - f_b'(x, y)$$

$$(3-39)$$

该算法除了四个特征通道 f_1、f_2、f_3 和 f_4 之外[如公式(3-30)],还引入了四元数分量权重 $\omega_1 = 0.2$,$\omega_2 = 0.3$,$\omega_3 = 0.25$,$\omega_4 = 0.25$。为了更直观地理解,图3-5中展示了四个特征通道 f_1、f_2、f_3、f_4 的示意图。

(a) 源图像 $f(x, y)$ (b) 边缘强度通道 f_1 (c) 结构通道 f_2

(d) 颜色通道 f_3 (e) 颜色通道 f_4

图 3-5 四个特征通道的示意图

(来源:YAN C, PUN C M. Multi-scale difference map fusion for tamper localization using binary ranking hashing [J]. IEEE Transactions on Information Forensics and Security, 2017, 12(9):2144 – 2158)

(7) 为构造图像哈希,用公式(3-40)在公式(3-29)生成的 QFMT 中选择一些反映图像全局特征的低频系数:

$$F(u, v) = \frac{1}{\sqrt{MN}} \sum_{x=0}^{M-1} \sum_{y=0}^{N-1} e^{-\mu 2\pi[(xu/M)+(yv/N)]} f''(x, y) \quad (3-40)$$

之后先将四元数域中的频率移动至原点,再选择以原点为中心且区域大小为 $D_0 \times D_0$ 的系数作为图像哈希。即图像哈希 H_F 如公式(3-41)所示:

$$H_F = \left\langle F(u, v) \left| -\left\lfloor \frac{D_0}{2} \right\rfloor \leqslant u - \bar{u} \leqslant \left\lceil \frac{D_0}{2} \right\rceil - 1, -\left\lfloor \frac{D_0}{2} \right\rfloor \leqslant v - \bar{v} \leqslant \left\lceil \frac{D_0}{2} \right\rceil - 1 \right\rangle \right.$$

$$(3-41)$$

其中 $(\bar{u}, \bar{v})$ 表示频域中原点的坐标,$\lfloor \cdot \rfloor$ 表示向下取整,$\lceil \cdot \rceil$ 表示向上取整,D_0 为 4。

3.4 基于统计特征的哈希算法

基于图像失真后相邻像素之间的相对关系保持大致相同的假设,研究人员采用图像的统计特征生成哈希值。计算图像的直方图、块均值、方差、高阶矩的和[31-36]等统计特征,之后利用这些图像统计量生成哈希值。这些统计特征通常对噪声、模糊和压缩攻击等具有较强的鲁棒性。本节介绍两种基于统计特征的图像哈希算法。

3.4.1 环分区方法

由于图像旋转不会改变圆环分区内的像素,因此许多哈希算法从图像圆环中提取统计特征[31,37]。通过将像素到图像中心的距离与设定的一系列半径进行比较,可将图像分成不同的区域。原始图像的尺寸为 $N \times N$,将其划分为 n 个圆环。设 $p(x, y)$ 为归一化图像第 x 行、第 y 列的像素值($1 \leqslant x \leqslant N$,$1 \leqslant y \leqslant N$),$\boldsymbol{R}_k$ 为第 k 个圆环像素值的集合($k = 1, 2, \cdots, n$),r_k 为从小到大的第 k 个半径($k = 1, 2, \cdots, n$)。通过这些半径比较图像像素到图像中心的距离,可以将图像像素分为不同的集合,具体规则如下:

$$\boldsymbol{R}_1 = \{p(x, y) \,|\, d_{x, y} \leqslant r_1\} \tag{3-42}$$

$$\boldsymbol{R}_k = \{p(x, y) \,|\, r_{k-1} < d_{x, y} \leqslant r_k\} \quad (k = 2, 3, \cdots, n) \tag{3-43}$$

其中 $d_{x, y}$ 为像素 $p(x, y)$ 到图像中心 (x_c, y_c) 的欧氏距离,$d_{x, y}$ 的定义为

$$d_{x, y} = \sqrt{(x - x_c)^2 + (y - y_c)^2} \tag{3-44}$$

为了保证每个圆环所包含的像素个数相同,将图像的内切圆平均分成 n 个圆环。首先计算内切圆(最大半径圆)面积 S,

$$S = \pi r_n^2 \tag{3-45}$$

图 3-6 四个圆环区域的示意图
(来源:TANG Z, ZHANG X, LI X, et al. Robust image hashing with ring partition and invariant vector distance [J]. IEEE Transactions on Information Forensics and Security, 2016, 11(1):200-214)

其中 $r_n = \lfloor N/2 \rfloor$。每一个圆环的面积为 $S_0 = \lfloor S/n \rfloor$,最内侧的圆环半径即为 $r_1 = \sqrt{\dfrac{S_0}{\pi}}$,其他半径 r_k($k = 2, 3, \cdots, n-1$)可通过迭代计算下式确定:

$$r_k = \sqrt{\frac{S_0 + \pi r_{k-1}^2}{\pi}} \tag{3-46}$$

图 3-6 显示了图像被分为四个圆环的例子。

为了增强旋转鲁棒性,归一化的二次图像被分成不同的圆环,提取每个圆环的直方图,利用直方图特征获得图像哈希序列。之后,Tang 等人[31]又提出了另一种基于环-熵的方法。与文献[30]相比,文献[31]将图像划分的每个圆环的熵值形成图像哈希值。环分区结合不变向量距离的哈希算法也可用来计算哈希值[37]。从一系列圆环 $\boldsymbol{R}_k(k=1, 2, \cdots, n)$ 中提取统计特征来抵抗图像旋转畸变。每个圆环的四个统计量(均值 μ_k、方差 δ_k、偏度 s_k 和峰度 w_k)表示为:

$$\mu_k = \frac{1}{N_k} \sum_{i=1}^{N_k} R_k(i) \tag{3-47}$$

$$\delta_k = \frac{1}{N_k-1} \sum_{i=1}^{N_k} [R_k(i) - \mu_k]^2 \tag{3-48}$$

$$s_k = \frac{\frac{1}{N_k} \sum_{i=1}^{N_k} [R_k(i) - \mu_k]^3}{\left\{ \sqrt{\frac{1}{N_k} \sum_{i=1}^{N_\beta} [R_k(i) - \mu_k]^2} \right\}^3} \tag{3-49}$$

$$w_k = \frac{\frac{1}{N_k} \sum_{i=1}^{N_k} [R_k(i) - \mu_k]^4}{\left\{ \sqrt{\frac{1}{N_k} \sum_{i=1}^{N_k} [R_k(i) - \mu_k]^2} \right\}^2} \tag{3-50}$$

其中 N_k 为 $\boldsymbol{R}_k$ 的像素总数,$R_k(i)$ 为 $\boldsymbol{R}_k(1 \leqslant i \leqslant N_k)$ 的第 i 个元素。μ_k 能够表示第 k 个圆环的平均能量,δ_k 可以反映圆环像素的波动性,s_k 用来衡量像素值在均值附近的不对称性。具体来说,s_k 为负意味着 $\boldsymbol{R}_k$ 的像素值向均值左边的扩散比向右的多,而 s_k 为正则意味着像素值向右扩散更多,w_k 是 $\boldsymbol{R}_k$ 形状分布的指标。利用这些统计信息形成第 k 个圆环的特征向量 v_k,则 v_k 表示为:

$$v_k = [\mu_k, \delta_k, s_k, w_k]^\mathrm{T} \tag{3-51}$$

对这些圆环向量按半径顺序排列可获得大小为 $4 \times n$ 的特征矩阵 $\boldsymbol{V}$,即:

$$\boldsymbol{V} = [v_1, v_2, \cdots, v_n] \tag{3-52}$$

由于 v_k 的结果不受图像旋转操作的影响,因此 $\boldsymbol{V}$ 也保持此性质。

每个圆环向量可视为四维空间中的一个点,常见的数字图像内容保留操作只会对点的位置产生轻微的干扰,但对向量距离的影响不大。设 $u_i = [u_i(1), u_i(2), \cdots, u_i(n)]$ 为特征矩阵 V 的第 i 行($1 \leqslant i \leqslant 4$),为方便计算向量距离,对 u_i 数据进行归一化操作,以形成新的归一化矩阵。归一化操作为 $q_i(j) = \dfrac{u_i(j) - m_i}{\omega_i}$,其中 $u_i(j)$ 和 $q_i(j)$ 是 u_i 和 q_i 的第 j 个元素,m_i 和 ω_i 分别是 u_i 的均值和标准差。之后,生成一个参考向量 $c_{\mathrm{ref}} = [c_{\mathrm{ref}}(1), c_{\mathrm{ref}}(2), c_{\mathrm{ref}}(3), c_{\mathrm{ref}}(4)]^{\mathrm{T}}$ 进行向量距离计算,$c_{\mathrm{ref}}(j)$($1 \leqslant j \leqslant 4$)的定义为:

$$c_{\mathrm{ref}}(j) = \frac{1}{n} \sum_{i=1}^{n} c_i(j) \tag{3-53}$$

其中 $c_i(j)$ 是 c_i 的第 j 个元素,因此,c_i 与 c_{ref} 之间的欧氏距离 $d(i)$ 表示为:

$$d(i) = \sqrt{\sum_{j=1}^{4} \left[c_i(j) - c_{\mathrm{ref}}(j) \right]^2} \tag{3-54}$$

为了减少存储,将 $d(i)$ 通过下面的公式量化为整数 $z(i)$:

$$z(i) = \left[d(i) \times 100 + 0.5 \right] \tag{3-55}$$

接下来,将整数序列 $z = [z(1), z(2), \cdots, z(n)]$ 利用密钥随机置乱,最终的哈希值可记为 $h = [h(1), h(2), \cdots, h(n)]$。

3.4.2　特征矩方法

图像矩是图像的鲁棒描述子,基于矩的图像表示(特别是几何不变性和独立性)能有效地满足图像内容描述的核心条件。Zhao 等人[34]提出了一种基于旋转不变性和 Zernike 矩的相位修正鲁棒图像哈希方法。极图像 $I(\rho, \theta)$ 的 n 阶 m 重 Zernike 矩表示为:

$$Z_{n,m} = \frac{\pi}{n+1} \sum_{(\rho, \theta) \in \text{ unit disk}} \sum I(\rho, \theta) \overline{V_{n,m}(\rho, \theta)} \tag{3-56}$$

其中极坐标 (ρ, θ) 属于单位圆,$\overline{[\cdot]}$ 是共轭函数,$V_{n,m}(\rho, \theta)$ 是 n 阶 m 重的 Zernike 多项式:

$$V_{n,m}(\rho, \theta) = R_{n,m}(\rho) e^{jm\theta} \tag{3-57}$$

其中 $n = 0, 1, \cdots, \infty$,$0 \leqslant |m| \leqslant n$,$n - |m|$ 是偶数,$R_{n,m}(\rho)$ 是径向多项式。假设旋转角度为 α,$Z_{n,m}$ 和 $Z_{n,m}^{(\mathrm{r})}$ 分别是原始图像和旋转图像的

Zernike 矩，它们之间的关系为：

$$Z_{n,m}^{(r)} = Z_{n,m} e^{-jm\alpha} \qquad (3-58)$$

由此看来 Zernike 矩的幅度具有旋转不变性，但相位不具有旋转不变性。因此对 Zernike 矩乘以一个指数信号构成修正 Zernike 矩，如公式（3-59）所示：

$$Z'_{n,m} = Z_{n,m} e^{-jm\varphi_{s,1}} \qquad (3-59)$$

其中 $\varphi_{s,1}$ 是 $Z_{s,1}$ 的相位，s 为奇数。可以推导出 $\varphi_{n,m}^{r'} = \varphi_{n,m}^{r} - m\varphi_{s,1}^{r} = \varphi_{n,m}^{r} - m(\varphi_{s,1} - \alpha) = \varphi_{n,m} - m\varphi_{s,1} = \varphi'_{n,m}$。修正后的 Zernike 矩 $Z'_{n,m}$ 的幅度和相位均具有旋转不变性。

文献［34］图像哈希生成过程的详细步骤如下：

（1）预处理阶段：首先使用双线性插值将图像归一化为 $F \times F$ 大小，并从 RGB 颜色空间转换为 YCbCr 颜色空间。Y 和 |Cb−Cr| 分别表示亮度图像和色差图像，用于生成图像哈希。

（2）全局特征提取阶段：计算亮度图像 Y 和色差图像 |Cb−Cr| 的 Zernike 矩，对它们的幅度取整后构成全局特征向量 $\mathbf{Z} = [\mathbf{Z}_Y, \mathbf{Z}_C]$。

（3）局部特征提取：从亮度图像 Y 中选取 K 个最大的显著区域，将它们的位置信息（左上角坐标，宽度，高度）构成一个位置向量 $\mathbf{p}^{(k)}$（$k = 1, 2, \cdots, K$），表示该显著区域的位置和大小。

一幅图像包含的信息可以分为两部分：新颖的反常的信息（显著区域信息）和冗余的相似的信息（背景信息）。如果去除图像中的冗余信息，则可以得到显著区域的信息。用对数谱 $L(f)$ 表示图像的整体信息，$A(f)$ 表示用对数谱得到的通用形状谱线（冗余信息），$B(f)$ 表示光谱残余部分（显著信息）。显著性图 $S_M(x)$ 是对 $B(f)$ 进行反傅里叶变换得到的，即：

$$S_M(x) = F^{-1}[B(f)] = F^{-1}[L(f) - A(f)] \qquad (3-60)$$

其中 $F^{-1}(\cdot)$ 为反傅里叶变换函数。生成显著图 $S_M(x)$ 后，设定阈值为显著图像素平均值的三倍，进行阈值分割后得到图像的显著区域。显著区域提取示意图如图 3-7 所示，(a) 为原始图像，(b) 为显著图，(c) 为显著区域，(d) 用外接矩形表示不规则的四个面积最大的显著区域。

(a) 原始图像　　　　(b) 显著图　　　　(c) 显著区域　　　(d) 四个显著区域

图 3-7　显著区域提取示意图

(来源:ZHAO Y, WANG S, ZHANG X, et al. Robust hashing for image authentication using Zernike moments and local features [J]. IEEE Transactions on Information Forensics and Security, 2013, 8(1):55-63)

对每块显著区域提取纹理特征,包括粗糙度、对比度、图像块的倾斜度和峰度,取整后构成纹理特征向量 $t^{(k)}$ ($k=1$, ⋯, K)。 所有显著区域的位置向量和纹理向量连接起来构成局部特征向量 $S=[P, T]$。

(4) 哈希生成阶段:将全局和局部向量连接起来构成中间哈希 $H=[Z, S]$,利用密钥对中间哈希进行置乱得到最终的图像哈希。

除了基于 Zernike 矩的方法外,Tchebichef 矩由于其优越的正交性和鲁棒性也可用于提取鲁棒的图像哈希[35],Tchebichef 矩通过计算不变量特征得到哈希值。随机灰度编码将自适应量化哈希向量转换为二进制哈希字符串,可以有效提高算法的唯一性。此外,Gaussian-Hermite 矩[36]同样可以用来提取高精度特征,并通过对每个特征进行编码来生成哈希值。此类方法对几何失真和常见的内容保留操作具有很好的鲁棒性。Ouyang 等人[38]使用四元数 Zernike 矩生成图像哈希,对彩色图像的三个颜色通道联合处理,这一举措保证了色度信息的完整性。由四元数 Zernike 矩生成的哈希值长度[38]短于传统 Zernike 矩哈希值的长度[34],并且生成的哈希值对任何角度的旋转攻击都是鲁棒的。

3.5　基于局部特征的哈希算法

基于局部特征点的方法,如 SIFT 特征点[39]、形状上下文[40]、自适应局部特征提取[41-42]、显著结构检测[43]、显著区域检测[44]等,巧妙地利用了在某些图像内容保留操作下的局部特征不变性。基于局部特征点的哈希算法,其内在优势在于几何失真下的不变特性。与基于统计特征的哈希算法相似,这类算法对旋转攻击同样具有鲁棒性。

3.5.1　边缘检测方法

Canny 算子是 John F. Canny 在 1986 年提出的边缘检测算法。图像边缘指的是图像中邻域灰度值有明显变化的像素的集合。传统的 Canny 算子采用高斯函数对图像进行平滑处理,梯度向量函数被描述为:

$$\nabla \boldsymbol{G} = \left[\frac{\partial G}{\partial x}, \ \frac{\partial G}{\partial y} \right]^{\mathrm{T}} \tag{3-61}$$

二维高斯滤波器可分为行滤波器和列滤波器:

$$\frac{\partial G}{\partial x} = \varepsilon x \cdot \exp\left| -\frac{x^2}{2\omega^2} \right| \cdot \exp\left| -\frac{y^2}{2\omega^2} \right| \tag{3-62}$$

$$\frac{\partial G}{\partial y} = \varepsilon y \cdot \exp\left| -\frac{y^2}{2\omega^2} \right| \cdot \exp\left| -\frac{x^2}{2\omega^2} \right| \tag{3-63}$$

其中 ω 用于控制平滑度,ε 为常数。使用一阶有限差分法计算梯度如下:

$$U_{i,j}^x = \frac{1}{2}(I'_{i,j+1} - I'_{i,j} + I'_{i+1,j+1} - I'_{i+1,j}) \tag{3-64}$$

$$U_{i,j}^y = \frac{1}{2}(I'_{i,j} - I'_{i+1,j} + I'_{i,j+1} - I'_{i+1,j+1}) \tag{3-65}$$

梯度的幅值与方向可分别定义为:

$$M_{i,j} = \sqrt{(U_{i,j}^x)^2 + (U_{i,j}^y)^2} \tag{3-66}$$

$$\theta_{i,j} = \arctan\left| \frac{U_{i,j}^y}{U_{i,j}^x} \right| \tag{3-67}$$

基于 Canny 算子与 DCT 变换的图像哈希算法[43]由四个步骤组成,分别是预处理、结构特征提取以及哈希生成:

(1) 首先通过预处理将原始图像 $\boldsymbol{I}$。通过颜色空间转换、图像尺寸归一化和高斯低通滤波转换成二次图像 $\boldsymbol{I}$。

(2) 之后将 Canny 算子的边缘检测应用于二次图像 $\boldsymbol{I}$,得到边缘二值图像 $\boldsymbol{R}$。

(3) 通过边缘二值图像 $\boldsymbol{R}$ 找出二次图像 $\boldsymbol{I}$ 中含有丰富边缘特征的图像块并记录其位置信息,再将选取的图像块进行 DCT 变换,提取出对应的

DCT 低频系数。

（4）将上一步中选取的图像块的位置信息和 DCT 低频系数作为图像的稳定结构特征。最后在哈希生成阶段对特征矩阵进行 PCA 数据降维以得到最终的哈希值。

在基于 Canny 算子的双阈值边缘检测中，Qin 等人[43]采用两个与梯度大小有关的敏感阈值 ξ_L 和 ξ_H 进行边缘检测，其中 ξ_L 表示高边缘敏感度的低阈值，采用 ξ_L 选择的图像边缘更完整，但可能存在一些虚边缘；而低边缘敏感度的高阈值 ξ_H 可提取更精确的图像边缘，但可能会去除部分实际的特征点。因此，边缘从 ξ_L 的低灵敏度的计算结果开始，再采用 ξ_H 将高灵敏度的计算结果的边缘像素与 ξ_L 连接起来，从而填补内部检测边缘的空白，以获得完美的图像边缘。经过可调边缘检测操作后，Canny 算子的双阈值边缘检测的效果如图 3-8 所示。综上所述，Canny 算子具有优良的边缘检测能力，提取边缘的效果非常理想。图像的边缘特征可用来对显著结构特征图像进行选择性采样[45-46]。

(a) 原始图像 Lena　　(b) 当 $\xi_L=0.05$，$\xi_H=0.125$ 时　(c) 当 $\xi_L=0.1$，$\xi_H=0.3$ 时
　　　　　　　　　　Lena 的边缘二值映射图　　　　　　Lena 的边缘二值映射图

图 3-8　具有可调节 Canny 算子的显著边缘检测示例

（来源：QIN C, CHEN X, DONG J, et al. Perceptual image hashing with selective sampling for salient structure features [J]. Displays, 2016, 45：26-37）

同样地，Canny 算子也可与颜色向量角（color vector angle，CVA）结合生成哈希值[47]。由于 CVA 对色调和饱和度差异敏感，但对强度变化具有鲁棒性，因此在评估颜色之间的感知差异方面更具优势。CVA 可有效地区分 RGB 颜色空间中的色差。设 $\boldsymbol{P}_1=[R_1, G_1, B_1]^T$ 和 $\boldsymbol{P}_2=[R_2, G_2, B_2]^T$ 是两种颜色的向量，其中 R_1 和 R_2、G_1 和 G_2、B_1 和 B_2 分别是它们的红、绿、蓝分量，则颜色向量角 θ 可以计算为：

$$\theta = \arcsin\left(1 - \frac{(\boldsymbol{P}_1^{\mathrm{T}}\boldsymbol{P}_2)^2}{\boldsymbol{P}_1^{\mathrm{T}}\boldsymbol{P}_1\boldsymbol{P}_2^{\mathrm{T}}\boldsymbol{P}_2}\right)^{1/2} \qquad (3-68)$$

其中 $\arcsin(\cdot)$ 函数表示反正弦函数计算。为降低计算成本,将上式中的 θ 用其正弦值代替,定义如下:

$$\sin\theta = \left(1 - \frac{(\boldsymbol{P}_1^{\mathrm{T}}\boldsymbol{P}_2)^2}{\boldsymbol{P}_1^{\mathrm{T}}\boldsymbol{P}_1\boldsymbol{P}_2^{\mathrm{T}}\boldsymbol{P}_2}\right)^{1/2} \qquad (3-69)$$

从彩色图像转换为颜色向量角的示意图如图 3-9 所示。文献[47]中算法的详细流程为:

(a) 彩色图像　　　　　　(b) 彩色向量角图像

图 3-9　从彩色图像转换为彩色向量角

(来源:TANG Z, HUANG L, ZHANG X, et al. Robust image hashing based on color vector angle and Canny operator [J]. AEU-International Journal of Electronics and Communications,2016,70 (6):833-841)

(1) 预处理阶段:首先使用双线性插值将输入图像大小转换为 $M \times M$,再用高斯低通滤波器使正方形图像平滑。该操作是为了消除容易受图像修改影响的一些高频分量(如噪声污染和滤波等)。

(2) 特征提取阶段:采用 CVA 与 Canny 算子处理归一化图像。

① CVA 计算:计算 CVA 需两种颜色,故首先生成参考颜色 $\boldsymbol{P}_{\mathrm{ref}}=[R_{\mathrm{ref}}, G_{\mathrm{ref}}, B_{\mathrm{ref}}]^{\mathrm{T}}$,其中 R_{ref}、G_{ref} 和 B_{ref} 的计算如下:

$$R_{\mathrm{ref}} = \frac{1}{M^2}\sum_{i=1}^{M}\sum_{j=1}^{M} R_{i,j} \qquad (3-70)$$

$$G_{\mathrm{ref}} = \frac{1}{M^2}\sum_{i=1}^{M}\sum_{j=1}^{M} G_{i,j} \qquad (3-71)$$

$$B_{\mathrm{ref}} = \frac{1}{M^2} \sum_{i=1}^{M} \sum_{j=1}^{M} B_{i,j} \tag{3-72}$$

其中 $R_{i,j}$、$G_{i,j}$ 和 $B_{i,j}$ 分别是图像第 i 行第 j 列像素 $\boldsymbol{P}_{i,j}$ 的红色、绿色和蓝色分量（$1 \leqslant i \leqslant M$，$1 \leqslant j \leqslant M$）。利用公式(3-73)可计算颜色向量角矩阵 $\boldsymbol{A}_{\mathrm{color}}$：

$$\boldsymbol{A}_{\mathrm{color}} = \begin{bmatrix} \sin\theta_{1,1} & \cdots & \sin\theta_{1,M} \\ \vdots & \ddots & \vdots \\ \sin\theta_{M,1} & \cdots & \sin\theta_{M,M} \end{bmatrix} \tag{3-73}$$

② Canny 算子计算：为找到图像边缘，首先提取归一化图像 YCbCr 颜色空间的亮度分量，之后将 Canny 算子应用于亮度分量。设 $\boldsymbol{E} = (E_{i,j})_{M \times M}$ 为 Canny 算子的边缘检测结果，其中 $E_{i,j}$ 定义如下：

$$E_{i,j} = \begin{cases} 1, & P_{i,j} \text{ 是边缘点} \\ 0, & P_{i,j} \text{ 非边缘点} \end{cases} \tag{3-74}$$

（3）哈希生成阶段：提取图像边缘和颜色向量角的统计特征来形成图像哈希。将颜色向量角矩阵 $\boldsymbol{A}_{\mathrm{color}}$ 分成一系列同心圆环，选定各同心圆环中 Canny 算子检测到的边缘像素，将它们的颜色向量角方差进行量化以形成哈希序列。

3.5.2　关键点特征方法

为解决图像篡改检测与定位问题，Wang 等人[48]利用 Watson 视觉模型提取图像的视觉敏感特征，结合基于 SIFT 特征点和图像块的特征生成中间哈希值。使用高斯随机矩阵来降低向量维度，并使用加密和随机化操作来生成最终的哈希值。文献[48]提出的方法对各种几何畸变和内容保留操作（如 JPEG 压缩、添加噪声和滤波）具有较强的鲁棒性，并具备篡改定位功能。该图像感知哈希方案[48]包括三个阶段：特征提取、加密和随机化、压缩和编码。详细步骤如下。

（1）特征提取：通过基于关键点和图像块的特征来生成感知哈希。

① SIFT 特征点：SIFT 特征点对图像的平移、旋转和缩放操作保持不变[49]，因此 SIFT 特征点可用来提取图像哈希值。设 $s_{\mathrm{o}} = \{s_{\mathrm{o}1}(x_{\mathrm{o}1},$

y_{o1}），…，$s_{oi}(x_{oi}, y_{oi})$，…，$s_{om}(x_{om}, y_{om})\}$ 为原始图像 $I(x, y)$ 的 SIFT 特征点集，(x_{oi}, y_{oi}) 是 s_{oi} 的位置坐标。用 $\boldsymbol{T}_{oi}$ 表示 128 维的向量 s_{oi}，$i=1, \cdots, m$。为获得图像的稀疏表示，对 $\boldsymbol{T}_{oi}$ 进行 1 级 db1 小波变换，其系数记为 $\boldsymbol{DT}_{oi} = (dt_{oi}^1, dt_{oi}^2, \cdots, dt_{oi}^{128})^{\mathrm{T}}$，$i=1, \cdots, m$。

② 基于块提取特征：将大小为 $M \times N$ 的图像 $\boldsymbol{I}_o(x, y)$ 划分为各大小为 $\phi \times \phi$ 的非重叠块（$\phi = 8$），每个块记为 $\boldsymbol{B}_{ok}$。$\boldsymbol{B}_{ok}$ 的 DCT 系数 $[k=1, \cdots, (M \times N)/\phi^2]$ 记为：

$$\boldsymbol{CB}_{ok} = \begin{bmatrix} b_{ok}(1, 1) & b_{ok}(1, 2) & \cdots & b_{ok}(1, 8) \\ \vdots & \vdots & \ddots & \vdots \\ b_{ok}(8, 1) & b_{ok}(8, 2) & \cdots & b_{ok}(8, 8) \end{bmatrix} \tag{3-75}$$

为提取能代表图像感知内容的图像特征，使用基于 Watson 的 DCT 视觉模型来调整 DCT 系数。矩阵 t 的各矩阵项 $t[i, j]$（$i, j=1, \cdots, 8$）是图像块对应 DCT 系数的最小可见值，用每个 $t[i, j]$ 的逆对其相对应的 DCT 系数加权，即：

$$db_{ok}(i, j) = \frac{b_{ok}(i, j)}{t[i, j]} \tag{3-76}$$

可以得到加权矩阵：

$$\boldsymbol{MB}_{ok} = \begin{bmatrix} db_{ok}(1, 1) & db_{ok}(1, 2) & \cdots & db_{ok}(1, 8) \\ \vdots & \vdots & \ddots & \vdots \\ db_{ok}(8, 1) & db_{ok}(8, 2) & \cdots & db_{ok}(8, 8) \end{bmatrix} \tag{3-77}$$

$\boldsymbol{MB}_{ok}$ 中的元素按之字形顺序排列得到以下向量：

$$\boldsymbol{DB}_{ok}(i, j) = (dt_{ok}^1, dt_{ok}^2, \cdots, dt_{ok}^{64})^{\mathrm{T}} \tag{3-78}$$

③ 压缩和投影：两个压缩由感知模型的高斯随机矩阵 $\boldsymbol{G}_{s1}$ 和 $\boldsymbol{G}_{s2}$ 生成，分别用公式（3-79）和公式（3-80）得到压缩矩阵 $\boldsymbol{GT}_{oi}$ 和 $\boldsymbol{GB}_{ok}$，具体描述如下：

$$\boldsymbol{GT}_{oi} = \boldsymbol{G}_{s1} \cdot \boldsymbol{DT}_{oi}, \; i=1, \cdots, m \tag{3-79}$$

$$\boldsymbol{GB}_{ok} = \boldsymbol{G}_{s2} \cdot \boldsymbol{DB}_{ok}, \; k=1, \cdots, (M \times N)/\phi^2 \tag{3-80}$$

其中 $s1$ 和 $s2$ 两个投影率的值可通过实验获得。F_o 是图像 $\boldsymbol{I}_o$ 的中间哈希,具体表达为:

$$F_o = (\boldsymbol{GT}_{o1}, \boldsymbol{GT}_{o2}, \cdots, \boldsymbol{GT}_{om}, \boldsymbol{GB}_{o1}, \boldsymbol{GB}_{o2}, \cdots, \boldsymbol{GB}_{o\left(\frac{MN}{\phi^2}\right)}, (x_{o1}, y_{o1}),$$

$$(x_{o2}, y_{o2}), \cdots, (x_{om}, y_{om}), M, N) \tag{3-81}$$

F_o 的长度为 $L_{F_o} = m \cdot s_1 + [M \times N/\phi^2] \cdot s_2 + 2m + 2$。

(2)加密和随机化:利用逻辑映射生成混沌序列,对中间哈希 F_o 混沌加密。

(3)压缩和编码:为获得紧凑的哈希值,使用 Huffman 编码对加密随机后的 F_o 进行压缩,通过 Huffman 树 HT_o 的叶编码生成最终哈希 H_o。

文献[48]中的算法也可用于图像的篡改检测和定位,具体操作步骤如下:

(1)对接收到的感知哈希 H_o 和 Huffman 树 HT_o 进行 Huffman 解码和解密得到原始图像 $\boldsymbol{I}_o$ 的哈希值 F_o。

(2)对接收到的图像 $\boldsymbol{I}_t$ 进行双线性插值操作 $\boldsymbol{I}_t' = \boldsymbol{I}(\boldsymbol{I}_t)$,使 $\boldsymbol{I}_t$ 与原始图像 $\boldsymbol{I}_o$ 有相同尺寸。对 $\boldsymbol{I}_t$ 提取 SIFT 特征点集,记为 $S_t = \{S_{t1}(x_{t1}, y_{t1}), S_{t2}(x_{t2}, y_{t2}), \cdots, S_{tm'}(x_{tm'}, y_{tm'})\}$。将 $\boldsymbol{T}_{ti}$ 表示 128 维的特征向量 S_{ti}。对 $\boldsymbol{T}_{ti}$ 进行一级 db1 小波变换后得到 $\boldsymbol{DT}_{ti} = (dt_{ti}^1, dt_{ti}^2, \cdots, dt_{ti}^{128})^T$。之后,利用高斯随机矩阵 $\boldsymbol{G}_{s1}$ 生成向量 $\boldsymbol{GT}_{ti} = \boldsymbol{G}_{s1} \cdot \boldsymbol{DT}_{ti}$,$i = 1, \cdots, m'$[如公式(3-79)]。

(3)为抵抗几何失真,将特征点集 $\boldsymbol{GT}_{oi}$ 和 $\boldsymbol{GT}_{ti}$ 进行匹配。通过 SIFT 匹配算法,可得到 n 对最相似的特征点,再将特征点集更新为匹配的特征点,见公式(3-82)和公式(3-83):

$$S_o = \{S_{o1}(x_{o1}, y_{o1}), S_{o2}(x_{o2}, y_{o2}), \cdots, S_{oi}(x_{oi}, y_{oi}), \cdots, S_{on}(x_{on}, y_{on})\} \tag{3-82}$$

$$S_t = \{S_{t1}(x_{t1}, y_{t1}), S_{t2}(x_{t2}, y_{t2}), \cdots, S_{ti}(x_{ti}, y_{ti}), \cdots, S_{tn}(x_{tn}, y_{tn})\} \tag{3-83}$$

使用 S_o 和 S_t 估计仿射变换矩阵 $\boldsymbol{\Pi}$,

$$\boldsymbol{MS}_o = \begin{bmatrix} y_{o1} & y_{o2} & \cdots & y_{on} \\ x_{o1} & x_{o2} & \cdots & x_{on} \\ 1 & 1 & \cdots & 1 \end{bmatrix}, \boldsymbol{MS}_t = \begin{bmatrix} y_{t1} & y_{t2} & \cdots & y_{tn} \\ x_{t1} & x_{t2} & \cdots & x_{tn} \\ 1 & 1 & \cdots & 1 \end{bmatrix}$$

$$(3-84)$$

之后求解方程组 $\boldsymbol{\Pi} \cdot \boldsymbol{MS}_o = \boldsymbol{MS}_t$ 得到仿射变换矩阵 $\boldsymbol{\Pi}$。对 $\boldsymbol{I}_t'$ 应用仿射变换可得到大小为 $M \times N$ 的图像 $\boldsymbol{I}_t''$。

(4) 将图像 $\boldsymbol{I}_t''$ 划分成 $\phi \times \phi$ 的非重叠块 $\boldsymbol{B}_{tk}(\phi = 8)$，$k = 1, \cdots, (M \times N)/\phi^2$。$B_{tk}(x, y)$ 代表 B_{tk} 中 (x, y) 的灰度值。使用 Watson 的频率灵敏度矩阵加权 $\boldsymbol{B}_{tk}$ 的 DCT 系数，加权系数表示成向量 $\boldsymbol{DB}_{tk} = (dt_{tk}^1, dt_{tk}^2, \cdots, dt_{tk}^{64})^T$。将高斯随机矩阵 $\boldsymbol{G}_{s2}$ 应用于 $\boldsymbol{DB}_{tk}$ [如公式(3-80)]，得到向量：

$$\boldsymbol{GB}_{tk} = \boldsymbol{G}_{s2} \cdot \boldsymbol{DB}_{tk}, k = 1, \cdots, (M \times N)/\phi^2 \qquad (3-85)$$

$\boldsymbol{I}_t''$ 的中间哈希记为：

$$F_t = (\boldsymbol{GT}_{t1}, \boldsymbol{GT}_{t2}, \cdots, \boldsymbol{GT}_{tn}, \boldsymbol{GB}_{t1}, \boldsymbol{GB}_{t2}, \cdots, \boldsymbol{GB}_{t\left(\frac{MN}{\phi^2}\right)},$$
$$(x_{t1}, y_{t1}), (x_{t2}, y_{t2}), \cdots, (x_{tn}, y_{tn}), M, N) \qquad (3-86)$$

(5) 为了度量 $\boldsymbol{I}_o$ 与 $\boldsymbol{I}_t$ 中的图像块之间的相似性，用公式(3-87)计算 $\boldsymbol{GB}_{ok}$ 与 $\boldsymbol{GB}_{tk}$ 之间的欧氏距离 D_k：

$$D_k = \sqrt{(\boldsymbol{GB}_{ok} - \boldsymbol{GB}_{tk}) \cdot (\boldsymbol{GB}_{ok} - \boldsymbol{GB}_{tk})^T}, k = 1, \cdots, (M \times N)/\phi^2$$

$$(3-87)$$

(6) 设 $D = \max(D_1, D_2, \cdots, D_{(M \times N)/\phi^2})$，$T$ 为预设定的阈值。若 $D \geqslant T$，则判定测试图像为篡改图像，继续执行步骤(7)。否则，测试图像被判定为原始真实图像。

(7) 计算 S_o 和 S_t 集合中各对匹配特征点间的欧氏距离 D_{ai}：

$$D_{ai} = \sqrt{(x_{oi} - x_{ti})^2 + (y_{oi} - y_{ti})^2}, i = 1, \cdots, n \qquad (3-88)$$

设 D_a 为距离 D_{ai} 中的最小值，即 $D_a = \min(D_{a1}, D_{a2}, \cdots, D_{an})$。若 $D_a > T_a$，则判定测试图像 $\boldsymbol{I}_t$ 经历过篡改攻击。反之，则判定 $\boldsymbol{I}_t$ 没有经历过篡改。在 $\boldsymbol{GB}_{ok}$ 与 $\boldsymbol{GB}_{tk}$ 之间所有的欧氏距离 D_k 中 $[k = 1, \cdots, (M \times$

$N)/\phi^2$],将所有 $D_k > T_{p1}$ 的图像块 $\boldsymbol{B}_{tk}$ 认为是篡改区域。可将上述步骤汇总为图像篡改检测流程图,如图 3-10 所示。

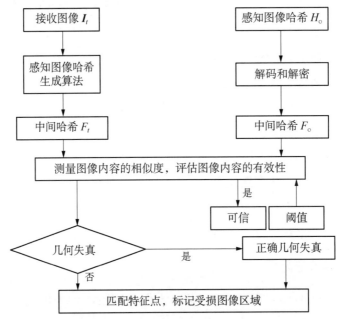

图 3-10 图像篡改检测流程图

(来源:WANG X, PANG K, ZHOU X, et al. A visual model-based perceptual image hash for content authentication [J]. IEEE Transactions on Information Forensics and Security,2015,10 (7):1336-1349)

3.6 基于学习的哈希算法

尽管图像哈希技术取得了较大发展,如光谱哈希、语义哈希、乘积量化、锚图哈希、半监督哈希和弱监督哈希等[50-56],但很少有研究将其应用于图像的内容认证。基于学习的算法可利用训练数据,将高效学习引入图像哈希的生成过程当中。本节介绍两种基于学习的图像认证哈希算法。

3.6.1 降噪编码器方法

Li 等人[57]提出了一种基于深度神经网络的鲁棒安全图像哈希算法。据本书所知,这是第一个利用深度神经网络实现图像感知哈希的算法,并且其性能超越了一些传统图像哈希算法。在文献[57]中,作者通过预训练降噪自动编码器(denoising autoencoder，DAE)使网络具有感知鲁棒性，之后微调网络参数以最大限度地提高内容识别的准确度。

为获得不变的图像表示，神经网络需要捕捉失真图像和原始图像间的潜在联系。在预训练中，首先使用感知相似图像对训练神经网络。$(I, \hat{I})$表示任意的训练对，其中I代表原始图像，$\hat{I}$代表其失真版本。为提高每一层编码器的鲁棒性，Li 等人采用了分层训练策略。第一层 DAE 将失真图像进行编码与解码，并且计算解码后的失真图像和原始图像哈希值之间的欧氏距离。在第二层 DAE 中，对于原始图像I来说，利用训练好的第一层编码器可得到编码后的图(相当于得到一个新图)。对于失真图$\hat{I}$来说，则是在训练好的第一层编码器上叠加一层编码器再进行解码。换句话说，是在新图的基础上再进行编码解码。依此类推，训练含有k层编码器的网络模型，将训练好的k层编码器叠加得到模型。

DAE 是将失真图像恢复到原始状态。如图 3 - 11 (a)所示，编码器$\varepsilon_1(\cdot)$将失真图像$\hat{I} \in \mathrm{R}^{N_0}$转换到隐藏编码$\hat{h}^{(1)} \in \mathrm{R}^{N_1}$:

$$\hat{h}^{(1)} = \varepsilon_1(\hat{I}) = f(W^{(0)}\hat{I} + b^{(0)}) \qquad (3-89)$$

其中N_0和$N_1(N_1 < N_0)$分别表示输入层和隐藏层大小，$W^{(0)} \in \mathrm{R}^{N_0 \times N_1}$和$b^{(0)} \in \mathrm{R}^{N_1}$分别表示输入层和隐藏层间的权重与偏差，其中$f(\cdot)$是激活函数。之后，解码器$D_1(\cdot)$将映射的隐藏编码$\hat{h}^{(1)}$返回给$\mathrm{R}^{N_0}$:

$$D_1(\hat{h}^{(1)}) = f(W^{(0)}\hat{h}^{(1)} + b^{(1)}) \qquad (3-90)$$

编码器和解码器以最小化期望值$E\{\|I - D_1[\varepsilon_1(\hat{I})]\|_2^2\}$为训练目标。显然，编码器学习失真图像$\hat{I}$的低维表示并捕获其与原始图像$I$的关联。从这个角度看，$\varepsilon_1(\cdot)$实际上是一个图像的鲁棒特征提取器。单个编码器作为一个非常浅层的架构，不足以应对严重的图像失真，因此需要依次训练多个互补的 DAE。$\varepsilon_1(\cdot):[\varepsilon_1(I), \varepsilon_1(\hat{I})]$输出的隐藏编码作为训练第二个 DAE的样本。训练新的 DAE 以校正失真图像的编码，之后将编码器堆叠在$\varepsilon_1(\cdot)$顶部，如图 3-11(b)所示。重复以上过程，可获得用于计算图像哈希

的深度模型。为不失一般性,考虑第 k 个 DAE 层,其中 $k>1$。给定一个训练对 $(\boldsymbol{I},\hat{\boldsymbol{I}})$,由训练好的编码器对原始图像 $\boldsymbol{I}$ 和失真图像 $\hat{\boldsymbol{I}}$ 分别进行哈希序列表示:

$$\boldsymbol{h}^{(k-1)}=\varepsilon_{k-1}\{\cdots\varepsilon_2[\varepsilon_1(\boldsymbol{I})]\} \tag{3-91}$$

$$\hat{\boldsymbol{h}}^{(k-1)}=\varepsilon_{k-1}\{\cdots\varepsilon_2[\varepsilon_1(\hat{\boldsymbol{I}})]\} \tag{3-92}$$

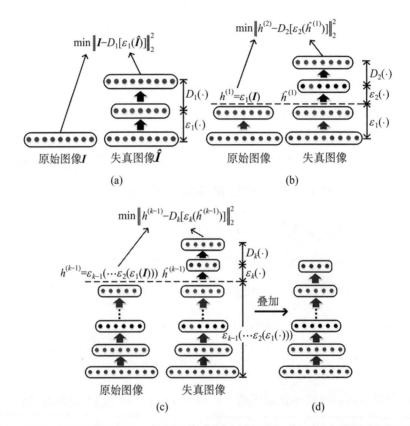

注:(a)、(b)和(c)分别说明训练第 1、2 和第 k 个 DAEs 的训练目标,(d)对 DAE 进行训练后,它的编码器立即置于网络的顶部。

图 3-11 哈希网络的构建过程

(来源:LI Y, WANG D, TANG L. Robust and secure image fingerprinting learned by neural network [J]. IEEE Transactions on Circuits and Systems for Video Technology, 2020, 30(2):362-375)

在图 3 - 11（c）中，训练第 k 个 DAE 的目的是将 $\hat{\boldsymbol{h}}^{(k-1)}$ 映射到 $\boldsymbol{h}^{(k-1)}$：

$$\min E\{\|\boldsymbol{h}^{(k-1)} - D_k[\varepsilon_k \hat{\boldsymbol{h}}^{(k-1)}]\|_2^2\} \tag{3-93}$$

由公式(3-93)可看出，每个新训练的编码器都会纠正前一个编码器输出的编码。因此，预训练可以被看作在特征空间中将原始图像 $\boldsymbol{I}$ 及其失真版本 $\hat{\boldsymbol{I}}$ 逐渐绘制的过程。

预训练过程将每个 DAE 视为一个独立的三层网络。用于训练 DAE 的数据是成对图像或由前一层输出的编码，如公式（3-91）和公式（3-92）所示。为简洁起见，将输入目标训练对改写为($\boldsymbol{x}$, $\boldsymbol{y}$)，将损失函数 J_P 定义为：

$$J_P = E\{\|\boldsymbol{y} - D[\varepsilon(\boldsymbol{x})]\|_2^2\} + \frac{\lambda}{2} \sum_{l=0}^1 (W_{i,j}^{(l)})^2 \tag{3-94}$$

预训练算法使用 RMSprop 算法[58]迭代更新权重和偏差，以使公式(3-94)中的损失函数达到最小。按顺序训练的 DAEs 编码器堆栈形成深度指纹网络，再优化网络所有的层以提高其内容识别性能。

将图像输入哈希网络生成哈希值。对给定的一幅图像，使用高斯低通滤波器对其进行平滑处理，并将其尺寸大小归一化。值得一提的是，输入层和输出层中的节点均保存在子网络中，所以每个子网络可形成一个哈希算法 $H_k(\cdot)$，$k = 1, 2, \cdots, K$，K 为子网络个数。将子网络输出的平均值作为图像的最终哈希值：

$$\boldsymbol{h} = \frac{1}{K} \sum_{k=1}^K H_k(\boldsymbol{I}) \tag{3-95}$$

以上操作可被视为算法间的投票。随机采样方案可使哈希值不可预测，模型组合可减少泛化误差等优点。图 3-12 展示了子网络采样过程，从三层父网络中根据密钥随机采样三个子网络，为生成二进制哈希，可将神经网络输出的中值作为阈值进行哈希二值化操作。

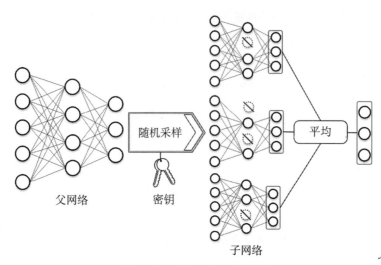

图 3-12　子网采样和模型组合

（来源：LI Y，WANG D，TANG L. Robust and secure image fingerprinting learned by neural network [J]. IEEE Transactions on Circuits and Systems for Video Technology，2020，30(2)：362-375）

3.6.2　CNN 方法

CNN 对图像失真较为敏感，这也是 Li 等人[57] 未采用 CNN 提取图像特征的原因。文献[59]则克服了 CNN 的这一缺点，Qin 等人[59] 发现特殊设计的 CNN 可有效地作为图像感知哈希的特征提取器生成图像哈希值。本节介绍一种基于 CNN 的多约束图像感知哈希算法，该算法可根据训练目标自动学习特征提取策略。利用卷积层和池化层相结合的方式加深层数并调整输入图像的尺寸，之后将构造的两对约束通过权重分配策略整合为一个约束函数。值得一提的是，该算法的训练集结构可根据约束值变化而进行动态调整。

用于生成感知哈希的端到端神经网络模型如图 3-13 所示。神经网络 $H_1(\cdot)$（包含卷积层、激活函数层、最大池化层）将输入图像转化为图像特征映射，建立第一对用于优化鲁棒性和唯一性的约束，以保证感知相似图像之间的特征映射差异小，而感知不同图像间的特征映射差异大。后续的网络层 $H_2(\cdot)$（包含平均池化层、全连接层）将特征映射转化为最终的图像哈希值，并建立第二对针对图像哈希值的约束，以保证感知相似图像间的哈希值差异小，而感知不同图像间的哈希值差异大。这两部分神经网络有机结合后,就组成了端到端的哈希生成框架。

该图像哈希生成网络的训练集包含大量原始图像以及与之对应的感知相似和感知不同图像。在训练过程中,各输入图像批次均包括原始图像 I、感知相似图像 $\hat{I}$ 和感知不同图像 I_d。对原始图像 I 进行压缩、增强、几何变换等内容保留操作可获得感知相似图像 $\hat{I}$。为同时保证网络的感知鲁棒性和唯一性,训练初始时图像 $\hat{I}$ 和 I_d 数量相同。在训练后期,采用了一种特定的训练方法来动态调整训练集中 $\hat{I}$ 和 I_d 的图像数量。在预处理中,输入图像的尺寸统一为 $H \times W \times C$,其中 $H \times W$ 是图像的长和宽,$C = 3$ 为通道数。若输入图像为灰度图像,则统一将 C 扩展为 3(将单通道的像素值复制到其他两个通道)来满足网络的输入要求。

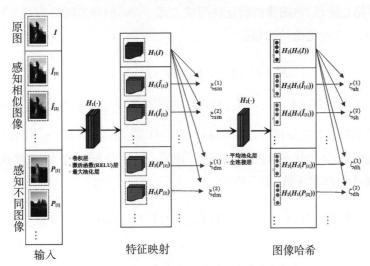

图 3-13 基于神经网络模型的哈希生成框架

(来源:QIN C, LIU E, FENG G, et al. Perceptual image hashing for content authentication based on convolutional neural network with multiple constraints [J]. IEEE Transactions on Circuits and Systems for Video Technology, 2021, 31(11):4523-4537)

设感知相似和不同图像数量均为 m,则每次输入图像数量为 $2m+1$,所对应的特征映射为:

$$H_1(I), H_1(\hat{I}_{[1]}), \cdots, H_1(\hat{I}_{[m]}), H_1(I_{d[1]}), \cdots, H_1(I_{d[m]}) \quad (3-96)$$

其中 $H_1(\cdot)$ 表示特征映射过程。可通过均方误差(mean square error,

MSE)获得第一对约束。此外,m 对感知相似图像的特征映射间的距离 $\xi_{\text{sm}}^{(i)}$ 和 m 对不同图像的特征映射间的距离 $\xi_{\text{dm}}^{(i)}$ 为:

$$\xi_{\text{sm}}^{(i)} = \frac{1}{HWC} \sum_{x=1}^{H} \sum_{y=1}^{W} \sum_{z=1}^{C} \| H_1(\boldsymbol{I})_{x,y,z} - H_1(\hat{\boldsymbol{I}}_{[i]})_{x,y,z} \|_2^2,$$
$$i = 1, 2, \cdots, m \tag{3-97}$$

$$\xi_{\text{dm}}^{(i)} = \frac{1}{HWC} \sum_{x=1}^{H} \sum_{y=1}^{W} \sum_{z=1}^{C} \| H_1(\boldsymbol{I})_{x,y,z} - H_1(\boldsymbol{I}_{\text{d}[i]})_{x,y,z} \|_2^2,$$
$$i = 1, 2, \cdots, m \tag{3-98}$$

其中 $\|\cdot\|_2$ 表示欧氏距离。

在第二阶段,将图像的特征映射输入图 3-13 的神经网络 $H_2(\cdot)$ 中,可得到 $2m+1$ 个图像哈希值:

$$H_2[H_1(\boldsymbol{I})], H_2[H_1(\hat{\boldsymbol{I}}_{[1]})], \cdots,$$
$$H_2[H_1(\hat{\boldsymbol{I}}_{[m]})], H_2[H_1(\boldsymbol{I}_{\text{d}[1]})], \cdots, H_2[H_1(\boldsymbol{I}_{\text{d}[m]})] \tag{3-99}$$

为使两个约束表达更精简,令 $H(\cdot) = H_2[H_1(\cdot)]$,其中 $H(\cdot)$ 代表整个端到端的图像哈希序列的生成过程。因此,可获得同一个输入批次里的 $2m+1$ 个最终哈希值,如下所示:

$$H(\boldsymbol{I}), H(\hat{\boldsymbol{I}}_{[1]}), \cdots, H(\hat{\boldsymbol{I}}_{[m]}), H(\boldsymbol{I}_{\text{d}[1]}), \cdots, H(\boldsymbol{I}_{\text{d}[m]}) \tag{3-100}$$

同样可通过 MSE 得到第二对约束,即 m 对感知相似图像哈希值之间的距离 $\xi_{\text{sh}}^{(i)}$ 和 m 对不同图像哈希值之间的距离 $d_{\text{dh}}^{(i)}$:

$$\xi_{\text{sh}}^{(i)} = \frac{1}{l} \sum_{k=1}^{l} \| H(\boldsymbol{I})_k - H(\hat{\boldsymbol{I}}_{[i]})_k \|_2^2 \tag{3-101}$$

$$\xi_{\text{dh}}^{(i)} = \frac{1}{l} \sum_{k=1}^{l} \| H(\boldsymbol{I})_k - H(\boldsymbol{I}_{\text{d}[i]})_k \|_2^2 \tag{3-102}$$

其中 l 表示图像哈希长度。为便于收敛约束值,使用 Sigmoid 函数 $S(\cdot)$ 对 $\xi_{\text{sm}}^{(i)}$、$\xi_{\text{dm}}^{(i)}$、$\xi_{\text{sh}}^{(i)}$ 和 $\xi_{\text{dh}}^{(i)}$ 进行归一化,$S(\cdot)$ 函数的表达式为:

$$S(x) = \frac{1}{1+\mathrm{e}^{-x}} \tag{3-103}$$

上述 Sigmoid 函数 $S(\cdot)$ 将输入值映射到 $[0.5, 1]$ 区间上，即可将不同尺度的距离压缩到同一范围，进而使网络取得更好的训练效果。

有了两对约束，即感知相似图像的相关约束如公式（3-97）和公式（3-101）所示，以及感知不同图像的相关约束如公式（3-98）和公式（3-102）所示，则两对约束的损失函数 O 可表示为：

$$O = \delta_1 \frac{1}{m} \sum_{i=1}^{m} S(\xi_{\mathrm{sh}}^{(i)}) - \delta_2 \frac{1}{m} \sum_{i=1}^{m} S(\xi_{\mathrm{dh}}^{(i)}) + \delta_3 \frac{1}{m} \sum_{i=1}^{m} S(\xi_{\mathrm{sm}}^{(i)}) - \delta_4 \frac{1}{m} \sum_{i=1}^{m} S(\xi_{\mathrm{dm}}^{(i)})$$

$$\mathrm{s.t.} \quad \delta_1, \delta_2, \delta_3, \delta_4 \in [0, 1] \tag{3-104}$$

其中 δ_1、δ_2、δ_3 和 δ_4 为控制约束的超参数。方法的优化目标是使损失函数值尽可能小，以实现感知相似图像间哈希值的哈希距离小，感知不同图像间哈希值的哈希距离大的训练目标。

$\{\delta_1, \delta_2\}$ 为感知相似和感知不同图像哈希值的约束权重，$\{\delta_3, \delta_4\}$ 为感知相似和感知不同图像的特征映射的约束权重。由于网络最终需要获得哈希值而非位于中间层的特征映射，因此将 δ_1 和 δ_2 的权重设为最大值 1。又由于在开始实验之前尚未确定感知相似和感知不同图像的特征映射关系，因此为排除其影响，在优化问题中将 δ_3 和 δ_4 的权重设置为 0，从而将公式（3-104）的优化问题重新表示为：

$$\min \Gamma = \frac{1}{m} \sum_{i=1}^{m} S(\xi_{\mathrm{sh}}^{(i)}) - \frac{1}{m} \sum_{i=1}^{m} S(\xi_{\mathrm{dh}}^{(i)}) \tag{3-105}$$

训练过程中，在网络的每一层设置观察点，观察图像间的分类特征映射和哈希的距离变化情况，根据每层的距离反馈来调整超参数的取值。由于平均池化层对网络的感知鲁棒性无影响，因此权重 δ_3 继续保持为 0，将 δ_4 设为一个未知变量，即一个新的优化问题：

$$\min \Gamma = \frac{1}{m} \sum_{i=1}^{m} S(\xi_{\mathrm{sh}}^{(i)}) - \frac{1}{m} \sum_{i=1}^{m} S(\xi_{\mathrm{dh}}^{(i)}) - \delta_4 \frac{1}{m} \sum_{i=1}^{m} S(\xi_{\mathrm{dm}}^{(i)})$$

$$\tag{3-106}$$

为寻找 δ_4 的最佳权重值，在区间 $[0, 1]$ 中随机选取 n 个实数点 $\tau_1, \tau_2, \cdots,$

τ_n,它们经过迭代更新成为 δ_4 的候选值。之后在区间 $[-0.1, 0.1]$ 中随机选出 n 个实数值 $d_1, d_2, \cdots, d_n$。实数点 τ_i 在第 k 轮迭代更新的规则可表示为:

$$\tau_i^k = \tau_i^{k-1} + d_i^{k-1}, \ i = 1, 2, \cdots, n \tag{3-107}$$

其中 d_i 表示每一次实数点 τ_i 迭代更新前后的差值。d_i 的第一部分为记忆项,代表前次点差值更新对本次点差值更新的影响。第二部分代表当前点的更新值与最佳值之间的关系对整体的影响,为当前点指向其最佳值的向量。第三部分代表当前点的更新值与全局最佳值间的关系对整体的影响,为当前点指向全局最佳值的向量。在 τ_i 和 d_i 的更新过程中,它们的范围将按以下规则进行控制:

$$\tau_i = \begin{cases} \tau_{\max}, & \tau_i > \tau_{\max} \\ \tau_{\min}, & \tau_i < \tau_{\min} \end{cases} \quad d_i = \begin{cases} d_{\max}, & d_i > d_{\max} \\ d_{\min}, & d_i < d_{\min} \end{cases} \tag{3-108}$$

其中 $d_{\max}$ 和 $d_{\min}$ 分别设置为 0.1 和 -0.1,$\tau_{\max}$ 和 $\tau_{\min}$ 分别设置为 1 和 0。

为同时保证方案的感知鲁棒性和唯一性,根据验证集中图像哈希的约束值来动态调整训练集中感知相似和感知不同图像数量的比例。据此设计了一种新的训练方法,即根据约束值变化来动态地调整训练集结构。

设 ξ_{vs} 和 ξ_{vd} 分别代表验证集中感知相似和感知不同图像对的哈希距离,m_v 表示在同一图像批次中感知相似或者感知不同图像的数量,γ_{vs} 和 γ_{vd} 分别为验证集中感知相似和感知不同图像对的哈希距离。根据以下两式来观察验证集中图像哈希的约束值(哈希距离):

$$\gamma_{vs}^{(i)} = \frac{1}{m_v} \sum_{i=1}^{m_v} S(\xi_{vs}^{(i)}), \ \gamma_{vd}^{(i)} = \frac{1}{m_v} \sum_{i=1}^{m_v} S(\xi_{vd}^{(i)}) \tag{3-109}$$

当 γ_{vs} 值小、γ_{vd} 值大时,网络具有良好的分类性能。当 γ_{vs} 偏大时,则需增加训练集中感知相似图像的数量。类似地,当 γ_{vd} 偏小时,则需增加不同图像的数量。通过上述方式动态调整训练集的组成结构,可优化训练过程并高效输出具有高鲁棒性和唯一性的图像哈希。

3.7 本章小结

近年来,随着图像处理技术研究的不断深入,感知哈希技术也受到了越来越多研究者的关注。许多研究人员致力于研发高性能的图像感知哈希算法,使得图像哈希技术取得了巨大的进展,相关图像感知哈希的论文也陆续发表在著名会议或期刊上。本章介绍了部分图像感知哈希算法,包括基于降维的哈希方法、基于变换的哈希方法、基于统计特征的哈希方法、基于局部特征的哈希方法以及基于学习的哈希方法。我们分别对不同类型图像哈希算法的哈希生成过程进行了回顾,包括预处理、特征提取、哈希值量化、加密等操作。

（1）基于降维的图像哈希方法实际上取决于自适应基础的创建。这类方法普遍对几何攻击具有更好的鲁棒性能。在保证较短哈希长度的同时,如何高效地保持鲁棒性能是基于降维哈希方法的主要关注点。

（2）关于基于变换的哈希方法,所有提取的图像特征取决于其在变换空间中的频率系数值。将输入的原始图像进行频率变换,利用频率系数得到最终哈希值。

（3）由于提取鲁棒特征的位置由检测到的关键点确定,因此基于局部特征的哈希方法的固有优点是其在几何攻击下的不变性,尤其对旋转攻击具有极强的鲁棒性。局部特征点的数量是可变的,因此特征提取主要取决于图像大小和纹理分布情况。

（4）基于统计特征方法的图像哈希值是利用图像的某类统计量构建的,这些统计量在图像内容保留操作下基本不变。统计特征通常对噪声、模糊和压缩失真更鲁棒,但唯一性普遍较差。

（5）基于学习的哈希方法通过大量的数据训练可以得到高质量的哈希值。大多数图像哈希算法强调使用深度网络进行特征学习,以便于最佳地拟合数据分布和特定目标函数。然而,这类方法的时间复杂度仍然高于数据独立的哈希方案。因此,如何有效地学习基于图像数据的哈希值是未来研究中的一个重要课题。

注释

［1］DU L, HO A T S, CONG R. Perceptual hashing for image authentication: a survey ［J］. Signal Processing: Image Communication, 2020, 81:115713.

［2］MONGA V, EVANS B L. Perceptual image hashing via feature points: performance evaluation and tradeoffs ［J］. IEEE Transactions on Image Processing, 2006,15(11):3452 - 3465.

［3］WANG X, YIN Y, YU H. Finding collisions in the full SHA - 1 ［C］//SHOUP V. Advances in Cryptology-CRYPTO 2005. Berlin, Heidelberg: Springer, 2005: 17 - 36.

［4］PUN C M, YAN C, YUAN X. Image alignment-based multi-region matching for object-level tampering detection ［J］. IEEE Transactions on Information Forensics and Security, 2017,12(2):377 - 391.

［5］TANG Z, CHEN L, ZHANG X, et al. Robust image hashing with tensor decomposition ［J］. IEEE Transactions on Knowledge and Data Engineering, 2019, 31(3):549 - 560.

［6］LI X, QIN C, WANG Z, et al. Unified performance evaluation method for perceptual image hashing ［J］. IEEE Transactions on Information Forensics and Security, 2022,17:1404 - 1419.

［7］LIANG X, TANG Z, HUANG Z, et al. Efficient hashing method using 2D-2D PCA for image copy detection ［J］. IEEE Transactions on Knowledge and Data Engineering, 2021:1 - 1.

［8］LI X, QIN C, YAO H, et al. Perceptual hashing for color images ［J］. Journal of Electronic Imaging, 2021,30(6):063023.

［9］SCHNEIDER M, CHANG S. A robust content based digital signature for image authentication ［C］//Proceedings of 3rd IEEE International Conference on Image Processing: Vol. 3. Lausanne, Switzerland, 1996:227 - 230 vol. 3.

［10］SU Z, YAO L, MEI J, et al. Learning to hash for personalized image authentication ［J］. IEEE Transactions on Circuits and Systems for Video Technology, 2021,31(4):1648 - 1660.

［11］KOZAT S S, VENKATESAN R, MIHCAK M K. Robust perceptual image hashing via matrix invariants ［C］// 2004 International Conference on Image Processing, 2004. ICIP'04. : Vol. 5. Singapore, 2004:3443 - 3446.

［12］GHOUTI L. Robust perceptual color image hashing using quaternion singular value decomposition ［C］//2014 IEEE International Conference on Acoustics, Speech and

Signal Processing (ICASSP). Florence, Italy, 2014:3794 - 3798.

[13] MONGA V, MIHÇAK M K. Robust and secure image hashing via non-negative matrix factorizations [J]. IEEE Transactions on Information Forensics and Security, 2007,2(3):376 - 390.

[14] TANG Z, WANG S, ZHANG X, et al. Lexicographical framework for image hashing with implementation based on DCT and NMF [J]. Multimedia Tools and Applications, 2011,52(2):325 - 345.

[15] TANG Z, RUAN L, QIN C, et al. Robust image hashing with embedding vector variance of LLE [J]. Digital Signal Processing, 2015,43:17 - 27.

[16] SUN R, ZENG W. Secure and robust image hashing via compressive sensing [J]. Multimedia Tools and Applications, 2014,70(3):1651 - 1665.

[17] ZBILUT J P, GIULIANI A, WEBBER JR C L. Recurrence quantification analysis as an empirical test to distinguish relatively short deterministic versus random number series [J]. Physics Letters A, 2000, 267(2 - 3):174 - 178.

[18] LEE D, SEUNG H. Algorithms for non-negative matrix factorization [C] // Proceedings of the 13th International Conference on Neural Information Processing Systems. Cambridge, MA, USA: MIT Press, 2000:535 - 541.

[19] QIN C, CHANG C, TSOU P L. Robust image hashing using non-uniform sampling in discrete Fourier domain [J]. Digital Signal Processing, 2013,23(2): 578 - 585.

[20] YAN C, PUN C M, YUAN X. Quaternion-based image hashing for adaptive tampering localization [J]. IEEE Transactions on Information Forensics and Security, 2016,11(12):2664 - 2677.

[21] TANG Z, YANG F, HUANG L, et al. Robust image hashing with dominant DCT coefficients [J]. Optik, 2014,125(18):5102 - 5107.

[22] NGUYEN D Q, WENG L, PRENEEL B. Radon transform-based secure image hashing [C]//DE DECKER B, LAPON J, NAESSENS V, et al. Communications and Multimedia Security. Berlin, Heidelberg: Springer, 2011:186 - 193.

[23] LEI Y, WANG Y, HUANG J. Robust image hash in Radon transform domain for authentication [J]. Signal Processing: Image Communication, 2011, 26 (6): 280 - 288.

[24] TANG Z, DAI Y, ZHANG X, et al. Robust image hashing via colour vector angles and discrete wavelet transform [J]. IET Image Processing, 2014,8(3):142 - 149.

[25] OUYANG J, COATRIEUX G, SHU H. Robust hashing for image authentication using quaternion discrete Fourier transform and log-polar transform [J]. Digital Signal Processing, 2015,41:98 - 109.

[26] SWAMINATHAN A, MAO Y, WU M. Robust and secure image hashing [J]. IEEE Transactions on Information Forensics and security, 2006,1(2): 215-230.

[27] GERSHO A, GRAY R M. Vector quantization and signal compression [M]. New York, NY: Springer, 1992.

[28] FRIDRICH J, GOLJAN M. Robust hash functions for digital watermarking [C]// Proceedings International Conference on Information Technology: Coding and Computing (Cat. No. PR00540). Las Vegas, NV, USA, 2000:178-183.

[29] VENKATESAN R, KOON S M, JAKUBOWSKI M H, et al. Robust image hashing [C]// Proceedings 2000 International Conference on Image Processing (Cat. No. 00CH37101): Vol. 3. Vancouver, BC, Canada, 2000:664-666 vol. 3.

[30] YAN C, PUN C M. Multi-scale difference map fusion for tamper localization using binary ranking hashing [J]. IEEE Transactions on Information Forensics and Security, 2017,12(9):2144-2158.

[31] TANG Z, ZHANG X, HUANG L, et al. Robust image hashing using ring-based entropies [J]. Signal Processing, 2013,93(7):2061-2069.

[32] SRIVASTAVA M, SIDDIQUI J, ALI M A. Robust image hashing based on statistical features for copy detection [C]// 2016 IEEE Uttar Pradesh Section International Conference on Electrical, Computer and Electronics Engineering (UPCON). Varanasi, India, 2016:490-495.

[33] HUANG Z, LIU S. Robustness and discrimination oriented hashing combining texture and invariant vector distance [C]// Proceedings of the 26th ACM International Conference on Multimedia. New York, NY, USA: Association for Computing Machinery, 2018:1389-1397.

[34] ZHAO Y, WANG S, ZHANG X, et al. Robust hashing for image authentication using Zernike moments and local features [J]. IEEE Transactions on Information Forensics and Security, 2013,8(1):55-63.

[35] CHEN Y, YU W, FENG J. Robust image hashing using invariants of Tchebichef moments [J]. Optik, 2014,125(19):5582-5587.

[36] HOSNY K M, KHEDR Y M, KHEDR W I, et al. Robust image hashing using exact Gaussian-Hermite moments [J]. IET Image Processing, 2018,12(12):2178-2185.

[37] TANG Z, ZHANG X, LI X, et al. Robust image hashing with ring partition and invariant vector distance [J]. IEEE Transactions on Information Forensics and Security, 2016,11(1):200-214.

[38] OUYANG J, WEN X, LIU J, et al. Robust hashing based on quaternion Zernike

moments for image authentication [J]. ACM Transactions on Multimedia Computing, Communications, and Applications, 2016,12(4s):1 - 13.

[39] 刘兆庆,李琼,刘景瑞,等. 一种基于 SIFT 的图像哈希算法 [J]. 仪器仪表学报, 2011,32(9):2024 - 2028.

[40] LV X, WANG Z J. Perceptual image hashing based on shape contexts and local feature points [J]. IEEE Transactions on Information Forensics and Security, 2012,7(3):1081 - 1093.

[41] YAN C, PUN C M, YUAN X. Adaptive local feature based multi-scale image hashing for robust tampering detection [C]//TENCON 2015 - 2015 IEEE Region 10 Conference. Macao, China, 2015:1 - 4.

[42] YAN C, PUN C M, YUAN X. Multi-scale image hashing using adaptive local feature extraction for robust tampering detection [J]. Signal Processing, 2016,121: 1 - 16.

[43] QIN C, CHEN X, DONG J, et al. Perceptual image hashing with selective sampling for salient structure features [J]. Displays, 2016,45:26 - 37.

[44] ANITHA K, LEVEENBOSE P. Edge detection based salient region detection for accurate image forgery detection [C]//2014 IEEE International Conference on Computational Intelligence and Computing Research. Coimbatore, India, 2014: 1 - 4.

[45] CANNY J. A computational approach to edge detection [J]. IEEE Transactions on Pattern Analysis and Machine Intelligence, 1986,PAMI - 8(6):679 - 698.

[46] YAN F, SHAO X, LI G, et al. Edge detection of tank level IR imaging based on the auto-adaptive double-threshold Canny operator [C]//2008 Second International Symposium on Intelligent Information Technology Application: Vol. 3. Shanghai, China, 2008:366 - 370.

[47] TANG Z, HUANG L, ZHANG X, et al. Robust image hashing based on color vector angle and Canny operator [J]. AEU-International Journal of Electronics and Communications, 2016,70(6):833 - 841.

[48] WANG X, PANG K, ZHOU X, et al. A visual model-based perceptual image hash for content authentication [J]. IEEE Transactions on Information Forensics and Security, 2015,10(7):1336 - 1349.

[49] LOWE D G. Distinctive image features from scale-invariant keypoints [J]. International Journal of Computer Vision, 2004,60(2):91 - 110.

[50] CHEN J, KANG X, LIU Y, et al. Median filtering forensics based on convolutional neural networks [J]. IEEE Signal Processing Letters, 2015,22(11): 1849 - 1853.

[51] TUAMA A, COMBY F, CHAUMONT M. Camera model identification with the use of deep convolutional neural networks [C]//2016 IEEE International Workshop on Information Forensics and Security (WIFS). Abu Dhabi, United Arab Emirates, 2016:1-6.

[52] SALAKHUTDINOV R, HINTON G. Semantic hashing [J]. International Journal of Approximate Reasoning, 2009,50(7):969-978.

[53] JÉGOU H, DOUZE M, SCHMID C. Product quantization for nearest neighbor search [J]. IEEE Transactions on Pattern Analysis and Machine Intelligence, 2011, 33(1):117-128.

[54] LIU W, WANG J, KUMAR S, et al. Hashing with graphs [C]//Proceedings of the 28th International Conference on International Conference on Machine Learning. Madison, WI, USA: Omnipress, 2011:1-8.

[55] WANG J, KUMAR S, CHANG S. Semi-supervised hashing for large-scale search [J]. IEEE Transactions on Pattern Analysis and Machine Intelligence, 2012,34 (12):2393-2406.

[56] MU Y, SHEN J, YAN S. Weakly-supervised hashing in kernel space [C]//2010 IEEE Computer Society Conference on Computer Vision and Pattern Recognition. San Francisco, CA, USA, 2010:3344-3351.

[57] LI Y, WANG D, TANG L. Robust and secure image fingerprinting learned by neural network [J]. IEEE Transactions on Circuits and Systems for Video Technology, 2020, 30(2):362-375.

[58] TURITSYN S K, SCHAFER T, MEZENTSEV V K. Generalized root-mean-square momentum method to describe chirped return-to-zero signal propagation in dispersion-managed fiber links [J]. IEEE Photonics Technology Letters, 1999,11 (2):203-205.

[59] QIN C, LIU E, FENG G, et al. Perceptual image hashing for content authentication based on convolutional neural network with multiple constraints [J]. IEEE Transactions on Circuits and Systems for Video Technology, 2021,31 (11):4523-4537.

4

可逆数据隐藏

4.1 概述

可逆数据隐藏(reversible data hiding，RDH)是多媒体安全中非常热门的研究领域。该技术利用图像自身的冗余性，将秘密信息以不可见的方式嵌入图像中，从而得到载密图像。水印嵌入之后即便会对图像的质量造成一定的破坏，但完全不影响图像的自身价值和正常使用，并且由于人眼对图像中的某些信息具有一定的掩蔽效应，人们很难凭借直观的视觉来察觉秘密信息的存在。可逆隐藏不仅隐藏了信息的内容，而且隐藏了信息的存在。如果载密图像在传输中没有发生变化，那么在接收端可以根据提取算法准确地提取出隐藏信息。并且在嵌入的信息被提取出来之后，嵌入水印的图像也能够无失真地恢复为原始图像，这两点保证了该技术的可逆性。所以可逆隐藏技术可以隐藏秘密信息，将载密图像作为有效的载体，实现信息的秘密传递，保证其安全。

可逆隐藏技术应满足以下要求：

(1) 透明性(不可感知性)。秘密信息隐藏于载体后，一经泄露，会造成很大的损失。透明性是指秘密信息嵌入图像后不应引起图像明显的质量退化，也不能使隐藏对象产生可感知的失真。秘密信息的隐藏只能对人类的感官进行隐藏，计算机则有可能实现分析。当介质嵌入发生时有可能会更改信息的特性，从而造成信息暴露。因此，在进行信息嵌入时要尽量保持原始信息特性，从而保证信息的透明性，规避非法信息拦截的威胁。目前，大多通过峰值信噪比(peak signal-to-noise ratio，PSNR)来衡量透明性。

PSNR 值越高,说明嵌入算法的失真越小,嵌入信息后的图像与原始图像差别越小,嵌入性能越好,人眼越不易发现秘密信息。

(2) 嵌入容量。为了提高嵌入的性能,每一个载体(如图像)能够嵌入的秘密数据越多越好。容量(单位:比特)是指在载体图像中能够嵌入的秘密信息的最大数量。比特/像素是指每个像素能够嵌入的平均比特数(单位:bpp),也可以叫作"嵌入率"。嵌入率越大,图像中隐藏的信息就越多。

一个好的可逆隐藏算法要具有高容量和高透明性,即同时要有高的嵌入率和 PSNR 值。但这两者是互相制约的,提高透明性会使图像的嵌入容量减小,而提高嵌入容量则会使得图像被修改得更多。在考虑算法的嵌入性能时,通常选用失真/容量曲线(PSNR/Capacity)来表示。在嵌入容量相同时,PSNR 值越高的算法嵌入性能越好;在 PSNR 值相同的情况下,容量越大的算法嵌入性能越好。根据载体图像的不同格式,当前的可逆隐藏领域分别面向未压缩图像、压缩图像、加密图像等进行研究,本章节将主要针对未压缩图像的可逆隐藏进行重点介绍。

4.2 基于无损压缩的可逆隐藏

早期的可逆算法主要是利用无损压缩算法来实现原始数据的恢复。这类算法的主要思想是对原始的图像内容(如 LSB)做无损压缩,将节省出来的空间用来存储隐秘信息。Fridrich 等人[1]提出将一幅灰度图像分解为 8 个二值位平面,然后选择冗余性最大的位平面压缩,用节余的空间存储哈希信息,从而实现图像的可逆嵌入提取。其中,哈希信息主要用作图像的版权认证。因为高位平面比低位平面所包含的信息更为重要,修改前者容易对图像造成较大改动,所以该方法采用 LSB 作嵌入平面。

Celik 等人[2]提出一种一般化的 LSB 压缩算法(G‑LSB)用以可逆隐藏,该方法利用基于预测的条件熵编码将图像中未修改的部分作为辅助信息来提高压缩算法的效率,因而能得到更高的嵌入容量。嵌入流程如图 4‑1 所示。

具体来说,LSB 嵌入就是将图像像素的 LSB 位的值替换成有效载荷的数据位,一般情况下一个像素嵌入 1 比特数据,若需要额外的容量,也可以对两个或更多的 LSB 进行嵌入。在提取过程中,这些嵌入位以相同的扫描顺

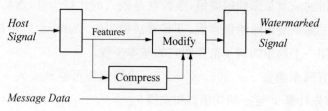

图 4-1 嵌入流程图

(来源：CELIK M U, SHARMA G, TEKALP A M, et al. Lossless generalized-LSB data embedding [J]. IEEE Transactions on Image Processing, 2005, 14(2):253-266)

序被读取出来，重组有效载荷。G-LSB 方法是一种一般化的嵌入方法，若将像素表示成一个向量 s，则 G-LSB 的嵌入和提取可以表示为

$$s_w = Q_L(s) + w \tag{4-1}$$

$$w = s_w - Q_L(s_w) = s_w - Q_L(s) \tag{4-2}$$

$$Q_L(x) = L\left[\frac{x}{L}\right] \tag{4-3}$$

其中 s_w 表示载荷像素，w 表示载荷。简单来说，在嵌入阶段，通过一个量化和加法步骤，像素的 LSB 被水印载荷替代，在提取阶段，水印载荷可通过简单地读取 LSB 来提取。

　　显然，这类算法的性能取决于无损压缩算法的性能，即压缩率越高，嵌入的容量就越大。然而位平面内的相关性往往较弱，这类早期的基于位平面压缩的可逆算法嵌入容量比较有限，同时压缩嵌入操作容易产生明显的噪声（如椒盐白噪声），使得图像质量有明显降质，因而这类算法的性能并不令人满意。

4.3 基于整数变换的可逆隐藏

　　本节将以差值扩展（difference expansion，DE）为例介绍基于整数变换的可逆隐藏的方法。前面我们提到可逆隐藏主要依赖于图像的高冗余性，将秘密信息嵌入冗余空间中，那么我们就需要探索可用来嵌入的存储空间。基于差扩展的可逆隐藏方法通过对某个像素对的差值做乘 2 操作，扩展后的差值的最低有效位就被腾出来存储要嵌入的 1 比特信息。在提取时，对差值除以 2 所得的商就是原始的差值,余数就是嵌入的比特信息,然后利用相邻像素间的关系恢复出原始像素值。DE 算法最先由 Tian[3] 引入可逆隐藏中,下面我们用一个简单的例子来介绍它的基本步骤。

假设有两个整数 $x=206$,$y=201$,我们想要可逆地嵌入 1 比特的值 $b=1$。首先计算 x 与 y 的均值 l 和差值 h:

$$l = \left\lfloor \frac{x+y}{2} \right\rfloor = \left\lfloor \frac{206+201}{2} \right\rfloor = 203 \tag{4-4}$$

$$h = x - y = 206 - 201 = 5 \tag{4-5}$$

其中 $\lfloor \cdot \rfloor$ 是向下取整符号。差值 h 可表示成二进制的形式,即 $h = 5 = 101_2$,那么对 h 做乘 2 操作后,其二进制形式将变为 1010_2。此时,其 LSB 值可替换为要嵌入的秘密信息 b,则 $h' = 101b_2 = 1011_2 = 11$。也就是说把差值 h 的二进制左移一位后,将 1 比特信息嵌入空出来的 LSB 上。在数学上,该数据嵌入操作等同于:

$$h' = 2 \times h + b = 2 \times 5 + 1 = 11 \tag{4-6}$$

接着,在保证均值不变的情况下,由新的差值 h' 和原始的均值 l,可得到嵌入后的载密值 x' 和 y':

$$x' = l + \left\lfloor \frac{h'+1}{2} \right\rfloor = 203 + \left\lfloor \frac{11+1}{2} \right\rfloor = 209 \tag{4-7}$$

$$y' = l - \left\lfloor \frac{h'}{2} \right\rfloor = 203 - \left\lfloor \frac{11}{2} \right\rfloor = 198 \tag{4-8}$$

在解码阶段,由 (x', y') 即可提取出嵌入的秘密信息 b 并恢复出原始值 (x, y),仅需计算 x' 和 y' 的均值 l' 和差值 h':

$$l' = \left\lfloor \frac{209+198}{2} \right\rfloor = 203 \tag{4-9}$$

$$h' = 209 - 198 = 11 \tag{4-10}$$

此时,h' 的二进制形式为 $h' = 11 = 1011_2$,嵌入的数据 b 就是 h' 的 LSB 值 1,可得原始的差值 $h = 101_2 = 5$,在数学上,等同于:

$$b = \text{LSB}(h') = 1 \tag{4-11}$$

$$h = \left\lfloor \frac{h'}{2} \right\rfloor = 5 \tag{4-12}$$

最后,已知均值 l' 和恢复出来的差值 h,原始值 (x, y) 就可准确地恢复出来了。

可逆整数变换也被称为整数哈尔小波变换或 S 变换,它在 (x, y) 和 (l, h) 之间建立了一对一的对应关系,因此这类方法被归为基于整数变换的可逆隐藏。

在对图像中的像素对进行差扩展时,为了不引起像素溢出,嵌入后的像素值 (x', y') 需要被限制在 $[0, 255]$ 范围之内,否则后续水印提取和图像恢复将不再可逆。因此,Tian 提出了限制条件:

$$|h'| \leqslant \min[2 \times (255 - l), 2 \times l + 1] \tag{4-13}$$

同时,给出了可扩展(expandable)差值和可改变(changeable)差值的定义。对于像素对 (x, y),$0 \leqslant x \leqslant 255$,$0 \leqslant y \leqslant 255$,经公式(4-6)得到 h',不论嵌入的比特 b 为 0 还是 1,如果 h' 满足条件(4-13),则称差值 h 是可扩展的。若将 h 进行公式(4-14)的修改得到 h',不论嵌入的比特 b 为 0 还是 1,如果 h' 满足条件(4-13),则称差值 h 是可改变的。

$$h' = 2 \times \left\lfloor \frac{h}{2} \right\rfloor + b \tag{4-14}$$

若经公式(4-14)的修改得到的 h' 不满足条件(4-13),则差值 h 是不可改变的。

需要注意的是,可扩展的差值也是可改变的差值,而可改变的差值不一定是可扩展的差值。总而言之,只有嵌入后没有溢出的像素对是可扩展的。为了能在解码端无失真地恢复出原始图像和秘密信息,需要借助位置图来标记可扩展像素对的位置,再把位置图经无损压缩和秘密信息一起嵌入原始图像中,此时位置图大小为载体图像的一半。在这个方法中,每个像素对能嵌入 1 比特水印信息,因此嵌入率最高能达到 0.5 bpp。

在实际嵌入的过程中,为了减小嵌入失真,通常会事先设置一个阈值,仅仅对小于阈值的差值进行扩展,忽略大于阈值的差值,不对其做任何修改。即可通过调节阈值的大小控制嵌入失真,从而得到更高的嵌入性能。

继 Tian[3] 之后,大量学者开始研究基于差扩展的可逆隐藏算法。

Alattar[4]将 DE 思想扩展到 n 个像素的扩展嵌入中,使得每 n 个像素能够嵌入 $n-1$ 比特信息,给出了一般化的 DE 策略,从而得到更高的容量。以 $n=3$ 为例,对任意由三个像素所组成的向量 $t=(x,y,z)$ 进行整数变换可得到均值 l 和两个差值 d_1、d_2:

$$l=\left\lfloor \frac{x+y+z}{2} \right\rfloor \tag{4-15}$$

$$d_1=x-y \tag{4-16}$$

$$d_2=z-y \tag{4-17}$$

均值 l 和两个差值 d_1、d_2 经过如下逆变换可完全恢复出原始像素 x、y、z:

$$y=l-\left\lfloor \frac{d_1+d_2}{2} \right\rfloor \tag{4-18}$$

$$x=y+d_1 \tag{4-19}$$

$$z=y+d_2 \tag{4-20}$$

在均值 l 保持不变的情况下,对两个差值 d_1、d_2 进行差扩展并分别嵌入 b_1、b_2 后得到 d_1'、d_2':

$$d_1'=2\times d_1+b_1 \tag{4-21}$$

$$d_2'=2\times d_2+b_2 \tag{4-22}$$

同样地给出两个定义:

定义 1:向量 $t=(x,y,z)$ 经公式(4-15)~公式(4-17)的整数变换后得到均值 l 和两个差值 d_1、d_2,在均值 l 保持不变的情况下,对 d_1、d_2 进行公式(4-21)和公式(4-22)的差扩展后得到 d_1'、d_2',不论嵌入的比特 b_1、b_2 为 0 还是 1,若 d_1'、d_2' 均满足公式(4-23),则 (x,y,z) 定义为可扩展的。

$$3(l-255)\leqslant d_1'+d_2'\leqslant (3l+2)$$
$$3(l-255)+3d_2'\leqslant d_1'+d_2'\leqslant (3l+2)+3d_2'$$
$$3(l-255)+3d_1'\leqslant d_1'+d_2'\leqslant (3l+2)+3d_1' \tag{4-23}$$

定义 2:在均值 l 保持不变的情况下,对 d_1、d_2 进行公式(4-24)和公式(4-25)的修改得到 d_1'、d_2',不论嵌入的比特 b_1、b_2 为 0 还是 1,若 d_1'、d_2' 均满足公式(4-23),则 (x,y,z) 定义为可改变的。反之,若 d_1'、d_2' 不满足公式(4-23),则称 (x,y,z) 为不可改变的。

$$d_1' = 2 \times \left\lfloor \frac{d_1}{2} \right\rfloor + b_1 \qquad (4-24)$$

$$d_2' = 2 \times \left\lfloor \frac{d_1}{2} \right\rfloor + b_2 \qquad (4-25)$$

与 Tian 的方法[3]类似,需要位置图来标记可扩展的差值。具体来说,Alattar 所提方法[4]的位置图大小为 $\left\lfloor \frac{H \times W}{3} \right\rfloor$,比文献[3]的位置图尺寸更小,其中 $H \times W$ 为原始图像的大小。并且 Alattar 所提方法相较于 Tian 的方法有着更高的容量,若将阈值设定为较大的值,那么可扩展的差值数量增多,并且因为每个可扩展的向量可嵌入 2 比特信息,所以基本来说容量会比文献[3]更高。同时,当可扩展数量增多时,位置图的压缩效率更高,占用的空间减少,也从另一方面提高了嵌入容量。

4.4　基于直方图平移的可逆隐藏

直方图平移(histogram shifting,HS)是可逆隐藏目前研究最多也最成功的方法。该方法首先生成一个直方图,然后通过修改生成的直方图实现可逆数据嵌入。基于 HS 的可逆隐藏方法最早由 Ni 等人[5,6]提出,该方法利用图像像素生成直方图,然后对直方图的峰值点进行扩展嵌入,其他直方图的点移位或者不变来保证可逆。我们以文献[5]为例,展示基于 HS 的 RDH 方法的基本实现步骤。

首先,对于给定载体图像 I,假设 I 包含 N 个像素点,通过统计不同像素 $x_i (1 \leqslant i \leqslant N)$ 的频次生成像素直方图 h:

$$h(k) = \{1 \leqslant i \leqslant N : x_i = k\} \qquad (4-26)$$

然后,对于确定的整数值 a,HS 通过以下方式修改图像像素 x_i 将秘密消息嵌入 I 中:

$$x_i' = \begin{cases} x_i - 1, & x_i < a \\ x_i - m, & x_i = a \\ x_i, & x_i > a \end{cases} \qquad (4-27)$$

其中 x_i' 为修改后的像素值，$m \in \{0, 1\}$ 为待嵌入消息。在此过程中，每个像素点最多修改 1，因此修改后图像相对于原始图像的 PSNR 至少为 48.13 dB，从而保证了修改后图像的高视觉质量。此外，可将直方图 h 的峰值作为扩展点，使容量最大化。在提取端，可以通过简单读取修改后的图像像素点 x_i' 来提取嵌入数据并恢复原始图像像素 x_i：

① 如果 $x_i' < a - 1$，则表示该像素点没有进行数据嵌入，其原始值是 $x_i' + 1$；

② 如果 $x_i' \in \{a - 1, a\}$，则表示该像素在嵌入中用来嵌入数据，其原始值是 a，嵌入的数据值 $m = a - x_i'$；

③ 如果 $x_i' > a$，则表示该像素在数据嵌入中保持不变，其原始值是 x_i' 本身。

图 4-2(a)是该方法对应的直方图映射规则说明，图中坐标轴上的点代表直方图的 bin，箭头为其对应映射方向，其中扩展向左移动以嵌入消息 1 或保持不变以嵌入消息 0，移位点向左平移以保证可逆。数据嵌入前后的载体图像直方图如图 4-2(b)所示。可以看出，基于 HS 的 RDH 方案的实现机制是通过移动生成的直方图的某些 bin 来产生空白空间，而其他一些 bin 则可利用此产生的空余来扩展隐藏数据。

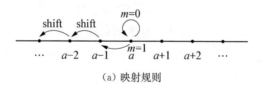

（a）映射规则

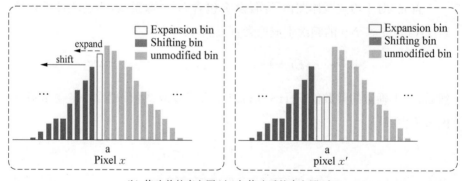

（b）修改前的直方图（左）与修改后的直方图（右）

图 4-2 传统 HS 方法的映射规则以及嵌入前后直方图对比

对于基于 HS 的可逆数据隐藏方法,其性能很大程度上取决于两点,即生成直方图的尖锐程度以及直方图扩展点的确定方法。在所有的 HS 算法中,基于预测误差扩展(prediction-error expansion,PEE)的方法因其在容量失真控制方面的优越性能已成为目前研究的最多的方法。该类方法首先利用特定的预测器对图像像素进行预测,通过计算统计对应像素的预测误差值生成预测误差直方图(prediction-error histogram,PEH)以代替简单的像素直方图,然后再对生成的 PEH 进行扩展移位来嵌入秘密信息。一般而言,生成的 PEH 的分布服从一个类拉普拉斯分布,由于其具有更为尖锐的峰值点,因此对 PEH 进行扩展嵌入能实现更高的嵌入性能。同样,对于基于 PEE 的方案,嵌入过程主要包括 PEH 直方图生成和 PEH 直方图修改两个部分。一方面,为了生成更尖锐的直方图,一些研究学者提出利用各种预测方法,如菱形预测、基于插值的预测、中位边缘检测预测、最小二乘预测等来提升嵌入性能。另一方面,为了改进直方图修改方法,一些研究学者提出根据图像内容自适应选择最优的直方图扩展点。接下来对几种经典的 PEE 方法的具体嵌入过程进行详细介绍。

4.4.1 基于单直方图移位的方法

PEH 的生成主要包括获取像素预测值、计算预测误差、统计频数生成预测误差直方图三个步骤。首先,按照特定的扫描顺序对载体图像进行扫描,得到一维像素序列$(x_1, \cdots, x_N)$。然后,使用固定的预测方法对每个像素进行预测得到预测像素序列$(\hat{x}_1, \cdots, \hat{x}_N)$。例如,对于常用的菱形预测器,每个点 x_i 的预测值 $\hat{x}_i$ 被计算为周围临近的四个像素值的取整均值。接下来,预测误差被计算为:

$$e_i = x_i - \hat{x}_i \qquad (4-28)$$

以此得到对应一维预测误差序列$(e_1, \cdots, e_N)$,通过统计不同预测误差的频数生成预测误差直方图 h:

$$h(k) = \#\{1 \leqslant i \leqslant N : e_i = k\} \qquad (4-29)$$

通常,预测误差直方图 h 服从以 0 为中心的拉普拉斯式分布。

对于直方图修改,实际上,基于生成的一维 PEH(1D-PEH),可以有多种直方图修改策略对预测误差进行扩展和移位来嵌入数据。在这里,我们主要介绍三种不同的一维直方图移位方式。

1. 传统 PEE

传统 PEE 通过选择固定的直方图 bin,即直方图最高的两个 bin 0 和 −1,进行扩展嵌入,其他 bin 向左(右)移位以保证可逆。具体地说,对于每个预测误差 e_i,它将被扩展或移动为:

$$e_i' = \begin{cases} e_i + m, & e_i = 0 \\ e_i - m, & e_i = -1 \\ e_i + 1, & e_i > 0 \\ e_i - 1, & e_i < -1 \end{cases} \quad (4-30)$$

其中,e_i' 为修改后的预测误差值,$m \in \{0, 1\}$ 为待嵌入消息。图 4-3(a)是该方法对直方图每点的映射规则的说明,其中 0 被扩展为 0 或 1 以嵌入数据 $m=0$ 或 $m=1$,−1 被扩展为 −1 或 −2 以嵌入数据 $m=0$ 或 $m=1$,点 $(-\infty, -1) \bigcup (0, +\infty)$ 向左(右)平移以产生空位来保证可逆性。数据嵌入前后的预测误差直方图如图 4-3(b)所示。然后,根据得到的 e_i',将每个像素 x_i 修改为 $x_i' = \overset{\wedge}{x_i} + e_i'$ 得到修改后的像素值 x_i'。

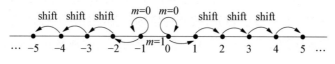

(a) 传统 PEE 映射规则

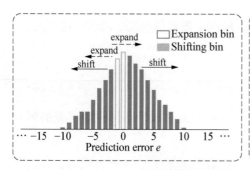
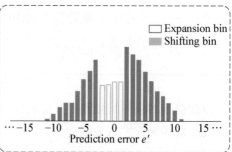

(b) 修改前的直方图(左)与修改后的直方图(右)

图 4-3 传统 PEE 的映射规则以及嵌入前后直方图对比

对于该方法的提取与图像可逆恢复过程,首先,采用同样的预测方法得到预测像素 $\hat{x}_i$,通过 $e_i' = x_i' - \hat{x}_i$ 得到修改后的预测误差。对于每个 e_i',其原始预测误差可以被恢复为:

$$e_i = \begin{cases} e_i' + 1, & e_i' < -1 \\ e_i' - 1, & e_i' > 0 \\ e_i', & e_i' \in \{0, -1\} \end{cases} \quad (4-31)$$

而原始像素值 x_i 被恢复为 $x_i = \hat{x}_i + e_i$。 同时,嵌入的消息 m 可提取为:

$$m = \begin{cases} 0, & e_i' \in \{-1, 0\} \\ 1, & e_i' \in \{-2, 1\} \end{cases} \quad (4-32)$$

需要注意的是,传统 PEE 可逆性的一个关键问题是需保证在提取端获得与嵌入时同样的预测值。

2. 基于像素选择的自适应嵌入方法

为了更好地利用图像冗余,作为传统 PEE 的扩展,一些 RDH 方法提出基于像素选择的自适应嵌入(adaptive PEE,简称 A-PEE)策略。具体来说,对于待嵌入图像 I,首先计算每个像素点 x_i 的周围像素的特征值(例如方差)作为该点的复杂度 n_i。然后,基于复杂度越低的区域像素预测值越集中的特点,选择满足 $n_i < T$ 的所有像素点作为载体进行嵌入,对于 $n_i \geqslant T$ 的像素点,保持其像素值不变。其中,T 是预先选择的阈值。阈值 T 是影响自适应嵌入性能的重要因素,通常,为了更好地利用平滑像素,T 选择满足嵌入容量前提下最小的正整数。

在提取端,首先需要计算每个点的复杂度 n_i,对于 $n_i < T$ 的像素点根据上述传统 PEE 提取方法进行提取恢复,其余像素点恢复为当前像素点。

3. 基于最优扩展点选择的嵌入方法

对于直方图修改,除了选择固定的扩展点进行嵌入外,还可以通过自适应确定最优的扩展点来优化嵌入性能。一些 RDH 方法提出基于最优扩展点选择的嵌入方法(optimal PEE,O-PEE),通过计算每点的嵌入失真建立率失真模型,进一步求解得到不同直方图的最优扩展点进行可逆嵌入。具体来说,假设其选择的扩展点为(a,b),其中$a<b$,在这种情况下,对于每个预测误差e_i,它将被扩展或移动为:

$$e_i' = \begin{cases} e_i+m, & e_i=b \\ e_i-m, & e_i=a \\ e_i+1, & e_i>b \\ e_i-1, & e_i<a \end{cases} \tag{4-33}$$

与传统 PEE 不同的是,直方图中a和b之间的点将保持不变。然后,根据该嵌入方式计算出嵌入容量和失真,选择满足嵌入容量情况下失真最小的参数(a,b)以优化嵌入性能。$(a,b)=(-2,1)$的自适应嵌入规则以及直方图修改示意如图 4-4 所示。

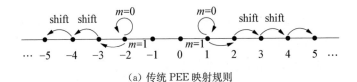

(a) 传统 PEE 映射规则

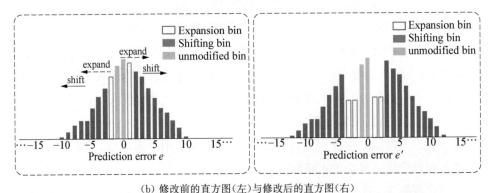

(b) 修改前的直方图(左)与修改后的直方图(右)

图 4-4 O-PEE 选择$(-2,1)$为扩展点时的映射规则以及嵌入前后直方图对比

4. 基于像素选择以及最优扩展点选择的嵌入方法

实际上,将上述两种方法,即基于像素选择的自适应 A-PEE 与基于最优扩展点选择的 O-PEE 相结合(AO-PEE),可以获得更好的性能。

以标准的 512×512 大小的灰度图像 Lena 为例,不同方法嵌入结果如图 4-5 所示。从该图可以看出,与 C-PEE 相比,A-PEE、O-PEE 和 AO-PEE 的性能更好。通过综合改进,AO-PEE 方法在这些基于 PEE 的

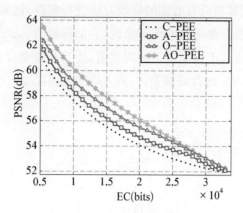

图 4 - 5　三种 PEE 方法对比

(来源:LI X, ZHANG W, GUI X, et al. Efficient reversible data hiding based on multiple histograms modification [J]. IEEE Transactions on Information Forensics and Security，2015，10(9):2016 - 2027)

方法中表现最好。

4.4.2　基于多直方图移位的方法

　　基于多直方图修改(multiple histogram modification，MHM)的方法首先由 Li 等人[7]提出，一经提出就得到了广泛的关注。MHM 通过将单个直方图扩展为多个直方图，对不同直方图考虑选择不同的扩展 bin 进行修改，取得了比传统 PEE 更好的嵌入性能。

　　类似传统 PEE 方法，MHM 方法主要分成两个步骤:直方图生成和直方图修改。首先，假设图像有 N 个像素，对于像素 x_i，计算(e_i, n_i)，其中 e_i 和 n_i 分别为该像素的预测误差和邻域复杂度。根据邻域复杂度的取值，直方图序列 $\{h_n\}_{n=1}^K$ 被定义为:

$$h_n(e) = \{1 \leqslant i \leqslant N: e_i = e, g_{n-1} < n_i \leqslant g_n\} \qquad (4 - 34)$$

其中，$g_{n-1} < g_n$ 代表对于 h_n 给定的邻域复杂度阈值范围。邻域复杂度可以衡量像素的平滑度，更低的邻域复杂度就代表了预测误差为 0 的可能性更大。因此，n 越小，直方图 h_n 的分布就越尖锐。然后，根据生成直方图序列 $\{h_n\}_{n=1}^K$，对每个 h_n 自适应选择扩展 bin。具体而言，对于每个直方图 h_n，$1 \leqslant n \leqslant K$，考虑只有一对扩展 bin $a_n < 0 \leqslant b_n$ 用来扩展嵌入，限制像素的最大修改量为 1。对于预测误差 e_i，应当先根据其邻域复杂度 n_i 判断 e_i 所

属直方图,再根据其对应直方图的修改方法进行修改,这意味着对于有相同预测误差但邻域复杂度不同的像素来说,它们的修改方式是不同的。因此,预测误差的修改方式不仅取决于其误差值,还与其复杂度相关。具体来说,对于直方图索引为 n 的预测误差 e_i,嵌入后的预测误差 e_i' 为:

$$e_i' = \begin{cases} e_i, & a_n < e_i < b_n \\ e_i + m, & e_i = b_n \\ e_i - m, & e_i = a_n \\ e_i + 1, & e_i > b_n \\ e_i - 1, & e_i < a_n \end{cases} \qquad (4-35)$$

其中,m 为待嵌入消息。对于数据提取与恢复,基于参数 $\{(a_n, b_n)\}_{n=1}^{K}$,将直方图索引为 n 的预测误差 e_i 恢复为:

$$e_i = \begin{cases} e_i', & a_n < e_i < b_n \\ e_i' - 1, & e_i > b_n \\ e_i' + 1, & e_i < a_n \end{cases} \qquad (4-36)$$

对于 $e_i' \in \{a_n, b_n\}$ 和 $e_i' \in \{a_n - 1, b_n + 1\}$,嵌入的信息分别被恢复为"0"和"1"。

MHM 可以通过使用参数 $\{(a_n, b_n)\}_{n=1}^{K}$ 的不同组合,以不同的方式修改多个 PEH,图 4-6 给出了两个不同的例子,其中,左图 $\{(a_n, b_n)\}_{n=1}^{K} = \{(-1, 0), \cdots, (-1, 0)\}$,右图 $\{(a_n, b_n)\}_{n=1}^{K} = \{(-1, 0), (-2, 1), \cdots, (-K, K-1)\}$。事实上,MHM 可以看作一个通用的直方图嵌入框架,很多基于直方图移位的算法都可以看作在该框架下的特例。具体来说,传统的基于 PEE 的方法可以看作对所有的直方图取值 $(a_n, b_n) = (-1, 0)$ 的情况,而其他采用了自适应嵌入策略的方法也可以归纳于该框架之中,例如,A-PEE,O-PEE 及结合自适应策略和最佳参数选择的方法 AO-PEE。

在统一的 MHM 框架下,对应于这些方法的具体参数设定为:

① O-PEE:当 $1 \leqslant n \leqslant T$ 时,$(a_n, b_n) = (-1, 0)$;当 $n > T$ 时,$(a_n, b_n) = (-\infty, +\infty)$。

② A-PEE:$(a_n, b_n) = (a, b)$,这里的 a 和 b 是特定选择的参数。

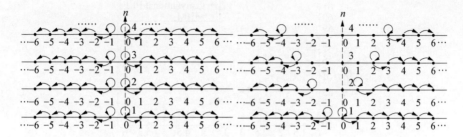

图 4-6 MHM 方法示意图

(来源：LI X ZHANG W，GUI X，et al. Efficient reversible data hiding based on multiple histograms modification [J]. IEEE Transactions on Information Forensics and Security，2015，10(9)：2016-2027)

③ AO-PEE：当 $1 \leqslant n \leqslant T$ 时，$(a_n, b_n) = (a, b)$；当 $n > T$ 时，$(a_n, b_n) = (-\infty, +\infty)$。

此处 $(a_n, b_n) = (-\infty, +\infty)$ 代表索引为 n 的直方图 h_n 没有做修改。同传统的方法相比，基于多直方图修改的方法有着更大的自由度来选择参数，因此取得了更好的嵌入性能。参数 a_n 和 b_n 的选择决定了嵌入方案的性能，为了能够针对不同的图像内容和嵌入容量要求自适应地选择参数，Li 等人的方法中采用了穷举搜索的方法来确定最佳参数。对于 K 个直方图，通过穷举搜索可得到总共 $2K$ 个参数。为了达到更快的计算速度，进一步简化了参数确定过程，通过定义如下约束来限制候选池：

① 对称约束，对于 $n \in \{0, \cdots, K-1\}$，$a_n = -b_n - 1$；

② 有限的搜索范围，对于 $n \in \{0, \cdots, K-1\}$，$b_n \in \{0, 1, 2, 3, 4, 5, 6, 7, \infty\}$；

③ 非递减约束，$b_0 \leqslant b_1 \leqslant \cdots \leqslant b_{K-1}$。

特别地，非递减约束背后的主要思想是让平滑像素比纹理像素嵌入更多信息。由于限制了搜索范围，因此参数优化问题可以有效地解决，并且对于 512×512 尺寸的图像，一次嵌入的时间仅为几秒钟。在 MHM 的方法中，通过划分不同复杂度的像素集合来生成多个直方图，充分利用了图像信息的空间冗余性，同时通过自适应地微调参数，取得了良好的性能（如图 4-7 所示）。

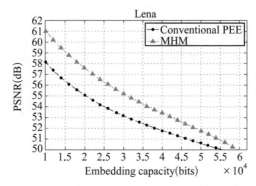

图 4 - 7　MHM 与传统 PEE 性能比较

4.4.3　基于二维直方图移位的方法

为了更好地利用预测误差之间的相关性,Ou 等人[8]提出了一种基于预测误差对扩展(pairwise PEE)的可逆隐藏方案,将传统一维直方图修改扩展到了二维空间。该方法将每两个邻近的预测误差对作为一个基本嵌入单元,生成预测误差对序列,然后得到二维预测误差直方图(two-dimensional prediction-error histogram,2D - PEH),并基于经验设计的修改映射进行可逆信息嵌入。相比于传统一维方法,pairwise PEE 能够更好地利用图像冗余,从而得到一个更好的嵌入性能,下面将介绍具体实现步骤。

同样,pairwise PEE 包括两个主要步骤,即直方图生成和直方图修改。首先,按照特定的扫描顺序得到单层像素序列 $(x_1, \cdots, x_N)$。然后,计算像素与预测值之间的预测误差,其中预测误差序列表示为 $(e_1, \cdots, e_N)$。pairwise PEE 与传统 PEE 的差异在于预测误差是否被配对后修改。对于pairwise PEE,每两个相邻的预测误差联合成一个预测误差对,统计不同预测误差对的频数生成对应 2D - PEH $h_2(k_1, k_2)$:

$$h_2(k_1, k_2) = \{i : e_{2i-1} = k_1, e_{2i} = k_2\} \tag{4-37}$$

在高维空间中,通过利用高阶相关可以得到进一步的性能改进,并且得到了一个具有更低熵的 2D - PEH。在这种情况下,传统一维直方图修改的可逆映射转换为二维形式,如图 4 - 8 所示。

对于直方图修改,pairwise PEE 设计了对应新的 2D 映射,对应新的映射与传统的 2D 映射如图 4 - 9 所示。注意,因为其他三个象限采用类似的2D 映射,所以这里只给出了第一象限的说明。与传统的 PEE 相比,pairwise

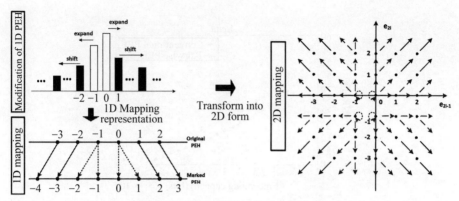

图 4-8 传统 PEE 一维及二维表示

(来源:OU B, LI X, ZHAO Y, et al. Pairwise prediction-error expansion for efficient reversible data hiding[J]. IEEE Transactions on Image Processing, 2013,22(12):5010-5021)

PEE 区别在于通过舍弃从 $(e_{2i-1}, e_{2i})=(0, 0)$ 到 $(e_{2i-1}, e_{2i})=(1, 1)$ 的映射,而增加从 $(e_{2i-1}, e_{2i})=(1, 1)$ 到 $(1, 1)$ 以及 $(2, 2)$ 的映射。具体来说,对于 $(e_{2i-1}, e_{2i})=(0, 0)$,pairwise PEE 将 $(0, 0)$ 映射到 $(0, 0)$、$(0, 1)$ 或 $(1, 0)$,因此嵌入了 $\log_2 3$ 比特。对于 $(e_{2i-1}, e_{2i})=(1, 1)$,pairwise PEE 将 $(1, 1)$ 映射到 $(1, 1)$ 或 $(2, 2)$,从而增加 1 比特的嵌入容量,这样做的好处是可以减少总的嵌入失真,并增大嵌入容量。如图 4-10 所示,该方法可以获得明显高于传统 PEE 的嵌入性能。

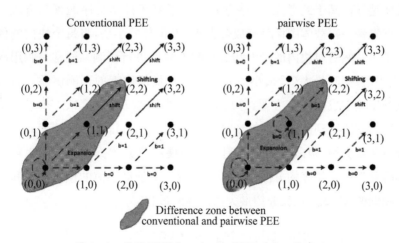

图 4-9 传统 PEE 与 pairwise PEE 对应二维表示

(来源:OU B, LI X, ZHANG W, et al. Improving pairwise PEE via hybrid-dimensional histogram generation and adaptive mapping selection [J]. IEEE Transactions on Circuits and Systems for Video Technology, 2019, 29(7):2176-2190)

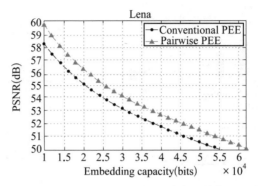

图 4-10　传统 PEE 与 pairwise PEE 对应二维实验性能比较

此外,一些方法通过从二维直方图生成以及二维直方图修改两个角度基于二维直方图修改的方法做了进一步改进,得到了更高的 PSNR 增益。

4.5 基于像素排序的预测方法

对于一个基于 PEE 的可逆隐藏技术,影响最终性能的因素主要有两方面:一是对于像素预测的精确程度;二是基于生成的预测误差直方图的修改方式。一般而言,对于像素的预测越精准,直方图修改时的失真越小,最终的性能越好。基于此考虑,一些学者提出了基于像素排序的预测方法。该方法首先将一幅载体图像分割成等大小、不重叠的小块,将每个块内的像素进行排序。然后对块内的最大和最小的像素值进行预测。通常是利用次大值(次小值)预测最大值(最小值),从而得到最值像素的预测误差。通过统计预测误差生成对应直方图,最后对直方图修改以嵌入信息。基于像素排序的预测方法得到的预测值在统计上十分准确。其得到的预测误差直方图的分布非常尖锐,很适合用于预测差分拓展的直方图修改。接下来对几种经典的基于像素排序的方法进行详细介绍。由于最小值的预测方式和最大值是相同的,因此这里仅介绍最大值的预测过程。

4.5.1 最开始的像素排序方法——PVO

起初的基于像素排序的方法(pixel value ordering, PVO)[9]是将次大的像素值作为最大像素的预测值。具体来说,对于某一个块内的像素

$(x_1, \cdots, x_n)$，经过排序后得到 $x_{\sigma(1)} \leqslant \cdots \leqslant x_{\sigma(n)}$。那么对于最大值 $x_{\sigma(n)}$，其预测值 $e_{\max}$ 被定义为：

$$e_{\max} = x_{\sigma(n)} - x_{\sigma(n-1)} \tag{4-38}$$

这里 $\sigma: \{1, \cdots, n\} \to \{1, \cdots, n\}$ 是一个一对一的映射，当 $x_{\sigma(i)} = x_{\sigma(j)}$ 时，$\sigma(i) < \sigma(j)$。通常，相同块内的最大值和次大值是比较接近的，尤其是对于平滑区域的块。基于这种考虑，经过上述计算就可以得到一个分布比较集中的预测误差直方图。实际上，经过对一些测试图像的统计计算，观察到基于 PVO 的预测方法得到的预测误差直方图分布聚集在误差值比较低的位置，而其峰值都分布在预测误差值为 1 的位置。以尺寸为 512×512 的灰度图像 Lena 为例，根据像素排序预测方法得到的预测误差直方图如图 4-11 所示。

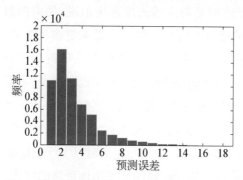

图 4-11　对于 512×512 的灰度图像 Lena 的 $e_{\max}$ 的直方图，分块大小为 2×2

根据上一节对 PEE 方法的描述，我们知道，对于 PEE，利用频数最高的预测误差来进行拓展操作、实现信息嵌入是最佳的选择，这样做带来的容量和失真的效益是最高的。同样，在 PVO 中，最高的 bin 1 被选择用来拓展嵌入，具体而言，对于 PVO，嵌入方式可描述为：

$$\hat{e}_{\max} = \begin{cases} e_{\max}, & e_{\max} = 0 \\ e_{\max} + m, & e_{\max} = 1 \\ e_{\max} + 1, & e_{\max} > 1 \end{cases} \tag{4-39}$$

这里的 $m \in \{0, 1\}$ 表示 1 比特的待嵌入信息。图 4-12 给出了嵌入前后的预测误差直方图的示意图。从图中可以看到，值为 1 的预测误差在嵌入后被均分到 1 和 2 的位置,这是因为一般嵌入的二进制信息服从均匀分布。大于 1 的预测误差在嵌入后被移位到比之前大 1 的位置,从而保证了算法的可逆性。而值为 0 的预测误差嵌入前后保证不变。

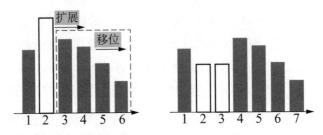

注:左图为嵌入前的预测误差直方图,右图为嵌入后的预测误差直方图

图 4-12　嵌入前后的预测误差直方图

在具体实现算法时,值得关注的是并不是所有的块都适合拿来做嵌入。比如对于很多处于纹理复杂区域的像素块来说,块内的最大值的预测往往大于 1,对这些块的最值进行移位修改会带来更多的失真。那么,如果我们可以仅使用平滑区域的块来进行嵌入,那么最后得到的预测误差直方图会更加尖锐,对于最后的性能提升也就更有帮助。另外,块的大小选择是影响性能的另一关键所在。如图 4-13 所示,2×2 的分块大小能够带来更多的嵌入容量,但是 PSNR 整体不高。而 4×4 和 5×5 的分块虽然容量不高,但是在低容量上的性能却更好。在实际嵌入时,PVO 根据嵌入容量,在尝试多种块尺寸后,自适应选择最佳的块的尺寸用作最终的嵌入。

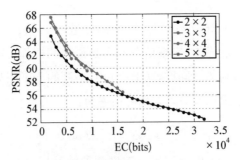

图 4-13　Lena 图像上不同块的大小的容量-PSNR 曲线

(来源:LI X, LI J, LI B, et al. High-fidelity reversible data hiding scheme based on pixel-value-ordering and prediction-error expansion [J]. Signal Processing, 2013,93(1):198-205)

以 Lena 为例,从图 4 - 14 中可以看出,PVO 的性能比其他方法有明显提升,尤其是在低容量上。这些提升不仅仅是因为预测方式,还在于优先选择平滑块来嵌入的策略。

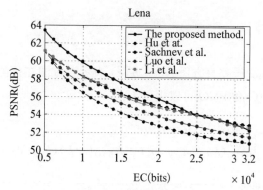

图 4 - 14　PVO 和其他方法在 512×512 的灰度图像 Lena 上的性能比较(PSNR)
(来源:LI X, LI J, LI B, et al. High-fidelity reversible data hiding scheme based on pixel-value-ordering and prediction-error expansion [J]. Signal Processing,2013,93(1):198 - 205)

4.5.2　IPVO

使用值为 1 的预测误差进行拓展嵌入的方式在传统的 PEE 方法看来是不够完美的。在 Peng 等人[10]看来,值为 0 的预测误差在直方图中占比很高,同样适合用来嵌入信息。因此,改进版的 PVO(improved PVO,IPVO)[10]对块内的预测方式重新做出定义。为了突出值为 0 的预测误差的地位,IPVO 将最大值和次大值之间的空间位置关系纳入考虑,对最大值 $x_{\sigma(n)}$ 的预测误差重新定义为

$$e_{\max}^* = \begin{cases} x_{\sigma(n)} - x_{\sigma(n-1)}, & \sigma(n) < \sigma(n-1) \\ x_{\sigma(n-1)} - x_{\sigma(n)}, & \sigma(n) > \sigma(n-1) \end{cases} \qquad (4-40)$$

通过上式可见,和 PVO 的区别在于当 $\sigma(n) > \sigma(n-1)$ 时,预测误差的符号出现了变化,即当 $\sigma(n) > \sigma(n-1)$ 时,$e_{\max}^* = -e_{\max}$。此时 $e_{\max}^* = x_{\sigma(n-1)} - x_{\sigma(n)} \leqslant 0$,因此 $e_{\max}^*$ 的取值范围为 $(-\infty, +\infty)$。经过测试,由 IPVO 得到的 $e_{\max}^*$ 的直方图峰值在预测误差值为 0 的位置。如图 4 - 15 所示,对于 Lena 图像而言,所得到的 PEH 是一个峰值在 0 处的类似拉普拉斯的分布。针对这种情况,IPVO 选择值为 0 和 1 的预测误差用来进行拓展嵌入的操

作。嵌入示意图见图 4-16,其嵌入可公式化表示为:

$$\hat{e}_{\max}^* = \begin{cases} e_{\max}^* - 1, & e_{\max}^* < 0 \\ e_{\max}^* - b, & e_{\max}^* = 0 \\ e_{\max}^* + b, & e_{\max}^* = 1 \\ e_{\max}^* + 1, & e_{\max}^* > 1 \end{cases} \tag{4-41}$$

这里我们假设预测误差直方图为 h。$h(e)$ 表示直方图在预测误差为 e 时的频数。那么 IPVO 和 PVO 可以表示为:

$$\begin{cases} h_{PVO}(0) = h_{IPVO}(0), \\ h_{PVO}(k) = h_{IPVO}(k) + h_{IPVO}(-k)(k > 0) \end{cases} \tag{4-42}$$

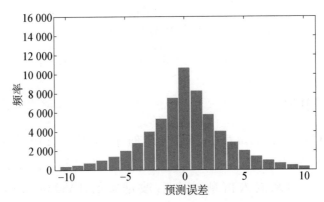

图 4-15 对于 512×512 的灰度图像 Lena 的 $e_{\max}^*$ 的直方图,分块大小为 2×2

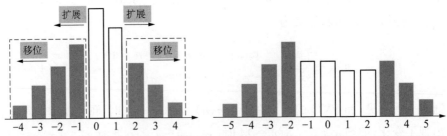

注:左图为嵌入前的预测误差直方图,右图为嵌入后的预测误差直方图。值为 0 和 1 的预测误差被用来做拓展嵌入。

图 4-16 嵌入前后的预测误差直方图

从图 4-15 可以看出,$h_{IPVO}(0) + h_{IPVO}(1) > h_{IPVO}(1) + h_{IPVO}(-1) = h_{PVO}(1)$。 因此,IPVO 相比 PVO 嵌入容量得到了提升。图 4-17 也给出了

IPVO 与 PVO 在块大小为 2×2 和 3×3 时的性能比较。可见,IPVO 在块大小相同的条件下性能明显超出 PVO。

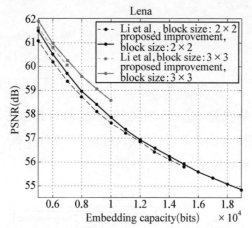

图 4 - 17　Li 等人的 PVO 和 IPVO 在块大小为 2×2 和 3×3 时的性能比较
(来源:PENG F, LI X, YANG B. Improved PVO-based reversible data hiding [J]. Digital Signal Processing,2014,25:255 - 265)

同样,以 Lena 为例,从图 4 - 18 中可以看出,IPVO 的性能比其他集中方法有着显著的提升。

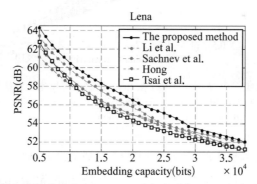

图 4 - 18　IPVO 和其他方法在 512×512 的灰度图像 Lena 上的性能比较(PSNR)
(来源:PENG F, LI X, YANG B. Improved PVO-based reversible data hiding [J]. Digital Signal Processing,2014,25:255 - 265)

4.5.3　*k*-pass PVO 和 pairwise PVO

PVO 仅使用了块内最值进行嵌入,最大的嵌入容量有限。为了提升容量,He 等人[11]提出一种称为 *k*-pass PVO 的方法。该方法主要思想是使用

第 $k+1$ 个最大值对前 k 个最大值进行预测,从而前 k 个最大值都可以进行拓展嵌入。具体而言,对于第 i 个最大值的预测误差 $e_{\max}^{**}(i)$ ($n-k+1 \leqslant i \leqslant n$),其计算方式为:

$$e_{\max}^{**}(i) = \begin{cases} x_{\sigma(i)} - x_{\sigma(n-k)}, & i=n \\ x_{\sigma(i)} - x_{\sigma(n-k)}, & i<n \text{ 且 } e_{\max}^{**}(n) \leqslant 1 \\ x_{\sigma(i)} - (x_{\sigma(n)} - 2), & i<n \text{ 且 } e_{\max}^{**}(n) > 1 \end{cases} \quad (4-43)$$

这里最大值的预测误差 $e_{\max}^{**}(n)$ 首先被定义,然后其他几个预测误差根据 $e_{\max}^{**}(n)$ 可以得到。k-pass PVO 的嵌入过程和 PVO 一致。在 Lena 图像上不同方法的对比实验结果如图 4-19 所示。

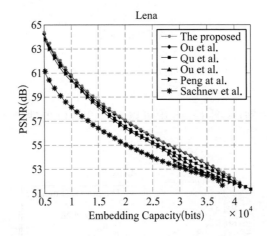

图 4-19 k-pass PVO 在 Lena 图像上的性能比较结果

(来源:HE W, XIONG G, WENG S, et al. Reversible data hiding using multi-pass pixel-value-ordering and pairwise prediction-error expansion [J]. Information Sciences, 2018,467:784-799)

此外,Ou 等人提出的 pairwise PVO[12] 则是将 PVO 与二维的直方图修改方法 pairwise PEE 相结合。对于一个块内的像素,pairwise PVO 将 $x_{\sigma(n-2)}$ 作为 $x_{\sigma(n)}$ 和 $x_{\sigma(n-1)}$ 的预测值,得到一组预测误差对 $(e_{\max}^1, e_{\max}^2)$:

$$\begin{cases} e_{\max}^1 = x_{\sigma(n)} - x_{\sigma(n-2)}, & \sigma(n) < \sigma(n-1) \\ e_{\max}^2 = x_{\sigma(n-1)} - x_{\sigma(n-2)}, & \sigma(n) > \sigma(n-1) \end{cases} \quad (4-44)$$

以此可以得到一个二维的预测误差直方图。图 4-20(a)展示了分块大小为 2×3 时的 Lena 图像的二维预测误差直方图。具体的嵌入时预测误差对的修改方式见图 4 - 20(b)。这个修改方式根据二维直方图分布设计得到,目的在于尽可能使用高频的误差对来嵌入信息。在 Lena 图像上其他方法的对比实验结果如图 4 - 21 所示。

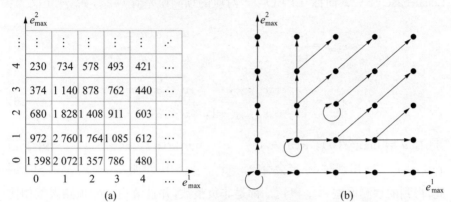

(a)

(b)

注:(a)为 pairwise PVO 在分块大小为 2×3 的 Lena 图像上得到的二维预测误差直方图;(b)为 pairwise PVO 对于二维预测误差直方图的修改方式。

图 4 - 20　二维的预测误差示意图

(来源:OU B, LI X, ZHAO Y, et al. Reversible data hiding using invariant pixel-value-ordering and prediction-error expansion [J]. Signal Processing:Image Communication,2014,29(7):760 - 772)

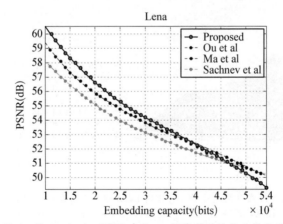

图 4 - 21　pairwise PVO 在 Lena 图像上的性能比较结果

(来源:OU B, LI X, ZHAO Y, et al. Reversible data hiding using invariant pixel-value-ordering and prediction-error expansion [J]. Signal Processing:Image Communication,2014,29(7):760 - 772)

4.5.4　LPVO

如上一节图 4 - 20(a)所示,在 pairwise PVO 中得到的二维预测误差直方图并不是一个规则的直方图。为了让二维直方图分布更加集中,Zhang 等人[13]提出进一步利用第三大的像素 $x_{\sigma(n-2)}$ 与前两大像素 $x_{\sigma(n)}$ 和 $x_{\sigma(n-1)}$ 之间的位置关系,从而进一步利用块内像素之间的相关性信息。该方法称为 Local-based PVO(简称"LPVO")。对应的预测误差对 $(e_{\max}^1, e_{\max}^2)$ 定义为:

$$e_{\max}^1 = \begin{cases} x_u - x_{\sigma(n-2)}, & u > \sigma(n-2) \\ x_u - x_{\sigma(n-2)} - 1, & u < \sigma(n-2) \end{cases} \qquad (4-45)$$

$$e_{\max}^2 = \begin{cases} x_v - x_{\sigma(n-2)}, & v > \sigma(n-2) \\ x_v - x_{\sigma(n-2)} - 1, & v < \sigma(n-2) \end{cases} \qquad (4-46)$$

其中,$u = \max\{\sigma(n), \sigma(n-1)\}$,$v = \min\{\sigma(n), \sigma(n-1)\}$。 由于当 $u < \sigma(n-2)$ 出现时,一定会有 $x_u - x_{\sigma(n-2)} > 0$,同理,$x_v - x_{\sigma(n-2)} > 0$,因此,得到的预测误差 $e_{\max}^1$ 和 $e_{\max}^2$ 都是非负整数,并且值为 0 的预测误差相比 pairwise PVO 会增加。如图 4-22,此时二维直方图的峰值出现在 $(0,0)$ 位置,分布也更加集中。

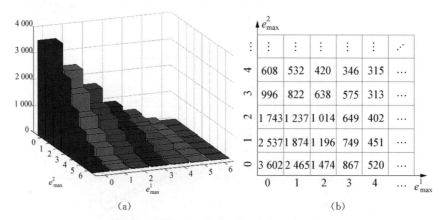

(a)   (b)

图 4-22　LPVO 在分块大小为 2×3 的 Lena 图像上得到的二维预测误差直方图
(来源:ZHANG T, LI X, QI W, et al. Location-based PVO and adaptive pairwise modification for efficient reversible data hiding [J]. IEEE Transactions on Information Forensics and Security, 2020, 15:2306-2319)

对应地,LPVO 在 Lena 图像上与诸多算法的对比实验结果见图 4-23。

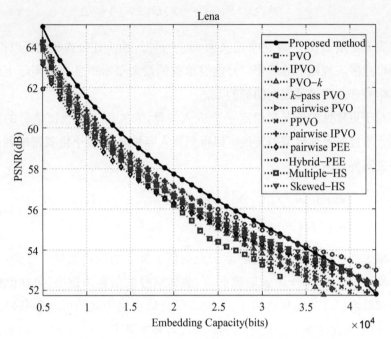

图 4 - 23　LPVO 在 Lena 图像上的性能比较结果

（来源：ZHANG T，LI X，QI W，et al. Location-based PVO and adaptive pairwise modification for efficient reversible data hiding ［J］. IEEE Transactions on Information Forensics and Security，2020，15：2306 - 2319）

4.6　可逆隐藏理论研究

可逆隐藏的一个基本问题是，对于给定的失真约束与待嵌入载体，理论上能够可逆地嵌入至载体中的有效载荷上限是多少。在文献［14］中，Kalker 和 Willems 首次解决了这一问题。考虑一个独立同分布的整数载体序列，他们将 RDH 表述为一个率失真问题，并得到了给定失真约束 Δ 下的上界为：

$$\rho_{\text{rev}} = \max\{H(Y)\} - H(X) \tag{4-47}$$

其中，ρ_{rev} 表示可逆嵌入容量，X 和 Y 分别表示载体信号和载密信号，H 表示熵函数，且上式中的最大熵是基于所有概率转移矩阵 $P_{Y|X}(y\mid x)$ 满足以下失真约束条件：

$$\sum_{x,y} P_X(x)P_{Y|X}(y \mid x)D(x,y) \leqslant \Delta \qquad (4-48)$$

其中失真度量 $D(x,y)$ 通常定义为 $(x-y)^2$。由上述公式我们可以得到，满足可逆嵌入规则下的载密信号能够承载的最大秘密消息容量实际上就是载体信号和载密信号之间的熵的差。

对于更常见的情况是给定一个嵌入容量，来实现生成载密信号的失真最小。通过对上述模型的转换可以得到嵌入容量 R 下最小化载密序列失真的率失真界，如：

$$\begin{cases} \text{minimize} \sum_{x=0}^{m-1} \sum_{y=0}^{n-1} P_X(x)P_{Y|X}(y \mid x)D(x,y) \\ \text{s. t. } H(Y)=R+H(X) \end{cases} \qquad (4-49)$$

率失真界的确定为可逆隐藏研究提供了强大的理论指导。首先，从率失真界可以看出，对于可逆隐藏而言，载体信号的信息熵越小，可逆隐藏的容量和载密信号的失真就越小。其次，研究最小化失真的可逆隐藏修改方式，实际上就是求解上述优化问题的最优转移概率 $P_{Y|X}(y \mid x)$。需要注意的是，在实际的嵌入方案中，通常会将载体信号投影到一个低维空间以得到独立同分布的载体序列（例如预测误差序列），然后再将其应用于这个生成的独立同分布载体序列，而非载体图像本身。

在得到可逆隐藏率失真界之后，研究者自然地希望寻找能达到理论上最优的嵌入方法，即公式（4-47）的最优解 $P_{Y|X}(y \mid x)$，然而，如何有效地实现最优修改仍然是一个问题。对于二进制载体序列 $x \in \{0,1\}$，Kalker 和 Willems 提出了一种递归编码方案，而 Zhang 等人进一步改进了递归编码方案，使其接近失真率边界，并在实验和理论上都证明了其提出的方法。我们以文献[14]和文献[15]为例，展示可逆递归编码的基本实现步骤。

4.6.1 可逆递归编码

Kalker 等人[14]提出了一种递归嵌入 RDH 方法，该方法由一个指定的编码方案（不要求可逆性）和一个无损压缩算法组成。该算法的核心思路如下。

选择一个嵌入率为 ρ、失真为 Δ 的编码方法 ε，假设二进制载体序列 $x = (x_1, x_2, \cdots, x_N)$ 足够长。首先，将序列 x 划分成若干个长度为 K 的

不相交的子序列,即 $x = x_1 \| x_2 \| \cdots \| x_N$。不失一般性,假定 N/K 是一个充分大的整数。通过编码方法 ε,可以将 $K\rho$ 比特秘密消息 m_1 嵌入第一个载体子序列 x_1 中,从而生成第一个载密子序列 y_1。接收端需满足在得到 y_1 的条件下能够重建 x_1。因此,重建 y_1 所需的信息量等于 $H(x_1 \mid y_1)$,这意味着我们可以将 x_1 无损压缩成一个长度为 $H(x_1 \mid y_1)$ 的序列,然后这个无损压缩后的序列将被嵌入第二个子序列 x_2 中。由于辅助消息为 $H(x_1 \mid y_1)$,因此对应第二个子序列的可用来嵌入秘密消息的剩余空间为 $K\rho - H(x_1 \mid y_1)$ 比特。类似地,用于重建 x_2 的信息被嵌入 x_3。不断递归这个嵌入过程直到完成倒数第二个子序列 $x_{N/K-1}$ 的嵌入。对于最后一个载体子序列 $x_{N/K}$,使用 LSB 替换的简单方法来完成一个完整的 RDH 方法。实际上,当 N 和 N/K 足够大时,该方法的失真率等于编码方法 ε 的失真率,嵌入率为 $\rho - H(x_1 \mid y_1)/K$。

这种递归编码方法的性能优于简单的基于无损压缩的 RDH 方法,主要原因有两点:一是可逆数据嵌入采用的是更高效的不可逆编码方法来完成;二是在已知载密子序列的条件下对载体序列进行压缩。然而在文献[15]中,Zhang 等人指出,上面的递归编码方案依然不能接近上界。

4.6.2 改进的递归可逆嵌入

在上述理论基础上,为了推导出实用的可逆嵌入方法来无限地逼近率失真上界,研究者进一步提出了改进的基于递归编码方案的 RDH 方法。所有这些方法都可以看作文献[14]中提出的递归编码构造的改进版本,在这里,我们以 Zhang 等人提出的递归直方图修改算法(recursive-histogram-modification, RHM)[16] 为例来说明这种基于无损压缩的方案。在文献[16]中,Zhang 等人将递归编码构造从二进制信号扩展到灰度信号,将载体序列划分为互不相交的载体序列块,并逐块根据最优转移概率修改对应直方图的 bin。该算法的核心思路如下。

假设一个服从分布 $P_X(x)$ 的无记忆载体序列 $x = (x_1, x_2, \cdots, x_N)$,其中 $x_i \in \{0, 1, \cdots, B-1\}$。秘密信息为 $m = (m_1, m_2, \cdots), m_i \in \{0, 1\}$。为了递归地嵌入秘密信息,首先将载体序列划分为 g 个不相交的子序列,即 $x = x_1 \| x_2 \| \cdots \| x_g$。假设前面的 $g-1$ 个子序列有相同的序列长度 K,最后一个序列长度为 L_{last}。嵌入函数为 Emb,RHM 通过 Emb 函

数将信息嵌入每个子序列中,使得 $(\boldsymbol{M}_{i+1}, \boldsymbol{y}_i) = \mathrm{Emb}(\boldsymbol{M}_i, \boldsymbol{x}_i)$, $i = 1, \cdots,$ g,其中 $\boldsymbol{M}_1 = \boldsymbol{m}$。 也就是说,第 i 个子序列的嵌入过程需要输出要嵌入第 $i+1$ 个子序列块中的信息。该算法的递归嵌入示意图如图 4-24 所示,其中秘密信息 $\boldsymbol{M}_{i+1}$ 由剩余的信息和用于恢复 $\boldsymbol{x}_i$ 的辅助信息 $O(\boldsymbol{x}_i)$ 组成。在嵌入了第一块之后,将 $O(\boldsymbol{x}_1)$ 连接到剩余 $\boldsymbol{M}_1$(也就是说,除了已经嵌入的秘密信息)的前面生成 $\boldsymbol{M}_2$。 以同样的方式,$\boldsymbol{M}_2$ 前面的一些比特位将被嵌入 $\boldsymbol{x}_2$ 中,而用以恢复 $\boldsymbol{x}_2$ 的辅助信息与 $\boldsymbol{M}_2$ 的其余位相连生成 $\boldsymbol{M}_3$,并且 $\boldsymbol{M}_3$ 中的一些比特位被嵌入 $\boldsymbol{x}_3$ 中,依此类推。此过程按顺序执行,直到第 $g-1$ 个子序列完成嵌入。在最后一个子序列块里,采用 LSB 替换嵌入一些必要的辅助信息。在提取端,利用提取函数 Ext 对载密图像进行逆向处理以完成秘密信息的提取以及原载体图像的重构,使得 $(\boldsymbol{M}_i, \boldsymbol{x}_i) = \mathrm{Ext}(\boldsymbol{M}_{i+1}, \boldsymbol{y}_i)$, $i = 1, \cdots, g$。

在文献[14]中,为了最大化嵌入率,首先根据失真 Δ 和分布 P_X 来估计上述优化问题的最优转移概率矩阵 $P_{Y|X}$,嵌入和提取过程将通过以 $P_{Y|X}$ 和 $P_{X|Y}$ 为参数的熵编码器(如算术编码器)的解压缩和压缩算法来实现。为简单起见,假设可以实现完美的压缩,即熵编码器可以达到理想熵。在每个载体块 $\boldsymbol{x}_i$ 中,用于嵌入的函数 Emb 执行两个任务,一项任务是嵌入秘密消息,并通过根据 $P_{Y|X}$ 解压消息序列来生成载密子序列块 $\boldsymbol{y}_i$。 另外一个任务是,通过 $P_{X|Y}$ 压缩 $\boldsymbol{x}_i$ 产生辅助信息 $O(\boldsymbol{x}_i)$ 用来恢复载体块 $\boldsymbol{x}_i$。 辅助信息将作为 $\boldsymbol{M}_{i+1}$ 的一部分嵌入下一个区块 $\boldsymbol{x}_{i+1}$ 中(如图 4-24 所示)。在每个载密子序列 $\boldsymbol{y}_i$ 中,提取函数 Ext 同样执行两个任务。一项任务是根据 $P_{X|Y}$ 解压缩从 $\boldsymbol{y}_{i+1}$ 提取的辅助信息,并恢复载体块 $\boldsymbol{x}_i$。 另一个任务是通过 $\boldsymbol{x}_i$ 和 $P_{Y|X}$ 来压缩 $\boldsymbol{y}_i$ 以提取消息 $\boldsymbol{m}$。

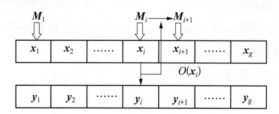

图 4-24 RHM 递归嵌入示意图

(来源:ZHANG W, HU X, LI X, et al. Optimal transition probability of reversible data hiding for general distortion metrics and its applications [J]. IEEE Transactions on Image Processing, 2015, 24(1):294-304)

接下来将阐述 RHM 算法最优的理论依据。上述公式(4-47)中的率失真界推导扩展如下：

$$\begin{aligned}
\rho_{\text{rev}} &= \max \{H(Y)\} - H(X) \\
&= H(Y) - H(X) \\
&= [H(X,Y) - H(X \mid Y)] - [H(X,Y) - H(Y \mid X)] \\
&= H(Y \mid X) - H(X \mid Y)
\end{aligned} \qquad (4-50)$$

由于载体序列 X 按照最优转移概率矩阵 $P_{Y|X}$ 修改到载密序列 Y，因此其嵌入失真 d 为：

$$d = \sum_{x,y} P_X(x) P_{Y|X}(y \mid x) D(x,y) \qquad (4-51)$$

最优转移概率矩阵 $P_{Y|X}$ 满足率失真公式(4-48)，所以 $d \leqslant \Delta$。

对于每一个子序列，其信息嵌入容量为生成载密序列解压的码流容量减去压缩载体子序列生成的码流容量，也即：

$$\begin{aligned}
R &= \sum_x P_X(x) H(Y \mid X=x) - \sum_y P_Y(y) H(X \mid Y=y) \\
&= H(Y \mid X) - H(X \mid Y)
\end{aligned}$$

$$(4-52)$$

得出结论 $R = \rho_{\text{rev}}$，因此，只要在递归过程中采用的压缩、解压缩算法最优，该最优编码方案便可以达到率失真界中的最优。

以符合拉普拉斯分布长度为 10^6 的载体序列为例，将载体序列定义平方失真之后，使用最优编码方案 RHM 得到的率失真曲线与真实理论界的率失真曲线如图 4-25 所示。由图可见，由 RHM 得到的率失真曲线与真实理论界已经相当逼近，因此实验上也证明了 RHM 算法的最优性。

对于给定的载体信号和期望的有效载荷容量，容量逼近编码可以最小化嵌入失真。因此，有了这样的编码，RDH 的设计者只需要设计生成小熵的载体信号 x。这可能解释了为什么设计有效的预测方法对完成高效的 RDH 是非常有帮助的。实际上，有了更好的预测方法，可以生成更集中的预测误差直方图。然而，RHM 的最优性能取决于对信号的完美无损压缩，而这一要求不能对较短的载体序列生效。另一方面，载体序列通常是相关的而不是独立的，因此在有记忆的载体序列中可能存在更高的失真率边界。

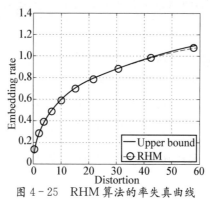

图 4 - 25　RHM 算法的率失真曲线

（来源：ZHANG W，HU X，LI X，et al. Optimal transition probability of reversible data hiding for general distortion metrics and its applications [J]. IEEE Transactions on Image Processing，2015，24(1)：294 - 304)

总而言之，要缩小理论率失真上限逼近方法与实际方法之间的性能差距，特别是对于较短的载体序列或非独立分布的载体序列，还有很长的路要走。

4.7　二值半色调可逆隐藏

　　二值图像其存储需求小，是处理、传输和归档大量文件的理想格式。二值图像包括普通二值图像和半色调图像。普通二值图像广泛应用在电子文档、扫描文本、数字签名、生物特征等领域。半色调图像主要应用在印刷领域。半色调技术应用于印刷领域已有一个多世纪，应用在数位输出设备上也有 40 多年。随着喷墨打印机、数位打印机、数码相机等数位输出设备应用越来越普遍，半色调输出在印刷技术中扮演极重要角色，除了可以降低印刷成本外，同时可以在通信传输中降低带宽需求，所以普遍受到关注。除了在印刷与图像输出方面的应用，半色调技术也被发展应用于图像无损 JBIG 或 JBIG2 压缩。

　　二值图像可作为可逆隐藏的一种载体。可逆隐藏实现原始图像的完美恢复和载密图像中隐藏数据的无损提取。二值图像与灰度或彩色图像相比具有不同的视觉外观。普通二值图像通常通过设置灰度图像像素灰度阈值形成对"0"和"1"的映射，因此二值图像每一个像素只有"0"或者"1"两种可能的取值，分别代表黑色和白色。普通二值图像的像素块是连通的，而半色调图像像素值是分散的，利用人眼的低通滤波特性，半色调技术生成散点，通过散点的密度模拟灰度图的纹理和亮度性质。二值图像的每个像素点都只用 1 位比特表示,因此二值图像可逆隐藏只能通过"0"和"1"像素点翻转完成,这意味着二值图像用于嵌入秘密消息的冗余更少,图像特征更容易被破坏,更容易引起图像失真。

近年来,一些针对普通二值图像的可逆隐藏方法被提出。半色调图像可逆隐藏方法可主要分为四种。第一种是基于构造查找表的方法,这些方法可以通过替换构造的相似模式块对来嵌入秘密消息。每个模式块都有一个特定的索引,并统计模式块的出现次数构造替换方式。第二种是基于半色调技术生成过程的方法,例如有序抖动和误差扩散。Lien 等人[17]提出了一种基于有序抖动图像生成的半色调可逆隐藏方法,将像素对分成三种类型,通过将白黑像素对替换成原始图像中数量最少的黑白像素对以嵌入秘密消息。第三种是基于直方图修改的方法,Kim 等人[18]基于块截断编码,将半色调序列转换为十进制模式,提出基于十进制模式游程的直方图修改方法。第四种是基于视觉优化的方法,Yin 等人[19]提出了基于最小化视觉失真的半色调图像可逆隐藏方法,设计度量模式块视觉相关性的视觉质量分数,根据最高视觉质量分数选择最合适的像素翻转。

下面本节将重点介绍基于动态嵌入状态组的半色调图像可逆隐藏。

此算法研究半色调图像模式块编码,提出基于动态嵌入状态组的半色调图像可逆隐藏算法。首先,半色调图像仅有"0"和"1"两种像素值,实现图像压缩编码能有效地提高图像的冗余空间以进行秘密信息嵌入。在设计嵌入过程中利用马尔科夫对模式块的状态转移进行分析,一方面基于状态转移概率设计模式块转移规则能有效提高嵌入效率,另一方面马尔科夫转移过程是可逆过程,为可逆隐藏技术提供保障。

算法框架可以分为如下 3 步。

① 构造动态嵌入状态组:统计图像内 4×4 模式块的数量,确定嵌入状态。

② 分割秘密信息和编码:根据固定的动态嵌入状态组,对秘密信息进行分割。

③ 嵌入秘密信息:对图像特定模式块根据动态嵌入状态组(dynamic embedding states group, DESG)进行模式替换,并嵌入分割好的秘密信息。

首先重点研究如何构造 DESG 以及如何根据 DESG 将秘密信息编码成多个嵌入状态。一个 DESG 设计示例如图 4-26 所示,一个嵌入状态(Embedding state) St_i 包含状态模式(State pattern) Pt_i 和状态序列(State sequence) Sq_i。 构造状态模式 Pt_i 是依据 HVS 寻找视觉相似的模式块,并规定出现次数最多的块为首个状态模式 Pt_1。 利用符合人眼视觉特性的 5×5 低通滤波 f 确定与 Pt_1 视觉最相似的前 $n-1$ 个状态模式 Pt_2,Pt_3, ⋯, Pt_n。 $f_{Pt_1}(x, y)$ 为模式块 Pt_1 与低通滤波 f 卷积后的结果,$f_{z_u}(x, y)$ 为其他模式块与低通滤波 f 卷积后的结果,视觉相似性由欧氏距离 D_{e_u} 定义:

$$D_{e_u} = \sum_{x=1}^{8} \sum_{y=1}^{8} \left[f_{Pt_1}(x, y) - f_{z_u}(x, y) \right]^2 \qquad (4-53)$$

欧式距离 D_{e_u} 越小,两个模式块的视觉越相似,越适合进行模式替换。

DESG		
Embedding state	State pattern	State sequence
St_1	Pt_1:	Sq_1: 0
St_2	Pt_2:	Sq_2: 1
St_3	Pt_3:	Sq_3: 10
St_4	Pt_4:	Sq_4: 11
St_5	Pt_5:	Sq_5: 101

注:一个由 5 个相似的嵌入状态构造 DESG 设计的示例,其中包含 5 个相似的状态模式和状态序列。

图 4 - 26　DESG 设计示例

(来源:YIN X, LU W, ZHANG J, et al. Reversible data hiding in halftone images based on minimizing the visual distortion of pixels flipping [J]. Signal Processing, 2020, 173: 107605)

其次是构造状态序列 Sq_i,由序列的出现频率和嵌入效率决定。 行向量 $\pi(k)$ 是转移矩阵 P^k 的 n 态 Markov 链的稳态分布,可用于估计一个二进制比特流中序列的出现频率。 $\pi(0)$ 为初始状态向量,则出现频率 $\pi(k)$ 定义为:

$$\pi(k) = \pi(0) P^k \qquad (4-54)$$

在得到出现概率 $\pi(k)$ 后,可以计算平均嵌入比特数 B_{avg}。 平均嵌入比特 B_{avg} 被定义为每个选定的相似嵌入状态嵌入的消息比特数,是将每个嵌入状态 St_i 转移为下一个嵌入状态的平均信息长度,表示为:

$$B_{avg} = \sum_{i=1}^{n} \pi_i(k) \text{len}_i \qquad (4-55)$$

其中 $\pi_i(k)$ 是嵌入状态 St_i 的出现概率。 len_i 是该嵌入状态 St_i 的状态序列

Sq_i 长度。B_{avg} 是一个重要的评价，B_{avg} 越大，随着每个嵌入状态的改变嵌入更多的消息，嵌入容量就越大。此外，定义嵌入效率 EE 来度量每翻转一个像素嵌入的秘密信息比特数，表示为：

$$EE = \frac{\sum_{i=1}^{n} \pi_i(k)\tau \mathrm{len}_i}{\sum_{i=2}^{n} \pi_i(k)\tau D_{h_i}} = \frac{\sum_{i=1}^{n} \pi_i(k)\mathrm{len}_i}{\sum_{i=2}^{n} \pi_i(k)D_{h_i}} \tag{4-56}$$

其中 D_{h_i} 是状态模式 Pt_i 和 Pt_1 之间的汉明距离，即状态转移的总变化量。τ 是分割的子序列的总数。$\sum_{i=1}^{n} \pi_i(k)\tau \mathrm{len}_i$ 是秘密消息的长度。$\sum_{i=2}^{n} \pi_i(k)D_{h_i}$ 为载密图像中被翻转的像素总数。当嵌入相同的秘密信息时，嵌入效率 EE 由所有嵌入状态的出现频率和翻转像素数的汉明距离决定。具有状态序列的最优形式由下列式子规定：

$$\left[\pi_i(k),\ \tau,\ \mathrm{len}_i, D_{h_i}\right] = \underset{\sum_{i=1}^{n}\pi_i=1}{\mathrm{argmax}}\ EE \tag{4-57}$$
$$\mathrm{s.\,t.}\ B_{avg} > 1$$

在上式中，状态序列的优化设计满足嵌入效率 EE 最大，而 $B_{avg} > 1$ 意味着每次状态转移至少可以嵌入 1 比特消息。在这种情况下，状态序列的设计考虑了每个子序列的出现概率 $\pi_i(k)$、嵌入消息的子序列的总数 τ 以及第 i 个状态模式 Pt_i 和 Pt_1 之间的汉明距离 D_{h_i}。由此完成最优的 DESG 构造。

　　然后，根据固定的动态嵌入状态组，对秘密信息进行分割。秘密信息被动态拆分为若干子序列，这些子序列必须与状态序列 Sq_i 匹配。对秘密信息进行编码的目的是利用设计的嵌入状态来压缩秘密信息的大小，从而减少对原始图像中像素的修改。拆分过程是一个动态匹配最长公共子序列问题，如果子序列无法匹配长度最长的状态序列，则其长度将减小，直到匹配成功。例如给定一串秘密信息"100101111"，利用图 4-26 的设计可将其分为以下子序列"10""0""101""11""0""11""0""101""11""1"。拆分过程后，秘密消息被编码成若干具有特定嵌入状态的状态序列。对秘密消息中的嵌入状态进行编码的示例如图 4-27 所示。

　　该方法实现了高嵌入效率和高视觉质量的半色调图像可逆隐藏，主要创新点是：①代替传统查找表中只有 2 状态转移，实现马尔科夫多状态转移，提高嵌入容量；②代替静态查找表，启发式地动态构建嵌入状态组，提高嵌

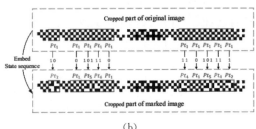

(a)　　　　　　　　　　　　　(b)

注：(a)大小为512×512的原始半色调图像；(b)根据图4-25所示的DESG，将拆分后的子序列分别通过模式替换嵌入图像中。

图4-27　将秘密消息"100101111"嵌入半色调图像

(来源：YIN X，LU W，ZHANG J，et al. Reversible data hiding in halftone images based on minimizing the visual distortion of pixels flipping [J]. Signal Processing，2020，173：107605)

入效率；③研究状态块的视觉相关性，最优化视觉失真；④通过状态转移实现可逆性。该方法在嵌入效率和视觉质量方面优于以往的一些半色调图像可逆隐藏方法。

破坏普通二值图像的像素连通性和增加半色调图像局部聚簇是降低二值图像视觉质量的重要原因。传统的图像客观视觉评价指标(如PSNR、SSIM)无法有效衡量二值调图像的视觉质量，因此对二值图像数字图像视觉质量评价是仍需要重点关注的问题。此外，随着深度学习的发展，基于深度学习的可逆隐藏方法成为一大研究热点。可逆隐藏的关键研究方向为可逆域预测和优化失真，深度学习让计算机自动学习图像特征的方法，并将特征学习结合到了可逆域预测和优化失真的过程中，从而减少了人为设计图像特征所造成的不完备性。因此，基于深度学习的二值图像可逆隐藏研究具有重要意义。

4.8　其他可逆隐藏

除了以上介绍到的基于未压缩图像可逆隐藏外，现如今还有许多学者在研究其余载体类型的可逆隐藏技术，例如JPEG图像、彩色图像以及加密图像等。本节将简要介绍其他的一些可逆隐藏方法。

4.8.1　JPEG图像可逆隐藏

相较于未压缩图像，JPEG图像在日常生活中使用更为广泛，因此，开展

JPEG 图像的可逆隐藏研究更具应用价值。然而事实上,对 JPEG 图像进行可逆隐藏要比未压缩图像困难得多。前几节所介绍的一系列方法均是利用图像中的高冗余进行嵌入,而 JPEG 压缩本身就是去冗余的操作,为研究 JPEG 图像的可逆隐藏带来了很大的困难,而且压缩域中的任何修改都可能在图像中引入更多的失真。针对 JPEG 压缩的基本流程,如图 4 - 28,JPEG 图像的可逆隐藏研究主要可分为三类,包括基于修改量化 DCT 系数、基于修改量化表以及基于修改哈夫曼编码的方法。其中,基于量化 DCT 系数修改的方法是目前的主流方法,本节仅对这类方法进行介绍。

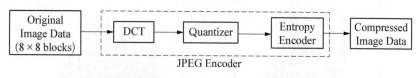

图 4 - 28 JPEG 压缩的基本流程

早期算法通过经验式选取量化 DCT 系数进行直方图的扩展移位来实现信息嵌入。Huang 等人[20]通过分析量化 DCT 系数的分布来选取嵌入位置。对于量化 DC 系数,其分布接近一个高斯分布,无论是其直方图还是差值直方图,如图 4 - 29、图 4 - 30,峰值都很小,若对量化 DC 系数进行直方图嵌入,将获得相当大的嵌入失真,嵌入容量还很小,因此 Huang 等人[20]认为不可对量化 DC 系数进行嵌入,需保持不变。

对于量化 AC 系数,其分布接近一个拉普拉斯分布。如图 4 - 31 所示,其直方图相当尖锐,且大部分取值为零,因此量化 AC 系数非常适宜采用 HS 的方法进行嵌入。然而需要注意的是,对于 JPEG 图像的可逆隐藏,我们不仅需要考虑嵌入容量和视觉质量,还需要考虑载密图像的存储大小。由于编码机制的特性,如果修改一些零系数,图像的文件大小将会大幅增加,所以 Huang 等人[20]认为不可对取值为零的量化 AC 系数进行嵌入,需保持不变。事实上,即便不考虑零 AC 系数,非零 AC 系数的直方图依然足够尖锐,如图 4 - 32 所示,适宜进行 HS 嵌入,并且拥有两个分别位于 1 和 -1 的峰值。因此 Huang 等人[20]提出对 1 和 -1 的量化 AC 系数进行扩展移位来实现信息隐藏,并且通过计算各 DCT 块中零 AC 系数的数量来衡量块的平滑度,零系数更多的块更加平滑,利用块选择策略进一步减小嵌入失真。

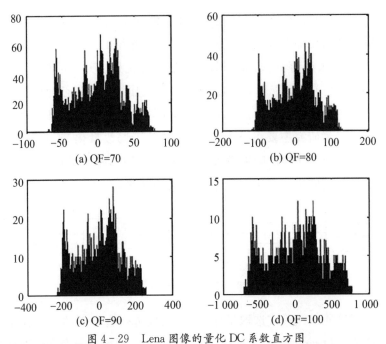

图 4 - 29　Lena 图像的量化 DC 系数直方图
(来源:HUANG F，QU X，KIM H J, et al. Reversible data hiding in JPEG images [J]. IEEE Transactions on Circuits and Systems for Video Technology, 2016,26(9):1610 - 1621)

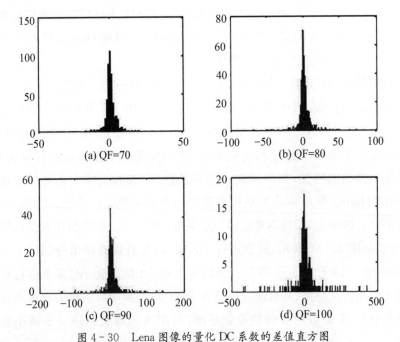

图 4 - 30　Lena 图像的量化 DC 系数的差值直方图
(来源:HUANG F，QU X，KIM H J, et al. Reversible data hiding in JPEG images [J]. IEEE Transactions on Circuits and Systems for Video Technology, 2016,26(9):1610 - 1621)

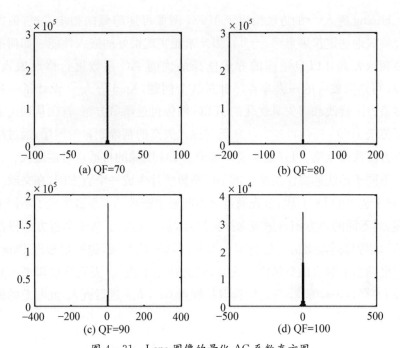

图 4 - 31　Lena 图像的量化 AC 系数直方图

(来源:HUANG F，QU X，KIM H J，et al. Reversible data hiding in JPEG images ［J］. IEEE Transactions on Circuits and Systems for Video Technology，2016，26(9):1610 - 1621)

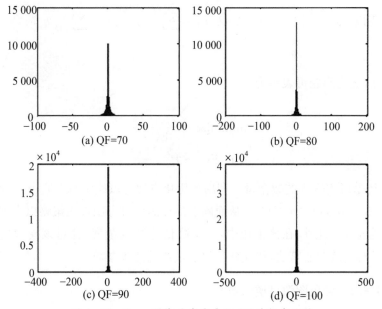

图 4 - 32　Lena 图像的非零量化 AC 系数直方图

(来源:HUANG F，QU X，KIM H J，et al. Reversible data hiding in JPEG images ［J］. IEEE Transactions on Circuits and Systems for Video Technology，2016，26(9):1610 - 1621)

Huang 等人[20]的方法给出了 JPEG 图像可逆隐藏的初步尝试,但由于其经验式地选定扩展点(1,−1),因此未能实现很好的嵌入性能。如何准确衡量频域失真并以自适应的方式选择最优的 AC 系数进行修改嵌入,是 JPEG 可逆隐藏中的一大难点。针对这个问题,Xiao 等人[21]设计了一种基于多直方图修改和率失真优化的 JPEG 图像可逆隐藏方案,首次从理论上解决了传统 JPEG 图像可逆方法缺乏对嵌入失真的精确测量的问题,通过结合多直方图修改框架,很好地实现了基于 JPEG 图像的自适应可逆嵌入。

不同于传统的算法对所有的 AC 系数统计生成一个直方图,在文献[21]中,对于选中的 DCT 块,首先通过对不同通道统计 AC 系数生成了不同的直方图,对不同的直方图自适应选择扩展点,从而建立了基于多直方图修改的 JPEG 图像可逆隐藏的一般化嵌入框架。基于该框架,进一步根据 Parseval 定理推导出了对应的空域嵌入失真,以此建立了嵌入-失真优化模型。对于频段 $i \in \{1, \cdots, 63\}$,自适应选取扩展点 (a_i, b_i) 进行嵌入,此时总的嵌入容量为:

$$\mathrm{EC} = \sum_{i=1}^{63} [h_i(a_i) + h_i(b_i)] \tag{4-58}$$

且频段 i 的嵌入失真为:

$$\mathrm{ED}_i = q_i^2 \left\{ \frac{1}{2} [h_i(a_i) + h_i(b_i)] + \sum_{s<a_i} h_i(s) + \sum_{s>b_i} h_i(s) \right\} \tag{4-59}$$

基于此,优化问题可表示为:

$$\begin{cases} \mathrm{minimize} \ \dfrac{\sum_{i=1}^{63} \mathrm{ED}_i}{\mathrm{EC}} \\ \mathrm{s.\,t.} \ \ \mathrm{EC} \geqslant P \end{cases} \tag{4-60}$$

其中 P 是所需嵌入的数据量。利用该优化方程可以确定每个直方图的最优参数 $\{(a_i, b_i): 1 \leqslant i \leqslant 63\}$,从而确定最优的多直方图嵌入策略以实现自适应可逆嵌入。此外,在该工作中,为了降低算法复杂度,针对该模型进一步设计了对应的贪心算法,快速地获得了最终的修改参数。

4.8.2 彩色图像可逆隐藏

可逆隐藏领域中现有的研究大多数关注的是灰度图像,仅有少数针对彩色图像的工作。对于 RGB 模型,彩色图像的每个像素均由红、绿、蓝三个颜色分量组成,但事实上,这三个颜色分量的取值并不接近。图 4-33 给出了 Lena 图像红色通道和绿色通道的差值直方图,可以发现,色彩通道之间的差值非常大,无法采取差值扩展的方法进行信息嵌入。

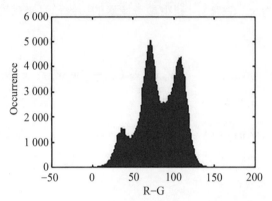

图 4-33　Lena 图像的红色通道和绿色通道之间的差值直方图
(来源:LI J, LI X, YANG B. Reversible data hiding scheme for color image based on prediction-error expansion and cross-channel correlation [J]. Signal Processing, 2013,93 (9):2748-2758)

Li 等人[22]发现即便通道间的像素值相关性较弱,通道间的边缘仍是类似的。如图 4-34 所示,Lena 图像的三个通道的边缘检测结果很接近,说明如果在某个通道中能够检测到边缘,那么很大概率会在其他通道的相同位置检测到类似的边缘。这种通道间的相关性就可以利用起来进行信息嵌入。基于这种假设,Li 等人[22]提出当对一个通道中的像素进行预测时(称为"当前通道"),可利用从其他通道(称为"参考通道")获取的边缘信息提高预

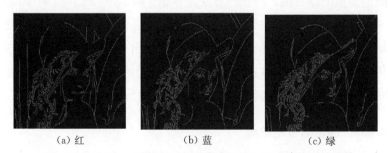

(a) 红　　　　　　　(b) 蓝　　　　　　　(c) 绿
图 4-34　对 Lena 图像的三个通道进行 Canny 边缘检测的结果
(来源:LI J, LI X, YANG B. Reversible data hiding scheme for color image based on prediction-error expansion and cross-channel correlation [J]. Signal Processing, 2013,93(9):2748-2758)

测的准确性。后续再基于 PEE 的基本框架进行信息嵌入,这里仅介绍预测部分的内容,嵌入流程可参照上文对 PEE 的介绍。

给定当前通道中待预测的像素 x_{cu},其相邻的八个像素表示为 $\boldsymbol{x}_{cu} \in \mathbb{R}^8$,在参考通道中与 x_{cu} 位置相同的对应像素定义为 x_{re},其相邻的八个像素表示为 $\boldsymbol{x}_{re} \in \mathbb{R}^8$。利用参考像素的边缘信息来预测当前通道的像素 x_{cu},则预测值 $\hat{x}_{cu}$ 为:

$$\overset{\wedge}{\boldsymbol{x}}_{cu} = \begin{cases} r(x_{cu}), & |\boldsymbol{w}_1^{\mathrm{T}} \boldsymbol{x}_{re} - \boldsymbol{x}_{re}| - |\boldsymbol{w}_2^{\mathrm{T}} \boldsymbol{x}_{re} - \boldsymbol{x}_{re}| \leqslant \tau \\ \lfloor \boldsymbol{w}_2^{\mathrm{T}} \boldsymbol{x}_{cu} \rfloor, & \text{其他} \end{cases} \quad (4-61)$$

其中 τ 是预设的阈值,$r(\boldsymbol{x}_{cu})$ 为菱形预测,计算的是 $\boldsymbol{x}_{cu}$ 最邻近的四个像素值的均值,$\boldsymbol{w}_1 \in \mathbb{R}^8$ 是元素均为 $1/8$ 的权重向量,$\|\boldsymbol{w}_1\|_1 = 1$,权重向量 $\boldsymbol{w}_2 \in \mathbb{R}^8$ 被定义为:

$$\boldsymbol{w}_2 = \boldsymbol{v}_{j^*} \quad (4-62)$$

且

$$j^* = \underset{j \in \{1, 2, 3, 4\}}{\arg\min} |\boldsymbol{v}_j^{\mathrm{T}} \boldsymbol{x}_{re} - \boldsymbol{x}_{re}| \quad (4-63)$$

其中 $\boldsymbol{v}_j \in \mathbb{R}^8$ 是采样矩阵,表示当 $j \in \{1, 2, 3, 4\}$ 时分别从 $\boldsymbol{x}_{re}$ 的水平、垂直、对角线和反对角线方向挑选两个像素,其对应的值为 $1/2$,其余为 0,那么对于 $j \in \{1, 2, 3, 4\}$,$\|\boldsymbol{v}_j\|_1 = 1$ 成立。因此,$\boldsymbol{w}_2$ 表示的是水平、垂直、对角线和反对角线四个方向中,中心像素与其相邻像素差值最小的方向。并且,$|\boldsymbol{w}_1^{\mathrm{T}} \boldsymbol{x}_{re} - \boldsymbol{x}_{re}|$ 计算的是参考通道中待预测像素 $\boldsymbol{x}_{re}$ 与它的八个相邻像素均值之间的差值的绝对值。该预测算法是根据 $|\boldsymbol{w}_1^{\mathrm{T}} \boldsymbol{x}_{re} - \boldsymbol{x}_{re}| - |\boldsymbol{w}_2^{\mathrm{T}} \boldsymbol{x}_{re} - \boldsymbol{x}_{re}|$ 的值来确定的。如果该值接近于零,则预示着被预测的像素很可能处于平滑区域,在这种情况下菱形预测已经能够发挥出良好的效果。如果该值大于阈值 τ,则预示着该像素很可能处于或接近边缘区域,此时菱形预测已失效,应该考虑利用参考通道估计出的边缘信息进行预测,即 $\lfloor \boldsymbol{w}_2^{\mathrm{T}} \boldsymbol{x}_{cu} \rfloor$。

4.8.3 加密域可逆隐藏

加密域的可逆隐藏是可逆隐藏技术的一个重要分支,它结合了密码和可逆隐藏的优点,不仅可以保护图像信息不被泄露,还可以将信息嵌入加密图像中,在正确提取嵌入信息后,可以不失真地恢复原始图像。目前大多数的研究都是在加密后图像进行嵌入的,本小节将简要地介绍这类方法。

加密域的可逆隐藏中有三个实体:内容所有者、数据隐藏者和接收者,如图 4-35 所示。内容所有者可以用加密密钥对明文进行加密,并发布密文。数据隐藏者可以用数据隐藏密钥将一些秘密信息嵌入密文中。接收者将获得一个载密的加密图像,并根据其持有的密钥而拥有不同的权限。只有当接收者拥有完全的权限,即同时拥有加密密钥和数据隐藏密钥时,才能完整地恢复原始图像,并准确地提取出嵌入信息。在图像传输过程中,加密域的可逆隐藏在保证安全的同时方便了对图像的管理,可以满足不同权限人员的需求,这使得它可以应用于对图像质量要求较高的领域,如军事图像、遥感图像、医疗图像等,并有望在云计算方面大有作为。

图 4-35　加密域可逆隐藏的基本框架

在众多的方法中,有一类方法采用了具有概率和同态特性的公钥密码系统的同态加密算法,应用同态加法特性对直方图进行移位来嵌入信息。这种方法的优点是,通过确保加密的高安全性,嵌入率可以达到每像素 1 比特,并且可以准确地提取嵌入信息。同态加密是一种特殊形式的加密算法。在数据隐私高度管制的行业,如医疗行业,需要在不泄露隐私的情况下对病人信息进行分析,那么传统的加密方法就不再适用。与传统加密不同,同态加密允许对密文进行计算,因此可用于保护隐私的外包存储和计算。

作为一个加法同态加密系统,Paillier 加密系统[23] 在加密域的可逆隐藏被广泛使用,该算法的工作原理如下。

1. 密钥的生成

随机选择两个大素数 p 和 q,使得 $\gcd[pq, (p-1) \cdot (q-1)]=1$,其中 $\gcd(\cdot)$ 计算最大公约数。计算 $n=p \cdot q$ 和 $\lambda=\mathrm{lcm}(p-1, q-1)$,其中

lcm(•)计算最小公倍数。接着随机选择基数 $g \in \mathbb{Z}_{n^2}^*$，使之满足条件：

$$\gcd[L(g^\lambda \bmod n^2), n] = 1 \qquad (4-64)$$

其中

$$L(x) = \frac{x-1}{n} \qquad (4-65)$$

最后得到公钥 $K_p = (n, g)$ 和私钥 $K_s = \lambda$。

2. 加密

给定明文 m，$0 \leqslant m < n$，在 $\mathbb{Z}_{n^2}^*$ 中随机选择参数 r，$0 < r < n$，满足 $\gcd(r, n) = 1$。对于公钥 $K_p = (n, g)$，密文 c 定义为：

$$c = E[K_p, m, r] = g^m \cdot r^n \bmod n^2 \qquad (4-66)$$

其中 $E[•]$ 代表加密函数。值得注意的是，即便在公钥和明文相同的情况下，由于 r 取值的随机性，生成的密文也将各不相同，从而保证了加密的随机性和安全性。

3. 解密

给定密文 c，$c < n^2$，$c \in \mathbb{Z}_{n^2}^*$。对于私钥 K_s，解密出的明文为：

$$m = D[K_s, c] = \frac{L(c^\lambda \bmod n^2)}{L(g^\lambda \bmod n^2)} \bmod n \qquad (4-67)$$

其中 $D[•]$ 代表解密函数。

在 Li 等人所提方法中[24]，原始图像先由 Paillier 算法进行加密，再对加密图像的直方图进行 HS 嵌入，过程中利用了同态加密的以下两个性质。

加法同态性：两个密文的乘积将解密为其相应明文之和。

$$
\begin{aligned}
D[E(m_1)E(m_2) \bmod n^2] &= D[g^{m_1} r_1{}^n \cdot g^{m_2} r_2{}^n \bmod n^2] \\
&= D[g^{m_1+m_2}(r_1 r_2)^n \bmod n^2] = m_1 + m_2 \bmod n
\end{aligned}
$$
$$(4-68)$$

明文的同态乘法：密文的 k 次幂将解密为明文与 k 的乘积。

$$
\begin{aligned}
D[E(m)^k \bmod n^2] &= D[(g^m r^n)^k \bmod n^2] \\
&= D[g^{km}(r^k)^n \bmod n^2] = km \bmod n
\end{aligned}
$$
$$(4-69)$$

利用这些特性,即可对密文直方图进行扩展嵌入。

除了以上介绍的基于未压缩图像的方法外,针对常用的 JPEG 图像,Qian 等人[25] 提出了一种基于低密度奇偶校验(low-density parity-check,LDPC)码的密文图像可逆数据隐藏。不同于现有的常规加密域可逆数据隐藏,该方法目的是使加密 JPEG 图像成为兼容结构,并通过轻微的修改将秘密信息嵌入加密比特流中。通过选出适合数据隐藏的比特位使得加密的比特流携带的秘密数据可以被正确解码。秘密信息位通过错误修正码(error correction code,ECC)编码实现完美的数据提取和图像恢复。

根据 JPEG 标准,在一个无重叠的大小的块,一个图像被分解成一系列量化 DCT 系数,然后运用熵编码将其编码成一串比特流。在熵编码过程中,对直流(DC)系数和交流(AC)系数分别进行独立处理。直流系数在一维预测后用 Huffman 编码。而交流系数中因为含有很多 0,所以对它使用游程编码(run length encoding,RLC)更为高效。量化表和哈夫曼编码表被定义和存储在 JPEG 头文件中,这对熵编码和解码是至关重要的。

熵编码比特的结构由 Huffman 编码和相应的附加位决定,如图 4-36 所示,图中 Huffman 编码确定了系数的量级和附加位的长度。

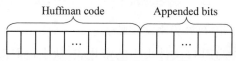

图 4-36　系数的编码结构

(来源:QIAN Z,ZHANG X,WANG S. Reversible data hiding in encrypted JPEG bitstream [J]. IEEE Transactions on Multimedia,2014,16(5):1486-1491)

码流分解是熵编码的一部分,它根据 JPEG 结构和 JPEG 头文件中的 Huffman 表分析压缩位。假设我们有一个 JPEG 比特流 J 是由压缩原始图像 I 获得的,I 的尺寸为 $M \times N$。将 J 分割成 MN/64 块,每个对应于 I 的一个 8×8 的块。对于第 (i,j) 块,$1 \leq i \leq M/8$,$1 \leq j \leq N/8$,编码后的比特位可以表示为:

$$S^{(i,j)} = \{[H_0^{(i,j)}, A_0^{(i,j)}], [H_1^{(i,j)}, A_1^{(i,j)}], \cdots, [H_k^{(i,j)}, A_k^{(i,j)}], \cdots\}$$

$$(4-70)$$

其中,$S^{(i,j)}$、$H_k^{(i,j)}$ 和 $A_k^{(i,j)}$ 均为二进制向量,$S^{(i,j)}$ 是第 (i,j) 块被压缩后的比特流,$H_0^{(i,j)}$ 是 Huffman 编码,$A_0^{(i,j)}$ 是附加位。这里的 $[H_0^{(i,j)},$

$\boldsymbol{A}_0^{(i,j)}$] 表示直流系数的编码位,[$\boldsymbol{H}_k^{(i,j)}$, $\boldsymbol{A}_k^{(i,j)}$] ($k>0$) 代表交流系数的编码位。

该文目标是加密一个 JPEG 图像后成为一个不能被 JPEG 解码者直接解码成可识别的图像。由于 JPEG 数据的严格的结构,在任意一个独立位上的修改都可能导致解码失败,因此,根据编码结构通过选择和调整可变位来加密。整个加密过程包括两个步骤:加密附加位和加密量化表。

首先,分析 JPEG 码流,并将 $\boldsymbol{J}$ 中的压缩比特划分为 $MN/64$ 段:$\{S(1,1),\cdots,S(i,j),\cdots,S(M/8,N/8)\}$,每一段对应一个 8×8 块。从所有段中提取向量 $\boldsymbol{A}_k^{(i,j)}$,并连接成一个新向量:

$$[\boldsymbol{A}_0^{(1,1)},\boldsymbol{A}_1^{(1,1)},\cdots,\boldsymbol{A}_0^{(i,j)},\boldsymbol{A}_1^{(i,j)},\cdots,\boldsymbol{A}_0^{(M/8,N/8)},\boldsymbol{A}_1^{(M/8,N/8)},\cdots]$$

$$(4-71)$$

设向量为 $\boldsymbol{A}=[a_1,a_2,\cdots,a_L]$,其中 L 是所有跟随比特的数量。

使用流密码函数,如 RC4、DES 的 CFB 模式等算法,来生成比特序列 $\boldsymbol{E}=[e_1,e_2,\cdots,e_L]$,其中使用的密钥为 Kenc - 1。计算 $\boldsymbol{A}$ 与 $\boldsymbol{E}$ 的异或,生成新的序列 $\boldsymbol{A}'=[a_1',a_2',\cdots,a_L']$:

$$a_i'=a_i\oplus e_i,\ i=1,2,\cdots,L \qquad (4-72)$$

将 $\boldsymbol{J}$ 中所有的比特 a_i 替换为密文比特 a_i'。

然后,我们加密 JPEG 文件头中的量化表,从中提取出量化表对应的二值序列 $[q_1,q_2,\cdots,q_K]$,使用 $[q_1\oplus n_1,q_2\oplus n_2,\cdots,q_K\oplus n_K]$ 加密,其中 $[n_1,n_2,\cdots,n_K]$ 为 Kenc - 2 所生成的密钥流。

因此,加密后的 JPEG 码流 $\hat{\boldsymbol{J}}$ 就生成了,由于文件的结构并没有改变,因此密文码流仍然可以被 JPEG 解码器直接解压缩。但是,由于其中的跟随比特和量化表都已经被加密,因此解压缩后的内容难以辨认。图 4 - 37 是个例子,其中(a)是原始 JPEG 解码后得到的图像,(b)是密文 JPEG 解压缩后得到的难以辨认的图像。

当服务器端数据隐藏者接收到密文码流 $\hat{\boldsymbol{J}}$ 之后,尽管他并不知道原始图像的具体内容,但他还是可以在其中通过修改码流来嵌入秘密数据。在数据嵌入过程中,我们首先确定可用的嵌入位置。根据以下规则,可确定待嵌入位置:

(a)   (b)

图 4 - 37　JPEG 码流解压缩

（来源：QIAN Z，ZHANG X，WANG S. Reversible data hiding in encrypted JPEG bitstream [J]. IEEE Transactions on Multimedia，2014,16(5):1486 - 1491)

① 每隔一个选择图像块用于数据隐藏，比如，满足 $i + j$ 为偶数的条件 $(1 \leqslant i \leqslant M/8, 1 \leqslant j \leqslant N/8)$；

② 如果一个块中所有的 AC 系数都为 0，则该块不可选。

图 4 - 38 是可选块的示意图，其中灰色块将用于数据嵌入，斜线标记的块为跳过的块（不可用），其他块也都不可用。

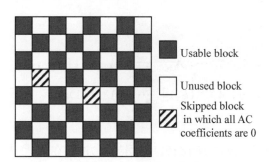

图 4 - 38　可选块示意图

（来源：QIAN Z，ZHANG X，WANG S. Reversible data hiding in encrypted JPEG bitstream [J]. IEEE Transactions on Multimedia，2014, 16(5):1486 - 1491)

每一个可用块中可嵌入 1 比特数据，因此嵌入容量 C 等于可用块的个数。我们将 $\hat{\boldsymbol{J}}$ 划分为 $MN/64$ 段 $\{\hat{\boldsymbol{S}}^{(1,1)}, \dots, \hat{\boldsymbol{S}}^{(i,j)}, \dots, \hat{\boldsymbol{S}}^{(M/8, N/8)}\}$，其中的 C 个可用段因此可以确定，定义这些可用段为 $\{\hat{\boldsymbol{S}}^{<1>}, \hat{\boldsymbol{S}}^{<2>}, \dots, \hat{\boldsymbol{S}}^{<C>}\}$。

从第 i 个可用段 $\hat{\boldsymbol{S}}^{<i>}$ $(1 \leqslant i \leqslant C)$ 中，数据隐藏者提取所有 AC 系数的跟随比特向量 $\{\hat{\boldsymbol{A}}_1^{<i>}, \hat{\boldsymbol{A}}_2^{<i>}, \cdots\}$，在其中嵌入 1 比特。

在具体嵌入之前，要对附加信息进行编码，采用纠错码进行保护。假设使用 $[n, k]$ 码，一共有 C_p 明文比特可以嵌入，其中：

$$C_p = \lfloor C \cdot k/n \rfloor \tag{4-73}$$

因此真正嵌入的比特数为：

$$C_e = \lfloor C \cdot k/n \rfloor \cdot n/k \tag{4-74}$$

我们将 C_e 称作为嵌入容量（embedding capacity），将 C_p 称作净容量（net capacity），则附加信息 $\boldsymbol{P} = [P_1, P_2, \cdots, P_{C_p}]$ 被纠错编码为 $\boldsymbol{T} = [T_1, T_2, \cdots, T_{C_e}]$：

$$T = \mathrm{ECC}(\boldsymbol{P}) \tag{4-75}$$

其中 ECC 是纠错编码函数，许多这样的函数都可以用作纠错编码，比如卷积码、Turbo 码、LDPC 码等。使用密钥 Kemb，数据隐藏着对 ECC 编码过的比特 $\boldsymbol{T}$ 进行置乱操作，获得序列 $\tilde{\boldsymbol{T}} = [\tilde{T}_1, \tilde{T}_2, \cdots, \tilde{T}_{C_e}]$。

对第 i 个可用段 $(i = 1, 2, \cdots, C_e)$，比特 $\tilde{T}_i$ 将嵌入 $\{\hat{\boldsymbol{A}}_1^{<i>}, \hat{\boldsymbol{A}}_2^{<i>}, \cdots$ $\hat{\boldsymbol{A}}_m^{<i>}\}$ 中，假设：

$$\boldsymbol{V}^{<i>} = \{\hat{\boldsymbol{A}}_1^{<i>}, \hat{\boldsymbol{A}}_2^{<i>}, \cdots, \hat{\boldsymbol{A}}_m^{<i>}\} = \{[\hat{\boldsymbol{A}}_1^{<i>}(1), \cdots, \hat{\boldsymbol{A}}_1^{<i>}(k_1)], \cdots,$$
$$[\hat{\boldsymbol{A}}_j^{<i>}(1), \cdots, \hat{\boldsymbol{A}}_j^{<i>}(k_j)], \cdots, [\hat{\boldsymbol{A}}_m^{<i>}(1), \cdots, \hat{\boldsymbol{A}}_m^{<i>}(k_m)]\} \tag{4-76}$$

其中每个向量 $\boldsymbol{A}_j^{<i>}$ 包含 kj 比特。使用如下方式，在 $\boldsymbol{V}^{<i>}$ 中嵌入 $\tilde{T}_i$：

$$\boldsymbol{W}^{<i>} = \{[\hat{\boldsymbol{A}}_1^{<i>}(1), \cdots, \hat{\boldsymbol{A}}_1^{<i>}(k_1) \oplus \tilde{T}_i], \cdots,$$
$$[\hat{\boldsymbol{A}}_j^{<i>}(1), \cdots, \hat{\boldsymbol{A}}_j^{<i>}(k_j) \oplus \tilde{T}_i], \cdots, [\hat{\boldsymbol{A}}_m^{<i>}(1), \cdots, \hat{\boldsymbol{A}}_m^{<i>}(k_m) \oplus \tilde{T}_i]\} \tag{4-77}$$

这样我们就可以在所有可用段中嵌入 $\tilde{\boldsymbol{T}}$ 中的所有信息，产生一个含密的密文 JPEG 码流 $\tilde{\boldsymbol{J}}$。

4.8.4 鲁棒可逆隐藏

前几节介绍的可逆隐藏技术大多关注的是提升嵌入容量和降低嵌入失真方面,而另外一类方法主要关注的则是水印的鲁棒性指标。

Wang 等人[26]提出了一种基于独立嵌入域的两阶段鲁棒可逆水印算法。其核心思想是,首先将载体图像转换为两个独立的嵌入域,然后将鲁棒和可逆水印分别嵌入每个域。其中,鲁棒水印用于保证算法的鲁棒性,可逆水印用于携带鲁棒嵌入失真,实现可逆性。通过独立变换,两个域水印的嵌入互不干扰,第一嵌入阶段产生的携带鲁棒水印的载体不会受第二阶段可逆水印嵌入的影响,因此很好地保持了第一阶段的鲁棒性。其水印嵌入流程如图 4-39 所示:

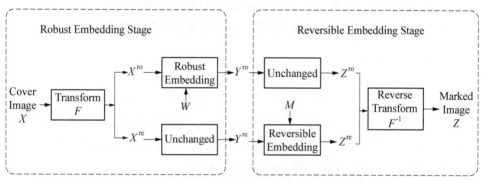

图 4-39 基于独立嵌入域的鲁棒可逆嵌入过程

(来源:WANG X, LI X, PEI Q. Independent embedding domain based two-stage robust reversible watermarking [J]. IEEE Transactions on Circuits and Systems for Video Technology,2020,30(8):2406-2417)

首先,通过 Haar 小波变换将载体图像 X 变换为两个独立域。如公式(4-78)所示,X 可被分解为低频嵌入域和高频嵌入域:

$$\begin{cases} x^1 = \lfloor \dfrac{x_1 + x_2}{2} \rfloor \\ x^h = x_1 - x_2 \end{cases} \quad (4-78)$$

在第一阶段鲁棒嵌入过程中,考虑到低频信号对高斯噪声和 JPEG 压缩等多种操作具有较好的鲁棒性,因此选择将鲁棒水印嵌入低频嵌入域中。鲁棒嵌入选择了比较有代表性的 patchwork 嵌入算法。在可逆嵌入阶段,考虑到高频信号具有非常良好的统计直方图特性,因此将可逆水印嵌入高频嵌入域中。为了保证普适性,可逆嵌入使用了最经典的直方图平移算法。这里需要说明的是,为了降低可逆嵌入的容量需求,可逆嵌入阶段并没有直接嵌入低频嵌入域的嵌入失真,而是选择嵌入了鲁棒水印和嵌入强度,这样通过鲁棒嵌入的一个逆操作即可擦除鲁棒嵌入失真。水印的提取直接通过patchwork 提前鲁棒水印即可。载体图像的恢复包括通过直方图平移实现可逆嵌入域恢复和通过可逆水印擦除鲁棒嵌入失真两步。

这一方法在鲁棒性和失真方面,相比传统广义直方图平移等算法,具有明显提升,并且具有非常好的可扩展性和普适性。独立嵌入域变换除了这一方法所采用的频域变换之外,也可以采用诸如下采样、隔行采样等非常简单的空域变换方法,只要能保证两个嵌入域不重叠即可;而鲁棒水印、可逆水印嵌入算法的选择更是非常具有普适性,比如量化嵌入、扩频嵌入等鲁棒水印算法和 PVO、直方图平移、整数变换等可逆水印算法都能很好兼容。

4.8.5 其他方法

Zhang 等人[27]提出了一种基于语义压缩的数据嵌入方法。压缩器首先通过收集原始图像中的一部分像素来创建一个紧凑的图像。收集原始图像中的一部分像素,并计算其余像素的估计误差。然后,通过嵌入估计误差产生压缩图像,并将估计误差嵌入压缩图像中。这样一来,压缩后的图像是由少量的像素值组成的,而原始内容在没有任何解压工具的情况下,仍然可以通过压缩后的图像大致得到。如果有解压工具,则用户可以利用嵌入的数据来重建一个高质量的图像。因为所提出的方案与可逆和非可逆的数据隐藏技术兼容,所以可以进行有损或无损的语义压缩。在不同的参数下,压缩和解压后的图像质量不同。此外,原始图像内容越平滑,压缩-解压性能就越好。

具体来说,假设原始图像 P 是大小为 $N_1 \times N_2$,像素取值为[0, 255]的未压缩图像,像素表示为 $p(n_1, n_2)$,其中 $1 \leqslant n_1 \leqslant N_1$,$1 \leqslant n_2 \leqslant N_2$。首先给定缩放比例 $r(0 < r < 1)$,可通过近邻插值法得到一个小图 G,则其像素为:

$$g(m_1, m_2) = p\left[\mathrm{round}\left(\frac{m_1}{r}\right), \mathrm{round}\left(\frac{m_2}{r}\right)\right], 1 \leqslant m_1 \leqslant M_1, 1 \leqslant m_2 \leqslant M_2$$

$$(4-79)$$

图 G 大小为 $M_1 \times M_2$：

$$M_1 = \text{round}(N_1 \cdot r)$$
$$M_2 = \text{round}(N_2 \cdot r) \qquad (4-80)$$

也就是说，从原始图像 P 中挑选一部分像素出来形成尺寸更小的紧凑图像 G，我们将 P 中被选中的像素称为种子像素，未被选中的称为默认像素。对于各默认像素 $p(n_1, n_2)$，计算：

$$m_1^{\text{U}} = [n_1 \cdot r]$$
$$m_1^{\text{D}} = [n_1 \cdot r]$$
$$m_2^{\text{L}} = [n_2 \cdot r]$$
$$m_2^{\text{R}} = [n_2 \cdot r] \qquad (4-81)$$

以及

$$n_1^{\text{U}} = \text{round}\left(\frac{m_1^{\text{U}}}{r}\right)$$

$$n_1^{\text{D}} = \text{round}\left(\frac{m_1^{\text{D}}}{r}\right)$$

$$n_2^{\text{L}} = \text{round}\left(\frac{m_2^{\text{L}}}{r}\right)$$

$$n_2^{\text{R}} = \text{round}\left(\frac{m_2^{\text{R}}}{r}\right) \qquad (4-82)$$

这代表 $p(n_1^{\text{U}}, n_2^{\text{L}})$, $p(n_1^{\text{U}}, n_2^{\text{R}})$, $p(n_1^{\text{D}}, n_2^{\text{L}})$, $p(n_1^{\text{D}}, n_2^{\text{R}})$ 是最接近默认像素 $p(n_1, n_2)$ 的种子像素，且：

$$g(m_1^{\text{U}}, m_2^{\text{L}}) = p(n_1^{\text{U}}, n_2^{\text{L}})$$
$$g(m_1^{\text{U}}, m_2^{\text{R}}) = p(n_1^{\text{U}}, n_2^{\text{R}})$$
$$g(m_1^{\text{D}}, m_2^{\text{L}}) = p(n_1^{\text{D}}, n_2^{\text{L}})$$
$$g(m_1^{\text{D}}, m_2^{\text{R}}) = p(n_1^{\text{D}}, n_2^{\text{R}}) \qquad (4-83)$$

其次，我们将每个像素值的 8 个比特位分成 $8-T$ 个最高位和 T 个最低位，T 是 $[0, 7]$ 之间的整数，并将图像 G 中的像素的 $8-T$ 个最高位表示为：

$$g_{\mathrm{H}}(m_1, m_2) = \left\lfloor \frac{g(m_1, m_2)}{2^T} \right\rfloor \qquad (4-84)$$

然后,通过 $g_{\mathrm{H}}(m_1^{\mathrm{U}}, m_2^{\mathrm{L}})$, $g_{\mathrm{H}}(m_1^{\mathrm{U}}, m_2^{\mathrm{R}})$, $g_{\mathrm{H}}(m_1^{\mathrm{D}}, m_2^{\mathrm{L}})$, $g_{\mathrm{H}}(m_1^{\mathrm{D}}, m_2^{\mathrm{R}})$ 的值和双线性插值法来估计默认像素 $p(n_1, n_2)$ 的值。由此得到的估计误差为:

$$e(n_1, n_2) = p(n_1, n_2) - \mathrm{round}[\bar{p}(n_1, n_2)] \qquad (4-85)$$

最后对估计误差进行压缩,将压缩后的数据嵌入紧凑图像 G 中。

4.9 本章小结

本章节主要围绕可逆数据隐藏展开研究。随着信息技术的发展,互联网环境已经从单一的文字世界发展成了一个图文并茂的数字世界。科技的发展丰富了我们的生活的同时,也带来了很多数据安全和隐私保护等方面的挑战。如何解决数字化信息存在的安全问题成为当前的研究热点。作为主动保护信息安全的重要手段,信息隐藏技术在过去的十几年间获得了飞速的发展,成为信息安全领域的一个重要的研究方向。可逆信息隐藏作为一项特殊的信息隐藏技术,最大的特点就是在发送者将秘密信息嵌入载体之后,接收者不仅能提取嵌入的信息,还能无失真地恢复原始载体。这种可逆性,在一些对原始载体有恢复要求的敏感图像处理应用领域,比如医学图像处理、军事图像处理、法律取证等就显得尤为重要。目前,基于空域图像的可逆隐藏算法已经有了较为成熟的设计体系框架。然而,随着多媒体技术和人工智能技术的发展,可逆研究出现了更多的新的应用场景需求,这些场景下对数据可逆隐藏算法设计提出了新的挑战。未来数据可逆隐藏可能的研究方向包括以下三类。

(1) 方案设计:当前主流的基于直方图修改的嵌入框架往往为了生成一个更尖锐的直方图,优先选择平滑区域的点来做修改嵌入。实际上,当像素修改量较大时,在图像的平滑区域修改要比在纹理区域修改对图像的视觉质量的影响更大,应该考虑在不同嵌入位置的修改带来的影响不一样而自适应定义失真。如何设计自适应失真下的可逆隐藏嵌入框架是未来值得探索的一个新方向。

（2）算法优化：当前的可逆算法设计更多的偏向于嵌入性能的优化，较少考虑时间成本，当需要批量嵌入的时候很难做到实时的一个嵌入。因此，还需要在未来的可逆设计中进一步考虑时间成本，设计更实时的批量数据可逆隐藏方案。

（3）应用迁移：基于以上方案优化设计，可以考虑将可逆隐藏应用推广到不同的应用场景，例如数字资产保护，可逆数据隐藏与人工智能安全等。以此实现面向不同应用场景下的隐私保护和数据安全。

注释

[1] FRIDRICH J, GOLJAN M, RUI D. Invertible authentication watermark for JPEG images [C]//Proceedings International Conference on Information Technology: Coding and Computing. Las Vegas, NV, USA, 2001:223 - 227.

[2] CELIK M U, SHARMA G, TEKALP A M, et al. Lossless generalized-LSB data embedding [J]. IEEE Transactions on Image Processing, 2005,14(2):253 - 266.

[3] TIAN J. Reversible data embedding using a difference expansion [J]. IEEE Transactions on Circuits and Systems for Video Technology, 2003, 13 (8): 890 - 896.

[4] ALATTAR A M. Reversible watermark using the difference expansion of a generalized integer transform [J]. IEEE Transactions on Image Processing, 2004, 13(8):1147 - 1156.

[5] NI Z, SHI Y, ANSARI N, et al. Reversible data hiding [C]//Proceedings of the 2003 International Symposium on Circuits and Systems, 2003. ISCAS '03. : Vol. 2. Bangkok, Thailand, 2003: II-912 - II-915.

[6] NI Z, SHI Y, ANSARI N, et al. Reversible data hiding [J]. IEEE Transactions on Circuits and Systems for Video Technology, 2006,16(3):354 - 362.

[7] LI X, ZHANG W, GUI X, et al. Efficient reversible data hiding based on multiple histograms modification [J]. IEEE Transactions on Information Forensics and Security, 2015,10(9):2016 - 2027.

[8] OU B, LI X, ZHAO Y, et al. Pairwise prediction-error expansion for efficient reversible data hiding [J]. IEEE Transactions on Image Processing, 2013,22(12): 5010 - 5021.

[9] LI X, LI J, LI B, et al. High-fidelity reversible data hiding scheme based on pixel-value-ordering and prediction-error expansion [J]. Signal Processing, 2013,93(1): 198 - 205.

[10] PENG F, LI X, YANG B. Improved PVO-based reversible data hiding [J]. Digital Signal Processing, 2014,25:255 - 265.

[11] HE W, XIONG G, WENG S, et al. Reversible data hiding using multi-pass pixel-value-ordering and pairwise prediction-error expansion [J]. Information Sciences, 2018,467:784 - 799.

[12] OU B, LI X, ZHAO Y, et al. Reversible data hiding using invariant pixel-value-ordering and prediction-error expansion [J]. Signal Processing: Image Communication, 2014,29(7):760 - 772.

[13] ZHANG T, LI X, QI W, et al. Location-based PVO and adaptive pairwise modification for efficient reversible data hiding [J]. IEEE Transactions on Information Forensics and Security, 2020,15:2306 - 2319.

[14] KALKER T, WILLEMS F M J. Capacity bounds and constructions for reversible data-hiding [C]//2002 14th International Conference on Digital Signal Processing Proceedings. DSP 2002 (Cat. No. 02TH8628). Santorini, Greece, 2002:71 - 76.

[15] ZHANG W, CHEN B, YU N. Improving various reversible data hiding schemes via optimal codes for binary covers [J]. IEEE Transactions on Image Processing, 2012,21(6):2991 - 3003.

[16] ZHANG W, HU X, LI X, et al. Optimal transition probability of reversible data hiding for general distortion metrics and its applications [J]. IEEE Transactions on Image Processing, 2015,24(1):294 - 304.

[17] LIEN B K, LIN Y, LEE K Y. High-capacity reversible data hiding by maximum-span pixel pairing on ordered dithered halftone images [C]//2012 19th International Conference on Systems, Signals and Image Processing (IWSSIP). Vienna, Austria, 2012:76 - 79.

[18] KIM C, CHOI Y S, KIM H J, et al. Reversible data hiding for halftone images using histogram modification [J]. Information (Japan), 2013, 16 (3 A): 1861 - 1872.

[19] YIN X, LU W, ZHANG J, et al. Reversible data hiding in halftone images based on minimizing the visual distortion of pixels flipping [J]. Signal Processing, 2020, 173:107605.

[20] HUANG F, QU X, KIM H J, et al. Reversible data hiding in JPEG images [J]. IEEE Transactions on Circuits and Systems for Video Technology, 2016,26 (9):1610 - 1621.

[21] XIAO M, LI X, MA B, et al. Efficient reversible data hiding for JPEG images with multiple histograms modification [J]. IEEE Transactions on Circuits and Systems for Video Technology, 2021,31(7):2535 - 2546.

[22] LI J, LI X, YANG B. Reversible data hiding scheme for color image based on prediction-error expansion and cross-channel correlation [J]. Signal Processing, 2013,93(9):2748 - 2758.

[23] PAILLIER P. Public-key cryptosystems based on composite degree residuosity classes [M]//STERN J. Advances in Cryptology — EUROCRYPT '99: Vol. 1592. Berlin, Heidelberg: Springer Berlin Heidelberg, 1999:223 - 238.

[24] LI M, LI Y. Histogram shifting in encrypted images with public key cryptosystem for reversible data hiding [J]. Signal Processing, 2017,130:190 - 196.

[25] QIAN Z, ZHANG X, WANG S. Reversible data hiding in encrypted JPEG bitstream [J]. IEEE Transactions on Multimedia, 2014,16(5):1486 - 1491.

[26] WANG X, LI X, PEI Q. Independent embedding domain based two-stage robust reversible watermarking [J]. IEEE Transactions on Circuits and Systems for Video Technology, 2020,30(8):2406 - 2417.

[27] ZHANG X, ZHANG W. Semantic image compression based on data hiding [J]. IET Image Processing, 2015,9(1):54 - 61.

5

图 像 取 证

5.1 概述

100多年前,伴随着照相机的出现,摄影技术被广泛应用于记录历史事件、人物、建筑、景点等场景。经过多年的发展,数字成像技术日益成熟。数字媒体在我们的日常生活中无处不在。我们逐渐习惯利用视觉媒体记录当下发生的事情、理解过去发生的事件。因此,数字图像和视频为新闻、娱乐、通信等行业提供了重要的素材来源。而且,作为医疗记录或者商业文件的一部分,其也被作为一项重要的证据来源在法庭上使用。

为了解决数字图像、视频的真实性存疑问题,数字图像取证研究被提出并受到广泛关注。其研究旨在通过分析图像内容上的不一致性及篡改痕迹,实现鉴别来源、检测图像操作历史以及判断内容真实性等目标。数字图像取证研究基于"数字指纹"展开,"数字指纹"可以是取证者主动添加的信息,也可以指图像篡改或处理操作引入的特有痕迹。相关研究可以分为两个大的类别:主动取证、被动取证。

主动取证技术是指对图像主动添加某些信息,并通过检测这些信息实现数字图像取证的目的。在很多应用场景中,这种方式缺乏灵活性。因此,近年来取证研究工作者更多地关注被动取证技术。不同于主动取证技术,被动取证技术不需要预先对图像嵌入信息,而是直接分析数字图像的内容,达到辨别真实性的目的。任何篡改和伪造都会在一定程度上破坏原始图像本身固有特征的完整性,由于固有特征具有一致性和独特性,因此可作为原始图像本身的"固有指纹",用于鉴别篡改文件。被动取证技术主要有两大研究分支:图像篡改操作取证、图像处理操作取证。篡改操作取证主要是解决数字图像真实性检测问题,主要包含以下几个方面的研究内容:复制-粘贴(copy-move)取证、图像修复(inpainting)取证、图像拼接(splicing)取证等。图像处理操作取证主要研究图像操作历史,包括 JPEG 重压缩检测、增强操作检测、几何操作检测、操作链检测、图像来源取证、反取证等。

本章旨在对过去数字图像取证领域的科研工作者提出的优秀被动取证算法进行介绍并总结。除了介绍基于传统方法的图像取证方法外,本章还将总结基于深度学习的方法,使读者们对数字图像取证有基本的了解与认识,扩宽取证新思路。

5.2 复制-粘贴取证

随着最近图像处理技术的进步,人们可以使用图像编辑软件更方便地修改和篡改图像。因此,近几年伪造图片在公共媒体和日常生活中出现的频率越来越高。在各种伪造图片的方法中,一种常见的图像伪造方法是复制-粘贴,即复制图像中某一区域并粘贴到同一图像的不同位置。图 5-1 为真实图像和篡改图像的示意图,用人眼很难分辨。为了获得逼真的伪造图像,在复制-粘贴伪造的过程中通常会在粘贴之前对克隆区域应用各种操作,如几何操作和后处理操作。几何操作包括旋转和缩放;后处理操作包括 JPEG 压缩、添加高斯噪声、色彩还原、收缩调整、亮度变化和图像模糊等。通常,复制-粘贴操作是用来掩盖图像中的某一区域,达到真假难辨的效果。这种篡改方式与拼接相同,都篡改了图像的内容,但检测难度比拼接方式要大很多。

图 5-1　原图和篡改图像示意图

(来源:PAN X, LYU S. Region duplication detection using image feature matching [J]. IEEE Transactions on Information Forensics and Security,2010,5(4):857-867)

　　现有的复制-粘贴检测（copy-move forgery detection，CMFD）方法主要分为两大类：传统方法和基于深度学习的方法。传统方法可以分为基于块的方法和基于关键点的方法，这两种方法的主要流程都包括以下四步：特征提取、特征匹配、过滤以及后处理。

　　基于块的方法将图像分成重叠的小块并从块中提取特征。第一个基于块的检测方法由 Fridrich 等人[1] 提出，他们使用量化的离散余弦变换（quantized discrete cosine transform，QDCT）技术来提取特征。随后其他学者针对复制-粘贴检测问题提出了不同的特征提取方法，包括 DCT[2-3]、模糊矩不变量[4] 和无抽取的二元小波变换（undecimated dyadic wavelet transform，DyWt）[5]。由于这些方法不能处理几何攻击操作，因此一些鲁棒性更好的特征被提出，如泽尔尼克矩（Zernike moments）[6-7]、极坐标余弦变换（polar cosine transform，PCT）[8]、离散解析傅里叶-梅林变换（discrete analytical Fourier-Mellin transform，DAFMT）[9-10]、切比切夫矩[11] 等。基于块的方法计算量太大，也不擅长处理几何攻击操作，所以有学者提出了基于关键点的方法。基于关键点的算法通常速度快，并且通常对几何攻击操作效果良好，典型的关键点有加速稳健特征（speeded up robust features，SURF）[12-14]、SIFT [15-16] 等，但上述方法通常会找到较多的错误匹配关键点。为了过滤错误匹配的关键点，有些学者[17-20] 使用了颜色特征，通过计算关键点对的颜色特征的相邻区域，以确定这些区域是否属于复制移动区域。还有学者[21-23] 考虑仿射变换，计算整个图像和每个关键点对的旋转角度和比例因子，相同的视为真正匹配的关键点对，这种过滤的方法对几何操作处理效果较好，但对后处理效果较差。

　　近年来，越来越多基于深度学习的方法被提出。Rao 等人[24] 首先提出了基于深度学习的拼接和复制-粘贴伪造图像的检测方法，该方法能够有效学习边界伪影特征，捕捉边界异常信息；Ouyang 等人[25] 提出了一种基于卷积神经网络的复制-粘贴检测方法，并使用迁移学习的方法解决篡改图像数据集过小的问题；Liu 等人[26] 使用基于 CNN 的方法并用图像的关键点作为网络输入；Wu 等人[27] 提出了一个重要的网络——BusterNet，该网络首次能够标注源区域和目标区域；利用图像的自相关性特征，Zhu 等人[28] 提出了 AR-Net，同时引入了注意力机制；Zhong 等人[29] 提出了 Dense-InceptionNet，用稠密网络代替 CNN 来检测复制-粘贴篡改；Abhishek 等人[30]使用深度卷积神经网络和语义分割来检测复制-粘贴和拼接伪造图像。

5.2.1 基于 SIFT 特征的图像复制-粘贴检测方法

大多数现有的图像复制-粘贴检测算法都是对图像的像素进行分块,或者对图像进行某种变换,然后通过比较对应的像素或者变换的系数来判断图像是否经过篡改,但这种方法难以处理经过几何变换或者光学变换的复制区域。为了解决这种问题,基于图像关键点的匹配方法开始受到关注。而图像的 SIFT 特征对于旋转、尺度缩放等几何变换以及亮度变换等不敏感,是一种比较稳定的局部特征。Pan 等人[31]通过提取图像的 SIFT 特征点并在对应的区域进行匹配,当相似的 SIFT 特征值积累到达一定阈值时,可判定该图像经过了篡改取证,从而可以对加入噪声和经过压缩的图像进行鉴别,该算法具有良好的鲁棒性,并在一些极具挑战性的伪造图像上取得不错的效果。该算法的主要步骤如下:

① 检测关键点:找到图像中的 SIFT 关键点并提取特征。

② 匹配关键点:先对关键点初步匹配,再通过估计仿射变换和随机抽样一致性(random sample consensus,RANSAC)算法进行修正。

③ 生成区域相关图:通过比较像素和它们的变换来找到相同的区域,构建区域相关图。

④ 检测重复的区域:根据区域相关图得到重复区域。

首先需要找到关键点并提取特征。关键点是携带有图像内容的不同信息的位置,每个关键点都有一个特征向量,每个特征向量由在相应关键点的局部附近收集的一组图像统计数据组成。良好的关键点和特征应该代表图像中的不同位置,计算效率高,并对局部几何失真、光照变化和噪声具有鲁棒性。SIFT 关键点是通过在尺度空间中寻找稳定的局部极值的位置得到的。在每个关键点处,通过邻域内的局部梯度的直方图生成一个 128 维的特征向量。为了保证所得到的特征向量对旋转和缩放具有不变性,我们需要用关键点的主导尺度决定邻域的大小,并将其中的所有梯度都与关键点的主导方向对齐。另外,通过将直方图进行归一化,特征向量就能对局部照度的变化具有不变性。由于重复的区域通常只占图像总面积的一小部分,所以该方法将关键点检测限制在一个很小的尺度范围内。图 5-2(a)即为一张图片中检测出的 SIFT 关键点。

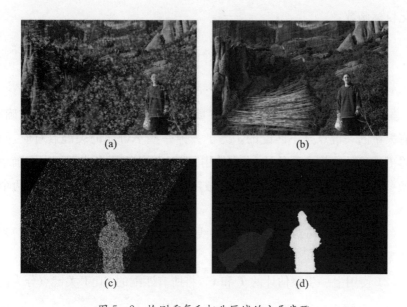

图 5-2　检测重复和扭曲区域的主要步骤

(来源:PAN X, LYU S. Region duplication detection using image feature matching [J]. IEEE Transactions on Information Forensics and Security, 2010,5(4):857-867)

其次对检测的关键点进行假定匹配。对于一个关键点 x,其特征记为 f,将与它 L_2 距离(欧几里得距离)最近的特征 $\tilde{f}$ 所对应的点 $\tilde{x}$ 进行匹配。由于图像的平滑性,关键点的最佳匹配通常在它的邻域内。为了防止在同一区域内匹配关键点,该方法选择在一个 11×11 的窗外找匹配点,并在有许多关键点可以相互匹配时选择那些有明显相似性的关键点。

基于上面假定的关键点匹配,接下来估计重复区域可能的几何扭曲。该方法将旋转、缩放、剪切等图像失真建模为像素坐标的仿射变换,记一个区域的像素位置为 $x=(x,y)^{\mathrm{T}}$,对应的副本为 $\tilde{x}=(\tilde{x},\tilde{y})^{\mathrm{T}}$,它们之间可以通过一个 2-D 的仿射变换得到,$T$ 是一个 2×2 的矩阵,平移向量 x_0,有 $\tilde{x}=Tx+x_0$,具体表现为:

$$\begin{pmatrix} \tilde{x} \\ \tilde{y} \end{pmatrix}=\begin{pmatrix} t_{11} & t_{12} \\ t_{21} & t_{22} \end{pmatrix}\begin{pmatrix} x \\ y \end{pmatrix}+\begin{pmatrix} x_0 \\ y_0 \end{pmatrix} \tag{5-1}$$

为了得到这个变换的唯一解(t_{11}, t_{12}, t_{21}, t_{22}, x_0, y_0),我们需要至少三对非线性的关键点,但实际应用中很难获得,于是将这个求解过程变成最小化目标函数：

$$L(\boldsymbol{T}, \boldsymbol{x}_0) = \sum_{i=1}^{N} \|\tilde{\boldsymbol{x}}_i - \boldsymbol{T}\boldsymbol{x}_i - \boldsymbol{N}\boldsymbol{x}_0\|_2^2 \qquad (5-2)$$

其中 $(\boldsymbol{x}_1, \boldsymbol{x}_2, \cdots, \boldsymbol{x}_n)$，$(\tilde{\boldsymbol{x}}_1, \tilde{\boldsymbol{x}}_2, \cdots, \tilde{\boldsymbol{x}}_n)$ 是匹配的关键点。

　　虽然经过了上面对仿射变换的参数估计，但是目前的结果还不准确，因为有大量的关键点是不匹配的。为了去掉一些不可靠的关键点对应，同时获得更准确的变换参数估计，本文使用 RANSAC 算法来获得更高准确率的模型参数估计。该方法使用上述的假定匹配关键点，依次执行下面两个步骤 N 次：

　　（1）随机选择三对或以上的非共线性匹配关键点，通过公式（5-2）来估计 $\boldsymbol{T}$ 和偏置 $\boldsymbol{x}_0$。

　　（2）使用上一步骤估计的 $\boldsymbol{T}$ 和 $\boldsymbol{x}_0$，将所有匹配的 SIFT 关键点分为内点和外点。具体来说，如果一对关键点 $(\boldsymbol{x}, \tilde{\boldsymbol{x}})$ 符合 $\|\tilde{\boldsymbol{x}} - \boldsymbol{T}\boldsymbol{x} - \boldsymbol{x}_0\|_2 \leqslant \beta$，那么就归为内点，否则是外点。

　　算法估计的变换参数会最大化内点的数量，实验中选取 $N=100$ 和 $\beta=3$。图 5-2(b) 即为修正后的 SIFT 关键点对应示意图。

　　然后比较像素和它们的变换来找到相同的区域，构建区域相关图。由于从像素层面无法区分哪个是源哪个是副本，因此需要检查 $\boldsymbol{x}$ 的正反两种仿射变换关系：$\boldsymbol{x}_f = \boldsymbol{T}\boldsymbol{x} + \boldsymbol{x}_0$ 和 $\boldsymbol{x}_b = \boldsymbol{T}^{-1}(\boldsymbol{x} - \boldsymbol{x}_0)$。以正向变换为例，$\boldsymbol{x}$ 和 $\boldsymbol{x}_f$ 的相关性使用每个位置相邻小区域内的像素强度之间的相关系数进行评估，记 $\boldsymbol{x}$ 处的像素强度为 $I(\boldsymbol{x})$，$\Omega(\boldsymbol{x})$ 为以 x 为中心的 5×5 的像素区域，两个像素间的相关系数如下定义：

$$c_f(\boldsymbol{x}) = \frac{\sum_{s \in \Omega(\boldsymbol{x}), \, t \in \Omega(\boldsymbol{x}_f)} I(\boldsymbol{s}) I(\boldsymbol{t})}{\lfloor \sum_{s \in \Omega(\boldsymbol{x})} I(\boldsymbol{s})^2 \rfloor \lfloor \sum_{t \in \Omega(\boldsymbol{x}_f)} I(\boldsymbol{t})^2 \rfloor} \qquad (5-3)$$

其中 $c_b(\boldsymbol{x})$ 的相关系数计算方式和上面类似。相关系数的范围为 $[0, 1]$，值越大表示相似性越高，并且它对于局部的照度变换具有不变性。将 $c_f(\boldsymbol{x})$ 和 $c_b(\boldsymbol{x})$ 分别放入两个相关图中，图 5-2(c) 就显示了一个例子。

　　最后通过处理区域相关图来获得重复的区域。首先使用 7×7 的高斯滤波核来减少相关图中的噪声，然后将相关图离散化为二进制图像。这里二

值化的阈值 $c \in [0, 1]$ 很重要：如果 c 的值高甚至接近于 1，那么可以挑出非常相似的区域，但会忽略弱相关的重复区域；如果 c 的值较小，那么该方法对于重复区域的检测准确率会更高，但由于包括中等相关的区域，因此错误的检测也会增多。该方法实验中选择 $c = 0.3$ 来做一个两者之间的权衡，再将得到的二值图 $c_f(\boldsymbol{x})$ 和 $c_b(\boldsymbol{x})$ 合并成一个特征图，接着使用一个区域阈值 $A = 0.1\%$ 的图像面积去掉小的孤立区域，对于一个 800×600 像素的图像，可以检测到的最小重复区域的大小约为 23×23 的像素。得到结果后还需要一个后处理的步骤，使用数学形态学运算来平滑并连接所检测到的重复区域的边界，图 5 - 2(d) 就是检测的结果示意图。

如果估计的变换矩阵 $\boldsymbol{T}$ 接近于恒等矩阵，那么复制区域的失真就相当于单纯的复制-粘贴，这种情况下可以使用更有效且鲁棒的方法来直接恢复位移向量。计算每对匹配的 SIFT 关键点的位置之间的 L_2 距离，虽然源区域和重复区域中对应的关键点应该有相同的 L_2 距离，但由于一些错误匹配，观测值的范围会更广，因此，该方法建立了所有关键点对之间的 L_2 距离直方图，并以最大出现频率的距离来收集关键点对，利用 k - means 聚类将这些关键点分为两组后，将移位向量估计为这两组均值之间的差值。

反射的复制区域也需要特殊处理。直线上的反射会把每个点都映射到另一个点，该点与原始点到反射线的距离相同，但两者在直线的两边，因此反射也可以看成一种特殊的仿射变换。然而，SIFT 特征对于反射并不具有不变性，因为镜像关键点具有不同的主导方向。对于这种情况，该方法通过在一个图像中搜索相应的 SIFT 关键点以及它的镜像，然后使用 RANSAC 算法来得到 SIFT 关键点的对应关系，在镜像图像中检测到的匹配就会被映射回原始图像坐标中的位置。

当有多个复制区域时，迭代运行基于 SIFT 关键点的检测方法。每次迭代选择一对潜在的重复区域，在识别出一对重复区域后，重新运行检测算法。这一次在搜索中屏蔽重复区域中的像素，也就是说，任何已被检测为重复的区域的 SIFT 关键点都会被排除在下一轮检测之外。这样就能首先检测到更重要的重复，然后是区域较小的重复。当没有重复区域大于图像区域阈值时，整个算法停止，最后将所有恢复的重复区域组合在一起，并映射回原始图像坐标。

该方法实现了基于 SIFT 关键点的图像复制-粘贴篡改检测，并进一步探索了关键点的使用,将检测扩展到了经过仿射变换的重复区域,并能提供所检测到的重复区域的确切范围和位置,在一些具有挑战性的篡改图像上也取得了较好的检测效果。但该方法很大程度上依赖于检测可靠的 SIFT 关键点,这在有些图像上或会成为瓶颈,因为 SIFT 算法不能在视觉结构较小的区域中找到可靠的关键点,同时小的区域关键点也会更少。另外有些图像具有本质上相同的区域也不能通过该方法检测出来,这些都有待于进一步探究。

5.2.2 基于区域边界伪影和区域相似性的图像复制-粘贴检测方法

以往的图像复制-粘贴检测都需要人为去设计特征,随着深度学习的方法在计算机视觉领域的不断发展,越来越多的研究人员将深度学习的方法应用到图像取证领域中,复制-粘贴检测也不例外。因为复制-粘贴操作是同一图像的内部操作,真实区域与篡改区域在统计属性上极为相似,所以大部分图像统计特征都无法使用。主要的检测技术可以分为两大类:基于区域边界伪影和基于区域相似性。经过复制-粘贴操作的图像,其篡改区域与真实区域边界之间通常存在边界伪影,这与真实图像有很大区别。基于区域边界伪影的检测方式就是利用卷积网络提取图像边界信息,再经过机器学习分类器进行分类。复制-粘贴操作的本质是复制图像中某一区域并粘贴在同一图像中,因此这种篡改方式产生的图像中必定包含两个完全相同的区域,基于区域相似性的检测方法得以提出。

Wu 等人[27]融合了基于区域边界伪影方法和区域相似性方法的长处,提出了可以检测源目标和篡改目标的 BusterNet 网络来进行检测复制-粘贴操作。该网络使用了双分支结构:一个分支负责定位篡改区域,通过提取篡改区域边界伪影信息,实现像素级别预测,输出篡改区域掩码;另一个分支负责自相关检测,检测出图像中两个相似的区域,并输出相似性区域掩码。BusterNet 是一个端到端的网络,不需要人为调整超参数。模型将两个分支的特征进行融合,对两个相似区域进行像素级别的分类,因此它不仅能检测复制-粘贴篡改,还是首个能够准确预测出源目标和篡改目标的方法。相关的实验表明该方法具有较好的鲁棒性,并在多个数据集上实现了当时的最新方法(state of the art, SOTA)。

该网络的整体架构如图 5-3 所示,网络分为了两支:一支名为篡改检测分支(manipulation detection branch，Mani-Det)，负责操作过的区域，通过提取篡改区域边界伪影信息，实现像素级别预测，输出篡改区域掩码 M_m^X；另一支名为相似性检测分支(similarity detection branch，Simi-Det)，负责克隆前后的区域，检测出图像中两个相似的区域，并输出相似性区域掩码 M_s^X。然后将两个分支的特征融合在一起，预测出一个像素级别的复制-粘贴掩码 M_c^X，其中 Semi Classifier 的输出部分代表与复制-粘贴无关的部分，CMFD Classifier 输出部分表示源部分，Mani Classifier 的输出代表粘贴后的部分。下面以输入大小为 $256 \times 256 \times 3$ 的图像为例介绍网络的各个部分。

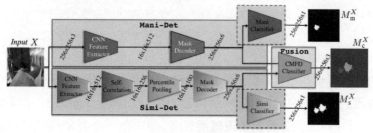

注：上半部分是篡改检测分支，下半部分是相似性检测分支。

图 5-3　BusterNet 网络的主要架构

(来源：WU Y，ABD-ALMAGEED W，NATARAJAN P. Busternet：detecting copy-move image forgery with source/target localization[C]//Proceedings of the European Conference on Computer Vision (ECCV). 2018：168-184)

Mani-Det 可以看作一种特殊的分割网络，其目的是分割被操纵的区域。模型接受输入图片 X，用 CNN 特征提取器提取特征，然后用掩码编码器对特征图做上采样使得尺寸和原图一致，再用二元分类器实现辅助任务(产生二值掩码图 M_m^X)。任何 CNN 都可以作为特征提取器，该方法选择 VGG16 网络的前 4 个 block 来提取特征，产生的 CNN 特征 f_m^X 尺寸为 $16 \times 16 \times 512$，远低于操作掩码所需，所以再通过掩码解码器使用反卷积操作来恢复到原始的分辨率。掩码解码器的结构如图 5-4(a)所示，里面交替应用 BN-Inception 和 BilinearUpPool2D 模块，最终产生 d_m^X 的尺寸为 $256 \times 256 \times 6$。4 次的 BilinearUpPool2D 让特征图空间维度增长 16 倍，最后的 BN-Inception(2@[5, 7, 11])连接了 3 个 Conv2D 的输出[核尺寸分别是(5, 5)、(7, 7)和(11, 11)]，如图 5-4(b)所示，每个 Conv2D 的输出都是 2 通道，因此最后的输出通道为 6。最后通过一个二元分类器预测出像素级别的篡改掩码 M_m^X，该分类器就是一个 Conv2D 层[一个大小为(3, 3)的滤波器]

接一个 Sigmoid 激活函数。

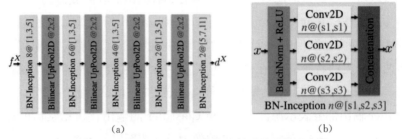

(a)　　　　　　　　　　　　　(b)

图 5-4　基于 Inception 的掩码解码器结构示意图

（来源：WU Y，ABD-ALMAGEED W，NATARAJAN P. Busternet：detecting copy-move image forgery with source/target localization[C]//Proceedings of the European Conference on Computer Vision (ECCV). 2018：168-184）

Simi-Det 接收输入图像 X，使用 CNN 特征提取器提取特征，通过自相关模块计算特征相似度，通过基于百分位数的池化方法（percentile pooling）收集有用的统计信息，使用掩码解码器对特征图做上采样使尺寸与原始图像一致，并应用二元分类器实现辅助任务，即产生一个复制-粘贴掩码 M_m^X。相似性检测分支中的 CNN 特征提取器、掩码解码器、二元分类器与篡改检测分支相同，但是两个分支中的这些相同结构并不共享权重。Simi-Det 分支通过 CNN 特征提取器产生一个 $16 \times 16 \times 512$ 的特征张量 f_x^X，也可将该特征张量视作 16×16 的块状特征，即 $f_x^X = \{f_x^X[i_r, i_c]\}_{i_r, i_c \in [0, \cdots, 15]}$，每个特征有 512 维。接下来需要挖掘有用的信息以决定什么是匹配的块状特征，即用自相关模块计算特征相似性，再用基于百分位数的池化方法收集有意义的统计数据来识别匹配块。给定两个块状特征 $f_m^X[i]$ 和 $f_m^X[j]$，$i = (i_r, i_c)$，$j = (j_r, j_c)$，使用皮尔逊相关系数 ρ 来量化特征相似度：

$$\rho(i, j) = \frac{(\tilde{f}_m^X[i])^T \tilde{f}_m^X[j]}{512} \tag{5-4}$$

其中 $(\cdot)^T$ 是转置操作，$\tilde{f}_m^X[i]$ 是 $f_m^X[i]$ 的标准化版本：

$$\tilde{f}_m^X[i] = \frac{f_m^X[i] - \mu_m^X[i]}{\sigma_m^X[i]} \tag{5-5}$$

对于一个给定的 $f_m^X[i]$，对所有的 $f_m^X[j]$ 求 ρ，得到分数向量 $S^X[i]$：

$$S^X[i] = [\rho(i, 0), \cdots, \rho(i, j), \cdots, \rho(i, 255)] \tag{5-6}$$

自注意力模块最终输出一个 $16 \times 16 \times 256$ 的向量 $\boldsymbol{S}^X$。

如果 $\boldsymbol{f}_\mathrm{m}^X[i]$ 能匹配,那么其中一些分数 $\boldsymbol{S}^X[i][j](j \neq i)$ 就应该能显著比剩余的分数 $\boldsymbol{S}^X[i][k](k \notin \{i, j\})$ 要大。基于百分位数的池化方法先将 $\boldsymbol{S}^X[i]$ 按降序排序得到 $\boldsymbol{S}^{'X}[i]$:

$$\boldsymbol{S}^{'X}[i] = \mathrm{sort}(\boldsymbol{S}^X[i]) \tag{5-7}$$

一条关于 $(k, \boldsymbol{S}^{'X}[i])(k \in [0, \cdots, 255])$ 的曲线,如果 $\boldsymbol{f}_\mathrm{m}^X[i]$ 是匹配的,那么应该能看到这条单调递减的曲线上会在某个位置有个突然的下降,这表明这个排序的分数向量包含足够的信息来决定在未来的阶段匹配的特征。因为分数向量的长度取决于输入图像的尺寸,所以为了使网络能接收任意尺寸的输入,基于百分位数的池化方法也会将排序后的分数向量标准化,即只选取出这些分数中我们想要选取出的百分之多少,忽略最开始的排序分数向量的长度 L,只选出 K 个分数形成一个百分位数池化得分向量(pooled percentile score vector) $\boldsymbol{P}^X[i]$:

$$\boldsymbol{P}^X[i][k] = \boldsymbol{S}^{'X}[i][k'], \ k \in [0, \cdots, K-1] \tag{5-8}$$

其中 k、k' 是最开始的排序分数向量的序号映射到预先定义的百分数 $p_k \in [0, 1]$ 上的序号范围:

$$k' = \mathrm{round}[p_k \cdot (L-1)] \tag{5-9}$$

上述的标准化能起到降维的效果,在基于百分位数的池化方法完成后,使用掩码解码器对特征 $\boldsymbol{P}^X$ 上采样到原始图像尺寸 $\boldsymbol{d}_\mathrm{s}^X$,并通过二元分类器产生一个复制-粘贴掩码 M_x^X 实现辅助任务。

最后进行特征融合,融合模块以两个分支的掩码解码器特征 $\boldsymbol{d}_\mathrm{m}^X$ 和 $\boldsymbol{d}_\mathrm{s}^X$ 为输入,拼接后使用参数为 3@[1, 3, 5](三个滤波器,核大小分别为1、3、5)的 BN-Inception 结构融合特征,再使用一个 Conv2D(1 个 3×3 的过滤器)层后跟一个 Softmax 激活函数的结构预测出三类别的复制-粘贴掩码。

在网络的训练过程中,该方法采用了一个三阶段的训练策略,而不是将所有模块一起训练,先独立地训练每个分支的副任务,然后固定住两个分支训练融合模块,最后再训练整个网络,端到端地微调 BusterNet。该方法还训练了一个二元分类器用于判断一个图像是真实未修改的还是经复制-粘贴伪造生成的,只有能够骗过该分类器的样例才会用于训练 BusterNet,从而得到更接近真实的训练样本。该方法具有一定的鲁棒性,并且能够分辨出源和目标区域,这在复制-粘贴取证方面具有重要意义。

5.3 图像修复取证

一般来说,有很多因素会导致数字图像上的局部信息缺失或者损坏。例如为了某种特殊目的而移走数字图像上的目标物体留下的信息空白区。为了保证图像信息的完整性,需要对这些受损图像进行图像修复。图像修复是一种对图像中缺失或者损坏区域进行恢复的图像处理技术。目前存在两大类传统图像修复技术:一类是用于修复小尺度缺损的数字图像修补技术,这种技术最早是由 Bertalmio 等人[32]引入图像处理中,利用待修补区域的边缘信息来对图像进行修补,以便得到较好的修补效果;另一类是用于填充图像中大块丢失的图像补全技术,主要思想是基于图像结构和纹理的相似性,来对图像大块缺失区域进行补全。

这两大类图像修复技术,都是基于已知区域来对缺失区域进行修复,这种修复方式的本质是假设缺失区域与已知区域具有相同的结构特征,因此当缺失区域涉及复杂结构或高级语义时,它们就不能创建新的内容。为了解决这些限制,研究人员提出了许多用于图像修复的深度学习模型,这些深度学习模型能够利用大规模数据集学习图像的语义表示。因此,基于深度学习的方法能够生成全新的内容,并获得更先进的修复性能。例如 Pathak 等人[33]通过训练深度生成对抗网络来修复图像的大块缺失区域,开创了这方面研究的先河。

与此同时,图像修复取证方法也相应被提出,用以检测恶意修复图像的行为。目前图像修复取证也分为两大类方法。第一类方法检测基于样本的修复操作,主要原理是在给定的图像中搜索相似的块,其中匹配度高的块就被怀疑是篡改得到的。例如 Zhu 等人[34]基于标签矩阵和加权交叉熵来获得篡改痕迹。第二类方法检测基于扩散的修复操作。例如 Li 等人[35]通过分析在等照度线(isophote)方向上图像的拉普拉斯局部方差来检测基于扩散的图像修复操作。

深度学习能够利用图像的高层语义信息,来生成更加复杂的结构,因此这类图像修复方法可能会在修复区域上留下特殊的操作痕迹。对应的深度学习图像修复检测方法,就利用了这种特殊的操作痕迹进行检测。例如 Li

等人[36]采用高通滤波器来增强篡改区域与非篡改区域之间的差异,从而对篡改区域进行定位。

5.3.1　基于扩散修复的图像修复取证技术

首先,对图像修复问题给出形式化定义,对于一个在 D 领域的 $N \times M$ 二维图像 $\boldsymbol{I}$,也就是说 $\boldsymbol{I}: D \rightarrow \mathbb{R}^m$,其中 $D = \{(x, y) \mid x = 0, 1, \cdots, M; y = 0, 1, \cdots, N\} \subset \mathbb{R}^2$ 设定了每个图像像素的空间坐标,m 指的是图像的通道数(对于灰度图像,$m=1$;对于 RGB 彩色图像,$m=3$)。如图 5-5 所示,对于图像修复问题,图像 $\boldsymbol{I}^0$ 是一个待修复图像,其中黑色的区域是待修复的部分 Ω。图像修复的目的是想使用图像已知区域 $S = D - \Omega$ 的信息,来估计图像修复部分的像素。

(a) 将要被修复的图像,其中黑色的区域是未知的　(b) 修复后的图像,被虚线圈住的区域即是修复区域

图 5-5　修复图像的例子

(来源:LI H, LUO W, HUANG J. Localization of diffusion-based inpainting in digital images [J]. IEEE Transactions on Information Forensics and Security,2017,12(12):3050-3064)

图像修复问题没有唯一的解,也就是说当选择不同的算法和参数时,修复后的未知区域的内容会有所不同。所以图像修复的目标之一,是要保证修复区域与已知区域是一致,并且在视觉上是可接受的。在图像修复中,一般假设已知区域和未知区域在几何结构上是一致的,并且/或者具有相似的纹理统计特性。基于扩散的方法主要利用光滑度先验和偏微分方程从未知区域的外部向内部传播结构。

其次,简单介绍基于扩散问题的图像修复问题。基于扩散的图像修复其基本思想是传播具有平滑度约束的局部信息。在修复问题中主要考虑两个信息:一是如何描述局部图像的结构,二是局部图像结构应该向哪个方向传播。以 Bertalmio 等人[32]的工作为例。该方法采用图像拉普拉斯算子作为描述局部信息结构的光滑性约束,并且在图像的各个像素点上沿着图像等照度线方向传播图像拉普拉斯算子。该方法通过求解以下方程迭代地更新未知区域的像素强度:

$$I^{t+1}(x, y) = I^t(x, y) + t' \cdot dI^t(x, y), \ \forall (x, y) \in \Omega \quad (5-10)$$

其中 t 指的是迭代时间,t' 指的是迭代速度,$dI^t(x, y)$ 指的是 $I^t(x, y)$ 的更新信号。$dI^t(x, y)$ 由如下的定义给出:

$$dI^t(x, y) = \nabla[\Delta I^t(x, y)] \cdot \nabla I^{t\perp}(x, y) \quad (5-11)$$

其中 ∇ 指的是梯度算子,ΔI 指的是图像的拉普拉斯算子,$\nabla I^\perp$ 指的是等照度线方向(垂直于梯度方向)。$\nabla(\Delta I) \cdot \nabla I^\perp$ 指的是 ΔI 在等照度线方向上的导数。在初始状态,$t = 0$,$I^t = I^0$。在经过了若干轮迭代之后,收敛标志是 $dI^t = 0$。那么最后收敛状态的图像输出,就被定义成图像修复的最终结果。图像在收敛之后,在等照度线方向 $\nabla I^\perp$ 上,其拉普拉斯算子 ΔI 的方差为 0。这意味着,图像在对未知区域进行修复时,是按照等照度线的方向进行传播的。通常对于基于扩散的图像修复技术来说,需要处理的篡改区域比基于样本的修复技术处理的区域小得多,这给检测这些区域带来了更大的困难。Li 等人[35]提出了一种数字图像中基于扩散的图像修复区域的定位方法。该方法重点分析了图像修复中修复区域的特性。通过对扩散过程中的图像性质进行分析,该方法发现在修复区域内图像拉普拉斯算子沿着等照度线方向的变化与未修复区域中的变化有很大的不同。基于这个特性,该方法基于不同窗口大小,对通道内和通道间的局部方差进行提取,组成一个特征集。然后通过训练一个分类器来识别该特征是来自篡改区域还是非篡改区域。为了进一步提高性能,该方法还设计了两种有效的后处理操作来进一步对结果进行优化。这两种后处理主要包括排除容易导致误报的异常暴露区域,进行结构元素大小的自适应形态滤波。

根据公式(5-10)和公式(5-11)可以得出,在图像篡改区域内的像素,具有 $dI^t = 0$ 的性质,这意味着图像在等照度线上的拉普拉斯算子是保持为常数的,而在图像的非篡改区域则不具有该特性。为了评估该特性是否能够区分篡改区域和非篡改区域,如图 5-6 所示,我们分别计算了每个图像像素在等照度线方向上的拉普拉斯算子。即:

$$\delta_{\Delta I}(x, y) = \Delta I(x, y) - \Delta I(x_v, y_v), \quad \forall (x, y) \in D \quad (5-12)$$

其中 $\Delta I(x, y)$ 指的是图像像素点 (x, y) 的拉普拉斯算子。$\Delta I(x_v, y_v)$ 指的是虚拟点 (x_v, y_v) 的拉普拉斯算子。虚拟点落在 $\nabla I^\perp(x, y)$ 方向上,并且与像素 $I(x, y)$ 的距离是 1。其中点 (x_v, y_v) 的坐标为:$\begin{pmatrix} x_v \\ y_v \end{pmatrix} = \begin{pmatrix} x + \cos\theta \\ y + \sin\theta \end{pmatrix}$。其中 $\tan\theta = \dfrac{|\nabla I_y^\perp(x, y)|}{|\nabla I_x^\perp(x, y)|}$,$I_y^\perp(x, y)$ 和 $I_x^\perp(x, y)$ 分别是等照度线方向在垂直和水平方向的投影。$\Delta I(x_b, y_b)$ 则是由双线性插值所得到,即:

$$\Delta I(x_b, y_b) = \begin{pmatrix} 1 - \cos\theta \\ \cos\theta \end{pmatrix}^T N_{\Delta I} \begin{pmatrix} 1 - \sin\theta \\ \sin\theta \end{pmatrix} \quad (5-13)$$

而 $N_{\Delta I}$ 是由下式得到:

$$N_{\Delta I} = \begin{pmatrix} \Delta I(x, y) & \Delta I(x+1, y) \\ \Delta I(x, y+1) & \Delta I(x+1, y+1) \end{pmatrix} \quad (5-14)$$

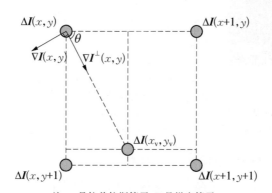

注:△ 是拉普拉斯算子,▽ 是梯度算子。

图 5-6　在等照度线方向上,图像拉普拉斯算子的改变

(来源:LI H, LUO W, HUANG J. Localization of diffusion-based inpainting in digital images [J]. IEEE Transactions on Information Forensics and Security,2017,12(12):3050-3064)

对给定的图像计算公式(5-12),我们能够得到一张特征地图 $\delta_{\Delta I}$。图 5-7(b)就是图 5-7(a)的特征地图。我们可以发现篡改区域和非篡改区域的特征非常不同。在非篡改区域,图像拉普拉斯算子在等照度线方向的变化非常大,而相对应的篡改区域,图像拉普拉斯算子在等照度线方向的变

化则非常小。我们可以从图5-7(c)和图5-7(d)中清楚地观察到这点。为
了进一步研究特征地图$\delta_{\Delta l}$的特性,我们计算每个8×8像素块的局部方差,
并且分别对篡改区域和非篡改区域的局部方差画出实验累计可能性函数。
如图5-7(e)、图5-7(f),我们可以观察到,篡改区域局部方差,趋向于0的
概率远远小于非篡改区域的概率。根据上述结论,对于基于扩散的图像修
复取证来说,根据图像拉普拉斯算子在等照度线扩散方向的变化,确实能够
分辨出图像是否具有篡改痕迹。这也是该论文主要的研究出发点。为了更
加准确地定位图像篡改区域,该研究尝试在特征地图$\delta_{\Delta l}$中,提取一些统计
学特征。

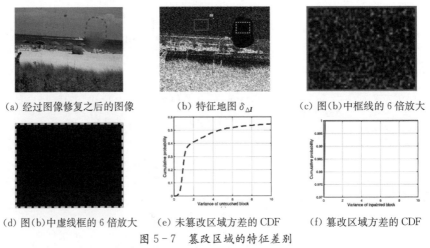

(a) 经过图像修复之后的图像　　(b) 特征地图$\delta_{\Delta l}$　　(c) 图(b)中框线的6倍放大

(d) 图(b)中虚线框的6倍放大　　(e) 未篡改区域方差的CDF　　(f) 篡改区域方差的CDF

图5-7　篡改区域的特征差别

(来源:LI H,LUO W,HUANG J. Localization of diffusion-based inpainting in digital images
[J]. IEEE Transactions on Information Forensics and Security, 2017, 12(12):3050-3064)

给定一个RGB彩色图像,首先计算特征地图$\delta_{\Delta l}$的通道内局部方差,对
于每个彩色通道$c \in \{1, 2, 3\}$,以及每个像素点坐标(x, y),窗口大小为ω
的通道内局部方差$\sigma_{c, w}^2$,计算方式如下:

$$\sigma_{c, w}^2(x, y) = \frac{1}{w^2} \sum_{i=-\lfloor \frac{w}{2} \rfloor, j=-\lfloor \frac{w}{2} \rfloor}^{\lfloor \frac{w}{2} \rfloor} [\delta_{\Delta l c}(x+i, y+j) - \mu_c(x, y)]^2$$

$$(5-15)$$

其中$\lfloor \cdot \rfloor$指的是向下取整,$\delta_{\Delta l_c}$指的是$\delta_{\Delta l}$在第c层的部分,μ_c是$\delta_{\Delta l_c}$在$w \times w$
大小窗口下的平均值。此外,我们还计算了通道间方差ζ_{tw}^2,计算方式如下:

$$\zeta_w^2(x,y) = \frac{1}{3w^2} \sum_{c=1}^{3} \sum_{i=-\lfloor\frac{w}{2}\rfloor}^{\lfloor\frac{w}{2}\rfloor} \sum_{j=-\lfloor\frac{w}{2}\rfloor}^{\lfloor\frac{w}{2}\rfloor} [\delta_{\Delta I_c}(x+i,y+j) - \mu(x,y)]^{\lfloor\frac{w}{2}\rfloor}$$

$$(5-16)$$

其中 μ 是 $\delta_{\Delta I}$ 在 $w \times w$ 大小窗口下三个通道内的平均值,即 $\mu(x,y) = \frac{1}{3}\sum_{c=1}^{3}\mu_c(x,y)$。因此,通过给定训练数据集,我们能把通道内局部方差 $\sigma_{c,w}^2$ 和通道间方差 ζ_{tw}^2 作为特征训练一个分类器。那么给定一个待判定的图片,先对其每个像素提取特征,再把每个像素的特征输入分类器以判断每个像素是属于篡改部分还是非篡改部分。最后我们能够得到一个与待判定图像规模相同的二进制定位地图 $\boldsymbol{M}$,像素值为 1 即为篡改像素,像素值为 0 即为非篡改像素。

该方法还提出了两种方式来进一步提高定位结果。一种是抛除异常曝光的区域。有时候图像会存在异常曝光的区域,比如图像中非常亮或者是非常暗的区域。在这样的区域内,图像的拉普拉斯算子为 0,因此 $\delta_{\Delta I}$ 的局部方差会非常小。异常曝光区域内的像素,很容易被分类器判断为篡改区域的像素。为了提前把该类像素定义为非篡改区域的像素,该方法定义了一个异常曝光检测器 E:

$$E(x,y) = \sum_{c=1}^{3} \sum_{i=-1}^{1} \sum_{j=-1}^{1} 1[\boldsymbol{I}_c(x+i,y+j) < 10]$$
$$+ \sum_{c=1}^{3} \sum_{i=-1}^{1} \sum_{j=-1}^{1} 1[\boldsymbol{I}_c(x+j,y+j) > 245]$$

$$(5-17)$$

其中 $1(\cdot)$ 指的是预测函数,$\boldsymbol{I}_c(x,y)$ 指的是像素点 (x,y) 在通道 c 处的强度。文献[35]用该检测器来避免异常曝光区域被检测为篡改区域。

另一个用来提升定位准确度的方式是形态滤波。首先我们去除一些容易引起误判的小区域,接下来我们再对篡改区域进行扩大,这样被判定为篡改的概率就会大大增加。整个形态滤波的过程可以由下式进行定义:

$$\hat{\boldsymbol{M}} = [\boldsymbol{M} \ominus S(r_e)] \oplus S(r_d) \qquad (5-18)$$

其中 $\hat{\boldsymbol{M}}$ 为形态滤波的定位地图,$\boldsymbol{M}$ 为篡改定位地图。$S(r_e)$ 和 $S(r_d)$ 分别为半径 r_e 和 r_d 的圆盘状结构数据。该类结构的元素对实验性能有很大的

影响。如果篡改区域很大,我们倾向于使用一个更大的结构元素来避免篡
改区域的移除。如果篡改区域很小,则使用一个更小的结构。

5.3.2 深度学习图像修复取证技术

利用深度学习技术来进行图像修复,能够学习到图像更高级的语义
信息,从而生成更复杂的结构。这给单纯利用传统方法来检测图像修复
问题带来了挑战。Wu[37]等人提出了一种新的端到端图像修复检测网络
(GIID-Net),以像素精度检测修复区域。GIID-Net 由三个子块组成:
增强块、提取块和决策块。增强块的目的是通过使用分层组合的特殊层
来增强篡改痕迹。提取块由神经结构搜索(neural architecture search,
NAS)算法自动设计,用于提取实际修复检测任务的特征。为了进一步优
化所提取的潜在特征,决策块用于处理输入的特征图,得到最终的篡改痕
迹。决策块中加入了全局注意力模块和局部注意模块,全局注意力模块
通过度量全局特征的相似性来减少类内差异,而局部注意模块增强了局
部特征的一致性。

如图 5-8 所示,图的上部分展示了如何生成训练图像。而在测试阶段,
直接输入图像 $\boldsymbol{X}$,经过三个模块后,网络最终输出篡改区域 $\boldsymbol{M}$。在训练阶段
中,首先获取一个真实的三通道(RGB)图像 $\boldsymbol{P} \in \mathbb{R}^{H \times W \times 3}$ 和一个相对应的
mask $\boldsymbol{M}_g \in \{0, 1\}^{H \times W \times 1}$(1 指的是篡改区域,0 指的是非篡改区域)。因此输
入图像 $\boldsymbol{X}$ 可被定义为:

$$\boldsymbol{X} = \boldsymbol{P} \odot (1 - \boldsymbol{M}_g) + y[\boldsymbol{P} \odot (1 - \boldsymbol{M}_g)] \odot \boldsymbol{M}_g \qquad (5-19)$$

其中⊙表示像素相乘,函数 $y(\cdot): \mathbb{R}^{H \times W \times 3} \to \mathbb{R}^{H \times W \times 3}$ 定义的是一个图像篡改
算法。GIID-Net 网络输入图像 $\boldsymbol{X}$,输出预测篡改图 $\boldsymbol{M}$。

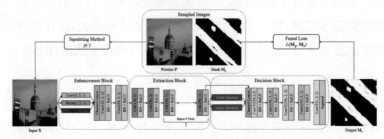

图 5-8 GIID-Net 的整体结构图

(来源:WU H, ZHOU J. GIID-Net: generalizable image inpainting detection via
neural architecture search and attention[A]. 2021)

1. 增强模块

标准卷积模块学习图像的特征,而不是学习图像篡改之后的轨迹[37],并且有一些篡改痕迹隐藏在局部噪声分布中,因此只检测图像的 RGB 通道并不能解决所有的篡改操作任务[38]。因此,Wu 等人提出了增加几个预先设定好的网络层,来增强篡改痕迹。这些网络层包括 SRM 层[39]、PF 层、Bayar 层、卷积层以及几个层的混合。

对于一个三通道的输入图像 $\boldsymbol{X}$,SRM 层能够利用一个 $5 \times 5 \times 3$ 的卷积核 $\boldsymbol{W}_s$ 来提取相应的特征 $\varPhi_s$,$\varPhi_s(\boldsymbol{X}) = \boldsymbol{W}_s \otimes \boldsymbol{X}$。其中

$$\boldsymbol{W}_s = \frac{1}{4} \begin{bmatrix} 0 & 0 & 0 & 0 & 0 \\ 0 & -1 & 2 & -1 & 0 \\ 0 & 2 & -4 & 2 & 0 \\ 0 & -1 & 2 & -1 & 0 \\ 0 & 0 & 0 & 0 & 0 \end{bmatrix} \times \frac{1}{12} \begin{bmatrix} -1 & 2 & -2 & 2 & -1 \\ 2 & -6 & 8 & -6 & 2 \\ -2 & 8 & -12 & 8 & -2 \\ 2 & -6 & 8 & -6 & 2 \\ -1 & 2 & -2 & 2 & -1 \end{bmatrix} \times$$

$$\frac{1}{2} \begin{bmatrix} 0 & 0 & 0 & 0 & 0 \\ 0 & 1 & -2 & 1 & 0 \\ 0 & 0 & 0 & 0 & 0 \\ 0 & 0 & 0 & 0 & 0 \end{bmatrix} \tag{5-20}$$

$\otimes$ 指的是卷积操作。PF 层的目的是获得过滤后的残差,以增强修改痕迹。在实际操作上,PF 层可以使用一个 $3 \times 3 \times 3$ 的高通滤波算子 $\boldsymbol{W}_p$,那么高通滤波特征 $\varPhi_p$ 可以被定义成 $\varPhi_p(\boldsymbol{X}) = \boldsymbol{W}_p \otimes \boldsymbol{X}$,其中先序高通滤波器 $\boldsymbol{W}_p$ 可被定义为:

$$\boldsymbol{W}_p = \begin{bmatrix} 0 & 0 & 0 \\ 0 & -1 & 0 \\ 0 & 1 & 0 \end{bmatrix}; \begin{bmatrix} 0 & 0 & 0 \\ 0 & -1 & 1 \\ 0 & 0 & 0 \end{bmatrix}; \begin{bmatrix} 0 & 0 & 0 \\ 0 & -1 & 0 \\ 0 & 0 & 1 \end{bmatrix} \tag{5-21}$$

PF 层参数在实际训练过程中,是可以训练调整的。

此外,该方法也利用了 Bayar 层来学习篡改痕迹的低维预测残差特征。它通过对标准卷积层添加一个特定的限制来实现。该方法为了简化操作,将 $\boldsymbol{W}_b$ 定义为该层的参数,$\boldsymbol{W}_b^i$ 定义成第 i 个通道上的参数($i = 1, 2, 3$)。那么在每次训练迭代之前,都可以对 $\boldsymbol{W}_b$ 施加如下限制:

$$\begin{cases} \boldsymbol{W}_{\mathrm{b}}^{i}(0,\,0)=-1 \\ \sum_{m,\,n\neq0}\boldsymbol{W}_{\mathrm{b}}^{i}(m,\,n)=1 \end{cases} (i=1,\,2,\,3) \qquad (5-22)$$

该方法通过实验发现 conv 层、PF 层、Bayar 层相结合能够更好地增强篡改痕迹,因此将其应用在增强模块层中。

2. 提取模块

在增强模块之后,该方法设计了提取模块,用于提取图像修复检测的高级特征。本模块不采用常用的 ResNet 或 DnCNN 为主干,而是采用一个可调单元,并使用 one-shot NAS 算法进行微调,以更好地适应修复检测的要求。接下来,本节将依次介绍可调单元的结构,即搜索空间和搜索算法。

(1) 搜索空间。NAS 的核心部分之一是为可调单元设计合理的搜索空间,因为不同的搜索空间可能导致不同的结果。为了形式化描述可调单元,将每个单元都表示为一个具有 N 个节点的有向无环图 $\boldsymbol{G}=(\boldsymbol{V},\,\boldsymbol{E})$。每个节点 $\boldsymbol{V}^{(i)}$ 代表着将 $\boldsymbol{X}$ 作为输入的第 i 的特征 $\varPhi^{(i)}(\boldsymbol{X})$,而每条边 $\boldsymbol{E}^{(i,\,j)}$ 定义为从预先定义的操作池 O 中选取的一个操作 $o^{(i,\,j)}(\bullet)$。

$$O=\{o_{k}(\bullet),\,k=1,\,\cdots,\,n\} \qquad (5-23)$$

操作池包含着 n 个候选操作。为了更方便地表示在搜索空间中可选择的边,本节引入一个控制参数 $\varLambda$:

$$\varLambda=\{\lambda^{(i,\,j)}\mid\lambda^{(i,\,j)}\in\{0,\,1\},\,i,\,j=1,\,\cdots,\,N\} \qquad (5-24)$$

其中 1 代表着对应的边 $\boldsymbol{E}^{(i,\,j)}$ 是激活状态的,而 0 代表着非激活状态。如图 5-9 所示,实线部分代表着网络的固定单元,而虚线部分指的是网络中的可选部分。

(2) 搜索算法。搜索算法同样基于 one-shot NAS 算法的网络架构。具体来说,该方法首先通过选择所有可使用的边,来训练一个包含所有可能的网络架构的超级网络。一旦这个超级网络经过良好的训练之后,我们就可以通过模拟每个选择块只选择一种边,来最后决定所需的候选网络框架。

3. 决策块

决策块的作用是将学习到的高级特征转化为低级的判别信息,即图像修复检测结果。显然,在像素级上,检测结果可分为两类:正类(篡改像素)和负类(原始像素)。在这个过程中,可能会有误分类的像素,这样导致检测

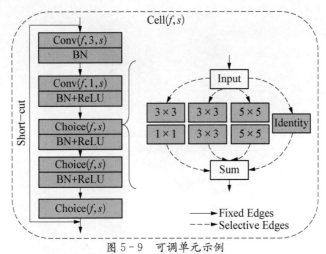

图 5 - 9　可调单元示例

（来源：WU H，ZHOU J. GIID-Net：generalizable image inpainting detection via neural architecture search and attention[A]. 2021)

的结果不准确。为了解决该问题，很多研究[40]开始在决策部分加入注意力机制。注意力模块原理很简单但作用十分强大，即利用其他特征来对特定的特征进行优化。利用该思路，本节在决策块中将全局注意力和局部注意力相结合，来生成更好的篡改检测结果。全局注意力通过最小化类内的方差来减少误分类像素的数量；局部注意力通过对特定小块区域生成一致性的特征来减少误分类像素的数量。全局注意力和局部注意力的生成方式如图 5 - 10 所示。

（1）全局注意力。全局注意力通过减少类内距离来提高检测准确率。在实际操作上，通过用特定特征的其他几个相似特征，来对该特定特征进行更新。$\Phi(\boldsymbol{X})$ 指的是以图像 $\boldsymbol{X}$ 作为输入得到的特征图。从特征图 $\Phi(\boldsymbol{X})$ 中提取 1×1 的块 $\{\boldsymbol{P}_j\}_{j=1}^{K}$ 并将其组成一个集合 P。对于每一个块 $\boldsymbol{P}_j \in P$，它的内部相似性可以由如下公式计算得到：

$$S_{j,k} = \langle \frac{\boldsymbol{P}_j}{\|\boldsymbol{P}_j\|}, \frac{\boldsymbol{P}_k}{\|\boldsymbol{P}_k\|} \rangle, \boldsymbol{P}_k \in P \qquad (5-25)$$

一旦计算好了所有的 $S_{j,k}$，可以设定一个阈值 τ，从集合 P 中选择前 T 个最相似的块。用 $N=\{n_1,\cdots,n_T\}$ 来记录前 T 个最相似的块的编号。然后我们可以得到：

$$N = \{k \mid S_{j,k} \geqslant \tau\} \qquad (5-26)$$

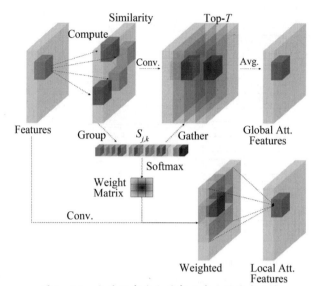

图 5 - 10　全局注意力和局部注意力的生成方式

(来源:WU H, ZHOU J. GIID-Net:generalizable image inpainting detection via neural architecture search and attention[A]. 2021)

在实际操作上,这个相似性搜索的过程可能通过一个修改过的神经网络层来进行计算,从而减少重复计算操作。最后我们通过前 T 个最相似的块的平均值,来更新每个块 $\boldsymbol{P}_j \in P$ 的像素:

$$\boldsymbol{P}_j^* = \frac{1}{T} \sum_{k \in N} \boldsymbol{P}_k \tag{5-27}$$

(2)局部注意力。通过观察到相邻像素之间相关性非常高这一特点,文献[41]的方法提出了一个局部注意力模块来保持局部的一致性。与计算全局注意力的过程相似,局部注意力也通过周围的像素点来对特定像素进行更新。为了更好地反映局部相关性,该方法采用了更小的窗口值。通过定义一个 $m \times m$ 的特征值矩阵,来对每个块 $\boldsymbol{P}_j$ 计算其更新后的特征 $\boldsymbol{P}_j^*$:

$$\boldsymbol{P}_j^* = \boldsymbol{W}_l \otimes \boldsymbol{P}_j \tag{5-28}$$

5.3.3　总结与展望

传统图像修复主要包含两种方式:基于样例的图像修复检测和基于扩散的图像修复检测。已有的工作大多基于这两种修复方式设计取证技术,也取得了较好的性能。未来的修复取证,应该将传统方法和深度学习技术相结合,进一步提高检测性能。

5.4　图像拼接取证

　　随着图像编辑技术和对用户友好的编辑软件的进步,低成本的篡改图像或操纵图像被广泛应用。尽管这些图像处理技术给用户带来了明显的便利和好处,但也出现了一种令人不快的分歧——数字图像变得更容易受到恶意篡改,而数字图像处理的便利性,使得人们对图像的真实性开始产生怀疑,一些数字图像的恶意篡改甚至会带来负面的经济、法律或者政治后果。在图像篡改技术中,图像拼接是最常见的操作之一。图像拼接是从真实图像中复制部分区域并将其粘贴到其他图像中,通常在使用拼接篡改之后,也会应用高斯平滑等后处理操作来掩盖拼接操作遗留的篡改痕迹,即便经过仔细检查,人类也很难识别出被篡改的区域。

　　由于区分真实图像和被篡改图像变得越来越具有挑战性,因此对拼接篡改的盲检测算法也受到了很多关注。对拼接篡改的盲检测可以分为传统方法和深度学习方法两大类,传统方法的关注点在于图像统计特征的不一致性,多是通过提取图像本身内部特征,并研究特征的显著变化进行检测,在只判断是否含有拼接区域而不进行定位的工作中,多是将选择设计的图像特征向量传入支持向量机分类器或者增强分类器中进行分类。另一种则是提供潜在拼接区域的定位工作,如基于局部噪声特征的图像取证方法[42]。而在深度学习方法中,主要是通过使用神经网络,特别是卷积神经网络对图像的潜在篡改痕迹进行特征提取,接着通过全连接层等对传入的特征进行分类,从而对图像是否存在拼接篡改进行判断以及对篡改区域进行定位。对图像篡改痕迹的挖掘多用到滤波技术,这得益于隐写分析富模型(steganalysis rich model,SRM)在图像取证任务中表现出了良好的性能,模型可以从相邻像素中提取局部噪声特征,捕捉篡改区域与真实区域之间的不一致性。同时,Bayar 等人[43]将低通滤波层改为核自适应层,学习用于在篡改区域使用的滤波核。Cozzolino 等人[44]将该问题当成异常检测任务,基于提出的特征,利用自编码器将难以重构的区域作为篡改区域。对于给定的图像,Salloum 等人[45]使用全卷积网络框架直接进行篡改标识的预测。Bappy 等人[46]提出了一种基于 LSTM 的网络,应用于小的图像块,在被篡改的块与图像块之间的边界上寻找篡改伪影,他们将网络与像素级的分割联合训练以提高性能,并展示不同篡改技术下的检测结果。另外 Zhang 等人[47]探索使用更通用的方式拼接篡改进行定位。神经网络在数字图像取证中应用广泛且发展迅速,在拼接篡改检测上的应用也十分高效。

5.4.1 局部噪声盲估计检测方法

局部噪声盲估计检测[42]是区域拼接检测的一种传统方法。假设未经篡改的图像具有均匀的空间噪声统计量,局部噪声统计量的不一致性会将含有不同噪声特征区域的合成图像暴露出来。该方法基于观测到的投影峰度集中现象将噪声盲估计问题转化为优化问题,其封闭解是一种有效的局部噪声盲估计方法的基础。首先,该方法依赖于拼接区域和原始图像具有不同固有噪声方差的假设,当它们的噪声方差差异不显著时,该方法可能无法定位拼接区域(如被篡改的图像进行了低压缩系数的 JPEG 压缩)。此外,另一假设是未被篡改图像的不同像素之间的固有噪声方差是相似的,这对具有明显纹理和平滑区域的大区域图像(如天空背景下的森林)或具有饱和像素的大区域图像是不适用的。最后,局部噪声统计特征的不一致性只是拼接区域判断的参考值之一。

对盲噪声估计检测的引入和推导涉及多个特征及特征之间的关系,而自然图像在带通域的统计特征、投影峰度浓度(projection kurtosis concentration)与噪声方差的关系是噪声盲估计方法的基础。首先是峰度(kurtosis)与投影峰度(projection kurtosis),对于一个一维随机变量 x,记函数 $f(\cdot)$ 根据其分布的期望值为 $E_x\{f\} = \int_x f(x)p(x)\mathrm{d}x$,它的峰度定义为:

$$\kappa(x) = \frac{C_4(x)}{C_2^2(x)} \tag{5-29}$$

其中 $C_2(x) = E_x\{(x - E_x\{x\})^2\}$ 为变量 x 的方差,$C_4(x) = E_x\{(x - E_x\{x\})^4\} - 3C_2(x)$ 为 x 的二阶和四阶累积量。这里需要注意的一点是,峰度和尺度是无关的[48],即 $\kappa(sx) = \kappa(x)$,其中 s 大于 0。峰度评估了一个分布的"峰值程度",如高斯分布有零峰度,拉普拉斯分布有正值峰度,均匀分布有负值峰度。如图 5-11 所示,图中每个分布的均值为 0,方差为 1。

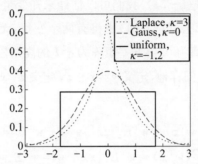

图 5-11　均值为 0、方差为单位方差的不同分布模型的峰度示意图
（来源：LYU S, PAN X, ZHANG X. Exposing region splicing forgeries
with blind local noise estimation [J]. International Journal of Computer
Vision，2014，110(2)：202-221）

方差和峰度也可以用原始（非中心）矩表示，从而有公式(5-30)，其中
$\mu_m = E_x\{x^m\}$。

$$\sigma^2 = \mu_2 - \mu_1^2 \text{ 和 } \kappa = \frac{\mu_4 - 4\mu_3\mu_1 + 6\mu_2\mu_1^2 - 3\mu_1^4}{\mu_2^2 - 2\mu_2\mu_1^2 + \mu_1^4} - 3 \qquad (5-30)$$

公式(5-30)提出了对 x 样本的方差和峰度的实际估计，是用平均值逼
近一到四阶原始矩，也就是利用 $\mu_m \approx \frac{1}{m}\sum_{k=1}^{m} x_k^m$。这在后续局部噪声估计
的推导中非常重要。

对于一个 d 维的随机变量 $\boldsymbol{x}$，定义 $\boldsymbol{x}$ 在单位向量 $\boldsymbol{w}$ 上的一维投影峰度
$\kappa(\boldsymbol{w}^{\mathrm{T}}\boldsymbol{x})$ 为其投影峰度。投影峰度为研究高维变量的统计特性提供了一种
有效手段。举个例子，如果 $\boldsymbol{x}$ 是一个高斯向量，那么它在任意向量 $\boldsymbol{w}$ 上的投
影都符合一维高斯分布，所以它的投影峰度仍为 0。

在知悉峰度与投影峰度之后，下一步，介绍峰度与噪声方差之间的关
系。考虑一个一维随机变量 y，其中 $y = x + n$ 为随机变量 x 与一个高斯变
量 n 的和，由独立变量累积量的可加性[48] 可知 $C_4(y) = C_4(x)$，由公式
(5-29)可知，$\kappa(y)[\sigma^2(y)]^2 = \kappa(x)[\sigma^2(x)]^2$，将 $\sigma^2(y)$ 替代为 $\sigma^2(y) = \sigma^2(x) + \sigma^2(n)$，整理公式之后可以得到：

$$\kappa(y) = \kappa(x) \cdot \left(\frac{\sigma^2(x)}{\sigma^2(y)}\right)^2 = \kappa(x) \cdot \left(\frac{\sigma^2(y) - \sigma^2(n)}{\sigma^2(y)}\right)^2 \qquad (5-31)$$

如果已知原始变量 x 的峰度,因为 y 的峰度和方差都可以从样本中估计出来,所以通过公式(5-31),我们可以估计未知变量 n。但是如果变量 x 的峰度是未知的,那么公式(5-31)中将有两个变量,无法计算。接着,拓展到高维信号。z 是均值为 0、协方差矩阵为 $\sigma^2 \boldsymbol{I}$ 的高斯白噪声,独立随机向量 x 有协方差矩阵 $\boldsymbol{\Sigma}_x$。同样地,定义 $\boldsymbol{y} = \boldsymbol{x} + \boldsymbol{z}$,定义 $\boldsymbol{z}$、$\boldsymbol{x}$、$\boldsymbol{y}$ 在单位向量 $\boldsymbol{w}$ 上投影的方差为:

$$\sigma^2(\boldsymbol{w}^{\mathrm{T}}\boldsymbol{z}) = \boldsymbol{w}^{\mathrm{T}}E_z\{\boldsymbol{z}\boldsymbol{z}^{\mathrm{T}}\}\boldsymbol{w} = \sigma^2 \boldsymbol{w}^{\mathrm{T}}\boldsymbol{w} = \sigma^2$$

$$\sigma^2(\boldsymbol{w}^{\mathrm{T}}\boldsymbol{x}) = \boldsymbol{w}^{\mathrm{T}}E_z\{\boldsymbol{x}\boldsymbol{x}^{\mathrm{T}}\}\boldsymbol{w} = \boldsymbol{w}^{\mathrm{T}}\boldsymbol{\Sigma}_x\boldsymbol{w} \qquad (5-32)$$

$$\sigma^2(\boldsymbol{w}^{\mathrm{T}}\boldsymbol{y}) = \sigma^2(\boldsymbol{w}^{\mathrm{T}}\boldsymbol{x}) + \sigma^2(\boldsymbol{w}^{\mathrm{T}}\boldsymbol{z}) = \boldsymbol{w}^{\mathrm{T}}\boldsymbol{\Sigma}_x\boldsymbol{w} + \sigma^2$$

同样地,利用公式(5-31),可以推导出:

$$\kappa(\boldsymbol{w}^{\mathrm{T}}\boldsymbol{y}) = \kappa(\boldsymbol{w}^{\mathrm{T}}\boldsymbol{x})\left(\frac{\sigma^2(\boldsymbol{w}^{\mathrm{T}}\boldsymbol{x})}{\sigma^2(\boldsymbol{w}^{\mathrm{T}}\boldsymbol{y})}\right)^2$$
$$= \kappa(\boldsymbol{w}^{\mathrm{T}}\boldsymbol{x})\left(\frac{\sigma^2(\boldsymbol{w}^{\mathrm{T}}\boldsymbol{y}) - \sigma^2}{\sigma^2(\boldsymbol{w}^{\mathrm{T}}\boldsymbol{y})}\right)^2 \qquad (5-33)$$

在实践中,x 是自然图像块,投影方向对应于带通滤波器,可以利用自然图像在带通域的规则统计特性[49]。

这里需要指出一个公式(5-33)的重要性质,当 z 服从独立同分布的非高斯模型时,公式(5-33)也是近似满足的。为了证明这一点,我们首先将 z 在 $\boldsymbol{w}$ 上的投影表示为:$\boldsymbol{w}^{\mathrm{T}}\boldsymbol{z} = w_1 z_1 + \cdots + w_d z_d$,也就是独立变量 z_1,$\cdots$,z_d 的加权和,这些独立变量有 0 均值和有限方差 σ^2。因此,可以获得一组新的随机变量 $w_1 z_1$,$\cdots$,$w_d z_d$,其对应的均值为 0,方差为 $w_1^2 \sigma^2$,$\cdots$,$w_d^2 \sigma^2$,从而 $w_1 z_1 + \cdots + w_d z_d$ 的方差可记为 $\sigma^2 \| \boldsymbol{w} \|^2 > 0$,也是有限的。如果进一步假设 z_i 是对称分布,则可知:$E_{z_i}\{z_i^3\} = 0$ 以及 $\dfrac{\sum_{i=1}^{d} E_{z_i}\{(w_i z_i)^3\}}{\sigma^3 \| \boldsymbol{w} \|^3} = \dfrac{\sum_{i=1}^{d} w_i^3 E_{z_i}\{z_i^3\}}{\sigma^3 \| \boldsymbol{w} \|^3} = 0$。因此,这些变量就 $\delta = 1$ 满足 Lyapunov 条件,并且适用 Lyapunov 中心极限定理[48],从而,在 $d \to \infty$ 时,$\boldsymbol{w}^{\mathrm{T}}\boldsymbol{z}$ 渐进接近一个均值为 0、方差为 $\sigma^2 \| \boldsymbol{w} \|^2$ 的高斯变量。在实际应用中,$\boldsymbol{w}^{\mathrm{T}}\boldsymbol{z}$ 收敛到高斯分布的速度要快得多,如图 5-12 所示,当滤波器尺寸为 3×3 时,噪声的经验分布

可以很好地拟合相应的高斯分布。

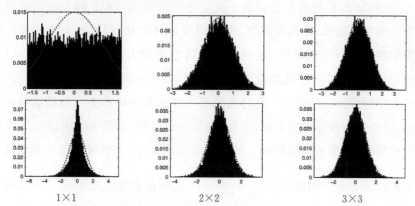

图 5-12　与不同尺寸的带通 DCT 滤波器卷积后的均匀噪声直方图(上)和拉普拉斯噪声直方图(下)以及相应的最佳拟合高斯分布(虚线)示意图

(来源:LYU S, PAN X, ZHANG X. Exposing region splicing forgeries with blind local noise estimation [J]. International Journal of Computer Vision, 2014,110(2):202-221)

　　假设向量 $\boldsymbol{y}$ 的投影峰度和方差是从样本中估计出来的,利用单位投影 $\boldsymbol{w}_1$, …, $\boldsymbol{w}_K$ 计算公式(5-33),可以得到 K 个方程,但其中有 $K+1$ 个未知量:σ^2 和 $\kappa(\boldsymbol{w}_1^\mathrm{T}\boldsymbol{x})$, …, $\kappa(\boldsymbol{w}_K^\mathrm{T}\boldsymbol{x})$, 仅仅依靠这些信息,无法得到噪声方差的唯一解,需要有关 $\kappa(\boldsymbol{w}_1^\mathrm{T}\boldsymbol{x})$, …, $\kappa(\boldsymbol{w}_K^\mathrm{T}\boldsymbol{x})$ 的更多信息。

　　在知道投影峰度与方差的关系之后,我们进一步介绍投影峰度浓度。为此,首先对自然图像在带通域的投影峰度进行实证研究。实验基于 Van Hateren 数据集中选择的 200 张图像。这些图像的内在相机噪声水平低、动态范围平衡,没有过度曝光或曝光不足。如图 5-13 左图所示,从不同的线性变换得到的基上的投影峰度,按降序排序。具体来说,该方法用的是分别采用二维 DCT、PCA、独立成分分析(independent component analysis, ICA)[50]、二维小波获得的基和随机对称基。这次实验中所用的基均为 8×8 像素大小。随机对称基的获得方式与在文献[51]中使用的对称正态化方法相同。具体来说,从一个随机矩阵 $\tilde{\boldsymbol{V}}$(其元素为独立高斯样本,均值为 0,方差为单位方差)中获取的随机基作为一个标准正交矩阵 $\boldsymbol{V}$ 的列,使用公式 $\boldsymbol{V}=\tilde{\boldsymbol{V}}(\tilde{\boldsymbol{V}}^\mathrm{T}\tilde{\boldsymbol{V}})^{-1/2}$ 获取。如图 5-13(a)所示,所有类型的线性变换得到的投影峰度都是正的(而高斯噪声的投影峰度为零,因为高斯变量的投影仍然是高斯的),反映了自然图像在这些不同域的尖峰态统计量[52-53]。此外,由 PCA、ICA、DCT 和小波变换得到的投影峰度值范围较大。极值投影峰度值的出现主要是因为这些表征是用来更好地揭示自然图像的非典型特征。例如，从 PCA 和 ICA 获得的基分别最大化了方差和峰度，DCT 和小波的基值优于规则的空间频率、方向和尺度，但极值投影峰度相对较少，大部分投影峰度集中在某一恒定值附近，表现为图中持续出现大面积相对平坦的区域。与确定性基相比，随机基的投影峰度更均匀，这一现象，在一些工作[51,54-55]中被称为"投影峰度浓度"。在自然图像中添加高斯噪声会引起投影峰度的变化，且变化与投影方向有关，由公式(5-33)可知，如果无噪声信号 x 有恒定的投影峰度，那么含噪信号 y 的投影峰度 $\kappa(w^T y)$ 与含噪信号 y 及无噪信号 x 的投影方差比值的平方 $\left(\dfrac{\sigma^2(w^T x)}{\sigma^2(w^T y)}\right)^2$ 之间存在线性关系，斜率为无噪声信号 x 的常数投影峰度，图 5-13(b)的实验结果与该预测一致。

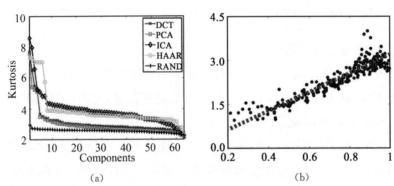

(a)   (b)

注：(a)为 1 万个从自然图像不同线性变换的投影方向上获得的 8×8 的图像块的投影峰度的降序排列；(b)为含噪信号的投影峰度与含噪信号及无噪信号的投影方差比值的平方之间存在的线性关系示意。

图 5-13　投影峰度示意图

(来源：LYU S, PAN X, ZHANG X. Exposing region splicing forgeries with blind local noise estimation [J]. International Journal of Computer Vision, 2014, 110(2): 202-221)

接下来是投影峰值浓度的理论证明，从带通域自然图像的高斯尺度混合(Gaussian scale mixture, GSM)模型可以得到投影峰度集中现象的理论证明，一个高斯混合尺度混合模型向量 $x \in \mathbb{R}^d$，其均值为 $0^{[56]}$，密度函数的定义为：

$$p(x) = \int_0^\infty \frac{1}{\sqrt{(2\pi z)^d |\det(\boldsymbol{\Sigma}_x)|}} \exp\left(-\frac{x^T \boldsymbol{\Sigma}_x^{-1} x}{2z}\right) p_z(z) dz$$

(5-34)

其中 $\boldsymbol{\Sigma}_x$ 为对称正定矩阵,z 是一个正随机变量(潜在比例因子)[57]。注意,$p(x)$ 可以看作一个具有比例协方差矩阵的无限高斯混合,或者,x 可以理解为两个相互独立的随机变量的乘积,$x = u \cdot \sqrt{z}$,u 是一个 d 维的 0 均值、协方差矩阵为 $\boldsymbol{\Sigma}_x$ 的高斯向量。对于一个高斯尺度混合随机向量 x,x 的密度函数定义与公式(5 - 34)相同,以及单位向量 w,我们有 $\kappa(w^{\mathrm{T}}x) = \dfrac{3\mathrm{var}_z\{z\}}{E_z\{z\}^2}$,$E_z\{z\}$ 和 $\mathrm{var}_z\{z\}$ 为潜在变量 z 的均值和方差。

自然图像的投影峰值浓度可以在对应的高斯尺度混合模型的基础上来理解,这些高斯尺度混合模型有恒定的投影峰度。由于高斯尺度混合模型考虑了自然感觉信号的一般统计特性,因此它们的相似性可以通过对结构或特征没有偏见或偏好的任何特定信号的带通表示来更好地展现,这解释了为什么随机带通滤波器响应结果的投影峰度更明显集中。这一结果也表明,当对一个高斯尺度混合变量或它所代表的局部图像块添加噪声时,投影峰度可能会偏离定值。设 z 是均值为 0、协方差矩阵为 $\sigma^2\boldsymbol{I}$ 的高斯噪声,z 与 x 是独立的,则 $y = x + z$ 的投影峰度基于公式(5 - 33)可以进一步进行推导,即有:

$$
\begin{aligned}
\kappa(w^{\mathrm{T}}y) &= \kappa(w^{\mathrm{T}}x)\left(\frac{\sigma^2(w^{\mathrm{T}}x)}{\sigma^2(w^{\mathrm{T}}y)}\right)^2 \\
&= \left(\frac{3 \cdot \mathrm{var}_z\{z\}}{E_z\{z\}}\right) \cdot \left(\frac{w^{\mathrm{T}}\boldsymbol{\Sigma}_x w}{w^{\mathrm{T}}\boldsymbol{\Sigma}_x w + \sigma^2}\right)^2
\end{aligned}
\tag{5 - 35}
$$

公式(5 - 35)右边的最后一个因子对 w 是不变的,仅当 $\boldsymbol{\Sigma}_x$ 为单位矩阵的乘积。在更一般的情况下,$\kappa(w^{\mathrm{T}}y)$ 对于不同的 w 是不同的。噪声信号投影峰度值随投影方向的变化而变化。

现在介绍一种基于投影峰度浓度特性的噪声估计方法,首先是加性高斯噪声的估计,用 $y = x + z$ 表示被噪声污染的自然图像,z 是均值为零、方差为 σ^2 的高斯白噪声,目标是从噪声污染的图像 y 中估计 σ^2。

为了利用投影峰度浓度,利用 K 个不同的单元 2 范数滤波器将 y 投影到 K 个带通通道中,并将第 k 通道中原始图像和噪声图像的响应峰度分别表示为 κ_k 和 $\tilde{\kappa}_k$,第 k 通道中原始图像和噪声图像的响应方差分别表示为 σ_k^2 和 $\tilde{\sigma}_k^2$。由公式(5 - 31)可知,有:

$$\tilde{\kappa}_k = \kappa_k \left(\frac{\tilde{\sigma}_k^2 - \sigma^2}{\tilde{\sigma}_k^2} \right)^2 \tag{5-36}$$

根据上文中讲到的,可以用一个常数近似无噪声自然图像 x 在 K 带通通道上的投影峰度,则可以得到:

$$\tilde{\kappa}_k \approx \kappa \left(\frac{\tilde{\sigma}_k^2 - \sigma^2}{\tilde{\sigma}_k^2} \right)^2 \tag{5-37}$$

进一步地,可以注意到两点:①自然图像的带通滤波器响应趋向于具有正峰度值的超高斯边缘分布[52];② $\tilde{\sigma}_k^2 - \sigma^2 > 0$,因此对公式(5-36)等号左右两边求平方根可得:

$$\sqrt{\tilde{\kappa}_k} \approx \sqrt{\kappa} \left(\frac{\tilde{\sigma}_k^2 - \sigma^2}{\tilde{\sigma}_k^2} \right) \tag{5-38}$$

公式(5-38)给出了估计 σ^2 的一种简单模式,有两个不同的投影方向,w_i 和 w_j,可以消去公因式 $\sqrt{\kappa}$,得到:

$$\frac{\sqrt{\tilde{\kappa}_i}}{\sqrt{\tilde{\kappa}_j}} = \frac{\tilde{\sigma}_j^2}{\tilde{\sigma}_i^2} \left(\frac{\tilde{\sigma}_i^2 - \sigma^2}{\tilde{\sigma}_j^2 - \sigma^2} \right) \text{ 或 } \sigma^2 = \frac{\tilde{\sigma}_i^2 \tilde{\sigma}_j^2 \left(\sqrt{\tilde{\kappa}_i} - \sqrt{\tilde{\kappa}_j} \right)}{\tilde{\sigma}_i^2 \sqrt{\tilde{\kappa}_i} - \tilde{\sigma}_j^2 \sqrt{\tilde{\kappa}_j}} \tag{5-39}$$

但是,在真实的自然信号中,不同带通通道的投影峰度通常不是严格恒定的,$\tilde{\kappa}_k$ 和 $\tilde{\sigma}_k^2$ 的估计值会因为采样效应而波动,这可能导致没有 σ^2 和 κ 满足公式(5-37)的约束条件。因此这种简单方法不能可靠地估计 σ^2。但可以将方差估计作为一个优化问题来最小化公式(5-37)等号两边的平方差,从而有:

$$L(\sqrt{\kappa}, \sigma^2) = \sum_{k=1}^{K} \left[\sqrt{\tilde{\kappa}_k} - \sqrt{\kappa} \left(\frac{\tilde{\sigma}_k^2 - \sigma^2}{\tilde{\sigma}_k^2} \right) \right]^2 \tag{5-40}$$

将问题的求解转化为 $L(\sqrt{\kappa}, \sigma^2)$ 最小值的优化问题。如果我们将 K 个带通信道的平均值表示 $\langle \cdot \rangle_k$,$(x)_+ = \max(x, 0)$,则问题的解是唯一的,并且有闭集解。从而有如下形式:

$$\sqrt{\kappa} = \frac{\langle \sqrt{\tilde{\kappa}_k} \rangle_k \left\langle \frac{1}{(\tilde{\sigma}_k^2)^2} \right\rangle_k - \left\langle \frac{\sqrt{\tilde{\kappa}_k}}{\tilde{\sigma}_k^2} \right\rangle_k \left\langle \frac{1}{\tilde{\sigma}_k^2} \right\rangle_k}{\left\langle \frac{1}{(\tilde{\sigma}_k^2)^2} \right\rangle_k - \left\langle \frac{1}{\tilde{\sigma}_k^2} \right\rangle_k^2}$$

$$\sigma^2 = \frac{1}{\left\langle \frac{1}{\tilde{\sigma}_k^2} \right\rangle_k} \left(1 - \frac{\left\langle \sqrt{\tilde{\kappa}_k} \right\rangle_k}{\sqrt{\kappa}} \right)_+ \tag{5-41}$$

由 Cauchy-Schwartz 不等式可以确保估计的 $\sqrt{\kappa}$ 的非负性，σ^2 是从噪声信号投影方差的调和平均值估计出来的，由投影峰度决定的一个因子调制，与算术平均相比，调和平均可以减轻大的异常值的影响，增加小值的影响，提高估计量在大异常值存在时的鲁棒性。在使用公式(5-41)时，前端线性带通滤波器的选择对估计性能很重要，从前面的介绍可知，使用随机带通滤波器更有优势。

在面对非高斯以及乘性噪声时，因为提出的方法在带通域中进行，所以在像素域中的任意种类的独立同分布噪声在经过滤波器的线性混合之后与高斯噪声是相似的(中心极限定理的直接结果)，操作对像素域引入高斯噪声的假设可以进行放宽。因此，基于公式(5-41)的算法也可以用来估计加性非高斯独立同分布噪声在像素域中的方差，如果可以从方差推导出非高斯噪声模型中的参数，则该参数可以通过提出的算法确定。

此外，该方法还可以用来估计一定的乘性噪声，将独立同分布噪声 z 乘以原始图像 x，得到的噪声损坏图像为：

$$y = x \circ z \tag{5-42}$$

其中 $\circ$ 表示逐点相乘，假设 x 和 z 的分量是正的。乘法噪声的一个常见模型是伽马定律[58]：

$$p(z) = \frac{\beta^\alpha}{\Gamma(\alpha)} z^{\alpha-1} e^{-\beta z} \quad (z > 0) \tag{5-43}$$

其中 $\alpha > 0$，$\beta > 0$ 是形状和比例参数。$\Gamma(\cdot)$ 是标准伽马函数。给定一幅图像，乘性噪声的尺度是欠定的，为了不失一般性，通常假设 $E_z\{\ln z\} = 0$。为

了估计独立同分布的乘性伽马噪声,首先将它转化为加性模型,对公式(5-42)进行求 ln 操作,得到:

$$\underbrace{\ln \boldsymbol{y}}_{\tilde{y}} = \underbrace{\ln \boldsymbol{x}}_{\tilde{x}} + \underbrace{\ln \boldsymbol{z}}_{\tilde{z}} \qquad (5-44)$$

$\tilde{z}$ 仍然是独立同分布的,对数变换之后的自然图像仍具有投影峰度浓度特性[51],可以继续进行公式(5-41)中给出的算法来估计 $\tilde{z}$、σ^2。其中,可以使用文献[58]进一步确定 α 和 β 的值:

$$E_{\tilde{z}}\{\tilde{z}\} = E_z\{\ln z\} = \Psi(\alpha) - \ln\beta$$

$$\mathrm{var}_{\tilde{z}}\{\tilde{z}\} = E_z\{(\ln z)^2\} = \Psi_1(\alpha) \qquad (5-45)$$

其中 $\Psi(x) = \dfrac{\mathrm{d}}{\mathrm{d}x}\Gamma(x)$,$\Psi_1(x) = \dfrac{\mathrm{d}^2}{\mathrm{d}x^2}\Gamma(x)$,在 $E_{\tilde{z}}\{\tilde{z}\} = 0$ 的假设下,我们可以推出 $\alpha = \Psi_1^{-1}(\sigma^2)$,$\beta = \mathrm{e}^{\Psi(\alpha)}$。

接下来是局部噪声方差估计,目标是使用从 K 个带通通道 $\Omega_{(i,j)}^k$ 中相应的矩形窗口中收集的统计数据,获得每个 (i,j) 像素位置的噪声方差 $\sigma^2(i,j)$。窗口的大小控制估计的精度和方差之间的权衡,一般情况下,窗口尺寸越小,空间分辨率越高,但由于样本数量越少,因此估计统计量的方差越大。基于较大窗口的估计更稳定,但无法精确地捕获基础统计数据中的快速变化。虽然原则上任何全局噪声估计方法都可以简单地用于局部噪声估计,但可以利用上述提到过的局部噪声估计方法来获得更有效的非迭代解。由公式(5-30)可知,方差和峰度都可以从原始数据中计算出来(非中心矩),用样本均值在局部窗口估计方差,可有:

$$\mu_m(\Omega_{(i,j)}^k) \approx \frac{1}{|\Omega_{(i,j)}^k|} \sum_{(i',j')\in\Omega_{(i,j)}^k} x(i',j',k)^m \qquad (5-46)$$

其中 $x(i',j',k)$ 为位置 (i',j') 处的像素在第 k 个带通通道的响应。

积分图像[59]是一种数据结构,用于高效计算图像中矩形区域的和值(或在我们的例子中,带通滤波域中的一个通道)。特别地,由图像 $\boldsymbol{x}$ 构造的积分图像表示为 $\mathcal{I}(\boldsymbol{x})$,$\mathcal{I}(\boldsymbol{x})$ 的每个像素对应于在 $[1,i]\times[1,j]$ 定义的矩形区域内 $\boldsymbol{x}$ 的所有像素之和。对任意 $[i,i+I]\times[j,j+J]$ 矩形窗口中的 $\boldsymbol{x}$ 求和,可以通过对相应的积分图像进行三次加减运算获得,如下所示：

$$\mathcal{I}(\boldsymbol{x})_{i+I,\,j+J} - \mathcal{I}(\boldsymbol{x})_{i,\,j+J} - \mathcal{I}(\boldsymbol{x})_{i+I,\,j} + \mathcal{I}(\boldsymbol{x})_{i,\,j} \tag{5-47}$$

特别地，矩形窗口 $[i,\,i+I]\times[j,\,j+J]$ 的 m 阶原始矩可计算为：

$$\frac{1}{IJ}\left[\mathcal{I}(\underbrace{\boldsymbol{x}\circ\cdots\circ\boldsymbol{x}}_{m个})_{i+I,\,j+J} - \mathcal{I}(\underbrace{\boldsymbol{x}\circ\cdots\circ\boldsymbol{x}}_{m个})_{i,\,j+J}\right.$$
$$\left. - \mathcal{I}(\underbrace{\boldsymbol{x}\circ\cdots\circ\boldsymbol{x}}_{m个})_{i+I,\,j} + \mathcal{I}(\underbrace{\boldsymbol{x}\circ\cdots\circ\boldsymbol{x}}_{m个})_{i,\,j}\right] \tag{5-48}$$

其中 $\circ$ 表示逐点相乘。可将局部噪声估计算法的基本步骤总结如下：① 使用 DCT 分解的 AC 滤波器将图像分解成 K 个带通滤波通道；② 用公式 (5-48) 计算每个带通滤波通道的一阶到四阶原始矩的积分图像；③ 用公式 (5-30) 计算每个带通滤波通道中每个局部窗口的方差和峰度；④ 在所有带通滤波通道上的每个局部窗口使用公式 (5-41)，然后估计噪声方差。继而利用局部噪声估计算法的结果，即图像的内在统计特征是否具有一致性进行区域拼接的检测。

5.4.2 基于 Faster R-CNN 的双流神经网络检测方法

有关深度学习的区域拼接检测方法，图像篡改检测与传统的语义对象检测的区别在于，它更注重篡改痕迹，而不是图像内容，这说明图像篡改检测需要学习更丰富的特征。对于一张给定的篡改图像，这里介绍一种端到端训练的双流 Faster R-CNN 网络[60]来检测篡改区域（如图 5-14 所示）。双流中 RGB 流的目的在于提取输入 RGB 图像的特征来搜寻篡改痕迹，如强对比度差、不自然篡改边界等；另一流分支是噪声流，利用从隐写分析模型滤波层提取的噪声特征来发现真实和篡改区域之间的噪声不一致性，然后通过双线性池化层融合两个流的特征，以进一步合并这两种模式的空间共现。

这里使用了一个多任务的框架，同时执行操作分类和边界框回归，RGB 图像提供给 RGB 流，SRM 图像提供给噪声流，然后将两个流通过双线性池化进行融合，最后建立全连接层对操作进行分类。区域候选网络（region proposal network，RPN）使用 RGB 流对被篡改的区域进行定位。RGB 流是一个单独的 Faster R-CNN 网络，用于边界框的回归和操作分类。我们

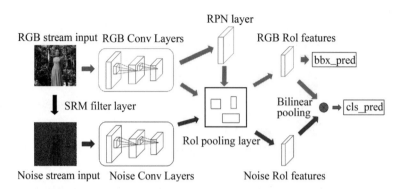

图 5 - 14 双流 Faster R - CNN 网络模型框架示意图
(来源:ZHANG Y, GOH J, WIN L L, et al. Image region forgery detection: a deep learning approach
[J]. SG-CRC, 2016, 2016: 1 - 11)

使用 ResNet101 网络[61]从输入的 RGB 图像中学习特征,利用 ResNet 最后一个卷积层的输出特征进行操作分类。RGB 流中的区域候选网络利用学习到的特征提出了用于边界回归的感兴趣区域(region of interest,RoI),区域候选网络的损失函数定义为:

$$L_{\text{RPN}}(g_i, f_i) = \frac{1}{N_{\text{cls}}} \sum_i L_{\text{cls}}(g_i, g_i^*)$$
$$+ \lambda \frac{1}{N_{\text{reg}}} \sum_i g_i^* L_{\text{reg}}(f_i, f_i^*)$$

(5 - 49)

其中 g_i 表示锚点 i 在小图像块中成为潜在操作区域的概率,g_i^* 表示锚点 i 为正的真实标签,f_i 和 f_i^* 为锚点 i 和真实标签的四维边界框坐标,L_{cls} 为区域候选网络的交叉熵损失,L_{reg} 表示建议边框的回归平滑 L1 损失,N_{cls} 表示区域候选网络中最小批次(batch)的大小,N_{reg} 是锚点位置的数量,λ 是平衡这两个损失的超参数,被设置为 10。与传统的对象检测不同,传统的区域候选网络搜索可能是对象的区域,而这里的区域候选网络搜索的是可能被操纵的区域,所以选定的提议区域不一定是对象。

RGB 通道不足以处理所有不同的操作情况,特别是经过精心后处理以隐藏拼接边界和对比度差异的篡改图像,对 RGB 流来说是一个挑战。因此,这里利于图像的局部噪声分布来提供额外的证据。与 RGB 流相比,噪声流更注重噪声而不是语义图像内容。尽管目前的深度学习模型在表示

RGB 图像内容的分层特征方面做得很好,但在之前的深度学习工作中,还没有研究过在检测时从噪声分布中学习篡改特征(该方法的新颖性所在)。受图像取证在 SRM 特征方面最新进展的启发[62],介绍的方法使用 SRM 滤波器从 RGB 图像中提取局部噪声特征,作为噪声流的输入。噪声由一个像素值和该像素估计值的残差进行建模,这个估计值是根据临近像素进行插值产生的。从 30 个基本滤波器开始,加上滤波后对相近输出进行的取最大值和最小值的非线性操作,SRM 特征收集了基本的噪声特征。SRM 会量化和截断滤波器的输出,并提取临近共现信息作为最终特征。从这个过程获取的特征可以看作一个局部噪声描述符。经研究,仅使用 3 个 SRM 滤波核就可以获得良好的性能,而应用所有的 30 个核并不能获得显著的性能增益,因此,该方法选择使用 3 个滤波核,其权值如图 5-15 所示,直接将这 3 个核用到一个预训练好的使用 3 通道输入进行训练的网络上。网络中定义噪声流中 SRM 滤波层的核大小为 $5 \times 5 \times 3$,SRM 层输出通道大小为 3。

$$\frac{1}{4}\begin{bmatrix} 0 & 0 & 0 & 0 & 0 \\ 0 & -1 & 2 & -1 & 0 \\ 0 & 2 & -4 & 2 & 0 \\ 0 & -1 & 2 & -1 & 0 \\ 0 & 0 & 0 & 0 & 0 \end{bmatrix} \quad \frac{1}{12}\begin{bmatrix} -1 & 2 & -2 & 2 & -1 \\ 2 & -6 & 8 & -6 & 2 \\ -2 & 8 & -12 & 8 & -2 \\ 2 & -6 & 8 & -6 & 2 \\ -1 & 2 & -2 & 2 & -1 \end{bmatrix} \quad \frac{1}{2}\begin{bmatrix} 0 & 0 & 0 & 0 & 0 \\ 0 & 0 & 0 & 0 & 0 \\ 0 & 1 & -2 & 1 & 0 \\ 0 & 0 & 0 & 0 & 0 \\ 0 & 0 & 0 & 0 & 0 \end{bmatrix}$$

图 5-15 使用的 3 个 SRM 滤波器的特征值

(来源:ZHANG Y, GOH J, WIN L L, et al. Image region forgery detection:a deep learning approach [J]. SG-CRC, 2016, 2016:1-11)

经过 SRM 层后得到的噪声特征图如图 5-16 的第三列所示,很明显,噪声特征关注的是局部噪声而不是图像内容,并且明确揭示了在 RGB 通道不可见的篡改痕迹。在网络构建中,直接使用噪声特征作为噪声流网络的输入,噪声流的主干卷积网络结构与 RGB 流相同,噪声流与 RGB 流共用同一个 RoI 池化层,对于边界回归,仅仅使用 RGB 通道,因为根据实验,RGB 特征比噪声特征在区域候选网络中表现更好(见表 5-1),其中 RGB Net 表示单支 Faster R-CNN 使用 RGB 图像作为输入,Noise Net 表示单支 Faster R-CNN 使用噪声特征图作为输入,RGB-N noise RPN 表示使用双流 Faster R-CNN 并将噪声特征传给区域候选网络,Noise+RGB RPN 表示使用双流 Faster R-CNN 并将噪声特征和 RGB 特征传给区域候选网

络,RGB－N表示使用双流 Faster R－CNN 并将 RGB 特征传给区域候选
网络。

篡改图像　　　视觉痕迹　　　噪声　　　真实标签

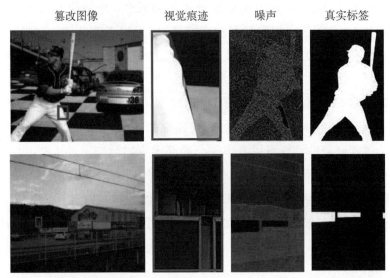

注:第一列为篡改图像,第二列为第一列中方框的放大图,也就是视觉上的篡改痕迹展示,第三列为
噪声域上的特征展示,最后一列为篡改图像区域的真实标签。

图 5－16　篡改痕迹展示图

(来源:ZHANG Y, GOH J, WIN L L, et al. Image region forgery detection: a deep learning
approach [J]. SG-CRC, 2016, 2016:1－11)

表 5－1　在 COCO 数据集上,边界回归使用流的对比实验结果

模型结构	AP 综合测试
RGB Net	0.445
Noise Net	0.461
RGB－N noise RPN	0.472
Noise ＋ RGB RPN	0.620
RGB－N	0.627

来源:ZHANG Y, GOH J, WIN L L, et al. Image region forgery detection: A deep learning
approach [J]. SG-CRC, 2016, 2016:1－11.
注:左列为使用的模型结构,右列为综合测试结果,使用的指标为平均精度(average precision, AP)。

　　最后是双线性池化[63]操作,结合 RGB 流和噪声流进行操作检测。在各
种融合方法中,选择对来自两个流的特征进行双线性池化。双线性池化首
先提出用于细粒度分类,在保留空间信息的前提下,将双流 CNN 网络中的

流进行组合,提高检测的置信度。双线性池化层的输出是 $x=\boldsymbol{f}_{\mathrm{RGB}}^{\mathrm{T}}\boldsymbol{f}_N$,其中,$\boldsymbol{f}_{\mathrm{RGB}}^{\mathrm{T}}$ 是 RGB 流的 RoI 特征,$\boldsymbol{f}_N$ 是噪声流的 RoI 特征,求和池化在分类前会对特征进行挤压。然后在前向传入全连接层之前进行带符号平方根 $(x\leftarrow\mathrm{sign}(x)\sqrt{\lceil x\rceil})$ 操作,以及 L_2 归一化操作。为了在不降低性能的情况下节省内存和加快训练速度,使用了文献[64]中提出的紧凑双线性池。在全连接层和 softmax 层之后,得到 RoI 的预测类。该方法使用交叉熵损失进行操作分类,使用平滑 L1 损失进行边界框回归。总损失函数如下:

$$L_{\mathrm{total}}=L_{\mathrm{RPN}}+L_{\mathrm{tamper}}(\boldsymbol{f}_{\mathrm{RGB}},\boldsymbol{f}_N)+L_{\mathrm{bbox}}(\boldsymbol{f}_{\mathrm{RGB}}) \tag{5-50}$$

其中 L_{total} 表示总的损失,L_{RPN} 表示区域候选网络的损失,L_{tamper} 表示基于 RGB 流和噪声流的双线性池化特征的最终交叉熵分类损失,L_{bbox} 表示最终的边界框回归损失。$\boldsymbol{f}_{\mathrm{RGB}}^{\mathrm{T}}$ 是 RGB 流的 RoI 特征,$\boldsymbol{f}_N$ 是噪声流的 RoI 特征。

该方法的关键点在于使用了 Faster R-CNN 以及双流网络构造进行图像的篡改检测和定位,充分利用了图像的空间特征信息和噪声特征信息,对噪声特征的利用也是该方法的新颖所在。

5.4.3　总结与展望

图像拼接取证是数字图像取证工作中的重点之一,受到了计算机视觉等多个领域的广泛关注。目前,图像取证技术在多个具体的问题上都有了突破性的成就,尤其是盲取证技术,更符合现下的技术需求。虽然有更多新的取证方法不断出现,但是许多问题仍然没有可靠的解决方案,一些新取证方法在遇到实际问题时,如何提高对复杂场景(如篡改操作链)的适应性等也是一个很大的难题。基于传统方法的篡改取证,一定程度上依赖于篡改特征的设计提取,往往需要耗费更多的人力,但是传统方法的可解释性很高,在一些实际应用中仍是不可替代的存在。近些年,随着深度学习和神经网络的发展,图像取证技术进一步发展,但是图像操作也在变得越来越复杂和精细,神经网络在表现高性能的同时也面临着低解释性以及对训练数据的依赖性等问题。深度学习在图像取证领域的研究有待进一步拓展,如何提升网络的稳定性以及对多种篡改操作的泛化能力将是未来研究的一大重要方向。

5.5 图像处理操作取证

在数字化信息时代,图像作为最大的载体能够让人快速了解信息的全貌,但缺点在于存储空间较大,所以为了实现快速传输与存储,通常会对图像进行压缩处理。而 JPEG 压缩作为近年来流行的一种图像压缩标准[65],它具有节省图像存储空间和保证高压缩图像质量的优点,因此大量图像以 JPEG 格式存储。在现实情况中,篡改者大多会使用图像编辑软件对图像进行操作后再将其保存为 JPEG 格式,其操作基本流程是首先对 JPEG 文件进行解压,在空域进行篡改,篡改完成后再将篡改后的图像压缩保存为 JPEG 格式,这样篡改后的图像就可能会被压缩两次甚至多次。因此,JPEG 图像的重压缩检测可以作为判断图像是否经过篡改的重要依据,对 JPEG 图像进行分析和取证具有非常重要的意义。

5.5.1 JPEG 压缩与重压缩模型

JPEG(joint photographic experts group)即联合图像专家组,其标准由国际标准化组织制订,是用于连续色调静态图像压缩的一种标准。它可以用有损压缩方式去除冗余的图像数据,是目前最常用的图像文件格式。JPEG 压缩和解压缩的步骤如图 5-17 所示。压缩过程主要包括色彩空间转换、分块 DCT 变换、量化、熵编码几个步骤;解压缩过程与之对应,包括熵解码、反量化、分块 DCT 逆变换、色彩空间逆变换几个步骤。

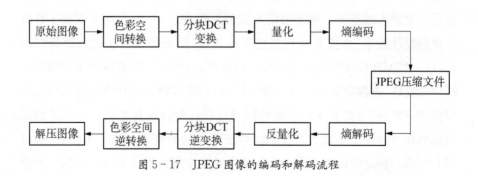

图 5-17 JPEG 图像的编码和解码流程

（1）色彩空间转换。将图像从 RGB 颜色空间转换到 YCbCr 颜色空间，其转换公式如下所示：

$$\begin{bmatrix} Y \\ Cb \\ Cr \end{bmatrix} = \begin{bmatrix} 0.299 & 0.587 & 0.114 & 0 \\ -0.169 & -0.331 & 0.5 & 128 \\ 0.5 & -0.419 & -0.081 & 128 \end{bmatrix} \times \begin{bmatrix} R \\ G \\ B \\ 1 \end{bmatrix} \quad (5-51)$$

在 YCbCr 颜色空间中，Y 信道上代表的是图像的能量信息，而 Cb 和 Cr 信道上代表的是图像的色彩信息。由于人类视觉对色彩变换不敏感，因此可以在不影响图像清晰度的情况下尽可能地压缩图像色彩信息，从而使得压缩后的图像占用更少的存储空间。色彩空间的转换为压缩起到铺垫作用。

（2）分块 DCT 变换。首先需要对图像进行不重叠的块划分，块大小为 8×8。如果图像行列不能进行有效的整数划分，那么需要对行列进行 0 填充或者邻近像素值填充，甚至可以放弃掉边缘行列。对图像进行划分的原因是：每个 8×8 小块在压缩过程中是单独处理的，互相之间没有关联，这可以加快压缩算法的速度，但是会在图像压缩过程中造成块效应，压缩质量因子越低，块效应越明显。随后对每个 8×8 小块进行 DCT 操作，将图像从空间域中转换到 DCT 域中，即：

$$F(u,v) = \begin{cases} \frac{1}{8} \sum_{i=0}^{7} \sum_{j=0}^{7} R(i,j) \cos\frac{(2i+1)u\pi}{16} \cos\frac{(2j+1)v\pi}{16}, & u,v=0 \\ \frac{1}{4} \sum_{i=0}^{7} \sum_{j=0}^{7} R(i,j) \cos\frac{(2i+1)u\pi}{16} \cos\frac{(2j+1)v\pi}{16}, & \text{其他} \end{cases}$$

$$(5-52)$$

在经历过 DCT 变化后，图像处于 DCT 域中。此时每个 8×8 小块的 DCT 系数可以根据频率划分成直流（DC）系数和交流（AC）系数，直流系数代表图像的主要内容，而交流系数代表图像的细节信息。AC 系数一般较小，为后面的压缩起到进一步铺垫的作用。

（3）量化。使用量化表对 DCT 系数进行量化，有利于增加零值系数的数量以及去除冗余信息。量化表分为色度量化表（chrominance quantization table）和亮度量化表（luminance quantization table），展示在图 5-18 中。

16	11	10	16	24	40	51	61
12	12	14	19	26	58	60	55
14	13	16	24	40	57	69	56
14	17	22	29	51	87	80	62
18	22	37	56	68	109	103	77
24	35	55	64	81	104	113	92
49	64	78	87	103	121	120	101
72	92	95	98	112	100	103	99

17	18	24	47	99	99	99	99
18	21	26	66	99	99	99	99
24	26	56	99	99	99	99	99
47	66	99	99	99	99	99	99
99	99	37	99	99	99	99	99
99	99	99	99	99	99	99	99
99	99	99	99	99	99	99	99
99	99	99	99	99	99	99	99

(a) 亮度量化表　　　　　　　　(b) 色度量化表

图 5-18　亮度量化表和色度量化表

图 5-18 中展示的亮度和色度量化表又被称为"量化底表",并不在图像的压缩过程中直接使用。它需要根据压缩设置的质量因子(压缩比)先计算出不同的质量因子对应的量化表。公式(5-53)展示了如何通过量化底表和质量因子计算出不同质量因子对应的量化表,其中 QF 代表质量因子(quality factor),$q(i,j)$ 代表量化底表中对应的数,$Q(i,j)$ 为求出对应频率的量化步长,floor(·)为向下取整。

$$Q(i,j) = \begin{cases} \text{floor}\left(\dfrac{\dfrac{5\,000}{\text{QF}} \times q(i,j) + 50}{100}\right) \\ \text{floor}\left(\dfrac{(200 - \text{QF} \times 2) \times q(i,j) + 50}{100}\right) \end{cases} \quad (5-53)$$

(4) 熵编码。使用熵编码实现对图像数据的进一步压缩。JPEG 标准具体规定了两种熵编码方式:霍夫曼编码和算术编码。在 JPEG 基本系统的压缩算法中,JPEG 建议的熵编码是霍夫曼编码和自适应二进制编码。使用霍夫曼编码器的理由是可以使用简单的查表方法进行编码。在压缩数据符号时,霍夫曼编码器对出现频度比较高的符号使用较短的编码表示,而用比较长的编码表示出现较少的符号。

由图 5-17 可见,JPEG 图像是以压缩文件形式存储的。对 JPEG 图像进行篡改时,首先需要将压缩文件解压到空域,然后在空域完成篡改操作,操作完成后再以 JPEG 文件格式存储,具体过程见图 5-19。当 JPEG 图像被篡改并再次保存为 JPEG 格式时,会经历 JPEG 二次压缩,即 JPEG 重压缩过程。通过判断第二次压缩的量化表是否与第一次相同,JPEG 重压缩检测又可分为量化表一致的重压缩检测和量化表不一致的重压缩检测。

图 5-19 JPEG 图像篡改流程

5.5.2 量化表不一致的重压缩检测

由图 5-17 可知,在 JPEG 图像标准压缩流程中存在一个量化过程。结合公式(5-53)可知,不同的压缩质量因子对应不同的量化步长。通常而言,量化表中所对应的量化步长越大,JPEG 图像的压缩比越高;反之量化步长越小,JPEG 图像的压缩比越低。此外,不同的压缩质量因子在不同频段对应的量化步长也不一样。通过判断第二次压缩过程中的 8×8 网格与第一次压缩过程中的 8×8 网格是否对齐,又可以将 JPEG 重压缩检测分为对齐重压缩检测和非对齐重压缩检测。在实际篡改过程中,由于所选篡改区域的限制,通常篡改区域并不能与原始图像的 8×8 分块网格严格对齐,此时利用非对齐 JPEG 重压缩检测算法可以有效检测此类篡改图像并定位出篡改区域。

Bianchi 等人[66]较早对非对齐 JPEG 重压缩问题进行了研究,指出根据第一次 JPEG 压缩的分块网格计算出的块级 DCT 系数会呈现出整数周期性,这种属性可以作为非对齐 JPEG 重压缩检测的依据。对于一张 JPEG 图像 I_1,重压缩图像 I_2 的形成过程如公式(5-54)所示:

$$I_2 = D_{00}^{-1} Q_2 (D_{00} I_1) + E_2 = I_1 + R_2 \qquad (5-54)$$

其中 D_{00} 表示与图像左上角对齐的 8×8 块的 DCT 变换操作,Q_2 代表压缩质量因子 QF_2 对应的量化与反量化操作,E_2 是量化操作后的截断与舍入误差,R_2 则表示由 JEPG 压缩操作引入的整体损失。假设 I_1 由无压缩图像 I_0 经压缩质量因子为 QF_1、分块网格偏移 (y, x) 的压缩操作压缩而来:

$$I_1 = D_{yx}^{-1} Q_1 (D_{yx} I_0) + E_1 \qquad (5-55)$$

其中 $(y, x) \neq (0, 0)$,$0 \leqslant x \leqslant 7$ 并且 $0 \leqslant y \leqslant 7$,那么重压缩图像 I_2 又可以定义为:

$$I_2 = D_{yx}^{-1} Q_1 (D_{yx} I_0) + E_1 + R_2 \qquad (5-56)$$

在对 JPEG 图像 I_2 进行偏移了 (i, j) 的 8×8 网格分块和 DCT 变换操作后,根据偏移值的大小将会出现三种可能的情况:①如果分块网格与第二次压缩的分块网格对齐,即 $i=0$, $j=0$,那么 $D_{ij}I_2 = D_{00}[D_{00}^{-1}Q_2(D_{00}I_1) + E_2] = Q_2(D_{00}I_1) + D_{00}E_2$;②如果分块网格与第一次压缩的分块网格对齐,即 $i=y$, $j=x$,那么 $D_{ij}I_2 = D_{yx}(I_1 + R_2) = Q_1(D_{yx}I_0) + D_{yx}(E_1 + R_2)$;③如果分块网格与其他两次压缩的分块网格都不对齐,那么 $D_{ij}I_2 = D_{ij}[D_{00}^{-1}Q_2(D_{00}I_1) + E_2]$。 三种情况可以用公式(5-57)综合概述:

$$D_{ij}I_2 = \begin{cases} Q_2(D_{00}I_1) + D_{00}E_2, & i=0, j=0 \\ Q_1(D_{yx}I_0) + D_{yx}(E_1 + R_2), & i=y, j=x \quad (5-57) \\ D_{ij}D_{00}^{-1}Q_2(D_{00}I_1) + D_{ij}E_2, & \text{其他} \end{cases}$$

由于函数 $Q_2(\cdot)$ 和 $Q_1(\cdot)$ 的子域分别是由各自对应的量化表定义的点阵,因此从公式(5-57)可知,当分块网格与第一次压缩或第二次压缩的分块网格对齐时,对 JPEG 图像 I_2 进行 DCT 变换后得到的 DCT 系数将分别呈现以上述点阵中的点为中心,误差为 $D_{00}E_2$ 或 $D_{yx}(E_1 + R_2)$ 的聚集分布。相反,当分块网格与前两次压缩的分块网格都不对齐时,DCT 系数将不会聚集于任何一个点阵[67]。如图 5-20 所示,当分块网格偏移 $(i, j)=(0, 0)$,$(i, j)=(y, x)$ 时,直流系数的分布将分别趋于各自量化步长所定义的一维点阵分布,而对于随机偏移的分块网络,将不会观察到这样的周期性。

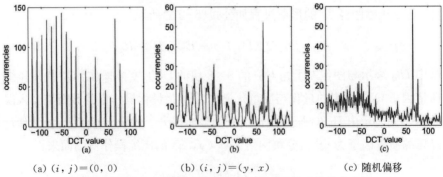

(a) $(i, j)=(0, 0)$ (b) $(i, j)=(y, x)$ (c) 随机偏移

图 5-20　分块网格偏移不同大小后直流系数的统计直方图

(来源:BIANCHI T, PIVA A. Detection of nonaligned double JPEG compression based on integer periodicity maps [J]. IEEE Transactions on Information Forensics and Security, 2011,7(2):842-848)

对于分块网格与第二次压缩的分块网格对齐的情况,假设舍入误差均

匀分布于 $[-0.5, 0.5]$，D_{00} 是标准的 DCT 变换,那么根据中心极限定理可推导出误差 $D_{00}E_2$ 的分布近似于均值为 0、方差为 $1/12$ 的高斯分布。对于分块网格与第一次压缩的分块网格对齐的情况,如果给定频段上的 DCT 系数的舍入误差均匀分布于 $[-Q_2/2, Q_2/2]$，Q_2 表示第二次压缩的量化步长并且与 E_1 无关,那么误差 $D_{yx}(E_1+R_2)$ 在同样频率段的分布近似于均值为 0、方差为 $(Q_2^2+1)/12$ 的高斯分布。只要误差的标准差小于第一次 JPEG 压缩所对应的量化步长 Q_1，非对齐 JPEG 重压缩图像的 DCT 系数的聚类分布将显得尤为明显,也就是说当 $Q_1 < Q_2$ 时,非对齐 JPEG 重压缩是很难被检测的。

对此,Bianchi 等人通过衡量在给定点阵分布和分块网格偏移量下的 DCT 系数的聚类分布情况来判断是否存在非对齐 JPEG 重压缩,并且在检测非对齐 JPEG 重压缩图像时可以通过点阵的参数来推导第一次压缩的量化表。即使上文所述的非对齐重压缩引起的分布效应可以结合单个 8×8 块内的 DCT 系数通过理论推导出来,但是相比于这些非零的 DCT 系数,简单的直流系数可以更加直观地表现出非对齐重压缩引起的分布效应。

当只考虑每个 8×8 图像块的直流系数时,可以通过分析在整数周期内根据这些系数计算的直方图的周期性来衡量点阵周围的聚类,如图 5-20 所示。直方图的周期性可以通过考虑其在某个整数值倒数的频率处的傅里叶变化来评估,评估方法如公式(5-58)所示:

$$f_{ij}(Q) \triangleq \sum_k h_{ij}(k)e^{-j\frac{2\pi k}{Q}}, Q \in \mathbb{N} \qquad (5-58)$$

其中 h_{ij} 是分块网格偏移 (i, j) 后直流系数的直方图,Q 是直流系数压缩过程中的量化步长。

根据公式(5-57),当存在非对齐 JPEG 重压缩时,$f_{00}(Q_2)$ 和 $f_{yx}(Q_1)$ 大概率比其他的量化步长 Q 有更大的幅值,Q_2 和 Q_1 分别指代第二次压缩和第一次压缩过程中直流系数对应的量化步长。当不存在非对齐 JPEG 重压缩时,只有 $f_{00}(Q_2)$ 可能有更大的幅值,而且对于每一个量化步长 $Q \neq Q_2$，在不同的分块网格偏移量 (i, j) 下,$f_{ij}(Q)$ 大概率变化很小,这是因为 DCT 系数的整体直方图主要取决于图像内容,与偏移量 (i, j) 关系很小。

Bianchi 等人通过计算相应量化步长 Q 的整数周期映射(integer periodicity map, IPM)来衡量 $f_{ij}(Q)$ 的周期性,如公式(5-59)所示:

$$M_{ij}(\boldsymbol{Q}) \triangleq \frac{|f_{ij}(\boldsymbol{Q})|}{\sum_{i'j'}|f_{i'j'}(\boldsymbol{Q})|}, \quad 0 \leqslant i,\, i' \leqslant 7,\, 0 \leqslant j,\, j' \leqslant 7$$

$$(5-59)$$

由公式(5-59)可知,映射图 $M(\boldsymbol{Q}_2)$ 将会在 $(0,0)$ 处呈现一个峰值。当存在非对齐 JPEG 重压缩时,映射图 $M(\boldsymbol{Q}_1)$ 则会在 (y, x) 处呈现一个极值。反之,当不存在非对齐 JPEG 重压缩时,对于每个 $\boldsymbol{Q} \neq \boldsymbol{Q}_2$,映射图 $M(\boldsymbol{Q})$ 中的数值几乎均匀分布。IPM 的示例如图 5-21 所示。

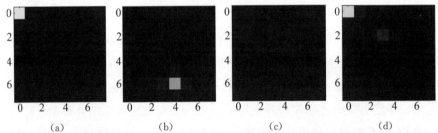

注:方块的明亮度指代数值的大小:(a) $\boldsymbol{Q} = \boldsymbol{Q}_2$ 的 $M(\boldsymbol{Q})$;(b)存在非对齐 JPEG 重压缩并且偏移量介于第一次和第二次压缩 $(y, x) = (6,4)$ 的情况下,$\boldsymbol{Q} = \boldsymbol{Q}_1 \neq \boldsymbol{Q}_2$ 的 $M(\boldsymbol{Q})$;$H_\infty = 2.56$;(c)不存在非对齐 JPEG 重压缩的情况下,$\boldsymbol{Q} \neq \boldsymbol{Q}_2$ 的 $M(\boldsymbol{Q})$;$H_\infty = 5.23$;(d) $\boldsymbol{Q} = \boldsymbol{Q}_1 = \boldsymbol{Q}_2$,$(y, x) = (2,3)$ 的 $M(\boldsymbol{Q})$。

图 5-21 不同量化步长下的 IPM 图

(来源:BIANCHI T, PIVA A. Detection of nonaligned double JPEG compression based on integer periodicity maps [J]. IEEE Transactions on Information Forensics and Security, 2011,7(2):842-848)

整数周期映射图 IPM 的均匀性可以通过计算最小熵判定,如公式 (5-60)所示:

$$H_\infty(\boldsymbol{Q}) \triangleq \min_{ij}\{-\ln M_{ij}(\boldsymbol{Q})\} \quad (5-60)$$

当整数周期映射图 IPM 均匀时,最小熵值偏大;相反,当整数周期映射图 IPM 不均匀时,最小熵值偏小。

对于一张直流系数经量化步长 $\boldsymbol{Q}_2$ 量化的 JPEG 图像,如果存在 $\boldsymbol{Q} \neq \boldsymbol{Q}_2$,$H_\infty(\boldsymbol{Q}) < T_1$,$T_1$ 是一个合适的阈值,并且相应的有偏移量 $(y, x) = \mathrm{argmax}_{(i,\, j)} M_{ij}(\boldsymbol{Q}) \neq (0,0)$,那么这张 JPEG 图像就可以被判定为非对齐 JPEG 重压缩图像。在实际的检测中,$\boldsymbol{Q}$ 的取值从 $Q_{\min}=2$ 遍历到 $Q_{\max}=16$,会存在多个 $\boldsymbol{Q}$ 满足上述条件。但是当 $\boldsymbol{Q} = \boldsymbol{Q}_1$ 时,计算出的最小熵值最小。该方案的整体流程伪代码如算法 1 所示。

算法 1   检测非对齐 JPEG 重压缩算法的伪代码

1   输入待检测图像 I_2

2   遍历 $i, j = 0 \rightarrow 7$,计算 $D_{ij}I_2$ 和直流系数的统计直方图 h_{ij}

3   遍历 $Q = Q_{\min} \rightarrow Q_{\max}$,根据 $h_{ij}(Q)$ 和公式(5-53),计算 $f_{ij}(Q)$

4   遍历 $Q = Q_{\min} \rightarrow Q_{\max}$,同时遍历 $i, j = 0 \rightarrow 7$,结合公式(5-54)计算不同 i, j 取值下的 $M_{ij}(Q)$,随后根据 $M(Q)$ 计算出 $H_{\infty}(Q)$

5   选出 $H_{\infty} = \min_Q H_{\infty}(Q)$,$Q_1 = \arg\min_Q H_{\infty}(Q)$,$(y, x) = \arg\max_{(i, j)} M_{ij}(Q_1) \neq (0, 0)$

6   判断 H_{∞},如果 $H_{\infty} < T_1$,则待测图像 I_2 为非对齐 JPEG 重压缩图像

5.5.3   量化表一致的重压缩检测

根据 JPEG 压缩过程和解压缩过程可知,如果在两次压缩过程中采用相同的量化表,且保持两次压缩之间的 8×8 子块对齐,则从理论上讲,第二次压缩获得的图像和原始 JPEG 图像之间应该没有区别。JPEG 重压缩问题被提出来后,在相当长一段时间内,大部分研究者均认为,如果第二次压缩和第一次压缩采用相同的量化表,并且保持 8×8 的分块网格严格对齐,那么在这种情况下两次压缩图像和一次压缩图像是相同的,无法有效检测。但 JPEG 压缩是一种有损压缩的方法,在压缩和解压缩过程中存在三种不同的误差。①压缩过程中存在的量化误差,DCT 系数在量化前是浮点数,量化后一般是四舍五入取整,这种 DCT 系数量化前后的差一般称为量化误差。②将逆 DCT(inverse DCT,IDCT)应用于反量化后的 DCT 系数,将得到空域一系列浮点数。为了在空域重建图像数据,小于 0 的值将被截断为 0,而大于 255 的值将被截断为 255,这种操作导致的误差称为截断误差。③在空间域重建图像时,需要将所属的浮点数四舍五入到最接近的整数,舍入过程中存在的误差称为舍入误差。通常情况下,第二类和第三类误差都存在于解压过程中。

Huang 等人[68]较早对量化表的一致性问题进行了研究,指出由于上述三种误差,即量化误差、截断误差和舍入误差,即使使用与单压缩图像相同的量化矩阵对图像进行二次压缩,二次压缩后的图像与原始单压缩图像也会存在差异。如图 5-22 显示了分别在 UCID 数据库[69]、NRCS 数据库[70]和 OurLab 数据库上的实验统计结果。横坐标表示压缩次数,纵坐标表示在量化表相同的情况下前后两次压缩得到的 JPEG 文件之间不同 DCT 系数的

个数 D_n。由于在压缩质量因子 QF＝95 的情况下,不同 JPEG 系数的个数 D_n 显著大于其他质量因子,因此将 QF＝100 这两种情况单独画图表述。由图 5‐22 可知,连续两次压缩之间的 DCT 系数的数目随着压缩次数的增

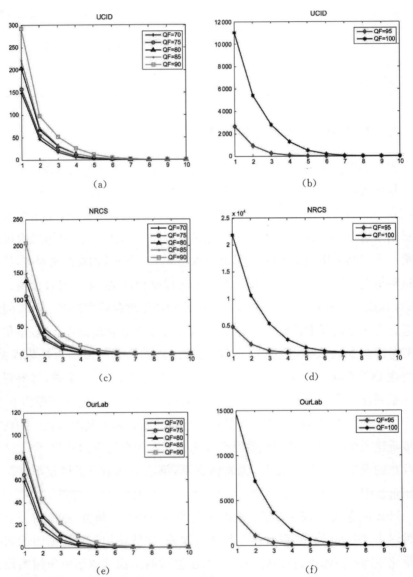

图 5‐22 不同数据集中不同 DCT 系数的个数随不同压缩因子的变化趋势

(来源:HUANG F, HUANG J, SHI Y. Detecting double JPEG compression with the same quantization matrix [J]. Transactions on Information Forensics and Security, 2010,5(4):848－856)

加会单调递减。基于这种观察,Huang 等人提出了一种对量化后 DCT 系数随机扰动的方法,可以有效解决在量化表保持不变且 8×8 分块网格保持对齐情况下的重压缩检测问题。

该算法框架分为如下 4 步:

① 首先针对一张待检测 JPEG 图像 J,将其解压缩到空间域,随后利用相同的量化表将其再次压缩一次得到 JPEG 图像 J',计算得出相邻两次压缩图像 J 和 J' 之间不同 DCT 系数的个数 D,所有的压缩和解压缩过程如图 5 - 17 所示。

② 然后对 JPEG 图像 J' 进行熵解码,随机选取一定比例 mpnc 的 DCT 系数加减 1,随后将修改后的 DCT 系数熵编码为 J'_m。

③ 其次将 JPEG 图像 J'_m 解压缩到空间域,随后利用相同的量化表将其再次压缩一次得到 JPEG 图像 J''_m,计算 JPEG 图像 J'_m 和 J''_m 之间不同 DCT 系数的个数,记为 D_m。

④ 最后重复 k 次步骤②和③,每次 DCT 系数的修改都是随机的,但修改的比例 mpnc 是固定的。k 次重复后,将会得到 k 个 D_m,分别记为 D_m^1,D_m^2,$\cdots$,D_m^k,然后计算出平均的不同 DCT 系数的个数 $\bar{D}_m = (D_m^1 + D_m^2 + \cdots + D_m^k)/k$。根据 D 和 $\bar{D}_m$ 的大小关系,则可以判定待检测图 J 是不是重压缩图像,规则如公式(5 - 61)所示:

$$\begin{cases} 如果\,\bar{D}_m \geqslant D,则\,J\,是重压缩图像 \\ 如果\,\bar{D}_m < D,则\,J\,是单压缩图像 \end{cases} \quad (5 - 61)$$

值得注意的是,在步骤①中,待检测 JPEG 图像 J 的压缩历史是未知的。但是由图 5 - 22 可知,如果待检测 JPEG 图像 J 是单压缩图像,那么 D 将会是一个较大的值;反之,如果待检测 JPEG 图像 J 是重压缩图像,那么 D 将会是一个较小的值。当待检测 JPEG 图像 J 是单压缩图像时,计算出的 $\bar{D}_m$ 有较大概率是小于 D 的。同样地,当待检测 JPEG 图像 J 是重压缩图像时,计算出的 $\bar{D}_m$ 有较大概率是大于 D 的。

结合整个算法框架来看,检测方法是否成功关键在于 DCT 系数修改率 mpnc 的取值。如果取值过大或过小,都不会得到一个好的检测结果。例如,当 mpnc=1 时,计算出的平均差异数 $\bar{D}_m$,无论待检测 JPEG 图像 J 是单压缩或重压缩图像都会大于 D。此时,即使是单压缩图像,根据公式

(5-61)都会被判定为重压缩图像,极大地影响了检测算法的性能。该算法通过穷举法遍历了所有可能的 mpnc 的取值,最终确定合适的 mpnc。

5.5.4 总结与展望

本节基础性地阐述了 JPEG 重压缩检测问题,从量化表是否一致的角度切入,结合两个经典 JPEG 重压缩检测算法详细分析了 JPEG 重压缩操作所引入的一些图像特性并以此作为检测依据。随着时间的推移和技术的发展,JPEG 重压缩领域涌现了大量更加优秀有效的检测算法,分别从不同的角度对 JPEG 重压缩问题进行了更加深入的分析,例如:针对同步重压缩的检测算法[71-73]和针对异步重压缩的检测算法[74-76]。此外,由于信息与计算机等领域研究的飞速发展,一些与重压缩取证研究相关的领域也在不断地创新,如目前发展迅猛的深度学习为 JPEG 图像重压缩检测研究提供了一系列新的检测手段[77-80],但是由于截断舍入操作的不可微性,深度学习并不能真实模拟 JPEG 压缩过程。目前的深度学习方法大多只能作为分类器,JPEG 重压缩的检测特征主要还是传统的手工特征,所以深度学习的检测方法仍有很大的研究空间。

总体而言,目前 JPEG 重压缩领域已取得了一系列有意义的成果,但现有的绝大部分算法目前还主要处于理论研究阶段,缺乏在具体的工程实践中的应用。具体表现在:①如现有方法大部分针对的是灰度图像重压缩检测,对于彩色 JPEG 图像重压缩检测较少考虑到彩色图像中各通道的特征;②现有的算法一般对具体的图像库具有较好的性能,但训练好的模型或参数在跨数据库测试时性能一般会下降,算法的泛化性能还有待于进一步提高;③针对具体的篡改问题,利用 JPEG 重压缩来进行篡改取证的成功案例较少,特别是当篡改区域较小时,无法准确检测。只有真正解决这些问题,才有可能将在 JPEG 重压缩检测领域所取得的一系列成果推向实际的工程应用。

5.6 增强操作取证技术

一般而言,图像在经历拼接、复制-粘贴等篡改后都会引入明显的篡改痕迹,例如边缘明显不一致等。为了改善图像的视觉效果,淡化隐藏篡改操作的痕迹,篡改者往往会对图像进行图像增强。图像增强是指通过某些图像处理操作,如对比度增强、锐化、模糊等,对图像附加一些信息或变换数据,有目的地突出图像中某些"有用"信息或遮盖抑制图像中某些"无用"信息。通过图像增强操作,图像篡改操作的痕迹可以被有效抑制,达到降低篡改检测性能的目的。因此,图像增强操作取证吸引了国内外许多学者的关注,并取得了一系列的研究成果。

对比度增强是一种改善图像视觉效果的操作,可以改变图像中像素强度的整体分布。常见的增强方式包括灰度变换和直方图均衡等方法。给定待增强图像 I,它的直方图是离散函数 H:

$$H(r_k) = n_k, \ k = 0, 1, \cdots, L-1 \qquad (5-62)$$

其中,r_k 是第 k 级灰度,n_k 是图像中像素值为 r_k 的像素个数,L 是灰度级的个数。对比度增强操作可以看作对像素值进行非线性映射 $T(r_k)$ 后再量化的过程。Stamm 等人[81-83]观察发现图像对比度增强后图像直方图的高频能量变化明显,并以此作为检测特征取证对比度增强操作。Cao 等人[84]发现经过对比度增强的图像灰度直方图始终出现高度为 0 的零波谷,并以此通过阈值化二类分类实现对比度增强检测。Zhang 等人[85]提出了基于 VGG 模型的多路径网络,并将图像灰度直方图作为输入,通过由多条路径组成的特定操作层学习不同对比度增强操作的特征,最后通过聚合层实现分类。其他的对比度增强操作检测方法还有王金伟等人[86]基于噪声残差的方案以及 Sun 等人[87]基于灰度共生矩阵(grey-level co-occurrence matrix,GLCM)的深度学习方案等。

图像锐化和模糊操作是图像篡改后常用的边缘修正方法。其中,锐化操作常用于增强图像边缘的对比度,使边缘和纹理等细节更加清晰锐利,抹除平滑效应;而图像模糊则是为了消除图像篡改在边缘产生的畸变,弱化拼接等篡改手段导致的毛刺和噪点。针对图像锐化操作,Cao 等人[88]发现锐化图像的边缘周围存在过冲效应,并提出了一种有效的过冲效应测度方法,通过比较全局图像的过冲效应平均强度,阈值化二分类来鉴别图像是否经过锐化操作。Ding 等人[89]提出了一种基于局部二值模式(local binary patterns,LBP)的锐化检测方法,采用 Canny 算子进行边缘检测,并将 LBP 应用于检测的边缘像素上提取特征,利用 SVM 进行分类。随后,该团队[90]

进一步提出利用由图像锐化引起的纹理变化,设计了一种边缘垂直二值编码的图像锐化检测方案,取得了更好的分类效果。

对于图像模糊操作,周琳娜等人[91]提出了一种基于图像形态学滤波边缘特征的模糊操作取证方法,利用离焦模糊和人工模糊的边缘特性检测伪造图像的模糊操作痕迹。Xu 等人[92]提出使用不同类型的图像信息,包括颜色、梯度和光谱信息等,基于 SVM 构造最优模糊检测分类器。

除了上述的几种图像操作手段,中值滤波也是一种常见的操作方法。中值滤波是一种具有良好边缘保持能力的高度非线性平滑算子,经常被用作反取证技术[93-94]来有效消除其他图像操作的取证痕迹。给定待滤波图像 I 和滤波窗口尺寸 $u \times u$,其相应的中值滤波图像为:

$$\mathrm{med}_u[I(i,j)] = \mathrm{median}\left\{ \begin{array}{l} I(i+h, j+v) \mid h, \\ v \in \left(-\dfrac{u-1}{2}, \cdots, 0, \cdots, \dfrac{u-1}{2} \right) \end{array} \right\}$$

$$(5-63)$$

其中,median{}是中值算子,$I(i,j)$ 表示图像 I 中位置 (i,j) 处的像素值。Bovik[95]指出,经过中值滤波后,图像的局部区域内出现相同像素值的概率将大大提升。这种效应称为"拖尾(streaks)效应"。针对中值滤波的拖尾效应,Kirchner 等人[96]利用像素差分转移概率矩阵构造特征,以此检测图像是否经过中值滤波操作。Yuan[97]提出通过测量大小为 3×3 窗口内像素之间的关系来检测中值滤波,并设计了 5 个子特征,共同组成了 44 维中值滤波取证(median filtering forensics, MFF)特征向量,通过 SVM 进行判别。Chen 等人[98]计算了不同边缘类型的基于边缘的预测矩阵(edge based prediction matrix, EBPM),得到了 72 维的预测系数来取证中值滤波。在其后续工作[99]中,他们利用图像一阶差分和二阶差分的累积分布函数差异来构造全局概率特征集(global probability feature, GPF)。他们还利用图像不同相邻差分对之间的相关性特性来构造局部相关特征集(local correlation feature, LCF)。最终,他们使用 GPF 和 LCF 构建了一个新的 56 维度的全局和局部特征(global and local feature, GLF)向量,该方法在低分辨率图像下也有良好性能。

5.6.1 基于自回归模型的中值滤波检测方法

中值滤波检测方法往往从图像本身的像素值或像素差分直接提取检测特征。然而,类似边缘和图像纹理等图像内容信息以及 JPEG 压缩引入的块伪影等痕迹可能会干扰这些特征的捕获和提取,例如上述方案中提到的一阶差分。图 5-23(b)显示了图像的一阶差分图,通过图中可看到,图像的一阶差分保留了大量的图像边缘。这些边缘信息和块效应可能会影响 SPAM 关于中值滤波后图像和原始图像一阶差分差异的刻画,导致检测性能下降。

为了更好地抑制图像内容和块伪影对中值滤波检测的影响,Kang 等人[100]提出从图像的中值滤波图像和图像本身之间的差异中提取特征。这是一种更具鲁棒性的中值滤波检测技术。他们将这种差异称为图像的中值滤波残差(median filter residual,MFR)。MFR 定义为:

$$
\begin{aligned}
d(i,j) &= \mathrm{med}_u[y(i,j)] - y(i,j) \\
&= z(i,j) - y(i,j)
\end{aligned}
\tag{5-64}
$$

其中,$z(i,j)$ 是待检测图像 y 在 (i,j) 位置的中值滤波结果。在该方法中,滤波窗口 u 的大小设置为 3。图 5-23(c)显示了图 5-23(a)的 MFR 结果,可以看到 MFR 相比于图像的一阶差分,几乎不包含任何图像的纹理信息。

（a）待检测图像　　（b）在水平方向上的一阶差分图　　（c）中值滤波残差 MFR

图 5-23　图像中值滤波特征提取的示例图

（来源：KANG X, STAMM M, ANJIE P, et al. Robust median filtering forensics using an autoregressive model [J]. IEEE Transactions on Information Forensics and Security, 2013,8(9): 1456-1468)

为了进一步理解图像 MFR 如何帮助检测中值滤波,该方法进一步验证了待测图像 y 未被篡改和待测图像 y 经历中值滤波后 MFR 的属性差异。中值滤波检测可以被视作区分下述两种假说:

H_0:y 不是中值滤波后的图像,即 $y=I$,I 是未篡改的源图像

H_1:y 是中值滤波后的图像,即 $y=\text{med}_v(I)$,I 是未篡改的源图像

在假设 H_0 下,y 即未篡改的源图像,因此 MFR 就等于下式:

$$d(i,j)=\text{med}_u[I(i,j)]-I(i,j) \tag{5-65}$$

且

$$z(i,j)=\text{med}_u[I(i,j)] \tag{5-66}$$

在这种情况下,$z(i,j)$ 的值等于图像 I 中心为 (i,j) 的 $u\times u$ 的中值滤波窗口内的一个可能像素值 $I(k,l)$。而当 $h,m<u$ 时,两个不同的 MFR 值 $d(i,j)$ 和 $d(i+h,j+m)$ 可能相同,这是因为两个中值滤波的窗口之间存在重叠,而这个重叠窗口的大小为 $u\times u$。

同理,在假设 H_1 下,y 即经过中值滤波后的图像:

$$y(i,j)=\text{med}_v[I(i,j)] \tag{5-67}$$

因此 MFR 就等于下式:

$$d(i,j)=\text{med}_u\{\text{med}_v[I(i,j)]\}-\text{med}_v[I(i,j)] \tag{5-68}$$

且

$$z(i,j)=\text{med}_u\{\text{med}_v[I(i,j)]\} \tag{5-69}$$

在这种情况下,$z(i,j)$ 的值等于图像 y 中心为 (i,j) 的 $u\times u$ 的中值滤波窗口内的一个可能像素值 $y(s,t)$。然而,$y(s,t)$ 的值等于图像 I 中心为 (s,t) 的 $v\times v$ 的中值滤波窗口内的一个可能像素值 $I(k,l)$。因此,$z(i,j)$ 的值等于图像 I 中心为 (i,j) 的 $(u+v-1)\times(u+v-1)$ 的中值滤波窗口内的一个可能像素值 $I(k,l)$。当 $h,m<u+v-1$ 时,两个不同的 MFR 值 $d(i,j)$ 和 $d(i+h,j+m)$ 可能相同,这是因为两个中值滤波的窗口之间存在重叠,而这个重叠窗口的大小为 $(u+v-1)\times(u+v-1)$。

从上述分析,该方法得出假设如下:

$$H_0: \text{MFR 共享窗口大小为 } u \times u$$

$$H_1: \text{MFR 共享窗口大小为 } (u+v-1) \times (u+v-1)$$

可以发现,不管经过篡改的中值滤波图像在篡改过程中使用的中值滤波器大小 u 多大,在源图像和中值滤波图像上 MFR 的共享窗口大小都发生了变化,因此 MFR 在各位置的值 $d(i,j)$ 之间的关系也发生了变化,即 MFR 局部区域的邻域相关性发生了变化,这一变化可以用来捕捉中值滤波篡改痕迹。

为了使用一个低纬度的特征来捕获上述 MFR 的变化,该方法将 MFR 拟合到一个自回归模型中。由于自回归模型本质上是执行线性预测的,因此自回归系数很大程度上取决于相邻像素 MFR 值的相关性。在假设 H_0 和 H_1 下,未被篡改的源图像和篡改的中值滤波图像 MFR 的共享窗口大小不同,导致 MFR 像素间相关性不同,自回归系数将会有明显的差异。为了进一步降低模型的复杂度,该方法假设图像的统计特征在水平方向和垂直方向上是相同的,将 MFR 在行方向和列方向上的自回归模型分别拟合为:

$$d(i,j) = -\sum_{k=1}^{p} a_k^{(\mathrm{r})} d(i,j-k) + \varepsilon^{(\mathrm{r})}(i,j) \qquad (5-70)$$

$$d(i,j) = -\sum_{k=1}^{p} a_k^{(\mathrm{c})} d(i-k,j) + \varepsilon^{(\mathrm{c})}(i,j) \qquad (5-71)$$

其中,$\varepsilon^{(\mathrm{r})}(i,j)$ 和 $\varepsilon^{(\mathrm{c})}(i,j)$ 是在行方向和列方向上的预测误差[101],p 为自回归模型的阶,$a_k^{(\mathrm{r})}$ 和 $a_k^{(\mathrm{c})}$ 则分别是模型在行方向和列方向上的自回归系数。该方法将不同方向的 AR 系数取均值,得到一个单一的自回归模型。

图 5-24 展现了 UCID 数据库[69]中未篡改图像,以及经历 3×3 中值滤波图像、5×5 中值滤波图像的前 30 个平均自回归系数。图像的前 10 个自回归系数有明显的差异,而在此之后无论图像是否经过中值滤波,自回归系数都近似相同。因此,该方法最终选择前 10 个自回归系数作为中值滤波检测的特征。此外,该图显示自回归系数的最大值出现在不同的位置,进一步说明自回归系数可以有效取证中值滤波操作。该方法将选择的前 10 个自回归系数送入 SVM 构建分类器。SVM 分类器使用高斯核 $K(x_i, x_j) = \exp(-\gamma \|x_i - x_j\|^2)$,并通过五折交叉验证和网格搜索来选择合适的核参数,搜索网格为 $(C, \gamma) \in \{(2^i, 2^j) \mid 4 \times i, 4 \times j \in \mathbb{Z}\}$。

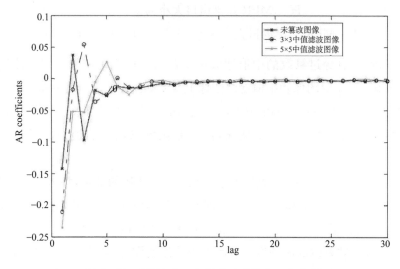

图 5 - 24 MFR 自回归模型的平均自回归系数

(来源:KANG X, STAMM M, ANJIE P, et al. Robust median filtering forensics using an autoregressive model [J]. IEEE Transactions on Information Forensics and Security, 2013,8(9):1456 - 1468)

5.6.2 基于约束 CNN 的通用图像增强操作检测方法

上述图像增强取证方法的特征提取部分依赖人工选取,然而人工选取特征有一定的局限性。人工选取特征需要一定的领域先验知识,然而随着越来越多图像增强操作方法的出现,越来越多的图像增强操作被开发合并到图像编辑软件(例如 Adobe Photoshop)中,这使图像篡改更为容易且篡改效果逼真。为此,研究者需要从检测理论出发,针对这些新的图像增强技术留下的痕迹设计相应的人工检测特征。然而,设计一个鲁棒、高效的人工特征本身有一定的困难。随着深度学习的不断发展,尤其是 CNN 在计算机视觉等领域的成功运用,其给自动学习图像操作痕迹进行分类提供了一种新的思路。

此外,目前虽已提出了很多方法用于检测特定的图像增强操作且取得良好效果,但仍然存在一个重要的问题:在真实场景下并不知道篡改者会使用哪种增强手段对图像进行篡改。因此,检测分析人员需要对多种图像增强操作进行检测,但为不同的图像增强操作创建检测器是困难且费时的。随着篡改技术的复杂化,多种篡改可以叠加在一张图像上,且多种篡改技术会互相遮掩篡改痕迹,使得单一操作检测器性能受到极大挑战,融合多个检测器结果的过程同样也是一个难题。因此,需要设计一种通用的图像增强操作检测器[102]。Bayar 等人[103] 提出了一个新的 CNN 框架——MISLnet,用来自适应地学习图像增强操作特征,并准确地识别图像所经历的图像增强操作类型。

然而,Bayar 等人发现,尽管现有 CNN 在计算机视觉等领域上表现出卓越的性能,但它们并不完全适用于图像取证任务。现有的 CNN 偏向于学习代表图像内容的特征,而不是与内容无关的图像操作痕迹特征。因此,该方法希望设计一个新的 CNN 用来学习图像操作痕迹。在隐写分析领域,大多数隐写分析模型一般都先提取预测残差特征,然后从这些残差中形成更高层次的特征。现有的工作验证了隐写分析领域的一些特征可以被有效用于图像取证任务。图像重采样检测器[104-105]、中值滤波检测器[96] 等都利用了隐写分析 SRM 等,再获取预测残差后进行后续处理。同时,SRM 也已经被成功运用在通用图像增强操作检测[103] 中,并取得了良好的性能。受此启发,Bayar 等人设计了一种新型的卷积层,称为“约束卷积层”(constrained convolutional layer)。和 SRM 一样的是,约束卷积层被设计用来学习图像的预测误差滤波器。通过学习预测误差,可以有效地抑制图像内容,使神经网络更关注到和图像增强操作相关的痕迹特征。和 SRM 不一样的是,约束卷积层的参数不是固定的,而是在网络优化反向传播的过程中自适应学习的,这可以更有效地帮助网络自适应学习图像增强操作特征。

更具体地,对于一个约束卷积核 w_k,该方法通过主动强制执行以下约束来强制 CNN 学习预测残差滤波器:

$$\begin{cases} w_k(0, 0) = -1 \\ \sum_{m, n \neq 0} w_k(m, n) = 1 \end{cases} \qquad (5-72)$$

其中,$(0, 0)$ 表示滤波器的中心位置,k 表示第 k 个约束卷积滤波核。通过对 K 个约束卷积核进行如上的约束,该方法得到了图 5-25 显示的约束卷积滤波层。该方法将约束卷积层放置在网络的第一层,由于预测错误很大可能不包含图像内容,因此这可以极大地抑制图像内容对网络的干扰,并指导 CNN 关注学习图像操作篡改痕迹,通过 CNN 的深层网络学习更高语义级别的图像增强操作特征。

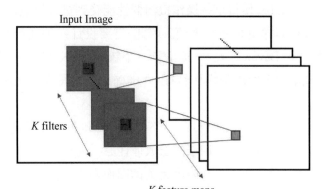

注：约束卷积核中内圈区域的系数为−1，外圈区域的系数之和为1。

图 5 - 25   受约束卷积层

（来源：BAYAR B，STAMM M. Constrained convolutional neural networks：a new approach towards general purpose image manipulation detection [J]. IEEE Transactions on Information Forensics and Security，2018,13(11):2961 - 2706)

　　约束卷积层的具体实现如算法 2 所示。约束卷积核的训练通过反向传播步骤中使用 SGD 算法更新约束卷积核的权重值，然后通过公式(5 - 67)的约束条件，将更新后的权重值投影到可行的约束卷积核权重集中。在每次训练迭代中，首先将约束卷积核的中心权重设置为 0，然后归一化约束卷积核的除中心外权值，使其和为 1。归一化的方法是将约束卷积核除中心外权值除以所有权值和来实现的。最后，将约束卷积核的中心权值设置为−1。

算法 2   约束卷积层的训练算法
1　使用随机权重初始化 K 个约束卷积滤波核 w_k
2　$i = 1$
3　若 $i \leqslant$ max_iter
4　做前馈传递
5　通过随机梯度下降和反向传播误差来更新滤波器的权值
6　将 K 个约束卷积核的中心位置 $w_k(0, 0)$ 设置为 0
7　归一化 w_k 使得 $\sum_{m, n \neq 0} w_k(m, n) = 1$
8　将 K 个约束卷积核的中心位置 $w_k(0, 0)$ 设置为−1
9　$i = i + 1$
10　若训练过程已经收敛
11　退出

MISLnet 的整体框架示意图如图 5-26 所示。MISLnet 架构由四个概念块组成并实现四种功能,包括:①抑制图像内容,引导 CNN 学习低层图像增强操作相关特征;②提取低层图像增强操作相关特征的高层语义表示;③使用 1×1 卷积学习高层特征图之间的关联;④使用全连接层构建分类器,对特征进行分类。该方法可以对多种图像增强操作进行检测,包括中值滤波、模糊、加性高斯噪声等,且对每种方法的不同增强参数都表现鲁棒,能够适应并成功检测。对于 JPEG 压缩也可以保证方法的鲁棒性。该方法验证了深度学习实现端到端的检测以及通用图像增强操作检测的可行性。

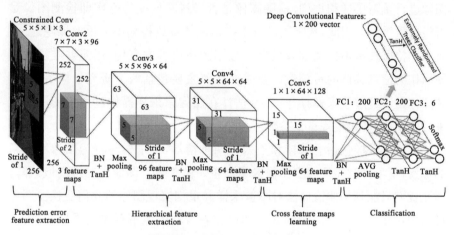

图 5-26 MISLnet 网络框架图

(来源:BAYAR B, STAMM M. Constrained convolutional neural networks: a new approach towards general purpose image manipulation detection [J]. IEEE Transactions on Information Forensics and Security, 2018,13(11):2961-2706)

5.6.3 总结与展望

图像增强操作取证是多媒体安全领域中的热点问题,除了上述增强操作外,还有去噪等增强操作的取证也受到了政治、经济、社会文化等多个领域的关注。目前,图像处理取证技术已经在特定篡改操作的取证等方面取得了阶段性进展。然而,在真实场景下对未知的操作,如何设计对不同操作组合、不同操作强度均有效的取证模型是值得进一步探索的方向。近期越来越多的通用图像增强操作取证方法被提出,显示出深度学习在取证领域的前景,深度学习在取证领域的发展还有很大的探索空间。然而,当图像经历多种图像增强操作的时候,不同操作的痕迹彼此掩盖使得图像增强取证变得更加困难。这是未来亟须解决的问题。

几何操作取证技术

在篡改者对图像内容进行篡改时,如将不同图片中的部分区域拼接合成新图片或将图像中的某一部分区域复制并粘贴到同一图像的另一区域等,通常会在篡改区域和真实区域的边界之间留下篡改痕迹,所以篡改者通常采用缩放、旋转等几何变换操作来掩盖篡改痕迹。这些几何操作需要对图像进行重新采样和重构,检测图像是否经过几何变换操作即检测图像是否经过重采样。因此,数字图像重采样检测是篡改检测中的重要课题之一,重采样检测技术不仅能够有效判别数字图像内容的真伪,还能够维护数字图像作为信息载体的可信度。重采样检测主要包括两个研究目标:一是判断图像是否经过重采样操作;二是估计在图像重采样操作过程中使用的重采样因子、旋转角度等重要参数。

图像重采样包括上采样和下采样两种情形,上采样时将为图像增加新的像素,下采样时需要减少图像像素数量。由于数字图像为二维离散矩阵,因此我们只能利用插值算法对图像采样并重构实现图像的几何变换。图像插值操作在新生成的图像像素之间存在着自然图像不存在的周期相关性,因此检测图像像素间是否存在周期相关性能够为图像重采样检测提供有力依据。Popescu 等人[106]提出经过插值后的图像像素与其相邻像素之间存在线性相关性,并且通过 EM 算法从局部线性预测器的残差生成 p-maps 来估计重采样参数。随后,Kirchner 等人[107]在他们的基础上,提出了一种基于 p-maps 频谱最大梯度的线性检测算子以取代 EM 算法,极大地降低了算法的计算复杂度。基于图像插值引入的重采样特性研究的检测方法,可以进一步细分为三类。

第一类是从待检测图像中提取残差信号并计算其傅里叶变换,通过分析频谱谐波峰值检测重采样痕迹以及估计相关因子的频谱分析方法。Gallagher[108]从重采样图像建模作为切入点,分析重采样信号和原始信号的关系并推导得到图像二阶差分方差的周期性。Mahdian[109]进一步证明了插值信号及其高阶差分信号统计特征的周期性。

第二类是基于相关理论推导,穷举在特定范围内所有可能因子的检测结果,并将其归纳为检测表格,通过匹配待检测图像的检测结果和检测表格估计重采样因子的搜索匹配方法。Luo 等人[110]通过理论分析找到了 pre-JPEG 图像频谱峰值的规律,推导出频谱峰值差分和重采样因子之间的关系,基于搜索匹配方法构建候选因子直方图并通过峰值匹配得到相关因子的最优估计。

第三类是通过在图像中添加适量噪声突出重采样特征的噪声抑制方法,主要针对图像 JPEG 压缩和重采样操作复合场景。Nataraj 等人[111]首先基于 JPEG 特征和重采样特征对高斯噪声抵抗力的差异,提出通过高斯噪声弱化 JPEG 压缩对图像频谱的影响。

5.7.1 针对图像连续几何变换的搜索匹配检测方法

大多数图像重采样检测方法集中在图像单次几何变换的分析检测,本方法着力于图像连续几何变换,对连续几何变换图像的周期特性进行了精确的数学分析,深入分析其平方信号的频域并解析出特征峰的可能位置。在此基础上作为一种有效区分缩放旋转组合的方法,其能对图像几何变换进行有效的参数估计。

该方法首先分析图像经过单次几何变换的光谱。对于给定的数字图像,进行一次几何变换经过插值、仿射、滤波和采样四个步骤,有:

$$u_1[\boldsymbol{n}] = u_A(\boldsymbol{Tn}) = u_A(\boldsymbol{n}) = u_h(\boldsymbol{AA}^{-1}\boldsymbol{y}) \qquad (5-73)$$

其中,u_1 为输出图像,$\boldsymbol{T}$ 为采样矩阵,$\boldsymbol{A}$ 为变换矩阵,h 为插值核。设 u_0 为广义平稳信号,均值为零且方差为 2,单次几何变换的平方信号可以写为:

$$u_h^2(\boldsymbol{x}) = \sigma^2 \sum_{i \in \mathbb{Z}^2} h^2(\boldsymbol{x}-\boldsymbol{i}) + \sum_{i \in \mathbb{Z}^2} (u_0^2[\boldsymbol{i}] - \sigma^2) h^2(\boldsymbol{x}-\boldsymbol{i})$$
$$+ \sum_{i \in \mathbb{Z}^2} \sum_{j \in \mathbb{Z}^2, j \neq i} u_0[\boldsymbol{i}] u_0[\boldsymbol{j}] h(\boldsymbol{x}-\boldsymbol{i}) h(\boldsymbol{x}-\boldsymbol{j})$$
$$(5-74)$$

在以前的研究工作中[108]可以得到 $E\{u_h^2(\boldsymbol{x})\} = s(\boldsymbol{x})$。由于 $s(\boldsymbol{x})$ 的周期性,光谱线将出现在 $u_h^2[\boldsymbol{n}]$ 和 $u_1^2[\boldsymbol{n}]$ 的光谱中,且光谱线的位置由变换矩阵 $\boldsymbol{A}$ 决定。

设 $\Delta(\boldsymbol{x})$ 表示二维狄拉克梳状函数

$$\Delta(\boldsymbol{x}) = \sum_{i \in \mathbb{Z}^2} \delta(\boldsymbol{x} - \boldsymbol{i}) \tag{5-75}$$

其中 $\delta(\cdot)$ 是二维 Dirac 函数。对 $s(\boldsymbol{x})$ 进行傅里叶变换,有:

$$S(\boldsymbol{f}) = \sigma^2 G(\boldsymbol{f}) \Delta(\boldsymbol{f}) \tag{5-76}$$

$$G(\boldsymbol{f}) = H(\boldsymbol{f}) * H(\boldsymbol{f}) \tag{5-77}$$

进一步得到:

$$S_A(\boldsymbol{f}) = |\det \boldsymbol{A}| S(\boldsymbol{A}^{\mathrm{T}}) \tag{5-78}$$

最后,图像采样操作对应 $S_A(\boldsymbol{f})$ 在频域内的周期性扩展。因此,$S(\boldsymbol{f})$ 中的谱线位置为 $\boldsymbol{f}_A^{(m)}$,满足:

$$\boldsymbol{A}^{\mathrm{T}}(\boldsymbol{f}_A^{(m)} - \boldsymbol{n}) = \boldsymbol{m}$$
$$\boldsymbol{f}_A^{(m)} = (\boldsymbol{A}^{\mathrm{T}})^{-1}\boldsymbol{m} + \boldsymbol{n} \tag{5-79}$$

和单变换图像类似,双几何变换平方信号可以表达为:

$$u_{h_2}^2(\boldsymbol{x}) = \sum_{i \in \mathbb{Z}^2} u_1^2[\boldsymbol{i}] h_2^2(\boldsymbol{x} - \boldsymbol{i}) +$$
$$\sum_{i \in \mathbb{Z}^2} \sum_{j \in \mathbb{Z}^2, \, j \neq i} u_1[\boldsymbol{i}] u_1[\boldsymbol{j}] h_2(\boldsymbol{x} - \boldsymbol{i}) h_2(\boldsymbol{x} - \boldsymbol{j}) \tag{5-80}$$

由上述分析,可知 $u_1^2[\boldsymbol{n}]$ 包含 $S_1(\boldsymbol{f})$ 的光谱。因此,结合卷积定理可以推导得到 $u_{h_2}^2[\boldsymbol{n}]$ 的光谱包含 $S_1(\boldsymbol{f})G_2(\boldsymbol{f})$,故有:

$$S_2(\boldsymbol{f}) = |\det \boldsymbol{B}| \sum_{j \in \mathbb{Z}^2} S_1[\boldsymbol{B}^{\mathrm{T}}(\boldsymbol{f} - \boldsymbol{j})] G_2[\boldsymbol{B}^{\mathrm{T}}(\boldsymbol{f} - \boldsymbol{j})]$$
$$= |\det \boldsymbol{AB}| \sum_{i, \, j \in \mathbb{Z}^2} S\{\boldsymbol{A}^{\mathrm{T}}[\boldsymbol{B}^{\mathrm{T}}(\boldsymbol{f} - \boldsymbol{j}) - \boldsymbol{i}]\} G_2[\boldsymbol{B}^{\mathrm{T}}(\boldsymbol{f} - \boldsymbol{j})]$$
$$\tag{5-81}$$

容易观察到,u_2^2 的光谱在 $\boldsymbol{f}_{A, B}^{(m, n)}$ 处包含光谱线,满足 $\tilde{\boldsymbol{f}}_{A, B}^{(m, n)} = \mathrm{frac}\{(\boldsymbol{A}^{\mathrm{T}}\boldsymbol{B}^{\mathrm{T}})^{-1}\boldsymbol{m} + (\boldsymbol{B}^{\mathrm{T}})^{-1}\boldsymbol{n}\}$,其中 $\mathrm{frac}\{\cdot\}$ 函数返回向量中各分量的小数部分。至此,对于双几何变换图像得到了特征峰 $\boldsymbol{f}_{A, B}^{(m, n)}$。随后该方法还进一步探讨了 $\boldsymbol{m}$ 和 $\boldsymbol{n}$ 的组合,发现相应的特征峰的大小近似或恰好为零,因此几乎不在频谱中显示为"峰"。知道哪些特征峰可能出现,有助于理解这些峰的模式。为此该方法还揭示了不同几何变换图像的特征峰的模式并总结出以下两表。

表 5-2　重复缩放和缩放-旋转情况下的 12 个峰值位置

类型	m	n	连续缩放	缩放-旋转
4 个峰和 $(\boldsymbol{A}^{\mathrm{T}}\boldsymbol{B}^{\mathrm{T}})^{-1}$ 相关，$\|\boldsymbol{m}\|=1$，$\|\boldsymbol{n}\|=0$	$(1, 0)$	$(0, 0)$	$\left(\dfrac{1}{R_1 R_2}, 0\right)$	$\left(\dfrac{\cos\theta_2}{R_1}, -\dfrac{\sin\theta_2}{R_1}\right)$
	$(-1, 0)$	$(0, 0)$	$\left(1-\dfrac{1}{R_1 R_2}, 0\right)$	$\left(1-\dfrac{\cos\theta_2}{R_1}, 1+\dfrac{\sin\theta_2}{R_1}\right)$
	$(0, 1)$	$(0, 0)$	$\left(0, \dfrac{1}{R_1 R_2}\right)$	$\left(1+\dfrac{\sin\theta_2}{R_1}, \dfrac{\cos\theta_2}{R_1}\right)$
	$(0, -1)$	$(0, 0)$	$\left(0, 1-\dfrac{1}{R_1 R_2}\right)$	$\left(-\dfrac{\sin\theta_2}{R_1}, 1-\dfrac{\cos\theta_2}{R_1}\right)$
4 个峰和 $(\boldsymbol{B}^{\mathrm{T}})^{-1}$ 相关 $\|\boldsymbol{m}\|=0$，$\|\boldsymbol{n}\|=1$	$(0, 0)$	$(1, 0)$	$\left(\dfrac{1}{R_2}, 0\right)$	$(\cos\theta_2, -\sin\theta_2)$
	$(0, 0)$	$(-1, 0)$	$\left(1-\dfrac{1}{R_2}, 0\right)$	$(1-\cos\theta_2, 1+\sin\theta_2)$
	$(0, 0)$	$(0, 1)$	$\left(0, \dfrac{1}{R_2}\right)$	$(1+\sin\theta_2, \cos\theta_2)$
	$(0, 0)$	$(0, -1)$	$\left(0, 1-\dfrac{1}{R_2}\right)$	$(-\sin\theta_2, 1-\cos\theta_2)$
4 个峰和 $(\boldsymbol{A}^{\mathrm{T}}\boldsymbol{B}^{\mathrm{T}})^{-1}$，$(\boldsymbol{B}^{\mathrm{T}})^{-1}$ 都相关 $\|\boldsymbol{m}\|=1$，$\|\boldsymbol{n}\|=1$	$(1, 0)$	$(-1, 0)$	$\left(\dfrac{1}{R_1 R_2}-\dfrac{1}{R_2}+1, 0\right)$	$\left(\dfrac{\cos\theta_2}{R_1}-\cos\theta_2+1, -\dfrac{\sin\theta_2}{R_1}+\sin\theta_2+1\right)$
	$(-1, 0)$	$(1, 0)$	$\left(\dfrac{1}{R_2}-\dfrac{1}{R_1 R_2}, 0\right)$	$\left(\cos\theta_2-\dfrac{\cos\theta_2}{R_1}, -\sin\theta_2+\dfrac{\sin\theta_2}{R_1}\right)$
	$(0, 1)$	$(0, -1)$	$\left(0, \dfrac{1}{R_1 R_2}-\dfrac{1}{R_2}+1\right)$	$\left(-\sin\theta_2+\dfrac{\sin\theta_2}{R_1}, \dfrac{\cos\theta_2}{R_1}-\cos\theta_2+1\right)$
	$(0, -1)$	$(0, 1)$	$\left(0, \dfrac{1}{R_2}-\dfrac{1}{R_1 R_2}\right)$	$\left(-\dfrac{\sin\theta_2}{R_1}+\sin\theta_2+1, \cos\theta_2-\dfrac{\cos\theta_2}{R_1}\right)$

表 5-3 重复旋转和旋转-缩放情况下的 12 个峰值位置

类型	m	n	旋转-缩放	连续旋转
4 个峰和 $(A^T B^T)^{-1}$ 相关，$\|m\|=1$，$\|n\|=0$	$(1, 0)$	$(0, 0)$	$\left(\dfrac{\cos\theta_1}{R_2}, -\dfrac{\sin\theta_1}{R_2}\right)$	$[\cos(\theta_1+\theta_2), -\sin(\theta_1+\theta_2)]$
	$(-1, 0)$	$(0, 0)$	$\left(1-\dfrac{\cos\theta_1}{R_2}, 1+\dfrac{\sin\theta_1}{R_2}\right)$	$[1-\cos(\theta_1+\theta_2), 1+\sin(\theta_1+\theta_2)]$
	$(0, 1)$	$(0, 0)$	$\left(1+\dfrac{\sin\theta_1}{R_2}, \dfrac{\cos\theta_1}{R_2}\right)$	$[1+\sin(\theta_1+\theta_2), \cos(\theta_1+\theta_2)]$
	$(0, -1)$	$(0, 0)$	$\left(-\dfrac{\sin\theta_1}{R_2}, 1-\dfrac{\cos\theta_1}{R_2}\right)$	$(-\sin(\theta_1+\theta_2), 1-\cos(\theta_1+\theta_2))$
4 个峰和 $(B^T)^{-1}$ 相关 $\|m\|=0$，$\|n\|=1$	$(0, 0)$	$(1, 0)$	$\left(\dfrac{1}{R_2}, 0\right)$	$(\cos\theta_2, -\sin\theta_2)$
	$(0, 0)$	$(-1, 0)$	$\left(1-\dfrac{1}{R_2}, 0\right)$	$(1-\cos\theta_2, 1+\sin\theta_2)$
	$(0, 0)$	$(0, 1)$	$\left(0, \dfrac{1}{R_2}\right)$	$(1+\sin\theta_2, \cos\theta_2)$
	$(0, 0)$	$(0, -1)$	$\left(0, 1-\dfrac{1}{R_2}\right)$	$(-\sin\theta_2, 1-\cos\theta_2)$
4 个峰和 $(A^T B^T)^{-1}$，$(B^T)^{-1}$ 都相关 $\|m\|=1$，$\|n\|=1$	$(1, 0)$	$(-1, 0)$	$\left(\dfrac{\cos\theta_1}{R_2}-\dfrac{1}{R_2}+1, -\dfrac{\sin\theta_1}{R_2}\right)$	$[\cos(\theta_1+\theta_2)-\cos\theta_2+1, -\sin(\theta_1+\theta_2)+\sin\theta_2]$
	$(-1, 0)$	$(1, 0)$	$\left(\dfrac{1}{R_2}-\dfrac{\cos\theta_1}{R_2}, 1+\dfrac{\sin\theta_1}{R_2}\right)$	$[\cos\theta_2-\cos(\theta_1+\theta_2), 1+\sin(\theta_1+\theta_2)-\sin\theta_2]$
	$(0, 1)$	$(0, -1)$	$\left(1+\dfrac{\sin\theta_1}{R_2}, \dfrac{\cos\theta_1}{R_2}-\dfrac{1}{R_2}+1\right)$	$[1+\sin(\theta_1+\theta_2)-\sin\theta_2, \cos(\theta_1+\theta_2)-\cos\theta_2+1]$
	$(0, -1)$	$(0, 1)$	$\left(-\dfrac{\sin\theta_1}{R_2}, \dfrac{1}{R_2}-\dfrac{\cos\theta_1}{R_2}\right)$	$[-\sin(\theta_1+\theta_2)+\sin\theta_2, \cos\theta_2-\cos(\theta_1+\theta_2)]$

在双变换图像的光谱中有许多峰,而在这些峰中没有明显的最高峰,而且单个峰值不足以估计参数。在这种情况下,可以利用其他峰值帮助进行参数估计过程。因此,该方法认为应该利用峰之间的关系,而不是简单地依赖一个或两个峰来检测和估计双变换。在 Popescu 等人[106]工作的启发下,提出了以下搜索匹配方法:

(1) 对于每一种双变换类型,构建一个表,其中包含表 5-2 和表 5-3 中所有参数对的 12 个特征峰的理论位置。考虑到被篡改的区域通常会稍微调整大小或旋转,为了减少产生的视觉扭曲,该方法将参数限制在 $1 < R < 2$,以及 $0 < \theta \leqslant 45°$。该方法的具体实现步长为 $\Delta R = 0.05$ 的$[1.1, 2]$,旋转角 θ 为$[1, 45°]$,步长为 $\Delta\theta = 0.5$。因此,该表包含 11 664 个条目,其中 361 个条目用于重复调整大小,1 691 个条目用于调整旋转大小,7 921 个条目用于重复旋转,1 691 个条目用于重复调整旋转大小。调整大小因子的步长和旋转角度会影响该方法的精度。虽然它们通常依赖于任务和用户定义,但如果被检测的图像很小,比如 64×64,就不需要使用较小的步长,因为频谱(或图像)分辨率也限制了估计精度[112]的上限。

(2) 使用文献[113]中的方法计算所研究图像的光谱。然后对频谱进行二值化,得到显示候选峰值的二值图像。其中将幅度大于选定阈值的频率设置为 1,否则设置为 0。

(3) 对于每个转换类型和参数对,计算在得到的二值图像中有多少位于对应的 12 个理论位置的候选峰。由于频域的采样效应,即对于 $N \times N$ 数字图像,相应的频谱只包含归一化频率 $(k/N, l/N)$ 的频率分量,与 $(k, l) \in \{0, 1, \cdots, N-1\}^{2[114]}$,如果考虑候选峰在采样网格中理论位置的 2×2 近邻,则进行匹配。然后,以最大匹配峰值计数对应的参数对作为双元变换的估计参数。为了打破峰值计数中的联系,该方法还计算了每个参数对的匹配峰值的大小之和。最后,取幅度和最大的参数对作为参数估计,应用该方法后也将确定双变换的类型。

5.7.2 基于差分图像极值点距离直方图的 pre-JPEG 图像重采样因子估计方法

JPEG 作为目前最为流行的数字图像格式,被篡改的图像很有可能为 JPEG 图像。篡改 JPEG 图像后,篡改者可能将图像保存为无损图像格式

（例如 TIFF、PNG 等），这类图像称为"pre-JPEG 图像"。本节的算法采用离散重采样建模模型，利用 JPEG 块效应提出了一种基于差分图像极值点距离直方图的方法估计 pre-JPEG 图像的下采样因子。

频谱分析方法是目前图像重采样检测最为主流的方法，但 JPEG 块效应对基于频谱的检测方法造成了严重的干扰。尽管现有的重采样检测算法能够有效应对 pre-JPEG 图像的上采样检测，但是下采样图像的频谱特征非常弱，缺少针对 pre-JPEG 图像的下采样检测相关研究。基于此，本方法关注 pre-JPEG 图像场景的下采样检测。由于传统重采样过程基于连续域模型建模并做了较为苛刻的假设，因此忽视了图像内容本身对模型的影响。考虑到 pre-JPEG 图像进行下采样时图像质量因子、缩放因子和图像自身内容等影响，传统频谱方法很难处理这种情况。因此本方法基于离散重采样模型建模，对缩放图像的频谱进行分析，推导出比例因子如何影响周期性的精确公式，解析推导出重采样峰的期望位置，并进一步提出了结合差分图像极值点距离直方图和频谱分析估计下采样因子的方法。

首先对 pre-JPEG 图像频谱进行分析，将 JPEG 压缩视为一种与图像无关的加性噪声：

$$g_1(n) = g(n) + q_1(n) \tag{5-82}$$

其中 $g(n)$ 代表原始图像，$q_1(n)$ 表示 JPEG 噪声，$g_1(n)$ 表示 JPEG 压缩图像。因此，$g_1(n)$ 重采样后的模型表达式为：

$$g_{1i}(x) = \sum_{n \in \mathbb{Z}} [g(n) + q_1(n)] h(x - pn) \tag{5-83}$$

计算 $g_{1i}(x)$ 的自相关函数为：

$$
\begin{aligned}
R_{g_{1i}}(x, \tau) &= E[g_{1i}(x+\tau) g_{1i}(x)] \\
&= \sum_{t_1, t_2 \in \mathbb{Z}} \{ E\{[g(t_1) + q_1(t_1)][g(t_2) + q_1(t_2)]\} \\
&\quad \cdot h(x + \tau - pt_1) h(x - pt_2) \}
\end{aligned}
\tag{5-84}
$$

差分可使一般信号平稳[115]，不失一般性，假设 $g(n)$ 为平稳信号，进一步化简得到：

$$R_{g_{1i}}(x, \tau) = \sum_{t_1, t_2 \in \mathbb{Z}} E[g(t_1)g(t_2)]h(x+\tau-pt_1)h(x-pt_2)$$

$$+ \sum_{t_1, t_2 \in \mathbb{Z}} \{\mu E[q_1(t_1)] + \mu E[q_1(t_2)]\}h(x+\tau-pt_1)h(x-pt_2)$$

$$+ \sum_{t_1, t_2 \in \mathbb{Z}} E[q_1(t_1)q_1(t_2)]h(x+\tau-pt_1)h(x-pt_2)$$

$$(5-85)$$

最后计算 $R_{g_{1i}}(x, \tau)$ 的傅里叶变换。基于傅里叶变换的线性可加性，$R_{g_{1i}}(x, \tau)$ 的频谱由公式(5-84)右边三项的傅里叶频谱叠加得到，其右侧中间项可通过差分操作消除影响，因此 pre‑JPEG 图像重采样频谱主要由原始无压缩图像自相关系数和 JPEG 噪声自相关系数的傅里叶频谱相加而成。在下采样操作中，$R_{g_{1i}}(x, \tau)$ 以频率 $f_s = \dfrac{1}{8q}$ 采样生成离散采样信号时，由于 JPEG 块效应 $R_{g_{1i}}(x, \tau)$ 以 $8p$ 为周期，而在实际篡改操作中，篡改者一般通过轻微缩放来消除篡改痕迹，缩放因子通常大于 $\dfrac{1}{4}$，因此根据奈奎斯特定理，当 f_s 大于 $\dfrac{1}{4p}$ 时，JPEG 噪声频谱周期为 $\dfrac{1}{8p}$。基于上述分析，pre‑JPEG 图像重采样频谱表现为周期 $\dfrac{1}{4}$ 的重采样峰值和周期为 $\dfrac{1}{8p}$ 的 JPEG 噪声峰。

　　随后，进一步分析 pre‑JPEG 图像差分极值点距离分布。为不失一般性，仅分析一维信号 $\{X_n\}$，$n \in \mathbb{N}$。点 X_n 为极值点当且仅当 $X_n > X_n \pm 1$ 或者 $X_n < X_n \pm 1$。极值点序列记为$\{Y_i\}$：

$$Y_i = X_{f(i)}, \ i \in \mathbb{N} \qquad (5-86)$$

其中 $f(\cdot)$ 是差分图像和极值点之间的映射。本节将差分图像极值点距离记为 N_f，则：

$$N_f = f(i+1) - f(i) \qquad (5-87)$$

利用数值类比的方法，可以发现 N_f 的经验分布存在某些属性，N_f 的直方图和指数函数十分相似。研究利用秩统计方法进行进一步分析。

　　首先，只考虑较为简单的情况：X 是一族独立同分布随机变量序列，则 X_n 是不是极值点只依赖于 $X_n + 1$ 和 $X_n - 1$ 的相对强度。相邻的三元素组 $\{X_n - 1, X_n, X_n + 1\}$ 可增序排列为$\{X(1), X(2), X(3)\}$，其中 $X_n =$

$X(R_n)$。秩统计量定义为 $R(X_n) = \{R(n-1), R(n), R(n+1)\}$。如果 X_n 是一个极大值点，则对应的秩统计量 $R(X_n)$ 应该为 $\{1, 3, 2\}$ 或者 $\{2, 3, 1\}$。如果 X_n 是一个极小值点，则对应的秩统计量 $R(X_n)$ 应该为 $\{2, 1, 3\}$ 或者 $\{3, 1, 2\}$。秩统计量是与分布无关的[116]，因此距离变量 N_f 同样与 X_n 分布无关，则 N_f 的分布可通过 $R(X_n)$ 的分析得到。考虑到 R 是一个二阶马尔科夫链，$R(X_n)$ 和 $R(X_n+2)$ 是相关的，直接处理较为困难。为了降低马尔科夫链的阶数，方法采用了 X_n 的差分变量 Z_n，其定义为：

$$Z_n = \text{sign}(X_{n+1} - X_n) \tag{5-88}$$

其中 $\text{sign}(\cdot)$ 表示 signum 函数。因此 X_n 是一个极值点当且仅当 $Z_n \neq Z_n - 1$。类似于 Wald-Wolfowitz 游程检验，Z_n 的游程定义为拥有相同值的最长子序列。游程的两边应该分别存在一个最小值以及最大值点且游程的长度等于极值距离变量 N_f。推导得到 N_f 服从参数为 2/3 的几何分布。

以上的分析基于独立同分布信号。对于一般的图像，假设 N_f 的分布为几何分布并通过卡方检验进行测试。考虑如下假设检验问题：

$$H_0: N_f \sim \text{GE}(k)$$
$$H_1: N_f \nsim \text{GE}(k)$$

其中 $\text{GE}(\cdot)$ 表示几何分布。该方法从德累斯顿图片数据库(Dresden image database)[120]中随机选取 Nikon D200 拍摄的 500 张 8 bit 灰度图像。对于每张图像，本节计算 N_f 的直方图以及它的期望值。如果测试统计量以显著性水平 0.01 小于理论值，则接受零假设。对于所有的测试图像，本节统计接受零假设的图像比率，实验里 96.7% 的测试图像都满足零假设。因此接受零假设为真，$N_f \sim \text{GE}(k)$。

基于上述理论，该方法针对 JPEG 块效应提出了一种基于差分图像极值点距离直方图的方法以估计 pre-JPEG 图像缩小因子。该方法主要由以下步骤组成：

(1) 计算差分图像极值点距离直方图。假设待测图像记为 $f(x, y)$，不失一般性，本方法仅考虑 x 轴方向的差分图像，记为 $f'_x(x, y)$。搜索差分图像极值点，极值点定义为：

$$\{(x, y) \mid |f'_x(x, y)| > |f'_x(x+\varepsilon, y)|, \varepsilon \geqslant 1\} \tag{5-89}$$

最后,计算其直方图 $N_f(i)$,$i \in \mathbb{N}$。

（2）估计波峰周期并估计因子。波峰周期 T 显示偏移 JPEG 块效应的周期,估计式为 $\hat{\lambda} = \dfrac{T}{8}$。由于 N_f 必定是一个整数,这可能导致无法直接从直方图中得到关于 T 的估计,因此该方法提供了一种可行的自动估计方法用于估计波峰周期 T。首先对 T 进行粗估计,将 $N_f(i)$ 减去其中值滤波版本,$\widetilde{N}_f(i) = N_f(i) - N_{f,\text{median}}(i)$,并计算 $\widetilde{N}_f(i)$ 的离散傅里叶变换。估计周期 $\hat{T}_1$ 可以通过谐波频谱得到。由于数字图像存在量化操作,估计周期 $\hat{T}_1$ 并不精确,还需要进一步细化。在获得估计周期 $\hat{T}_1$ 后进行极大似然估计,首先提取 $N_f(i)$ 的局部最大值的位置 $P(i)$,$\{P(i)\}$ 应该以余数绝对值不超过 0.5 尽可能地被 T 整除,因此极大似然估计结果为：

$$\max_{\hat{T} \in \left(\hat{T}_1 - \varepsilon_1,\ \hat{T}_1 + \varepsilon_1\right)} \sum_i 1\left(\left|\hat{T}\left[\dfrac{P(i)}{\hat{T}}\right] - P(i)\right| \leqslant 0.5\right) \qquad (5-90)$$

其中 $[\cdot]$ 表示四舍五入,函数 $1(\cdot)$ 表示判别函数,

$$1(\mathcal{F}) = \begin{cases} 1, & \mathcal{F} \text{为真} \\ 0, & \text{其他} \end{cases}$$

此外,对于任意基于频谱的方法,本节所提出的基于差分图像极值点距离分布方法都可以与之进行结合,有效限制空间搜索范围得到频谱波峰。本节的方法同样适用于彩色图像,重采样操作通常作用在空间域（RGB 通道）,因此只需要对每个通道进行重采样检测即可。

5.7.3　基于双域联合的 Double - JPEG 图像重采样因子估计方法

由于商业上的存储容量限制、流量传输带宽和版权等因素,网站和通信软件通常默认提供 JPEG 格式图像,而篡改者很多时候并非素材原作者,从网上下载 JPEG 格式图像进行恶意篡改和润饰后再保存为 JPEG 图像上传。因此,篡改图像经过两次 JPEG 压缩,即 JPEG 重压缩（或称为"Double - JPEG"）在实际场景中十分常见。本节在重采样图像频率域和 DCT 域分析的基础上,介绍一个基于双域联合的 Double - JPEG 图像重采样因子估计算

法。本节提出的算法是一个重采样因子估计算法,而非 Double-JPEG 重采样检测算法,因为第二次 JPEG 压缩可以从图像头文件中读出,而第一次 JPEG 压缩和重采样是否存在可以根据图像频谱结构判断得到,一些经典的重采样检测算法对于 JPEG 压缩也是稳定的。因此为了简化算法流程,本节介绍的方法针对 Double-JPEG 重采样图像进行重采样因子估计。该算法由以下三步组成:

一是频率域估计。这一步不仅使用经典的频域重采样取证方法计算频谱,还要根据频率域分析中提出的五类特征峰的公式遍历不同 λ 取值并计算一个匹配表,将频谱局部极大与该表匹配,根据匹配得分得到一些 λ 的候选值。

二是 DCT 域估计。这一步分别遍历不同的 λ 候选值和 JPEG 网格位移,并考察不同 DCT 通道系数的取值,分通道计算得到 λ 的最优值。

三是后处理。这一步考察由不同 DCT 通道估计得到的 λ 的一致性,判断 DCT 域估计是否有效。如果无效,则判断图像的第一次 JPEG 压缩比较低,频谱类似于 Post-JPEG 重采样,进一步估计重采样因子。

1. 频率域估计

频率缩放定理:对任意一个循环周期为 T 的二阶循环平稳信号,若其被插值核以卷积方式在时域放大,放大因子为 λ,则放大后信号也是二阶循环平稳的,且循环周期为 λT:

$$x_1(n) = I_\lambda \{ x_0^{[T]}(n) \} = x_0^{[\lambda T]}(n) \tag{5-91}$$

其中算子 $I_\lambda \{ \cdot \}$ 表示基于卷积重采样的因子为 λ 的信号缩放,$x_0^{[\lambda T]}$ 是与原信号 $x_0^{[T]}$ 不同的信号。特别地,离散信号可以看作循环周期为 1。

频率混合定理:对任意一个循环周期为 T_1 的二阶循环平稳信号,若其以分块长度 T_2 进行逐块线性变换,且在变换域进行非均匀量化,则当该信号转换回时域时,量化误差是具有一系列循环周期为 T_1 和 T_2 的混频分量的循环平稳信号,对于 JPEG 压缩的 DCT 域变换有:

$$x_1(n) = J_{T_2} \{ x_0^{[T_1]}(n) \} = x_0^{[T_1]}(n) + e_{x_0^{[T_1]}}^{[\text{mix}(T_1, T_2)]}(n) \tag{5-92}$$

其中 $J_{T_2} \{ \cdot \}$ 代表了以周期为 T_2 分块的逐块 DCT 变换、DCT 域量化和 IDCT 变换的系列操作。而混频分量是多个循环平稳分量的叠加:

$$e_{\substack{[\mathrm{mix}(T_1,\,T_2)] \\ x_0 [T_1]}}(n) = \sum_k e_{\substack{\left[\frac{T_1 T_2}{T_2 + k T_1}\right] \\ x_0 [T_1]}}(n),\ \forall k \in \mathbb{Z} \qquad (5-93)$$

特别地,JPEG 峰也包含在上部分中。

对于输入为自然图像的一行的一维源信号,若其经历篡改链"JPEG 压缩—放大重采样—JPEG 压缩",则有如下事实:

$$
\begin{aligned}
x_2(n) &= J_8(I_\lambda\{J_8[x_0(n)]\}) \\
&= J_8\{I_\lambda[x_0(n) + e_{x_0}^{[8]}(n)]\} \\
&= J_8\{x_0^{[\lambda]}(n) + e_{x_0}^{[8\lambda]}(n)\} \\
&= x_0^{[\lambda]}(n) + e_{x_0}^{[8\lambda]}(n) + e_{x_0}^{[\mathrm{mix}(8,\lambda)]}(n) + e_{\substack{[\mathrm{mix}(8,8\lambda)] \\ e_{x_0}^{[8\lambda]}}}(n)
\end{aligned}
$$

$$(5-94)$$

不仅源信号的循环周期从 1 变换为 λ,还引入了多个不同的循环平稳分量,导致最终输出 x_2 的频谱上存在以下五种比较明显的频谱峰:

① 重采样峰,记为 $\omega_{\mathrm{rs}}^{(k)} \triangle \mathrm{frac}(k/\lambda)$,在 Double - JPEG 重采样的情况下,一般只有第一谐波 $\omega_{\mathrm{rs}}^{(1)}$ 比较明显;

② JPEG 峰,记为 $\omega_{\mathrm{jp}}^{(k)} \triangle k/8$,且不同 k 对应的部分幅度区别较小,该分量由 Post - JPEG 压缩引入;

③ 重采样-JPEG 混频峰,记为 $\omega_{\mathrm{jp\text{-}rs\text{-}mix}}^{(k)} \triangle \mathrm{frac}(\omega_{\mathrm{rs}}^{(1)} + \omega_{\mathrm{jp}}^{(k)})$,这里只考虑重采样的第一谐波与 JPEG 峰的混频,不同 k 混频分量的相对幅度没有固定的关系,该分量由重采样与 post - JPEG 的耦合效应引入;

④ 位移 JPEG 峰,记为 $\omega_{\mathrm{sfjp}}^{(k)} \triangle \mathrm{frac}(k/8\lambda)$,是 pre - JPEG 的量化噪声被缩放后导致的;

⑤ 重采样-重压缩混频峰,记为 $\omega_{\mathrm{jp\text{-}sfjp\text{-}mix}}^{(i,\,j)} \triangle \mathrm{frac}(\omega_{\mathrm{sfjp}}^{(i)} + \omega_{\mathrm{jp}}^{(j)})$,该分量是位移 JPEG 峰与 post - JPEG 压缩的耦合效应引入的,代表了三个篡改的综合叠加效应,是 Double - JPEG 重采样图像独有的特征。

由以上分析,可以看到 λ 决定了各频谱峰的位置,因此从 λ 到 v_f 的映射 $f:\lambda \rightarrow v_f$ 是单射,但不是满射,因为显然混频峰的对称形式可以使得不同 λ 具有类似的频谱结构。当然一个 v_f 对应的可能的 λ 的数量也是有限的。因此受 Popescu 等人[106]工作的启发,采取一个基于表的穷举搜索策略来估计 λ 的候选值:

(1) 搜索表计算。根据上述归纳的五种特征峰的公式,遍历不同的 λ 取值得到一个搜索表,表中每一行对应一个不同的 λ 映射到的 $v_f(\lambda)$。考虑 $\lambda \in (1, 2.5]$ 的区间,遍历步长为 $\Delta_\lambda = 0.01$。由于实际情况中五类特征峰中某些并不明显,因此 $v_f(\lambda)$ 中一些分量被剔除。特别地,对于重采样峰,只考虑第一谐波 $\omega_{\text{rs}}^{(1)}$。所有 JPEG 峰由于位置固定而不予考虑。所有重采样-JPEG 混频峰 $\omega_{\text{jp-rs-mix}}^{(k)}$ 都被考虑在内。对于位移 JPEG 峰,只考虑前两个 $\omega_{\text{sfjp}}^{(k)} \triangleq \text{frac}\left(\dfrac{k}{8\lambda}\right)$, $k = 1, 2$。对于重采样-重压缩混频峰 $\omega_{\text{jp-sfjp-mix}}^{(i, j)}$,只考虑与第一位移 JPEG 峰相关的,即 $\omega_{\text{jp-sfjp-mix}}^{(i, j)} \triangleq \text{frac}(\omega_{\text{sfjp}}^{(i)} + \omega_{\text{jp}}^{(j)})$, $i = 1, j = 1, \cdots, 7$。上述各峰总共 17 个,因此搜索表的一行,即 $v_f(\lambda)$ 是一个长度为 17 的向量,搜索表的总大小为 $2\,500 \times 17$。

(2) 频谱计算。对于给定的待取值图像,采用 Gallagher[108] 的经典方法计算频谱并将频谱归一化到区间 $[0, 1]$,记作 $f_s(\omega)$。然后以 $\Delta_\omega = 0.01$ 为频谱区间选取频谱上的局部极大,将各局部极大峰的频率和幅度收集为向量并剔除对应 JPEG 峰的部分,得到 $v_s = [[\omega_1, f_s(\omega_1)], [\omega_2, f_s(\omega_2)], \cdots]$。最后将幅度分量 $f_s(\omega_1)$ 以 v_s 中对应的最大值归一化,得到 v_s^n,可以认为所有与重采样因子有关的特征峰都被包含在其中。

(3) 遍历搜索。对于搜索表的每一行,即 $v_f(\lambda_i)$,计算其与 v_s^n 的匹配度,即有多少频谱峰的位置落在 $v_f(\lambda_i)$ 中。由于频谱是离散谱,因此该算法认为 v_s^n 中一个频谱分量 ω_i 和 $v_f(\lambda_i)$ 的一个分量 ω_j 的频率差异在两个像素以内,即可认为是匹配成功,匹配分数加分一次,加分值为对应峰高度的对数值 $\ln[f_s(\omega_i)]$。遍历全表后,得分最高的 N 行对应的 λ 取值被作为候选值,用于 DCT 域估计。在本方法中令 $N = 6$,候选值集合记为:$\Lambda^c = \{\lambda_1^c, \lambda_2^c, \cdots, \lambda_6^c\}$。

2. DCT 域估计

一旦候选值集合 Λ^c 确定,该方法使用反缩放策略逆向篡改链,即将待测图像缩小后转换到 DCT 域,有:

$$\boldsymbol{X}_i^{(1)} = \boldsymbol{\Lambda}^{\frac{1}{\lambda_i^c}} \boldsymbol{X}^{(0)}, \quad \lambda_i^c \in \Lambda^c \tag{5-95}$$

$$\boldsymbol{Y}_{i, dx, dy}^{(1)} = \boldsymbol{D}_{dx, dy} \boldsymbol{X}_i^{(1)}, \quad dx, dy \in (0, 1, \cdots, 7) \tag{5-96}$$

其中 $\boldsymbol{D}_{\mathrm{dx},\mathrm{dy}}$ 是 X 轴和 Y 轴网格位移分别为 dx 和 dy 的二维块 DCT 变换矩阵。

得到 DCT 域表示 $\boldsymbol{Y}_{i,\mathrm{dx},\mathrm{dy}}^{(1)}$ 后,需要分通道计算经验概率分布:

$$h(n;i,\mathrm{dx},\mathrm{dy},j)=\sum_{k,l}\chi_{\{n-0.5\leqslant Y_{i,\mathrm{dx},\mathrm{dy},j}^{(1)}(k,l)\leqslant n+0.5\}}, j\in 1,2,\cdots,9 \tag{5-97}$$

其中下标 j 为 DCT 系数的通道序号,按 zigzag 序排列,即 $j\in\{1,\cdots,64\}$,下标 k,l 是 DCT 系数的分块序号,$\chi_{(.)}$ 为事件发生的示性函数。由于自然图像的能量大多集中在低频,因此这里只考虑 DCT 系数的前 $N=9$ 个通道,即 $j\in\{1,\cdots,9\}$。

得到 DCT 系数经验概率分布后,需要衡量其周期性,最直接的方法是取傅里叶变换。由于量化步长 q_i 为整数,导致周期性通常也为整数,因此算法只取傅里叶谱的一部分,这样的结果称为"整数周期图"[117]:

$$H(m;i,\mathrm{dx},\mathrm{dy},j)=\left|\sum_{n\in\mathbb{Z}}h(n;i,\mathrm{dx},\mathrm{dy},j)\mathrm{e}^{-j\frac{2\pi n}{m}}\right|, m\in\mathbb{Z} \tag{5-98}$$

其中 m 为可能的量化步长 q_i 的取值,对于被考虑的低频通道一般范围取 $\{1,\cdots,25\}$ 计算即可。

然而,以上的整数周期图并不能直接用于极大化求重采样因子,因为不同的反缩放比 $\dfrac{1}{\lambda_i^c}$ 对应了不同的图像大小,其总能量也不同,导致 $H(m;i,\mathrm{dx},\mathrm{dy},j)$ 对于下标 i 有单调关系。此外,因为网格位移 dx,dy 对图像的总能量影响很小,所以将 $H(m;i,\mathrm{dx},\mathrm{dy},j)$ 对这两个下标归一化:

$$\overline{H}(m;i,\mathrm{dx},\mathrm{dy},j)=\frac{H(m;i,\mathrm{dx},\mathrm{dy},j)}{\sum_{\mathrm{dx}',\mathrm{dy}'}H(m;i,\mathrm{dx}',\mathrm{dy}',j)} \tag{5-99}$$

最终,不同通道 j 对应的 λ 的估计 $\hat{\lambda}_j$ 可由极大化 $\overline{H}$ 得到:

$$\hat{\lambda}_j=\lambda_{\hat{i}_j}^c, 其中 \hat{i}_j=\underset{i}{\mathrm{argmax}}\ \underset{\mathrm{dx},\mathrm{dy},m}{\max}\ \overline{H}(m;i,\mathrm{dx},\mathrm{dy},j) \tag{5-100}$$

3. 后处理

由于前 9 个 DCT 通道被用于分别估计 λ,因此在 DCT 域估计结束后,能够得到九个独立的估计值 $\hat{\Lambda} = \{\hat{\lambda}_1, \hat{\lambda}_2, \cdots, \hat{\lambda}_9\}$。实际情况中这 9 个估计值一般不会完全一致,原因有很多。

(1) DC 通道的特殊性。DC 通道表示的是 JPEG 块的均匀值,在某些情况无论采取哪种倍率的反缩放,其取值都不会改变。特别地,当图像中存在大量连续的纯色块时,反缩放后虽然 JPEG 网格改变,但纯色块的均值并不改变,这导致 DC 通道取值不变。在这种情况下,所有反缩放倍率都对应同样的 DC 通道周期性,使得输出结果是六个候选值中随机的一个。对应的解决办法是直接舍弃 DC 通道的估计结果。

(2) Post - JPEG 倍率过大。这种情况是与传统非对齐重压缩取证[117]中的结论相一致的,相关研究表明重压缩取证算法通常只在第一次压缩质量因子小于第二次压缩质量因子,即 QF1 < QF2 时具有良好效果——无论是采用解析式的方法还是数据驱动的方法。这是因为 DCT 域量化会导致信息损失,当 post - JPEG 压缩比高于 pre - JPEG 时,前一次压缩留下的痕迹几乎会被后一次压缩完全抹除。在这种情况下,DCT 域估计输出 9 个不同通道的估计值,通常是随机来自 6 个候选值。

(3) DCT 域估计。最终通过考察 $\hat{\Lambda}$ 中 9 个独立的估计值的一致性,来判断 DCT 域估计是否成功。如果 9 个估计值中至少 7 个完全相同,就认为 DCT 域估计成功,取这个估计值作为最终估计。否则,就认为 DCT 域估计失败。这种情况一般对应了 QF1 > QF2 的情况,其图像的频谱类似 post - JPEG 重采样图像。使用基于相位抵消的 post - JPEG 图像重采样因子估计算法[118]得到一个最优估计。

5.7.4　总结与展望

对图像几何变换进行取证又称为"图像重采样取证",是数字图像取证领域中最常用的方法之一。以重采样模型理论为基础的重采样检测方法和以特征提取为基础结合深度学习算法的检测方法针对具体问题在多个方面取得了一定的突破。不过,随着信息技术的发展,重采样取证面对的挑战也越来越多,如不同图像格式、篡改操作链、反取证等对重采样特征造成的负面影响。因此,针对问题提出更详细的理论模型、将特定场景理论拓展到更一般的重采样取证以及针对滤波、噪声和伽马矫正等后处理方式的重采样检测方法等都是未来重采样取证重要的研究方向。

操作链取证

如今,各种编辑软件和在线工具都可以对数字多媒体内容进行重新编辑。编辑多媒体文件变得如此简单和廉价,以至于我们很难相信多媒体内容的真实性。然而,由于多媒体已经被执法部门、新闻机构和政府机关等用作可以用来决定和声明的重要证据,因此对于一个给定的多媒体文件,判定它是可信的还是经过了恶意篡改是至关重要的。为了回答这个问题,数字媒体取证研究者们已经提出了许多种取证技术来识别不同篡改操作的痕迹,比如压缩[119-121]、重采样[122-123]、对比度增强[124]、模糊[125-130]等。

这些取证技术大多是捕获篡改操作的特定痕迹,并隐式地假设没有应用其他篡改操作[119, 122-127, 129]。然而在现实场景下,通常需要多次篡改操作来完成一次伪造。例如,如果伪造者想要使用一幅图像中一个人物的面部替换另一幅图像中的人物的面部,伪造者可能需要应用以下操作。首先,伪造者可能需要对新的面部进行缩放和对比度增强的操作,以使其与目标图像中的原面部的大小和颜色相匹配。其次,为了避免新面部与目标图像背景出现可见边界,可以应用模糊来平滑边界区域。最后,这个伪造的图像可能被压缩以进行存储和传输。

已经有一些取证技术被用来确定在某个操作链[120-121, 131-134]中是否存在单个操作。双压缩检测器[120-121]被设计出来检测两次连续压缩操作链中第一次压缩的存在。文献[131]提出了一种改进的双压缩检测器,用于检测两次压缩之间包含一次缩放的操作链。具体来说,这个问题考虑了两个假设:图像是经过了单 JPEG 压缩,还是经过了中间包含缩放的双 JPEG 压缩。文献[132]的作者考虑了一个类似的场景,即线性对比度增强与两种压缩交织在一起。此外,当对比度增强是应用于 JPEG 压缩之前时,文献[133]中提出的对比度增强检测器可以有效地检测到对比度增强的操作。此外,文献[134]提出在 JPEG 后应用全帧线性滤波时,可以恢复压缩历史。

虽然这些技术考虑了多个操作,但它们的目标是确定一个特定处理链中是否存在某个特定操作。这些技术均无法推断操作的顺序。然而,当多个不同的操作潜在应用于多媒体内容时,检测这些操作的顺序与识别每个操作的存在同样重要。通过检测操作的顺序,我们可以得到多媒体内容的完整处理历史。此外,考虑到不同的伪造者可能应用不同的操作,检测顺序也可以帮助我们确定谁操纵了多媒体内容以及什么时候实施的操纵。例如,如果调查人员收到一张从互联网上下载的图像,并可能被上传者或下载器恶意模糊,假设当上传一个图像到某一网站时,需要调整大小以使图像适合网站的标准,在这种场景下,检测模糊和缩放的顺序可以告诉我们是谁操作图像以及它何时被操作。

目前检测多媒体内容的操作顺序方面的工作很少,文献[135]提出了一种取证技术,用于检测缩放和对比度增强的顺序。然而,由于操作之间的相互作用,操作的顺序并不总是可检测到的。一个原因是当多个操作应用于多媒体内容时,后面执行的操作可能会影响、甚至破坏前面操作的指纹。例如,如果在对比度增强后应用 JPEG 压缩或高斯噪声,对比度增强的指纹将会变弱以至于无法被检测到[133]。本节介绍两个有代表性的多媒体内容操作顺序检测工作。一个是基于信息论的操作链顺序可检测性理论[136],该方法从信息论的角度来解释在什么场景下操作顺序是可以检测的。另一个是基于双流卷积网络的图像操作链鲁棒检测方法[137],该方法利用深度学习来探索多媒体内容操作顺序检测,并且设计了多种预处理方式来捕获图像中的操作痕迹。

5.8.1　基于信息论的操作链顺序可检测性理论

当检测多媒体内容的操作顺序时,一个自然的问题是:"我们什么时候可以检测到操作顺序,什么时候不能检测到操作顺序?"Schmidhuber[138]在只考虑简单的假设前提下,提出两种措施来证明操作链顺序的可检测性。该方法将顺序检测问题表述为多重假设检验问题。对于这些问题,该方法提出了一个信息论框架,通过使用基于互信息的准则来确定是否可以基于某些特征来区分所有被考虑的假设。此外,对于那些难以区分的情况,这个标准可以告诉我们哪些假设会相互混淆,以及它们为什么会相互混淆。此外,该方法还给出了条件指纹存在性的严格定义。为了验证所提出的框架和标准的有效性,该方法将它们应用于两个已知的操作链取证问题,以表明所获得的结果与现有工作中发表的结果相匹配。然后将该方法提出的框架和标准应用到检测缩放和模糊顺序的问题中,以得到何时可以检测到它们的顺序。

1. 信息论准则

该方法将操作链顺序检测问题表述为多重假设检验问题，目标是告诉我们何时能够或不能根据某些特征区分所有考虑的假设。鉴于具有不同参数的检测器产生不同的检测性能，一个自然的想法是看最佳检测器是否能够区分所有的假设。那么问题就变成了"哪一个检测器是最好的？"

2. 获得最佳检测器的互信息准则

转移概率矩阵可以用来描述一个检测器的性能。真实假设和被检测到的假设之间的关系被建模为一个具有转移概率 $T(\underline{\theta})$ 的抽象通道。然后，对于最佳检测器，我们可以期望检测到的假设包含关于真实假设的最大信息。由于互信息是对输出所包含的关于输入的信息的度量，因此该方法基于互信息定义了最佳检测器。

定义 1：在一个检测假设 $H \in \mathcal{H}$，检测器 $d_{\underline{\theta}_1}$ 和 $d_{\underline{\theta}_2}$ 是基于同样特征的。令 $\hat{H}$ 表示检测到的假设。$T(\underline{\theta}_1)$ 和 $T(\underline{\theta}_2)$ 分别是检测器 $d_{\underline{\theta}_1}$ 和 $d_{\underline{\theta}_2}$ 的转移概率矩阵。令 p_H 表示 H 的先验。关于互信息准则，当满足以下条件时，检测器 $d_{\underline{\theta}_1}$ 要优于 $d_{\underline{\theta}_2}$：

$$I_{p_H, T(\underline{\theta}_1)}(H; \hat{H}) > I_{p_H, T(\underline{\theta}_2)}(H; \hat{H}) \qquad (5\text{-}101)$$

对于知道 H 的先验情况：

$$\max_{p_H} I_{p_H, T(\underline{\theta}_1)}(H; \hat{H}) > \max_{p_H} I_{p_H, T(\underline{\theta}_2)}(H; \hat{H}) \qquad (5\text{-}102)$$

对于不知道 H 的先验情况。其中 $I(H; \hat{H})$ 表示 H 和 $\hat{H}$ 之间的互信息。

该准则根据检测到的假设中可能包含的关于真实假设的最大信息，比较不同检测器的检测性能。需要注意的是，当先验 p_H 被固定时，公式（5-101）是公式（5-102）的一种特殊情况。这个标准使我们能够评估一般的多重假设检验问题的最佳检测器，特别是当考虑到两个以上的假设时。此外，这个测量方法的特性也与传统上用于简单假设检验问题的 ROC 曲线相匹配。

3. 多重假设检验问题可检测性的理论准则

最佳检测器可以通过上面的互信息准则得到，我们从而了解在取证工作中如何能够对比基于指定特征的不同假设。此外,给定最佳检测器,最终可以通过检测性能最好的检测器是否能区分所有的假设,来回答我们何时能区分所有考虑过的假设的问题。具体来说,如果先验是均匀的,那么我们检验最佳检测器的似然概率并检查每一个真实假设。如果假设先验是非均匀的或者没有先验,那么我们检验最佳检测器的后验概率。

定义 2: 对于一个多重假设检验问题,其中所有考虑到的假设 $\mathcal{H} = \{H_0, H_1, \cdots, H_{M-1}\}$,令 H 和 $\hat{H}$ 分别表示真实假设和检验到的假设。那么在互信息准则下,所有的假设可以被检测器 $d_{\underline{\theta}}$ 区分当且仅当满足以下条件:

如果先验是均匀的,条件为:

$$P_{\underline{\theta}^*}(\hat{H} = H_i \mid H = H_i) > P_{\underline{\theta}^*}(\hat{H} = H_j \mid H = H_i) + \delta_{i,j}$$
$$\forall i, j = 0, 1, \cdots, M-1, i \neq j \qquad (5-103)$$

如果先验是非均匀的或无先验,条件为:

$$P_{\underline{\theta}^*}(H = H_i \mid \hat{H} = H_i) > P_{\underline{\theta}^*}(H = H_i \mid \hat{H} = H_j) + \delta_{i,j}$$
$$\forall i, j = 0, 1, \cdots, M-1, i \neq j \qquad (5-104)$$

$$P_{\underline{\theta}^*}(\hat{H} = H_i) > \varepsilon, \ \forall i = 0, 1, \cdots, M-1 \qquad (5-105)$$

其中 $\delta_{i,j} \geqslant 0$ 为置信因子,表示当前假设与其他假设的区别程度。ε 为一个小的正数,$\underline{\theta}^*$ 为互信息准则下的最佳检测器的参数。也就是说,如果有先验:

$$\underline{\theta}^* = \arg\max_{\underline{\theta}} I_{p_H, \mathbf{T}(\underline{\theta})}(H; \hat{H}) \qquad (5-106)$$

如果没有先验:

$$(\underline{\theta}^*, p_H^*) = \arg\max_{\underline{\theta}, p_H} I_{p_H, \mathbf{T}(\underline{\theta})}(H; \hat{H}) \qquad (5-107)$$

需要注意的是,对于没有先验的情况,以上关于可区分性的定义不能保证最佳检测器能够区分所有的假设。此外,通过条件(5-103)和(5-104),当我们不能区分所有假设时,能够分辨出哪些假设是彼此混淆的。

定义 3: 对于**定义 2** 中的问题,当满足以下条件时,两个假设 H_i 和 H_j,$i \neq j$ 是相互混淆的。

如果先验是均匀的,那么

$$P_{\underline{\theta}^*}(\hat{H}=H_i \mid H=H_i) \leqslant P_{\underline{\theta}^*}(\hat{H}=H_j \mid H=H_i)+\delta_{i,j}$$

或

$$P_{\underline{\theta}^*}(\hat{H}=H_j \mid H=H_j) \leqslant P_{\underline{\theta}^*}(\hat{H}=H_i \mid H=H_j)+\delta_{j,i}$$

$$(5-108)$$

如果先验是非均匀的或无先验,那么

$$P_{\underline{\theta}^*}(H=H_i \mid \hat{H}=H_i) \leqslant P_{\underline{\theta}^*}(H=H_j \mid \hat{H}=H_i)+\delta_{i,j}$$

或

$$P_{\underline{\theta}^*}(H=H_j \mid \hat{H}=H_j) \leqslant P_{\underline{\theta}^*}(H=H_i \mid \hat{H}=H_j)+\delta_{j,i}$$

$$(5-109)$$

假设可能相互混淆的原因与指纹或者条件指纹的强度有关[135]。每一个假设可以表示一个操作链。这个操作链可以是一个空链,表示多媒体内容没有被修改的假设。它也可以表示一个单一操作链或者多重操作链。该方法首先定义了操作链的指纹和条件指纹如下:

定义4:考虑一个操作链和相应的假设,分别表示为 $\underline{S}_i$ 和 H_i。令 $\underline{S}_\varnothing$ 和 $H_\varnothing$ 表示空操作链和不修改多媒体内容的假设。如果 $\underline{S}_i \neq \underline{S}_\varnothing$,那么 $\underline{S}_i$ 的指纹是一个可以区分 $\{H_i, H_\varnothing\}$ 的特征集。然后,考虑另一个操作链,表示为 $\underline{S}_j$。如果 $\underline{S}_i$ 是 $\underline{S}_j$ 的子链,则令 $\underline{S}_{j\backslash i}$ 表示从 $\underline{S}_j$ 移除 $\underline{S}_i$ 的操作链。$H_{j\backslash i}$ 表示与 $\underline{S}_{j\backslash i}$ 相对应的假设。然后,给定 $\underline{S}_j$ 下 $\underline{S}_i$ 的条件指纹是可以区分以下假设的特征集:

$$\{H_{j\backslash i}, H_i, H_j\} \qquad (5-110)$$

为了更好地理解指纹和条件指纹的区别,该方法给出了下面的例子。令 $\underline{S}_i$ 和 $\underline{S}_j$ 分别表示只有对比度增强和先对比度增强再缩放的操作链。$\underline{S}_{j\backslash i}$ 表示只进行缩放的操作链。当检测对比度增强时,常用的指纹是像素直方图 DFT 的高频分量。然后,这些特征不能作为给定先对比度增强后缩放条件下对比度增强的条件指纹[135]。这是因为缩放图像和先对比度增强后缩放的图像,如 $\{H_{j\setminus i}, H_j\}$,不能通过检测对比度增强的指纹进行区分。Stamm 等人[135]使用了两个特征作为给定先对比度增强后缩放条件下对比度增强的条件指纹。一个特征是傅里叶变换 p-map 周期图的最大梯度,即缩放的指纹。另一个特征是完整图像和下采样图像之间的归一化直方图的距离。通过使用这两种特征,缩放图像、对比度增强图像和先对比度增强后缩放的图像,表示为 $\{H_{j\setminus i}, H_i, H_j\}$,可以被区分出来。

根据指纹和条件指纹,取证技术可以检测操作链中的操作和顺序。同样,在多重假设检验问题中,符合条件的指纹和条件指纹的存在使得所有的假设可以被区分出来。基于**定义 3**,指纹和条件指纹存在性的严格定义如下。

定义 5:考虑一个多重假设检验问题,其中 $\mathcal{H}=\{H_0, H_1, \cdots, H_{M-1}\}$。令 $H_\varnothing$ 表示空操作链的假设。对于一个假设 $H_i \in \mathcal{H}$,$H_i \neq H_\varnothing$,令 $\underline{S}_i$ 为这一假设对应的操作链。那么,$\underline{S}_i$ 指纹存在,当

在定义 3下,H_i 与 $H_\varnothing$ 不相互混淆

现在考虑另一个假设 H_j,$j \neq i$ 且 $H_j \neq H_\varnothing$,令 $\underline{S}_j$ 表示对应的操作链。那么,$\underline{S}_i$ 和 $\underline{S}_j$ 的指纹存在,当

在定义 3下,H_i 与 H_j 不相互混淆

此外,如果 $\underline{S}_i$ 是 $\underline{S}_j$ 的子链,令 $H_{j\setminus i}$ 表示操作链 $S_{j\setminus i}$ 的假设。那么给定 $\underline{S}_j$ 下 $\underline{S}_i$ 的条件指纹存在,当

在定义 3下,$\{H_{j\setminus i}, H_i, H_j\}$ 任意两个之间不相互混淆

已经定义了一般的假设检验问题的所有概念,该方法也能检测操作链中的顺序。假设以下场景,A 和 B 分别表示缩放和模糊操作。那么,一个图像的操作链包含以下五种情况:

H_0:未修改

H_1:只包含 A

H_2:只包含 B

H_3:先 B 后 A 修改

H_4:先 A 后 B 修改

那么,A 和 B 的顺序可以被检测出来,当且仅当可以使用**定义 2**区分以上五种假设。这需要其中的任意两种假设都不能在**定义 3**下相互混淆。也就是说,根据**定义 5**,指纹和条件指纹需要满足以下条件:

A, B, A→B, B→A 的指纹都存在

给定 A→B, A 的条件指纹存在

给定 B→A, B 的条件指纹存在

A→B 和 B→A 的指纹不同

综上所述,该方法提出了一个信息论的框架和基于互信息的准则来回答何时可以检测到操作链中的操作顺序。具体地,首先把操作链顺序检测问题转化为多重假设检验问题。然后提出了基于互信息的准则来决定是否可以区分所有考虑到的假设。

5.8.2　基于双流卷积网络的图像操作链鲁棒检测

近年来,CNN 作为一种通用的深度学习网络[138],因其优异的性能而受到越来越多的关注,特别是在图像分类、文档分析和自然语言处理等领域。研究人员已经开始探索 CNN 在图像取证方面的潜力,如图像中值滤波取证[139]、重采样检测[140]、相机模式识别[141-142]、重获取取证[143]、复制-粘贴伪造取证[144]、通用图像操作识别[145-146]和多重 JPEG 压缩检测[147]。尝试探索 CNN 在确定图像操作链顺序的取证工作还比较少。一个具有约束卷积层的 CNN 方案被用来检测图像操作链[148-149]。它可以直接提取低层级的像素相关性,捕获由两个图像操作组成的有序链引起的唯一的取证指纹。请注意,这些现有的基于 CNN 的图像取证工作大多假设训练图像和测试图像的操作参数是相同的,即取证人员已知可疑图像的操作参数。然而,在实际应用中,假设操作参数已知是不合理的。

本节介绍的方法提出了一种基于 CNN 的取证框架来检测图像操作链。传统图像取证算法主要是提取手工特征,而新的数据驱动框架能够自动学习和获取操作痕迹特征。该方法提出了一个双流操作链取证 CNN 框架,其中一个流显式地检测操作痕迹,另一个流提取局部残差特征。考虑到在现实场景下,取证人员无法提前获取操作参数这一先验信息,该方法对操作参数未知但在一定范围内的情况进行了实证性研究。此外,该方法在 JPEG 压

缩场景下也是有效的。

1. 问题建模

假设一个图像操作链包含两个图像操作 A 和 B,那么图像操作链检测可以表述为一个多重分类问题。给定图像的操作历史都包含于这五类之中:

$$H_0:未修改$$
$$H_1:只包含 A$$
$$H_2:只包含 B \qquad (5-111)$$
$$H_3:先 B 后 A 修改$$
$$H_4:先 A 后 B 修改$$

传统方法大多启发式地设计手工特征,特征的选择很大程度上依赖于领域知识,而分类性能主要由阈值决定。由于特征提取和分类是分离的,因此二者无法同时优化。该方法通过多层非线性处理来提取特征和学习层次表示。通过这种方式,一个基于 CNN 的取证检测器可以在同一框架下结合特征提取和分类两个步骤。

2. 无先验识别

操作参数的先验信息在检测图像操作链时起着重要的作用。大多数现有的基于 CNN 的图像取证方法都依赖于这样的假设,即训练和测试数据都是由相同参数的图像操作生成的。然而在现实场景下,可疑图像的操作参数都是未知的,需要考虑训练和测试数据参数不匹配的问题。因此取证人员只能在没有先验信息的情况下检测图像操作链的顺序。

该方法假设操作参数未知但是在一个确定范围内。比如检测器虽然不能准确地得出高斯模糊的方差,但可以有一个估计值。为了得到一个鲁棒的 CNN 模型,该方法以更加丰富和系统的方式收集图像数据。具体地,该方法使用各种经过混合参数操作的图像训练 CNN 模型。假设图像操作 A 的操作参数 $p_A \in \{p_A^1, p_A^2, \cdots, p_A^{m_a}\}$,操作 B 的操作参数 $p_B \in \{p_B^1, p_B^2, \cdots, p_B^{m_b}\}$。对于 H_0,收集 N 个未修改的图像。H_1 类的图像分别使用参数为 p_A 的操作 A 进行修改,得到 $N \times m_a$ 个图像。类似地,H_2 类可以得到由操作参数为 p_B 的操作 B 得到的 $N \times m_b$ 个图像。对于 H_3 和 H_4,有 $m_a \times m_b$ 个参数的组合,每一类有 $N \times m_a \times m_b$ 个图像。最终,共得到 $N \times$

$(2m_a m_b + m_a + m_b + 1)$ 个图像来训练 CNN 模型。具有不同参数的特定操作一般会留下相似的痕迹。只要给定操作参数可能的范围,该方法就可以选择有限的参数值作为锚点,通过这些锚点来训练 CNN 模型,以提高操作链检测的性能。

3. JPEG 压缩图像鲁棒性

图像取证大多关注未压缩的图像,这些方案的精度可能会随着 JPEG 压缩而显著降低。为了对 JPEG 图像进行操作,该图像通常被加载到图像编辑软件中,通过多个处理操作后再以 JPEG 格式保存。该方法研究处理后的图像被 JPEG 压缩时最常见的情况,即在两次压缩之间应用两种图像操作 A 和 B 的场景。当给定 JPEG 压缩图像时,需要区分以下五类:

$$
\begin{aligned}
&H_0\text{:只经过质量因子 }QF_1\text{ 压缩}\\
&H_1\text{:经过质量因子 }QF_1\text{ 和 }QF_2\text{ 两次压缩,包含 A}\\
&H_2\text{:经过质量因子 }QF_1\text{ 和 }QF_2\text{ 两次压缩,包含 B}\\
&H_3\text{:经过质量因子 }QF_1\text{ 和 }QF_2\text{ 两次压缩,先 B 后 A 修改}\\
&H_4\text{:经过质量因子 }QF_1\text{ 和 }QF_2\text{ 两次压缩,先 A 后 B 修改}
\end{aligned}
\tag{5-112}
$$

需要注意的是,在文献[136]中,当缩放和高斯模糊被应用到一个 JPEG 压缩图像时,第二次压缩会削弱操作痕迹。因此,以上五种类别很容易相互混淆,进而无法检测到图像操作链。事实上,在存在后处理的情况下,用于检测特定操作的操作痕迹很容易被抑制甚至消除,而且会干扰 JPEG 图像在 DCT 分布中所呈现的特征模式。该方法尝试通过分析 DCT 系数的异常统计特征来获取取证证据。

5.8.3　基于 CNN 的图像操作链检测框架

本节介绍的方法提出了基于 CNN 网络的图像操作链检测框架,如图 5-27 所示,其中描述了每一层滤波器的尺寸和相应特征图通道数。考虑到计算复杂度,输入层的大小为 $64 \times 64 \times 3$ 的图像块。该方法提出一个双流 CNN 网络来捕获操作痕迹和局部残差噪声。其中一个流称为空域卷积流,另一个流称为变换特征提取流。两个流的特征进行融合可以整合高语义的视觉操作痕迹和低语义的残差特征。

空域卷积流包含 3 个卷积层和 2 个池化层,可以学习视觉操作痕迹并生

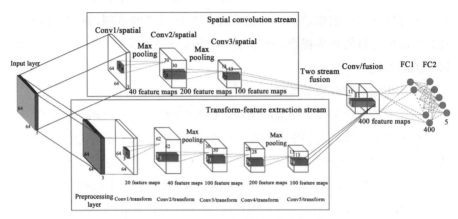

图 5 - 27　基于 CNN 的图像操作链检测框架

（来源：LIAO X, LI K, ZHU X, et al. Robust detection of image operator chain with two-stream convolutional neural network [J]. IEEE Journal of Selected Topics in Signal Processing, 2020, 14 (5):955 - 968)

成强表征特征。第一层卷积用 40 个大小为 5×5 的滤波器对输入数据进行滤波。然后，线性整流函数（ReLU）和最大池化层被用来将负值截断同时降低空间分辨率，进而加快模型收敛。第一层卷积输出 40 通道大小为 30×30 的特征图。第二层卷积用 200 个大小为 5×5 的滤波器对第一层的输出进行滤波，后接 ReLU 和最大池化层，得到 200 通道大小为 13×13 的特征图。第三层卷积包含 100 个大小为 3×3 的滤波器和 ReLU，最终得到 100 通道大小为 11×11 的特征图。

为了捕获基于共现的局部特征和隐式残差信息，变换特征提取流有 1 个精心设计的预处理层、5 个卷积层和 2 个池化层。预处理层是基于图像操作链中两个相关操作的特征进行设计的（将在第 5.8.5 节中描述）。第一层卷积用 20 个大小为 3×3 的滤波器对输入数据进行处理，后接 ReLU，得到 20 通道大小为 62×62 的特征图。第二层卷积用 40 个大小为 3×3 的滤波器对第一层卷积的输出进行滤波，后接 ReLU 和最大池化层，得到 40 通道大小为 30×30 的特征图。第三、四、五层卷积分别包含 100 个大小为 3×3 的滤波器、200 个大小为 3×3 的滤波器和 100 个大小为 3×3 滤波器，且都有 ReLU 激活。第四层卷积后使用了最大池化。最终变换特征提取流得到 100 通道大小为 11×11 的特征图。

该方法将两个流提取的特征进行融合以提高检测操作链的性能。400个大小为 1×1 的滤波器[150]被用来合并两个流的特征图，以通过点积来高效地学习通道间的相关性，后接 ReLU 激活。然后，400 神经元组成的全连接层(FC1)将 400 通道的特征图转换成一维向量。第二层全连接层(FC2)包含 5 个神经元，它的输出送入一个 Softmax 分类器。最终得到对图像操作链的预测。

5.8.4　无压缩图像的预处理操作

该方法针对不同的操作链提出了不同的预处理操作，如表 5-4 所示。该方法考虑了四种典型的图像处理操作，包括基于双线性插值的上采样、高斯模糊、中值滤波和反锐化掩膜(unsharp mask，USM)锐化，因此一共包含六种不同的操作链。

表 5-4　无压缩图像不同操作链和相应的预处理操作

图像操作链	预处理操作
上采样＋高斯模糊	$I' = \mid \mathrm{DFT}(I) \mid$
上采样＋中值滤波	基于隐写分析的 $\boldsymbol{K}_S$ 滤波器
高斯模糊＋中值滤波	$I' = \mathrm{Gaussian}(I) - I$
上采样＋USM 锐化	$I' = \mid \mathrm{DFT}[\mathrm{Gaussian}(I) - I] \mid$
高斯模糊＋USM 锐化	拉普拉斯滤波核 $\boldsymbol{K}_L$
中值滤波＋USM 锐化	LBP

对于由上采样和高斯模糊组成的图像操作链。由于上采样的线性插值操作会给图像引入周期性痕迹，因此导致图像的 P-map 有可识别 DFT 峰。此外，高斯模糊的卷积操作会增强邻域像素的相关性，所以高斯模糊操作会在图像 DFT 域留下高频噪声。因此，DFT 可以作为预处理操作。如表 5-4 所示，其中 I 是原始图像，DFT(I) 表示对图像 I 进行 DFT 变换，$\mid \cdot \mid$ 表示模量运算，I' 表示预处理操作的输出。

对于由上采样和中值滤波组成的操作链。由于中值滤波是非线性的滤波技术，因此可以保护图像边缘信息同时滤除噪声。在隐写分析工作[151]中使用的滤波器 $\boldsymbol{K}_S$ 可以同时捕获图像像素周期性和像素变换，所以可以用来作为预处理操作。

$$\boldsymbol{K}_S = \begin{bmatrix} -0.25 & 0.5 & -0.25 \\ 0.5 & 0 & 0.5 \\ -0.25 & 0.5 & -0.25 \end{bmatrix} \quad (5-113)$$

对于由高斯模糊和中值滤波组成的操作链。这两种操作都会轻微改变图像的纹理并减少图像噪声,因此可以使用基于高斯噪声的差分预处理操作,进而得到图像的高斯滤波残差。差分操作如表 5-4 所示。其中 I 表示原图,Gaussian(I) 表示高斯模糊结果,I' 表示预处理操作的输出。

对于由上采样和 USM 锐化组成的操作链。USM 锐化是一个典型的可以放大图像高频分量的滤波器。差分操作可以提取图像的高频纹理特征。DFT 可以显示图像像素的周期性。可以将两者进行联合来捕获操作痕迹,操作如表 5-4 所示。

对于由高斯模糊和 USM 锐化组成的操作链。拉普拉斯算子可以得到图像的二阶导数,然后可以同时揭示图像的高频纹理特征和邻域像素间的相关性。因此可以使用拉普拉斯算子 $\boldsymbol{K}_L$ 作为预处理操作。

$$\boldsymbol{K}_L = \begin{bmatrix} 1 & 1 & 1 \\ 1 & -8 & 1 \\ 1 & 1 & 1 \end{bmatrix} \quad (5-114)$$

对于由中值滤波和 USM 锐化组成的操作链。LBP 是一个强大的算子,可以揭示邻域像素中中间像素和周围像素的相关性,进而捕获图像细节和高频分量,因此可以使用 LBP 作为这一操作链的预处理操作。给定一个中心像素 I_c 和它周围半径为 R 的圆内的像素 $I_p(p \in \{0, \cdots, P-1\})$,LBP 描述子定义如下:

$$\mathrm{LBP} = \sum_{p=0}^{p-1} s(I_p - I_c) \times 2^p \quad (5-115)$$

其中 $s(x)$ 定义为:

$$s(x) = \begin{cases} 1, & x \geqslant 0 \\ 0, & x < 0 \end{cases} \quad (5-116)$$

针对无压缩图像的操作链取证,该方法应对不同的操作链设计了有针对性的预处理操作。为了捕获局部残差噪声痕迹,这些特定的预处理操作被用来抑制图像内容对取证过程的干扰,揭示被操作图像的局部像素相关性。

5.8.5 JPEG 压缩图像的预处理操作

为了检测不同的 JPEG 图像操作链,该方法基于 JPEG 图像隐写分析的离散余弦变换残差(discrete cosine transform residual,DCTR),作为变换特征提取流的预处理操作[152]。DCTR 在 JPEG 域可以很好地表示细粒度的图像特征。该方法选取了 25 个 5×5 的 DCT 基本模式,$\boldsymbol{B}^{(k, l)} = (B_{mn}^{(k, l)})$,作为所提 CNN 网络预处理过程的滤波核。具有 5×5 DCT 基本模式的 DCTR 是一个卷积过程,它以解压缩的 JPEG 图像作为输入并输出 25 个残差图。其中 DCT 基本模式定义如下:

$$B_{mn}^{(k, l)} = \frac{w_k w_l}{5} \cos \frac{\pi k (2m + 1)}{10} \cos \frac{\pi l (2n + 1)}{10} \tag{5-117}$$

其中 $0 \leqslant k, l \leqslant 4$, $0 \leqslant m, n \leqslant 4$, w_i 的定义为:

$$w_i = \begin{cases} 1, & i = 0 \\ \sqrt{2}, & 1 \leqslant i \leqslant 4 \end{cases} \tag{5-118}$$

给定一个 $M \times N$ 的 JPEG 图像,将其解压缩到空域得到图像 $\boldsymbol{I}$。 使用 $\boldsymbol{B}^{(k, l)}$ 对图像 $\boldsymbol{I}$ 进行卷积得到 25 个大小为 $M \times N$ 的残差图 $B_{mn}^{(k, l)}$,如下:

$$\boldsymbol{R}^{(k, l)} = \boldsymbol{I} * \boldsymbol{B}^{(k, l)} \tag{5-119}$$

该方法提出了一个全新的基于 CNN 双流网络图像操作链取证框架,同时从空域特征和局部残差特征捕获操作痕迹,并对不同的篡改链设计了有针对性的预处理模块来提取局部像素的残差特征,取得了较好的实验效果。

5.8.6 总结与展望

传统的针对单一篡改类型的数字图像取证无法适应复杂的篡改场景。操作链取证技术是数字图像取证的发展趋势。但是由于图像操作类型复杂多样,遗留的操作痕迹也相差甚远,因此目前的操作链取证工作大多限制在一个操作链闭集合上进行。已有的工作大多针对由特定的几种常见图像操作组成的篡改链进行研究,进而判定操作链中各操作的先后顺序,也已经取得了较好的性能。未来的操作链取证,应当寻求传统方法和深度学习的有效结合,设计出更加通用和鲁棒的检测器。

5.9 设备来源取证

近年来数字图像和视频取证领域的研究主要关注于更具有实践意义的被动取证技术,具体包含两大研究分支:源取证和内容取证。源取证分析是取证研究的重要研究课题,主要目的在于验证数字图像/视频的获取来源,为进一步的内容取证分析提供线索和依据。

源取证研究围绕其生命周期的不同阶段展开。图 5-28 展示了数字图像和视频的完整生命周期。捕获设备对目标场景进行拍摄,拍摄的数字图像/视频经过编辑软件的美化调整得到新的数字图像/视频。新的数字图像/视频通过社交媒体的分享传播后,允许非原始图像所有者对其进行二次甚至多次编辑处理。需要注意的是,数字图像/视频并非只能通过捕获设备获取得到,也可以通过编辑软件进行计算机生成,其中在图 5-28 中原始场景、捕获设备、编辑软件等步骤并非数字图像/视频生命周期中的必要环节。从数字图像/视频的生命周期角度,源取证分析主要分成三个类别:捕获场景分析、捕获设备分析、编辑软件分析。

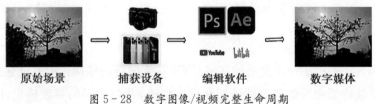

原始场景　　　　捕获设备　　　　编辑软件　　　　数字媒体

图 5-28　数字图像/视频完整生命周期

(1) 捕获场景分析。捕获场景分析是对图像/视频所捕获的场景内容进行分类。通常数字图像/视频的捕获场景分为两类:真实场景和虚拟场景。虚拟场景是指非自然内容呈现场景,是通过媒介(如 LCD 屏幕、打印纸等)二次投射的场景。捕获场景分析具有很强的现实意义。举例来讲,在生物特征识别系统逐渐流行的当今时代,系统安全性备受关注,尤其是人脸识别系统对于展示攻击的鲁棒性一直是人脸识别研究中的热点问题。捕获场景分析可以为人脸反欺骗系统研究提供新的研究思路。另外,捕获场景分析也可以预防特定环境下的商业诈骗。

（2）设备匹配分析。设备匹配分析（设备取证）旨在提供捕获图像/视频所使用的设备信息。一般情况下,设备匹配分析主要包含三个研究内容,即设备品牌分析、设备型号分析和设备个体分析。捕获设备分析为确保数字图像/视频的真实性和安全性提供了技术支持,同时为违法图像追责提供依据。在实际应用场景中,捕获设备分析也发挥了重要的作用。例如,2020年南京天华中安通信技术有限公司利用设备取证技术对安防摄像头进行保护,实时检测摄像头是否遭受违法更替。

（3）编辑软件分析。编辑软件分析可以提供数字图像/视频生命周期中所使用的编辑软件信息,对数字图像/视频完整性判定以及操作历史恢复具有重要意义。编辑软件分析中包含对数字图像/视频编辑工具如美图秀秀、Deepfakes、CAD等软件的识别,同时也包含了对社交媒体如微博、抖音等平台的识别。近年来,设备匹配常用于各种取证场景,吸引了广泛关注,研究者提出了大量的算法并且取得了好的效果。已有设备匹配算法大致可分成两类:传统设备匹配方案和数据驱动型（深度学习）设备匹配方案。本节将从传统方案和数据驱动方案两个角度对已有源取证方案进行归纳。

5.9.1　基于传统方法的设备匹配方法

基于传统特征的设备匹配方法利用镜头失真、传感器模式噪声、去马赛克特性以及其他统计特性对图像、视频进行取证分析。

1. 镜头失真

镜头失真包含镜头径向畸变、球面像差、像散、色差等不同类型,其中影响最大的是镜头镜像畸变,包含桶形畸变和枕形畸变两种。特别是对于廉价的广角或长焦镜头,镜头径向畸变会导致获取的数字图像/视频有明显的视觉失真。镜头径向畸变是沿着镜头半径方向产生畸变,是由光线在远离镜头中心的区域会产生弯曲导致的。San等人[153]通过测量提取的边缘直线部分失真对畸变模型参数进行估计,然后利用估计的参数作为特征进行设备型号的辨别。基于线性横向色差模型,Van等人[154]使用图像校准技术最大化图像两个颜色通道间的互信息从而实现对横向色差模型的全局参数估计,如光学中心坐标、尺度因子。

2. 传感器模式噪声

每一个捕获数字图像/视频的电子设备,其核心都是成像传感器。目前市场上有两种传感器——CCD 和 CMOS。每一种传感器都包含了大量的图像检测器,由硅片感受光强后将其转换成电信号形成图像像素。像素的响应值取决于像素感光区域的物理尺寸和硅片的均匀性。然而制作工艺的不足和缺陷会导致感光区域的物理尺寸稍有不同。此外,硅片中自然存在的不均匀性也会导致像素之间光电转换效率有细微变化。因此,这就会在设备的输出像素中引入不同类型的传感器模式噪声。相机响应不一致性噪声 (photo response non-uniformity,PRNU)是传感器模式噪声中最主要的噪声成分,具有普遍性(所有成像传感器都会产生)、通用性(存在于每张图像中,不因相机设置改变、场景内容改变而改变)、稳定性(不随时间、温度、湿度的变化而变化)、鲁棒性(不因压缩、滤波、伽马矫正等操作而改变)。由于相机响应不一致性噪声的以上特性,取证工作者尝试刻画相机响应不一致性噪声以解决源取证问题。Lukas 等人[155]首次提出了一个成像模型并使用极大似然法对相机的模式噪声进行估计,随后根据相关系数进行判定。Chen 等人[156]提出对相机模式噪声进行后处理以抑制其他干扰因素对于设备匹配的干扰,进一步提升了性能。

3. 去马赛克特性

去马赛克特性展示了各种各样数码相机内部图像处理操作的最明显差异。设备采用的色彩滤波矩阵和去马赛克算法对于相同的设备型号是固定的,但是不同设备型号之间有明显的差异。学者们提出了诸多去马赛克方法,这些方法的差异使得不同的去马赛克方法会在图像中引入独特的相关性,基于此类相关性诸多学者提出了设备匹配方法。Popescu 等人[157]提出了一种期望极大化算法对 24 个差值权值进行估计,然后利用估计的权值作为特征构建一个线性分类器。Bayram 等人[158-159]基于文献[157]的方案进行扩展,其采用了更大的差值窗口,窗口大小为 5×5,然后对图像平滑区域和非平滑区域分别分析差值周期性模型。利用估计的权值参数和周期性特性作为特征训练支持向量机分类器。对于手机相机的设备型号辨别,Cao 等人[160]利用特征正则提取技术,从构建的特征中提取 20 维特征,但面对 JPEG 压缩的鲁棒性不佳。

4. 其他统计特征

很多学者使用多个图像统计特征构建检测模型,典型的统计特征包含:颜色特征、高阶小波特征、图像质量特征、噪声特征、统计矩、图像纹理特征等。Mehdi 等人[161]使用包含图像颜色特征、图像质量特征等多个统计特征,并借助于支持向量机进行最终分类。其他特征包含二元相似度量、图像质量特征、小波统计特征等,均能够对拍摄设备特征进行建模。

在下一小节,本书将会简要介绍一个经典的基于传统方法的设备匹配方法。

5.9.2　基于传感器模式噪声的设备匹配方法

该方法首先确定相机的参考模式噪声,随后以相关性为评价指标对图像设备进行取证。[162]

1. 数码相机中的信号处理

本节将会简要地描述一个典型的数码相机内部的处理过程,并讨论图像采集过程中存在的各种缺陷。特别是,该方法关注模式噪声及其特性,并评估哪些组件可能对相机识别有用。

每个数码相机的核心都是成像传感器。传感器被分成非常小的最小可寻址图像元件(像素),它们收集光子并将它们转换成电压,然后在模拟到数字(A/D)转换器中采样成数字信号。然而,在拍摄场景中的光到达传感器之前,它会通过相机镜头、一个抗混叠(模糊)滤光片,然后通过一个彩色滤光片阵列(color filter array, CFA)。CFA 是一种彩色滤光片的马赛克,它屏蔽了光谱的特定部分,允许每个像素只检测一种特定的颜色。

如果传感器使用 CFA,那么使用颜色插值算法进一步对数字化传感器输出进行插值以获得每个像素的所有三种基本颜色,然后使用颜色校正和白平衡调整来进一步处理结果信号。附加的处理包括伽马校正以及调整成像传感器的线性响应等,从而在视觉上增强图像。最后,数字图像将以用户选择的图像格式写入相机存储设备。这可能需要额外的处理,例如 JPEG 压缩。

(1) 缺陷和噪声。上述图像采集过程的各个阶段引入了许多缺陷和噪声。即使成像传感器拍摄的是一个绝对均匀照明的场景,生成的数字图像仍然会在单个像素之间显示出微小的强度变化。这部分是由于镜头噪声

（也称为"光子噪声"[137, 163]），它是一个随机成分，部分原因是模式噪声——一个确定性成分，如果拍摄多个完全相同的场景，几乎保持不变。由于这一特性，模式噪声存在于传感器拍摄的每一幅图像中，因此可以用于相机识别。由于模式噪声是一种系统失真，因此似乎不适合将其称为"噪声"。然而，由于轻微滥用语言，模式噪声在成像传感器文献[137, 163]中是一个公认的术语，该方法在这里也接受这个术语。该方法还注意到，平均多个图像减少了随机成分，但增强了模式噪声。

模式噪声的两个主要组成部分分别是固定模式噪声[137]（fix pattern noise, FPN）和PRNU。FPN是由暗电流引起的。它主要指当传感器阵列不暴露在光线下时像素之间的差异。因为FPN是一种附加噪声，所以一些中高端消费相机通过从每张图像中减去一个暗帧[164]来自动抑制这种噪声。FPN还取决于暴露量和温度。

在自然图像中，模式噪声的主要成分是PRNU。它主要是由像素不均匀性（pixel non-uniformity, PNU）引起的，即在传感器制造过程中，由于硅片的不均匀性和缺陷导致像素对光的灵敏度不同。但是PNU噪声的特性和来源使得传感器的同一晶片上也不会显示出相关的PNU模式。因此，PNU噪声不受环境温度或湿度的影响。

尘埃粒子和光学表面上的光折射和变焦设置也会导致PRNU噪声。这些成分被称为"甜甜圈模式"和"晕"，在自然界中具有较低的空间频率。由于这些低频组件不是传感器的特性，因此该方法不用它们来进行传感器识别，而只使用PNU组件，这是传感器的固有特性。

该方法描述了一个图像采集过程的数学模型。设由传感器捕捉到的入射光的光子计数为 $x = (x_{ij})$，$i = 1, \cdots, m$，$j = 1, \cdots, n$，其中 $m \times n$ 表示传感器分辨率；设 $\eta = (\eta_{ij})$ 表示散粒噪声，$\epsilon = (\varepsilon_{ij})$ 表示附加随机噪声。$c = (c_{ij})$ 表示暗电流，传感器的输出 $y = (y_{ij})$ 可以表示为（在任何其他相机处理之前）：

$$y_{ij} = f_{ij}(x_{ij} + \eta_{ij}) + c_{ij} + \varepsilon_{ij} \qquad (5-120)$$

因子 f_{ij} 通常非常接近于1，并捕获了PRNU噪声，这是一个乘法噪声。如上所述，信号 y 在存储于图像文件之前经过长串复杂处理，这些处理包括对像素的局部邻域的操作，如颜色校正或内核过滤。有些操作在本质上可能是非线性的,如伽马校正、白平衡或自适应颜色插值。因此,该方法最后得到的像素值 p_{ij},在 $0 \leqslant p_{ij} \leqslant 255$ 范围内,表示为:

$$p_{ij} = P[y_{ij}, N(y_{ij}), (i, j)] \qquad (5-121)$$

其中 P 是 y_{ij} 的非线性函数,(i, j) 表示像素位置,$N(y_{ij})$ 来自局部邻域像素点的值。

(2) 平场校正。可以使用一种称为平场校正[137, 163]的过程来抑制模式噪声,在该过程中,像素值首先通过加 FPN 进行校正,然后除以一个平场帧 $\hat{f}_{ij}$:

$$\hat{x}_{ij} = \frac{y_{ij} - c_{ij}}{\hat{f}_{ij}} \qquad (5-122)$$

其中 $\hat{x}_{ij}$ 表示校正后的传感器输出,$\hat{f}_{ij}$ 是通过对均匀光照场景的图像进行平均而得到的近似值,表示为:

$$\hat{f}_{ij} = \frac{\sum_{k} f_{ij}^{(k)}}{\dfrac{1}{m \times n} \sum_{i, j, k} f_{ij}^{(k)}} \qquad (5-123)$$

(3) 像素非均匀性噪声的特性。基本上所有的成像传感器(CCD)、互补金属氧化物半导体(CMOS)、结场效应晶体管(JFETs)或 CMOS-FoveonX3 都是由半导体构建的,它们的制造技术是相似的。因此,该方法认为,所有这些传感器中的模式噪声都具有相似的特性。虽然主要处理电荷耦合器件(CCDs),但文献[165]指出,CMOS 传感器也同时使用 FPN 和 PRNU。此外,根据 Janesick 的研究[166],PRNU 的噪声强度与 CMOS 和 CCD 探测器相当。由于 JFET 传感器与 CMOS 没有太大的区别,因此它们的处理手段也应该相似。该方法使用基于 CMOS-FoveonX3 的 Sigma SD9 相机进行的实验证实了模式噪声的存在,这种模式噪声可以通过帧平均保存下来,并可用于相机识别。

2. 相机识别算法

由于 PNU 噪声的类噪声特征,借鉴鲁棒水印检测[167]技术,使用相关性来检测其在图像中的存在。为了验证一个特定的图像是否用该相机拍摄的,该方法首先确定相机参考模式,即 PNU 噪声的近似,接下来使用相关性描述待测图像与相机参考模式的关系。下面将详细描述这个过程。

(1) 相机参考模式。由于前文中模式噪声计算的复杂性,以及大多数消费者相机不允许访问原始传感器输出,通常不可能使用平场校正来提取 PNU 噪声。然而,通过平均多个图像可以获得 PNU 噪声的近似值。这个过程还可以通过在平均之前抑制场景内容来加速,通过使用去噪滤波器 F 和平均噪声残差 $\boldsymbol{n}^{(k)}$ 来实现:

$$\boldsymbol{n}^{(k)} = \boldsymbol{p}^{(k)} - F(\boldsymbol{p}^{(k)}) \qquad (5-124)$$

使用噪声残差的另一个好处是,PRNU 的低频分量被抑制。显然,图像的数量 N_p 越多,该方法抑制的随机噪声成分和场景的影响就越大。根据实验,该方法建议使用 $N_p > 50$。

该方法对几个去噪滤波器进行了测试,最终决定使用基于小波的去噪滤波器。这可能是因为使用这个特定的滤波器获得的噪声残差包含了场景中最少的痕迹(边缘周围的区域通常被不那么复杂的去噪滤波器误处理,如维纳滤波器或中值滤波器)。

最后,该方法想指出的是,这种获取参考模式的方法有两个优点:

① 它不需要直接获取相机(假设有相机拍出的图像);

② 它适用于所有相机,不论相机是否允许访问原始传感器输出。

(2) 相关检测。为了确定摄像机 C 是否拍摄了一个特定的图像 $\boldsymbol{p}$,该方法计算了噪声残差 $\boldsymbol{n} = \boldsymbol{p} - F(\boldsymbol{p})$ 与摄像机参考模式之间的相关性 ρ_C:

$$\rho_C(\boldsymbol{p}) = \text{corr}(\boldsymbol{n}, \boldsymbol{P}_C) = \frac{(\boldsymbol{n} - \bar{\boldsymbol{n}}) \cdot (\boldsymbol{P}_C - \bar{\boldsymbol{P}}_C)}{\|\boldsymbol{n} - \bar{\boldsymbol{n}}\| \|\boldsymbol{P}_C - \bar{\boldsymbol{P}}_C\|} \qquad (5-125)$$

其中符号上方条形图形表示平均值。该方法现在可以通过实验来确定相机 C 拍摄的图像 $\boldsymbol{q}$ 的相关性 $\rho_C(\boldsymbol{q})$,以及未被相机 C 拍摄的图像 $\boldsymbol{q}'$ 的相关性 $\rho_C(\boldsymbol{q}')$。接受这两种分布的参数模型,该方法使用奈曼-皮尔逊方法计算阈值,在最小化错误拒绝率(false rejection rate, FRR)的同时还对错误接受率(false acceptance rate, FAR)施加一个边界。最后将该值 $\rho_C(\boldsymbol{p})$ 与阈值进行比较,并做出最终的决定。

5.9.3 基于数据驱动的设备匹配方法

早期基于数据驱动的设备匹配方法往往采用较浅层 CNN 来完成设备匹配任务,Bondi 等人[168]提出了第一个基于深度学习的设备取证模型,他们使用了一个简单的 CNN 结构,包含 3 个卷积层和 2 个全连接层。Freire-Obregón 等人[169]提出了一个 6 层的 CNN 结构,Yao 等人[170]提出了一个 13 层的 CNN 结构,实现了对于 JPEG 压缩和噪声的鲁棒性,但无法抵抗重压缩攻击。随着 CNN 技术的不断发展,用于设备匹配的 CNN 卷积层逐渐增加,结构越发复杂,性能也逐步提升。ResNet、XceptionNet 均在设备匹配问题上取得了良好的表现。本小节将介绍一种经典的基于 CNN 的设备匹配方法——基于深度 CNN 的设备匹配方法。

该方法[168]提出了一种基于深度 CNN 的摄像机模型识别方法。与传统方法不同,CNN 可以在学习过程中自动同时提取特征和学习分类。在 CNN 模型中添加一层预处理,由一个应用于输入图像的高通滤波器组成。在输入 CNN 之前,该方法用两种类型的残差对输入图像进行处理,然后在神经网络内进行卷积和分类。CNN 为每个相机模型输出一个识别分数。与经典的两步机器学习方法的实验比较表明,该方法具有显著的检测性能。

网络整体架构如图 5-29 所示,包含滤波层、3 个卷积层和 3 个全连接层。接下来将分别介绍具体结构。

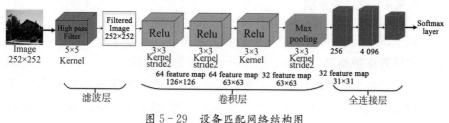

图 5-29 设备匹配网络结构图

1. 滤波层

滤波层旨在提取图像残差。一种经典方法是通过滤波器对图像进行去噪处理。对于每个图像 I,通过从图像本身中减去图像的去噪版本 $F(I)$ 来提取残差 N:

$$N = I - F(I) \tag{5-126}$$

其中 F 为去噪滤波器,该滤波器将在图像的不同颜色通道分别使用。

在输入图像 I 上使用了另一个去噪高通滤波器。这个滤波器是 Qian 等人[171]使用的。应用这种滤波器可以抑制由图像边缘和纹理造成的干扰,从而得到图像残差。这一步的输出将输入至神经网络。在实验中,该方法验证了两种类型的过滤器作为预处理。第一个是 Qian 等人[171]采用的高通滤波器,第二个是基于小波的去噪滤波器。

2. 卷积层

文献[170]对 AlexNet CNN 进行修改来满足设备匹配任务的需求。第一个 CNN 使用 64 个 3×3 的卷积核对输入的残差图像进行特征提取,生成 126×126 的特征图。第二个卷积层同样使用 3×3 卷积核,生成大小为 64×64 的特征图。最后一层卷积层使用 32 个 3×3 的卷积核进行特征提取。同时,在每个卷积层之后设置激活层(ReLU)对特征进行非线性处理。第三个卷积层之后是窗口大小为 3×3 的最大池化操作,在相应卷积层的特征图上进行操作以减小特征图尺寸。

3. 全连接层

全连接层 FC1 和 FC2 分别有 256 个和 4 096 个神经元。全连接层中 ReLU 激活函数应用于全连接层的输出。为了提高模型泛化性,FC1 和 FC2 在学习过程中都会对参数进行随机丢弃。最后一个全连接层 FC3 的输出输入至 softmax 函数,进行最终判定。

5.9.4 总结与展望

数字图像/视频源取证技术的研究受到国内外专家学者的广泛关注,大量的取证算法被提出以解决不同情况下的源取证问题。基于传统特征的源取证方法经过多年的发展趋于成熟。近年来,随着深度学习的快速发展,基于数据驱动的深度学习方法取得了显著的效果,随着 ResNet、XceptionNet 等网络结构的提出,基于数据驱动的方法得到了快速的发展。

然而,基于数据驱动的源取证方法还有许多需要提升之处。首先,对于模型结构的设计,计算机视觉领域提出了诸多新型结构,可以将新型结构与源取证领域实际情况相结合,设计新型源取证神经网络。其次,数据驱动的源取证方案对于数据集也提出了新的要求,制作新的数据集将促进源取证领域更好地发展。最后,研究源取证方法的鲁棒性与可解释性也将对当前深度学习环境下源取证领域的发展起到非常积极的意义。

5.10　反取证

现有的取证研究多数默认篡改者没有故意隐藏图像上的伪造痕迹,可以通过图像成像过程或处理过程中留下的特殊痕迹来鉴别图片是否有被篡改。然而在现实情况中,图像的传播和展示过程中不可避免地加入了压缩、滤波、重采样等后处理手段,对特定篡改方法的取证技术不可避免地被这些手段所干扰。随着深度学习以及图片处理手段的不断发展,取证技术的鲁棒性和安全性变得日益重要。反取证和取证正是一对攻防的对抗问题,如果篡改者了解取证技术并且故意使用反取证技术对篡改痕迹进行隐藏,那么已有的取证技术都将会失效[172]。为了研究现下的取证技术并发展未来高安全、高可靠的取证技术,我们需要挖掘现有取证技术的缺陷,这在完善取证技术的同时也促进了反取证技术的发展。

反取证的概念最先由 Gloe 等人[173]提出,他们在探讨取证方法的可靠性和安全性的同时,分别探讨了隐藏重采样痕迹的方法、抑制图像源识别的方法。常见的图片反取证技术通过隐藏取证所依赖的篡改痕迹来达到抑制检测的目的,其研究对象主要集中在图片的 JPEG 压缩[174-176]、对比度增强[177-178]、重采样[179-180]和中值滤波[181-183]等,也有少数工作在视频层面进行了反取证研究,如 Stamm 等人[184-185]提出的一种针对 MPEG 视频通过移除删插帧操作下的时序指纹进行反取证的方法。随着深度伪造检测技术的发展,为研究更鲁棒、高可靠性的检测方案,针对该检测技术的反取证方法也逐渐引起研究者的注意[186-187]。本节将介绍两种较为经典的针对图像的反取证算法。

5.10.1　基于变分反卷积的中值滤波反取证技术

中值滤波是一种常见的局部图像操作手段,其使用像素邻域内的中值代替该像素的值,达到去噪或平滑图像的目的,有良好的保持边缘细节的能力,同时不引入新的像素值,然而该方法在一定程度上会使得图像变得模糊,导致图像质量的下降。中值滤波也可用于消除篡改所留下的指纹痕迹,比如隐藏重采样痕迹[180,188]和 JPEG 压缩痕迹[189]等。因此,图像中的中值滤波的存在也可作为图像经过其他篡改的指示,研究者对中值滤波提出了许多取证算法[190-192],而相关反取证技术所关注的是如何隐藏或消除中值滤波的痕迹。Fan 等人[193]提出了一个基于变分反卷积的用于图像质量增强和反取证的方案。

中值滤波的逆问题可以被视为"盲反卷积问题"(blind deconvoluion problem),即在对滤波所使用的卷积核没有完全了解的情况下对图片进行反卷积。对于非盲反卷积,图像的先验知识是至关重要的。图像盲反卷积常见的方法是先估计滤波核,然后使用非盲反卷积方法。由于卷积核的未知和空间多样化,中值滤波的反卷积是一个更困难的任务。Fan 等人将其简化为易于处理的近似的空间齐次核的盲反卷积问题。首先构建直方图对像素的差异进行分析:给定一个图像 u,使用导数滤波器对其进行卷积来得到像素值的差异,如水平方向的一阶滤波核 $f^1 = [1, -1]$,然后用整数 $\{-255, -254, \cdots, 255\}$ 为柱形中心构造其直方图。为了简洁起见,使用矩阵乘法 $F^1 u$ 来表示使用滤波器 f^1 从图像 u 中提取的像素值差异。为了合适地建模像素值差,Fan 等人采用了自然图像统计中常用的零均值双参数广义高斯分布公式(5-127):

$$g(d) = \frac{\beta}{2\alpha \Gamma(1/\beta)} \mathrm{e}^{-(|d|/\alpha)^\beta} \tag{5-127}$$

其中,$\alpha(>0)$ 为尺度参数,$\beta(>0)$ 为形状参数,$\Gamma(\cdot)$ 为 Gamma 函数。这两参数直接与方差和峰值的分布相关:

$$\sigma^2 = \frac{\alpha^2 \Gamma(3/\beta)}{\Gamma(1/\beta)}, \ \kappa = \frac{\Gamma(5/\beta)\Gamma(1/\beta)}{\Gamma(3/\beta)^2} \tag{5-128}$$

可以使用数值方法从样本的方差和峰值中估计 $\hat{\alpha}$ 和 $\hat{\beta}$。对于原始图像,Fan 等人在实验中证明了广义高斯分布是一个良好的拟合模型。此外,中值滤波器具有图像平滑效果,导致在一定邻域内像素值是(几乎)恒定的。这也导致在中值滤波后,在导数直方图的 0 处出现一个显著的高峰,同时滤波后图像计算 $F^1 y$ 得到的图片会有较低的方差。在后面,基于广义高斯分布的参数估计将被用作图像先验知识。

和 JPEG 反取证方法[194]类似,该方法将中值滤波图像的增强和反取证看作一个基于能量最小化的病态图像恢复问题,同时由 Stamm 等人[184]所

启发,该方法提出了最小化损失函数

$$\widetilde{\boldsymbol{x}} = \arg\min_{\boldsymbol{u}} \left\{ \frac{\lambda}{2} (\parallel \boldsymbol{Ku} - \boldsymbol{y} \parallel_2^2 + \omega \parallel \boldsymbol{u} - \boldsymbol{y} \parallel_2^2) + \sum_{j=1}^J \left\| \frac{\boldsymbol{F}^j \boldsymbol{u}}{\alpha_j} \right\|_{\beta_j}^{\beta_j} \right\}$$

$$(5-129)$$

其中第一项近似于中值滤波过程,第二项是相对于中值图像 $\boldsymbol{y}$ 的图像保真度项,而最后一项是图像的先验项。这是一个图像变分反卷积问题,λ 是一个平衡不同能量项的参数,$\boldsymbol{Ku}$ 是使用卷积核 k 进行图像卷积的矩阵乘法形式,ω(<1)是一个平衡前两项和图像质量相关程度的小的正参数(k 和 ω 的设置是进一步讨论),J 是导数滤波器的个数,$\boldsymbol{F}^j \boldsymbol{u}$ 是计算第 j 个滤波图像的矩阵乘法形式。

公式(5-123)中的图像先验项对图像导数分布进行了正则化,从而降低中值滤波图像的导数直方图的峰值。由于很多的取证方法都需要分析图像像素值中值滤波前后的差异,因此对于反取证而言,正则化是很必要的。$\parallel \boldsymbol{Ku} - \boldsymbol{y} \parallel_2^2$ 则使用卷积的方式逼近中值滤波,这也可被看作图像质量项,其中存在一种直接的假设:如果从处理过的图像中估计出来的原图 $\widetilde{\boldsymbol{x}}$ 足够接近真正的原图 $\boldsymbol{x}$,那么卷积后的 $\widetilde{\boldsymbol{x}}$ 也应该足够接近 $\boldsymbol{y}$。同时为了保持中值滤波的效应(去噪、隐藏图像处理操作痕迹等),基于图像置信度的考虑,设置了第二项 $\parallel \boldsymbol{u} - \boldsymbol{y} \parallel_2^2$ 使得中值滤波后的图像一定程度上接近原图。

最后一项则如前文所述使用零均值双参数广义高斯分布建模图像导数,它通过最大化公式(5-127)的对数似然函数,并将 d 替换为 $\boldsymbol{F}^j \boldsymbol{u}$,将 α 替换为 α_j,将 β 替换为 β_j,可以使得得到的图片的导数分布近似于原始图像。Fan 等人考虑了四种导数滤波器,如 $\boldsymbol{F}^1$ 的定义、$\boldsymbol{F}^2$ 对应 $\boldsymbol{f}^2 = [1, -1]^T$、$\boldsymbol{F}^3$ 对应 $\boldsymbol{f}^3 = [1, 0, -1]$、$\boldsymbol{F}^4$ 对应 $\boldsymbol{f}^4 = [1, 0, -1]^T$,而额外的导数滤波器对任务的作用不大。如前文所述,图像先验的关键问题是如何求解原始图像导数分布的 α_j 和 β_j。但在反取证的问题中,原始图像是未知的,而这两参数与观测数据的方差和峰值是息息相关的。他们提出使用线性回归的方式估计原始的导数方差和峰值,即:

$$\begin{cases} \hat{\sigma}^2(\boldsymbol{F}^j \boldsymbol{x}) = \boldsymbol{c}_1^{\sigma^2} + \sum_{m=1}^M \boldsymbol{c}_{m+1}^{\sigma^2} \times \hat{\sigma}^2 [\boldsymbol{F}^j \mathcal{M} \mathcal{F}^{(m)}(\boldsymbol{x})] \\ \hat{k}(\boldsymbol{F}^j \boldsymbol{x}) = \boldsymbol{c}_1^{\kappa} + \sum_{m=1}^M \boldsymbol{c}_{m+1}^{\kappa} \times \hat{k} [\boldsymbol{F}^j \mathcal{M} \mathcal{F}^{(m)}(\boldsymbol{x})] \end{cases}$$

$$(5-130)$$

其中 $\hat{\sigma}^2(\cdot)$ 和 $\hat{k}(\cdot)$ 分别返回的是样本的方差和峰值，$c_m^{\sigma^2}$ 和 c_m^K 是线性回归的系数，$m=1,2,\cdots,M+1$。在实践中，估计的准确率会随着 M 的数量的增加而上升，在 Fan 等人的实验中线性回归估计的方差和平均值的绝对百分比误差在 10% 左右。

这个变分反卷积构成的问题和文献[184]的非盲图像反卷积方法或其他的图像恢复的反卷积问题有着一定的相似性，而该方法所使用的零均值双参数广义高斯模型相较于单参数的超拉普拉斯模型可以更好地描述导数图像。建模导数图像的图像先验背后的动机是基于特定的中值滤波的反问题，其中中值滤波前后的相邻像素关系有着显著不同。

对公式(5-129)需要进一步地优化，这里使用了常见的半二次分裂法[184]和分裂布雷格曼方法[195-196]。通过引入一组辅助变量 $\{w^j\}_{j=1}^J$，并使用半二次分裂法，公式(5-127)的方程中的优化问题可以被重写为公式(5-131)，其中 γ 是一个正则化参数：

$$\min_{u,\{w^j\}}\left\{\frac{\lambda}{2}(\parallel Ku-y\parallel_2^2+\omega\parallel u-y\parallel_2^2)+\sum_{j=1}^J\left(\frac{\gamma}{2}\parallel F^ju-\alpha_jw^j\parallel_2^2+\parallel w^j\parallel_{\beta_j}^{\beta_j}\right)\right\}$$

$$(5-131)$$

进一步对公式(5-131)在第 $k+1$ 次迭代的时候使用分裂布雷格曼方法，会得到公式(5-126)，其中 $\{b^j\}_{j=1}^J$ 是布雷格曼变量，$(b^j)^{(0)}=\boldsymbol{0}$：

$$\begin{cases}(u^{(k+1)},\{(w^j)^{(k+1)}\})=\underset{u,\{w^j\}}{\arg\min}\left\{\frac{\lambda}{2}(\parallel Ku-y\parallel_2^2+\omega\parallel u-y\parallel_2^2)\right.\\ \qquad\qquad\qquad\left.+\sum_{j=1}^J\left(\frac{\gamma}{2}\parallel F^ju+(b^j)^{(k)}-\alpha_jw^j\parallel_2^2+\parallel w^j\parallel_{\beta_j}^{\beta_j}\right)\right\}\\ (b^j)^{(k+1)}=(b^j)^{(k)}+[F^ju^{(k+1)}-\alpha_j(w^j)^{(k+1)}]\end{cases}$$

$$(5-132)$$

对公式(5-132)的最小化问题可以通过变为两个子问题的交替计算来解决：w 子问题，给定 u 求解 w，对不同值的 $F^ju+(b^j)^{(k)}$ 使用类似于文献[197]的数值方法求解；u 子问题，给定 w 求解 u，该二次问题存在封闭解，可通过取对 u 的倒数然后将其设为 $\boldsymbol{0}$ 来求解。通过迭代布雷格曼公式，这两个子问题将得到求解。

对于一个要处理的中值滤波项，为了解决公式(5-126)提出的变分反卷积问题,需要调整几个参数:卷积核 k、ω、λ 和 γ。为了使得卷积核可以对给定图像进行自适应调整,这里采用了文献[195]中使用的盲卷积核估计方法。

对于中值滤波反取证,需要 ω 的值较小,以便处理后的图像不会因为太接近中值图像而保留太多的中值滤波伪影。他们研究了在 0.1 左右的几个不同的值,并观察到不同的 ω 设置对最终结果的影响很小。

接下来对中值滤波图像进行反取证处理,包括以下两个步骤。

1. 像素值扰动

前面提到使用中值滤波器可以平滑图像,以某种方式在某个邻域中创建(几乎)恒定的像素值,通过分析第一阶像素值差,可以很容易地检测到像素异常。通过对常见的检测器的仔细分析,该方法发现检测器的输出与 0 值一阶像素值差高度相关,特别是在图像的纹理区域。基于上述分析和考虑,Fan 等人建议首先对中值滤波图像进行一些较小的像素值扰动。在水平方向上,考虑三个相邻的像素,表示为 $(y_{i+1}, y_{i+2}, y_{i+3})$。 如果 $y_{i+1} = y_{i+2} = y_{i+3}$,则将有两个水平一阶像素值差异为 0,即 $y_{i+2} - y_{i+1}$ 与 $y_{i+3} - y_{i+2}$ 为 0。这使得检测器可以更容易地将给定的图像分类为中值滤波。一个简单但有效的调整是修改中心像素 y_{i+2} 为 $y_{i+2} \pm 1$。 这有效地修改了一阶统计量,但对图像质量的影响很小。同样,当 $y_{i+1} = y_{i+2}$ 时,也可以对相邻的像素对 (y_{i+1}, y_{i+2}) 应用一些修改。基于上述分析,反取证过程使用了以下对中值图像进行的像素值扰动的方案,在水平和竖直的方向上:

(1) 在当前的图像中,找到所有相邻的像素三元组 $(y_{i+1}, y_{i+2}, y_{i+3})$,其中 $y_{i+1} = y_{i+2} = y_{i+3}$。 随机用 $y_{i+2} + 1$ 或 $y_{i+2} - 1$ 代替 y_{i+2},同时确保在后续中 y_{i+1} 和 y_{i+3} 不会被修改。

(2) 在更新后的图像中,找到所有相邻的像素对 (y_{i+1}, y_{i+2}),其中 $y_{i+1} = y_{i+2}$。 选择 y_{i+1} 和 y_{i+2} 之间局部方差较高的那个,通过随机递增或递减 1 来更新所选像素的值,同时确保其他像素没有被改变。为了避免对一阶像素值差直方图的过度修改,只处理了局部方差最高的等值像素对中的 30%。

2. 参数设置

所提出的中值滤波反取证方法是通过求解公式(5 - 129)中的图像变分反卷积问题,对像素值扰动后获得的中值图像进行处理。在 Fan 等人的工作中,他们使用了网格搜索的方法找到最合适的参数组合,其中 $\lambda \in \{1\,000, 1\,500, \cdots, 3\,000\}$ 以及 $\gamma \in \{300, 400, \cdots, 800\}$。 总而言之,需要在图像质量和不可取证性之间进行良好的权衡。

一如前述,中值滤波被许多伪造人员用来掩盖某些图像处理操作留下的指纹,例如图像重采样[180]和 JPEG 压缩[174]。中值滤波反取证进一步试图删除由滤波本身造成的指纹。中值滤波反取证不损害最初使用滤波去除痕迹的效果,同时保持了处理后的图像的高质量。

该方法提出了一种图像变分反卷积框架,它可以作为中值图像质量增强方法和中值图像反取证方法,其使用了单个卷积滤波器来近似空间非均匀的中值滤波器,同时采用广义高斯分布的图像先验对图像的导数进行建模,这是一种十分简单又特别适合的中值图像质量增强和反取证的先验。中值滤波器在很大程度上改变了像素值差异域的统计信息,而 Fan 等人所提出的先验项能够很好地规范像素值差直方图,在实验中,相对于原始图像直方图其 KL 散度值(Kullback-Leible divergence)较低。为了达到反取证的目的,Fan 等人提出了一种像素值扰动策略来提前处理中值图像,同时对最终的伪造图像的视觉质量影响很小。在反取证方面,他们所提的框架优于前人的工作,并在掩盖图像重采样痕迹和 JPEG 压缩伪影方面是有效的。

然而如果取证研究者有着对中值滤波反取证算法的知识,并且可以训练针对的检测器,那么反取证问题将变得更加复杂。为了得到更好的反取证性能和更高效地增强中值滤波图像的质量,未来的研究应关注于更复杂的中值滤波处理模型和更丰富的图像先验知识。

5.10.2　针对数字图像处理反取证的双域生成对抗网络

除了上述所说的针对中值滤波的取证和反取证工作外,在图像取证中还有许多工作关注在图像篡改中的基础图像处理操作,包括压缩、滤波、重采样等。这些取证工作尝试去揭示被检测图像的操作历史,这些图像操作对应的反取证方法的目的同样是消除图像后处理操作留下的伪影,同时保持图像良好的视觉质量。过往的很多取证和反取证方法都是基于数值优化或传统机器学习,但随着深度学习的出现,因为其优秀的学习能力,在图像取证和反取证中都得到了广泛的应用。

如 Xie 等人[198]所述,一方面基于深度学习的方法可以通过端到端的数据驱动的方式为深度伪造检测建立判别模型,缓解复杂的特征工程问题,另一方面对于反取证问题,近年来 GAN[199] 开始被广泛研究和应用。Kim 等人[200]和 Luo 等人[201]分别提出了基于 GAN 的中值滤波反取证模型和 JPEG 压缩反取证模型,均取得了较好的性能。本节将介绍 Xie 等人提出的一个通用的反取证模型——双域生成对抗网络(dual-domain generative adversarial network,DDGAN),如图 5-30 所示。

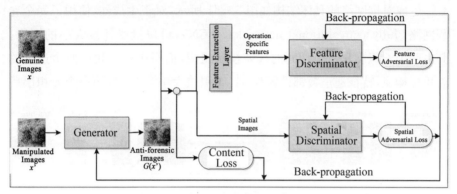

图 5-30 Xie 等人的 DDGAN 反取证框架

(来源:XIE H, NI J, SHI Y. Dual-domain generative adversarial network for digital image operation anti-forensics [J]. IEEE Transactions on Circuits and Systems for Video Technology, 2021,32(3):1701-1706)

为了应对各种取证检测方法,Xie 等人所提出的 DDGAN 同时考虑了不同操作的特性及其共性。网络中所使用的取证特征是由两个判别器在不同域获得的,一个关注操作的特性特征域上留下的伪影,另一个在没有任何预先假设的情况下学习空间域上的通用特征。借助设置的"双域"判别器,生成器可以通过对抗训练学习到更有代表性的特征,并生成具有优秀的反取证性能的反取证图像,特别是在具有挑战性的复杂场景。

操作的特定取证特征在反取证任务中起着关键作用,因为它有助于有效地减少操作痕迹,并生成具有低可检测性的图像。文献[200]和[201]的基于 GAN 的方法都受益于操作特定特征的使用。然而,由于 HVS 对空间图像的差异非常敏感(例如,中值滤波图像的恒定强度的区域和 JPEG 压缩图像的块效应伪影),如果将学习空间过度限制在特定操作的特征域上,可能会在空间域上忽略一些原始痕迹。Xie 等人的工作从更广泛的角度,用取证知识来训练基于 GAN 的反取证模型。该方法所提出的 DDGAN 由一个生成器和两个在不同领域上工作的判别器组成(如图 5-30 所示)。一个判别器称为"特征判别器",根据操作的特定特征对生成的图像进行分类;另一个则是空间判别器,试图在没有任何先验知识的帮助下捕获空间域上的伪影。这两个判别器从特定操作的角度和单纯基于机器学习的取证特征的角度来监督指导图像的生成,从而在不可检测性和视觉质量方面获得更好的反取证性能。

生成对抗网络的具体结构如图 5-31 所示,对于生成器,使用了完全卷积网络(fully convolutional networks,FCN),可以接受任意大小的图像。其由两个卷积层和八个相同的残差模块组成,而每个残差块由两个连续的卷积层构成,特征通道数都设置为 64,卷积核大小为 3×3,第一个卷积层后

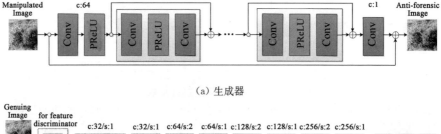

(a) 生成器

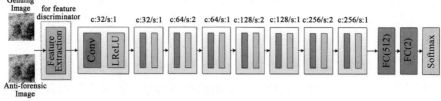

(b) 判别器

图 5-31　DDGAN 的网络结构图

(来源:XIE H, NI J, SHI Y. Dual-domain generative adversarial network for digital image operation anti-forensics [J]. IEEE Transactions on Circuits and Systems for Video Technology, 2021,32(3): 1701-1706)

使用一个 PReLU(Parameter ReLU)激活函数。每个卷积层都使用了 0 填充,用以解决边界效应和保持特征图的空间尺寸。同时考虑到篡改图像和它们的反取证图像之间的相似性,Xie 等人[198]进一步采用了残差学习模块[202],反取证图像是通过输入的篡改图像和由生成器输出的对应的残差逐元素叠加得到的。对于判别器,特征判别器和空间判别器共享同样的网络结构,由八个卷积层和两个全连接层构成,每个卷积层后加入一个 LReLU (Leaky ReLU)激活函数。通过卷积层,特征图的空间分辨率会逐渐降低。

判别器中所有卷积层的卷积核大小均设为 3×3。

特征判别器中的特征提取层针对特定图像操作将输入图像映射到操作特征域。Xie 等人以中值滤波和 JPEG 压缩为例,说明它们的特定取证特征和具体的特征提取层的实现细节。

(1) 中值滤波。中值滤波检测[203-204]通常会使用像素差域的统计量,这是因为中值滤波倾向于产生恒定像素值的区域,并极大地改变了像素值的差异分布。Li 等人[205]也观察到,针对中值滤波取证,更具有判别能力的特征可以建立在中值滤波残差上[MFR,给定图像 x 的 MFR 定义如公式 (5-133)所示]。在该方法中,像素差和 MFR 都被视为中值滤波的特定操作特征。为了提取多样的像素差异信息,Xie 等人的工作[198]使用了 SRM 中的 30 个计算残差特征的线性高通滤波器,得到 30 个差分特征图。

$$r = \mathrm{median}\{x\} - x \qquad (5\text{-}133)$$

(2) JPEG 压缩。JPEG 压缩中的 DCT 系数量化经常会导致 DCT 域中的齿梳状伪影,这些伪影很容易被取证检测器所捕捉[206-207]。因此 Xie 等人[198]将 DCT 域作为 JPEG 压缩的操作特定特征域。该方法使用 64 通道的 8×8 滤波器组进行特征提取。滤波器组的定义如公式(5-134)所示,其中 (x,y) 和 (u,v) 分别是空间维度和通道维度的下标 $(x,y,u,v=0,1,\cdots,7)$。卷积操作将图像映射为 64 通道的特征图,其中每个通道对应一个特定的 DCT 子带,然后将特征图输入给后续的特征判别器。

$$k_{u,v}(x,y) = \frac{1}{4}\alpha(u)\alpha(v)\cos\left[\frac{(2x+1)u\pi}{16}\right]\cos\left[\frac{(2y+1)v\pi}{16}\right]$$
$$\alpha(n) = \begin{cases} \dfrac{1}{\sqrt{2}}, & n=0 \\ 1, & \text{其他} \end{cases} \qquad (5\text{-}134)$$

给定真实图像 x 和篡改图像 x',所提的 DDGAN 生成的反取证图像 $G(x')$ 需要具有以下特征:内容失真要尽可能少;面对取证检测器,图像的可检测性要尽可能低。因此损失函数主要由两方面构成:

(1) 内容损失函数:内容损失函数描述了生成的反取证图像 $G(x')$ 与其原始真实图像 x 之间的内容失真,以 L2 范数为失真度量:

$$l_{\text{content}} = \|x - G(x')\|_2^2 \qquad (5\text{-}135)$$

(2) 双域对抗损失函数:双域对抗性损失结合了空间和特征判别器,从更广泛的角度学习取证特征。在训练阶段,生成器试图以一种对抗的方式混淆双域判别器:

$$l_{\text{adv-d}} = \{\ln[D_s(\boldsymbol{x})] + \ln[1 - D_s(G(\boldsymbol{x}'))]\} \\ + \{\ln[D_f(\boldsymbol{x})] + \ln[1 - D_f(G(\boldsymbol{x}'))]\} \tag{5-136}$$

其中 D_s 和 D_f 分别是空间和特征判别器。

最终的损失函数 l_{DDGAN} 由这两个损失函数加权求和得到:

$$l_{\text{DDGAN}} = l_{\text{content}} + \alpha l_{\text{adv-d}} \tag{5-137}$$

其中 α 是内容失真控制和不可检测性之间的权衡因子,在 Xie 等人[198]的设置中,对于中值滤波反取证 $\alpha = 3$,对于 JPEG 压缩反取证 $\alpha = 0.1$。

DDGAN 通过优化公式(5-138)的对抗 min-max 问题同时训练生成器和两个判别器:

$$\min_G \max_{D_s, D_f} l_{\text{DDGAN}} \tag{5-138}$$

Xie 等人[198]和 Fan 等人[193]的反取证工作进行了比较,实验表明:对于中值滤波反取证,基于 GAN 的方法(DDGAN 及 Kim 等人[200]的方法)比 Fan 等人的传统方法更好;在视觉质量上,DDGAN 比其他方法(如 Kim 等人和 Fan 等人的方案)有着更高的 PSNR;对于 JPEG 压缩反取证,在反取证性能上,DDGAN 同样比所比较的方法更优,同时在视觉质量上有着更高的 PSNR。

总而言之,该方法设计了一个通用的数字图像反取证框架,称为"双域生成对抗网络"。为了应对各种取证检测器,DDGAN 通过使用两个判别器分别在操作特定特征域和空间域中学习,将操作特定域的知识和机器学习学到的知识结合,并通过实验结果证明,DDGAN 在不可检测性和视觉质量上优于一同比较的其他反取证模型。

5.10.3 总结与展望

在取证技术不断成熟的今日,篡改人员也在不断研究更具真实性和欺骗性的伪造技术。针对传统取证技术如重采样检测技术、JPEG 压缩检测技术、对比度增强检测技术、中值滤波检测技术等,反取证技术已经发展得较为成熟。前期的反取证技术基于传统的数值理论推导方法,随着深度学习的不断发展,目前越来越多的反取证研究者开始借助神经网络来实现具有较高不可检测性和高视频质量的篡改。深度学习的手段可以从数据中自动地学习到知识,学习特定篡改技术的特性及它们的共性,训练方式也较为方便。深度学习也带来了新的篡改技术——深度伪造[208]:一种通过深度学习的手段伪造人脸,从而生成不存在的人物或对当事人并没有发生过的事情的视频的技术。对于该技术的一些目前常见篡改方法的检测技术已经发展得较为成熟,对于新伪造方法的取证研究还有待展开,而反取证研究当下更是还在起步阶段,现有的如 Neves 等人[208]的工作和 Fan 等人[193]的工作。除了紧跟目前先进的伪造技术和取证技术设计反取证算法外,当下的反取证工作主要面临的挑战包括:设计通用的反取证算法,目前许多工作都是针对特定伪造方法的取证算法;提高算法的可靠性,现在反取证算法通常是在篡改完成后使用后处理手段来消除或是掩盖篡改留下的痕迹,同时这些后处理手段本身也会留下自己的痕迹,被取证算法识别,因此需要进一步研究既能掩藏篡改痕迹、保持视觉质量,又使得后处理留下的指纹尽可能少的反取证算法。

　　总体而言,相较于取证算法,目前对图像和视频的反取证算法的研究还相对较少,但随着篡改技术的日新月异,为了研究更鲁棒且具有泛化性的取证算法,反取证算法也必然会受到更多的关注。

5.11　本章小结

　　通读本章可以清楚地看到,在过去的几十年中,数字图像取证的研究得到了空前发展,然而,许多问题仍然有待可靠的方案来解决,每天都有新的挑战。深度学习的出现给研究人员带来新的取证工具,同时也为篡改者们提供了便利。数字图像取证的发展过程是攻守双方的博弈过程,篡改方法的迭代更新往往使得旧有检测方法失效,研究者需要提出更具有鲁棒性、泛化性的方案来应对不可预见的威胁。在这个前提下,努力找出未来研究最有前景的领域是很重要的。

　　多媒体取证未来可能的研究方向有两个。一是随着操作变得越来越聪明,单个工具对付各种攻击的效率将越来越低。因此,多种检测工具、多种网络、多种方法必须一起工作，而如何更好地结合所有可用的信息片段应该是一个更持久的研究目标。二是深度学习虽然在图像取证领域的一些研究方面有着优异的表现，但是深度学习的黑箱特性使得人们很难理解算法为什么会做出某个决定，深度学习取证算法的安全性仍需考量。面向深度学习的可解释性研究可为深度学习的安全性提供保障，并且追踪深度网络的推理过程将有助于深度学习取证算法的训练和设计，提高取证模型的鲁棒性。

注释

[1] FRIDRICH A J, SOUKAL B D, LUKÁŠ A J. Detection of copy-move forgery in digital images[C]//Proceedings of Digital Forensic Research Workshop. 2003.

[2] POPESCU A C, FARID H. Exposing Digital Forgeries by Detecting Duplicated Image Regions [Z]. 2004.

[3] GANI G, QADIR F. A robust copy-move forgery detection technique based on discrete cosine transform and cellular automata [J]. Journal of Information Security and Applications, 2020,54: 102510.

[4] MAHDIAN B, SAIC S. Detection of copy-move forgery using a method based on blur moment invariants [J]. Forensic Science International, 2007,171(2 - 3): 180 - 189.

[5] MUHAMMAD G, HUSSAIN M, BEBIS G. Passive copy move image forgery detection using undecimated dyadic wavelet transform [J]. Digital Investigation, 2012,9(1):49 - 57.

[6] RYU S J, KIRCHNER M, LEE M J, et al. Rotation invariant localization of duplicated image regions based on Zernike moments [J]. IEEE Transactions on information forensics and security, 2013,8(8):1355 - 1370.

[7] RYU S J, LEE M J, LEE H K. Detection of copy-rotate-move forgery using Zernike moments[C]//International Workshop on Information Hiding. Springer, 2010: 51 - 65.

[8] LI Y. Image copy-move forgery detection based on polar cosine transform and approximate nearest neighbor searching [J]. Forensic Science International, 2013, 224(1 - 3):59 - 67.

[9] ZHONG J, GAN Y. Detection of copy-move forgery using discrete analytical Fourier-Mellin transform [J]. Nonlinear Dynamics, 2016,84(1):189 - 202.

[10] DENG J, YANG J, WENG S, et al. Copy-move forgery detection robust to various transformation and degradation attacks [J]. KSII Transactions on Internet and Information Systems (TIIS), 2018,12(9):4467 - 4486.

[11] MAHMOOD T, SHAH M, RASHID J, et al. A passive technique for detecting copy-move forgeries by image feature matching [J]. Multimedia Tools and Applications, 2020,79(43):31759 - 31782.

[12] SHIVAKUMAR B, BABOO S S. Detection of region duplication forgery in digital images using surf [J]. International Journal of Computer Science Issues (IJCSI), 2011,8(4):199.

[13] BO X, WANG J, LIU G, et al. Image copy-move forgery detection based on surf [C]//2010 International Conference on Multimedia Information Networking and Security. IEEE, 2010: 889 - 892.

[14] DHIVYA S, SANGEETHA J, SUDHAKAR B. Copy-move forgery detection using surf feature extraction and SVM supervised learning technique [J]. Soft Computing, 2020,24(19):14429 - 14440.

[15] AMERINI I, BALLAN L, CALDELLI R, et al. A SIFT-based forensic method for copy-move attack detection and transformation recovery [J]. IEEE Transactions on Information Forensics and Security, 2011,6(3):1099 - 1110.

[16] SUDHAKAR K, SANDEEP V, KULKARNI S. Speeding-up SIFT based copy move forgery detection using level set approach[C]//2014 International Conference on Advances in Electronics Computers and Communications. IEEE, 2014: 1 - 6.

[17] PUN C M, YUAN X, BI X. Image forgery detection using adaptive oversegmentation and feature point matching [J]. IEEE Transactions on Information Forensics and Security, 2015,10(8):1705 - 1716.

[18] SILVA E, CARVALHO T, FERREIRA A, et al. Going deeper into copy-move forgery detection: exploring image telltales via multi-scale analysis and voting processes [J]. Journal of Visual Communication and Image Representation, 2015, 29: 16 - 32.

[19] LI Y, ZHOU J. Fast and effective image copy-move forgery detection via hierarchical feature point matching [J]. IEEE Transactions on Information Forensics and Security, 2018,14(5):1307 - 1322.

[20] HAJIALILU S F, AZGHANI M, KAZEMI N. Image copy-move forgery detection using sparse recovery and keypoint matching [J]. IET Image Processing, 2020,14 (12):2799 - 2807.

[21] ZHAO F, ZHANG R, GUO H, et al. Effective digital image copy-move location algorithm robust to geometric transformations [C]//2015 IEEE International Conference on Signal Processing, Communications and Computing (ICSPCC). IEEE, 2015: 1 - 5.

[22] LI J, LI X, YANG B, et al. Segmentation-based image copy-move forgery detection scheme [J]. IEEE Transactions on Information Forensics and Security, 2014,10 (3):507 - 518.

[23] ARDIZZONE E, BRUNO A, MAZZOLA G. Copy-move forgery detection by matching triangles of keypoints [J]. IEEE Transactions on Information Forensics and Security, 2015,10(10):2084 - 2094.

[24] RAO Y, NI J. A deep learning approach to detection of splicing and copy-move

forgeries in images [C] // 2016 IEEE International Workshop on Information Forensics and Security (WIFS). IEEE, 2016: 1 - 6.

[25] OUYANG J, LIU Y, LIAO M. Copy-move forgery detection based on deep learning[C]//2017 10th International Congress on Image and Signal Processing, Biomedical Engineering and Informatics (CISP-BMEI). IEEE, 2017: 1 - 5.

[26] LIU Y, GUAN Q, ZHAO X. Copy-move forgery detection based on convolutional kernel network [J]. Multimedia Tools and Applications, 2018, 77 (14): 18269 - 18293.

[27] WU Y, ABD-ALMAGEED W, NATARAJAN P. Busternet: detecting copy-move image forgery with source/target localization [C] // Proceedings of the European Conference on Computer Vision (ECCV). 2018: 168 - 184.

[28] ZHU Y, CHEN C, YAN G, et al. Ar-net: adaptive attention and residual refinement network for copy-move forgery detection [J]. IEEE Transactions on Industrial Informatics, 2020,16(10):6714 - 6723.

[29] ZHONG J, PUN C. An end-to-end Dense-InceptionNet for image copy-move forgery detection [J]. IEEE Transactions on Information Forensics and Security, 2019,15: 2134 - 2146.

[30] ABHISHEK, JINDAL N. Copy move and splicing forgery detection using deep convolution neural network, and semantic segmentation [J]. Multimedia Tools and Applications, 2021,80(3):3571 - 3599.

[31] PAN X, LYU S. Region duplication detection using image feature matching [J]. IEEE Transactions on Information Forensics and Security, 2010, 5 (4): 857 - 867.

[32] BERTALMIO M, SAPIRO G, CASELLES V, et al. Image inpainting [C] // Proceedings of the 27th Annual Conference on Computer Graphics and Interactive Techniques. 2000: 417 - 424.

[33] PATHAK D, KRAHENBUHL P, DONAHUE J, et al. Context encoders: feature learning by inpainting[C]//Proceedings of the Conference on Computer Vision and Pattern Recognition. 2016: 2536 - 2544.

[34] ZHU X, QIAN Y, ZHAO X, et al. A deep learning approach to patch-based image inpainting forensics [J]. Signal Processing: Image Communication, 2018, 67: 90 - 99.

[35] LI H, LUO W, HUANG J. Localization of diffusion-based inpainting in digital images [J]. IEEE Transactions on Information Forensics and Security, 2017,12 (12):3050 - 3064.

[36] LI H, HUANG J. Localization of deep inpainting using high-pass fully

convolutional network[C]//Proceedings of the International Conference on Computer Vision. 2019：8301 – 8310.

[37] WU H, ZHOU J. GIID-Net：generalizable image inpainting detection via neural architecture search and attention[A]. 2021.

[38] REAL E, AGGARWAL A, HUANG Y, et al. Regularized evolution for image classifier architecture search[C]//Proceedings of the AAAI Conference on Artificial Intelligence：volume 33. 2019：4780 – 4789.

[39] ZHOU P, HAN X, MORARIU V I, et al. Learning rich features for image manipulation detection[C]//Proceedings of the IEEE Conference on Computer Vision and Pattern Recognition. 2018：1053 – 1061.

[40] YAN Z, LI X, LI M, et al. Shift-Net：image inpainting via deep feature rearrangement[C]//Proceedings of the European Conference on Computer Vision (ECCV). 2018：1 – 17.

[41] YU J, LIN Z, YANG J, et al. Generative image inpainting with contextual attention[C]//Proceedings of the IEEE Conference on Computer Vision and Pattern Recognition. 2018：5505 – 5514.

[42] LYU S, PAN X, ZHANG X. Exposing region splicing forgeries with blind local noise estimation [J]. International Journal of Computer Vision, 2014,110(2)：202 – 221.

[43] BAYAR B, STAMM M C. A deep learning approach to universal image manipulation detection using a new convolutional layer[C]//Proceedings of the 4th ACM Workshop on Information Hiding and Multimedia Security. 2016：5 – 10.

[44] COZZOLINO D, VERDOLIVA L. Single-image splicing localization through autoencoder-based anomaly detection [C] // IEEE International Workshop on Information Forensics and Security (WIFS). 2016：1 – 6.

[45] SALLOUM R, REN Y, KUO C C J. Image splicing localization using a multi-task fully convolutional network (MFCN) [J]. Journal of Visual Communication and Image Representation, 2018,51：201 – 209.

[46] BAPPY J H, ROY-CHOWDHURY A K, BUNK J, et al. Exploiting spatial structure for localizing manipulated image regions[C]//Proceedings of the IEEE International Conference on Computer Vision. 2017：4970 – 4979.

[47] ZHANG Y, GOH J, WIN L L, et al. Image region forgery detection：a deep learning approach [J]. SG-CRC, 2016,2016：1 – 11.

[48] SAMUELS S. An introduction to probability theory and its applications, vol. 1 [M]. Taylor & Francis, 1969.

[49] SIMONCELLI E P, OLSHAUSEN B A. Natural image statistics and neural

representation [J]. Annual Review of Neuroscience, 2001,24(1):1193 - 1216.

[50] HYVARINEN A. Fast and robust fixed-point algorithms for independent component analysis [J]. IEEE Transactions on Neural Networks, 1999,10(3): 626 - 634.

[51] BETHGE M. Factorial coding of natural images: how effective are linear models in removing higher-order dependencies? [J]. JOSA A, 2006,23(6):1253 - 1268.

[52] BURT P J, ADELSON E H. The Laplacian pyramid as a compact image code[M]// Readings in computer vision. Elsevier, 1987: 671 - 679.

[53] FIELD D J. Relations between the statistics of natural images and the response properties of cortical cells [J]. JOSA A, 1987,4(12):2379 - 2394.

[54] LYU S, SIMONCELLI E P. Nonlinear extraction of independent components of natural images using radial Gaussianization [J]. Neural Computation, 2009,21(6): 1485 - 1519.

[55] ZORAN D, WEISS Y. Scale invariance and noise in nature image[C]// IEEE International Conference on Computer Vision. 2009.

[56] WAINWRIGHT M J, SIMONCELLI E. Scale mixtures of Gaussians and the statistics of natural images [J]. Advances in Neural Information Processing Systems, 1999.

[57] ANDREWS D F, MALLOWS C L. Scale mixtures of normal distributions [J]. Journal of the Royal Statistical Society: Series B (Methodological), 1974,36 (1):99 - 102.

[58] FAREBROTHER R. The cumulants of the logarithm of a gamma variable [J]. Journal of Statistical Computation and Simulation, 1990,36(4):243 - 245.

[59] CROW F C. Summed-area tables for texture mapping[C]//Proceedings of the 11th Annual Conference on Computer Graphics and Interactive Techniques. 1984: 207 - 212.

[60] REN S, HE K, GIRSHICK R, et al. Faster R-CNN: towards real-time object detection with region proposal networks [J]. Advances in Neural Information Processing Systems, 2015,28.

[61] HE K, ZHANG X, REN S, et al. Deep residual learning for image recognition [C]// Proceedings of the IEEE Conference on Computer Vision and Pattern Recognition. 2016: 770 - 778.

[62] FRIDRICH J, KODOVSKY J. Rich models for steganalysis of digital images [J]. IEEE Transactions on Information Forensics and Security, 2012, 7 (3): 868 - 882.

[63] LIN T, ROYCHOWDHURY A, MAJI S. Bilinear CNN models for fine-grained

visual recognition [C] // Proceedings of the IEEE International Conference on Computer Vision. 2015: 1449 - 1457.

[64] GAO Y, BEIJBOM O, ZHANG N, et al. Compact bilinear pooling [C] // Proceedings of the IEEE Conference on Computer Vision and Pattern Recognition. 2016: 317 - 326.

[65] WALLACE G K. The JPEG still picture compression standard [J]. IEEE Transactions on Consumer Electronics, 1992,38(1): xviii-xxx.

[66] BIANCHI T, PIVA A. Detection of nonaligned double JPEG compression based on integer periodicity maps [J]. IEEE Transactions on Information Forensics and Security, 2011,7(2): 842 - 848.

[67] LUKÁŠ J, FRIDRICH J. Estimation of primary quantization matrix in double compressed JPEG images[C]//Proc. Digital Forensic Research Workshop. 2003: 5 - 8.

[68] HUANG F, HUANG J, SHI Y. Detecting double JPEG compression with the same quantization matrix [J]. IEEE Transactions on Information Forensics and Security, 2010,5(4): 848 - 856.

[69] SCHAEFER G, STICH M. UCID: an uncompressed color image database [C]// Storage and Retrieval Methods and Applications for Multimedia 2004: volume 5307. SPIE, 2003: 472 - 480.

[70] NRCS Photo Gallery [DB/OL]. http://photogallery.nrcs.usda.gov.

[71] WANG J, WANG H, LI J, et al. Detecting double JPEG compressed color images with the same quantization matrix in spherical coordinates [J]. IEEE Transactions on Circuits and Systems for Video Technology, 2020,30(8): 2736 - 2749.

[72] YANG J, XIE J, ZHU G, et al. An effective method for detecting double JPEG compression with the same quantization matrix [J]. IEEE Transactions on Information Forensics and Security, 2014,9(11): 1933 - 1942.

[73] NIU Y, LI X, ZHAO Y, et al. An enhanced approach for detecting double JPEG compression with the same quantization matrix [J]. Signal Processing Image Communication, 2019,76(2): 89 - 96.

[74] YANG J, ZHU G, WANG J, et al. Detecting non-aligned double JPEG compression based on refined intensity difference and calibration [C]//Lecture Notes in Computer Science. 2013: 169 - 179.

[75] WANG J, HUANG W, LUO X, et al. Non-aligned double JPEG compression detection based on refined Markov features in QDCT domain [J]. Journal of Real-Time Image Processing, 2020,17(1): 7 - 16.

[76] CHEN Y, HSU C. Detecting recompression of JPEG images via periodicity analysis

of compression artifacts for tampering detection [J]. IEEE Transactions on Information Forensics and Security, 2011,6(2):396 - 406.

[77] WANG Q, ZHANG R. Double JPEG compression forensics based on a convolutional neural network [J]. EURASIP Journal on Information Security, 2016,2016(1):1 - 12.

[78] LI B, ZHANG H, LUO H, et al. Detecting double JPEG compression and its related anti-forensic operations with CNN [J]. Multimedia Tools and Applications, 2019,78: 8577 - 8610.

[79] NIU Y, TONDI B, ZHAO Y, et al. Image splicing detection, localization and attribution via JPEG primary quantization matrix estimation and clustering[J]. IEEE Transactions on Information Forensics and Security, 2021,16:5397 - 5412.

[80] PENG P, SUN T, JIANG X, et al. Detection of double JPEG compression with the same quantization matrix based on convolutional neural networks[C]//2018 Asia-Pacific Signal and Information Processing Association Annual Summit and Conference (APSIPA ASC). 2018: 717 - 721.

[81] STAMM M, LIU K J R. Blind forensics of contrast enhancement in digital images [C]//2008 15th IEEE International Conference on Image Processing. 2008: 3112 - 3115.

[82] STAMM M, LIU K J R. Forensic detection of image manipulation using statistical intrinsic fingerprints [J]. IEEE Transactions on Information Forensics and Security, 2010,5(3):492 - 506.

[83] STAMM M, LIU K J R. Forensic estimation and reconstruction of a contrast enhancement mapping[C] // 2010 IEEE International Conference on Acoustics, Speech and Signal Processing. 2010: 1698 - 1701.

[84] CAO G, ZHAO Y, NI R, et al. Contrast enhancement-based forensics in digital images [J]. IEEE Transactions on Information Forensics and Security. 2014,9 (3):515 - 525.

[85] ZHANG C, DU D, KE L, et al. Global contrast enhancement detection via deep multi-path network [C] // 2018 24th International Conference on Pattern Recognition (ICPR). 2018: 2815 - 2820.

[86] 王金伟,吴国静. 基于线性模型的图像对比度增强取证 [J]. 网络空间安全, 2019,10(8):47 - 54.

[87] SUN J, KIM S, LEE S W, et al. A novel contrast enhancement forensics based on convolutional neural networks [J]. Signal Processing: Image Communication, 2018,63: 149 - 160.

[88] CAO G, ZHAO Y, NI R, et al. Unsharp masking sharpening detection via

overshoot artifacts analysis〔J〕. IEEE Signal Processing Letters，2011,18(10)：603 - 606.

［89］DING F, ZHU G, SHI Y. A novel method for detecting image sharpening based on local binary pattern〔C〕//International Conference on Digital Forensics and Watermarking. 2013：180 - 191.

［90］DING F, ZHU G, YANG J, et al. Edge perpendicular binary coding for USM sharpening detection〔J〕. IEEE Signal Processing Letters，2015，22（3）：327 - 331.

［91］周琳娜,王东明,郭云彪,等. 基于数字图像边缘特性的形态学滤波取证技术〔J〕. 电子学报，2008,36(6)：5.

［92］XU W, MULLIGAN J. Detecting and classifying blurred image regions〔C〕//IEEE International Conference on Multimedia and Expo. 2013：1 - 6.

［93］KIRCHNER M, BOHME R. Hiding traces of resampling in digital images〔J〕. IEEE Transactions on Information Forensics and Security，2008,3（4）：582 - 592.

［94］STAMM M, LIU K J R. Anti-forensics of digital image compression〔J〕. IEEE Transactions on Information Forensics and Security，2011,6(3)：1050 - 1065.

［95］BOVIK A. Streaking in median filtered images〔J〕. IEEE Transactions on Acoustics，Speech and Signal Processing. 1987,35(4)：493 - 503.

［96］KIRCHNER M, FRIDRICH J. On detection of median filtering in digital images〔C〕//International Society for Optics and Photonics. 2010：754110.

［97］YUAN H. Blind forensics of median filtering in digital images〔J〕. IEEE Transactions on Information Forensics and Security. 2011,6(4)：1335 - 1345.

［98］CHEN C, NI J. Median filtering detection using edge based prediction matrix〔C〕//International Workshop on Digital Watermarking. 2011：361 - 375.

［99］CHEN C, NI J, HUANG R, et al. Blind median filtering detection using statistics in difference domain〔C〕//International Workshop on Information Hiding. 2012：1 - 15.

［100］KANG X, STAMM M, ANJIE P, et al. Robust median filtering forensics using an autoregressive model〔J〕. IEEE Transactions on Information Forensics and Security，2013,8(9)：1456 - 1468.

［101］KAY S. Modern spectral estimation：theory and application〔J〕. Englewood Cliffs，1988.

［102］QIU X, LI H, LUO W, et al. A universal image forensic strategy based on steganalytic model〔J〕. ACM Workshop Information Hiding and Multimedia Security，2014：165 - 170.

[103] BAYAR B, STAMM M. Constrained convolutional neural networks: a new approach towards general purpose image manipulation detection [J]. IEEE Transactions on Information Forensics and Security, 2018,13(11):2961 - 2706.

[104] POPESCU A, FARID H. Exposing digital forgeries by detecting traces of resampling [J]. IEEE Transactions on Signal Processing, 2005,53(2):758 - 767.

[105] VÁZQUEZ-PADÍN D, PÉREZ-GONZÁLEZ F, COMESANA-ALFAROP. A random matrix approach to the forensic analysis of upscaled images [J]. IEEE Transactions on Information Forensics and Security, 2017,12(9):2115 - 2130.

[106] POPESCU A C, FARID H. Exposing digital forgeries by detecting traces of resampling [J]. IEEE Transactions on Signal Processing, 2005,53(2):758 - 767.

[107] KIRCHNER M. Fast and reliable resampling detection by spectral analysis of fixed linear predictor residue [C] // Proceedings of the 10th ACM Workshop on Multimedia and Security. 2008: 11 - 20.

[108] GALLAGHER A C. Detection of linear and cubic interpolation in JPEG compressed images[C]//The 2nd Canadian Conference on Computer and Robot Vision (CRV'05). IEEE, 2005: 65 - 72.

[109] MAHDIAN B, SAIC S. Blind authentication using periodic properties of interpolation [J]. IEEE Transactions on Information Forensics and Security, 2008,3(3):529 - 538.

[110] LUO S, LIU J, XU W, et al. Upscaling factor estimation on pre - JPEG compressed images based on difference histogram of spectral peaks [J]. Signal Processing: Image Communication, 2021,94: 116223.

[111] NATARAJ L, SARKAR A, MANJUNATH B S. Adding Gaussian noise to "denoise" JPEG for detecting image resizing [C]//2009 16th IEEE International Conference on Image Processing (ICIP). IEEE, 2009: 1493 - 1496.

[112] KIRCHNER M, GLOE T. On resampling detection in re compressed images[C]// 2009 First IEEE International Workshop on Information Forensics and Security (WIFS). IEEE, 2009: 21 - 25.

[113] VÁZQUEZ-PADÍN D, MOSQUERA C, PÉREZ-GONZÁLEZ F. Two-dimensional statistical test for the presence of almost cyclostationarity on images. [C]//2010 IEEE International Conference on Image Processing. IEEE, 2010: 1745 - 1748.

[114] CHEN C, NI J, SHEN Z. Effective estimation of image rotation angle using spectral method [J]. IEEE Signal Processing Letters, 2014, 21(7): 890 - 894.

[115] HYNDMAN R J, ATHANASOPOULOS G. Forecasting: principles and practice [M]. OTexts, 2018.

[116] GLOE T, BÖHME R. The dresden image database for benchmarking digital image forensics[J]. Journal of Digital Forensic Practice, 2010, 3(2-4): 150-159.

[117] ZHANG Q, LU W, HUANG T, et al. On the robustness of JPEG post-compression to resampling factor estimation [J]. Signal Processing, 2020, 168: 107371.

[118] WILCOXON F. Individual comparisons by ranking methods[J]. Biometrics Bulletin, 1945, 1(6): 80-83.

[119] FAN Z, DE QUEIROZ R L. Identification of bitmap compression history: JPEG detection and quantizer estimation[J]. IEEE Transactions on Image Processing, 2003, 12(2): 230-235.

[120] POPESCU A C, FARID H. Statistical tools for digital forensics[C]//FRIDRICH J. Information Hiding. Berlin, Heidelberg: Springer, 2005: 128-147.

[121] LI B, SHI Y Q, HUANG J. Detecting doubly compressed JPEG images by using mode based first digit features[C]//2008 IEEE 10th Workshop on Multimedia Signal Processing. IEEE, 2008: 730-735.

[122] POPESCU A C, FARID H. Exposing digital forgeries by detecting traces of resampling[J]. IEEE Transactions on Signal Processing, 2005, 53 (2): 758-767.

[123] KIRCHNER M. Fast and reliable resampling detection by spectral analysis of fixed linear predictor residue [C]//Proceedings of the 10th ACM Workshop on Multimedia and Security-MM&Sec '08. Oxford, United Kingdom: ACM Press, 2008: 11-20.

[124] STAMM M C, LIU K R. Forensic detection of image manipulation using statistical intrinsic fingerprints[J]. IEEE Transactions on Information Forensics and Security, 2010, 5(3): 492-506.

[125] TONG H, LI M, ZHANG H, et al. Blur detection for digital images using wavelet transform[C]//2004 IEEE International Conference on Multimedia and Expo (ICME): Vol. 1. IEEE, 2004: 17-20.

[126] CAO G, ZHAO Y, NI R. Edge-based Blur Metric for Tamper Detection. [J]. J. Inf. Hiding Multim. Signal Process. , 2010, 1(1): 20-27.

[127] SU B, LU S, TAN C L. Blurred image region detection and classification[C]// Proceedings of the 19th ACM International Conference on Multimedia-MM '11. Scottsdale, Arizona, USA: ACM Press, 2011: 1397-1400.

[128] CHU X, STAMM M C, LIU K R. Compressive sensing forensics[J]. IEEE Transactions on Information Forensics and Security, 2015, 10(7): 1416-1431.

[129] STAMM M C, LIN W S, LIU K R. Temporal forensics and anti-forensics for

motion compensated video[J]. IEEE Transactions on Information Forensics and Security, 2012, 7(4): 1315 - 1329.

[130] STAMM M C, MIN WU, LIU K J R. Information forensics: an overview of the first decade [J]. IEEE Access, 2013, 1: 167 - 200.

[131] BIANCHI T, PIVA A. Reverse engineering of double JPEG compression in the presence of image resizing[C]//2012 IEEE International Workshop on Information Forensics and Security (WIFS). IEEE, 2012: 127 - 132.

[132] FERRARA P, BIANCHI T, DE ROSA A, et al. Reverse engineering of double compressed images in the presence of contrast enhancement[C]//2013 IEEE 15th International Workshop on Multimedia Signal Processing (MMSP). IEEE, 2013: 141 - 146.

[133] CAO G, ZHAO Y, NI R, et al. Contrast enhancement-based forensics in digital images [J]. IEEE Transactions on Information Forensics and Security, 2014, 9 (3): 515 - 525.

[134] CONOTTER V, COMESANA P, PÉREZ - GONZÁLEZ F. Forensic detection of processing operator chains: Recovering the history of filtered JPEG images [J]. IEEE Transactions on Information Forensics and Security, 2015, 10(11): 2257 - 2269.

[135] STAMM M C, CHU X, LIU K R. Forensically determining the order of signal processing operations [C]//2013 IEEE International Workshop on Information Forensics and Security (WIFS). IEEE, 2013: 162 - 167.

[136] CHU X, CHEN Y, LIU K. Detectability of the order of operations: an information theoretic approach [J]. IEEE Transactions on Information Forensics and Security, 2016,11(4):823 - 836.

[137] LIAO X, LI K, ZHU X, et al. Robust detection of image operator chain with two-stream convolutional neural network [J]. IEEE Journal of Selected Topics in Signal Processing, 2020,14(5):955 - 968.

[138] SCHMIDHUBER J. Deep learning in neural networks: an overview[J]. Neural Networks, 2015, 61: 85 - 117.

[139] CHEN J, KANG X, LIU Y, et al. Median filtering forensics based on convolutional neural networks[J]. IEEE Signal Processing Letters, 2015, 22 (11): 1849 - 1853.

[140] BAYAR B, STAMM M C. On the robustness of constrained convolutional neural networks to JPEG post-compression for image resampling detection[C]//2017 IEEE International Conference on Acoustics, Speech and Signal Processing (ICASSP). IEEE, 2017: 2152 - 2156.

[141] TUAMA A, COMBY F, CHAUMONT M. Camera model identification with the use of deep convolutional neural networks[C]//2016 IEEE International Workshop on Information Forensics and Security (WIFS). IEEE, 2016: 1-6.

[142] BONDI L, BAROFFIO L, GÜERA D, et al. First steps toward camera model identification with convolutional neural networks [J]. IEEE Signal Processing Letters, 2017,24(3):259-263.

[143] LI H, WANG S, KOT A C. Image recapture detection with convolutional and recurrent neural networks [J]. Electronic Imaging, 2017(7):87-91.

[144] RAO Y, NI J. A deep learning approach to detection of splicing and copy-move forgeries in images [C]// 2016 IEEE International Workshop on Information Forensics and Security (WIFS). 2016: 1-6.

[145] BAYAR B, STAMM M C. A deep learning approach to universal image manipulation detection using a new convolutional layer[C]//Proceedings of the 4th ACM Workshop on Information Hiding and Multimedia Security. 2016: 5-10.

[146] BOROUMAND M, FRIDRICH J. Deep learning for detecting processing history of images [J]. Electronic Imaging, 2018(7):213-1-213-9.

[147] VERMA V, AGARWAL N, KHANNA N. DCT-domain deep convolutional neural networks for multiple JPEG compression classification [J]. Signal Processing: Image Communication, 2018,67: 22-33.

[148] BAYAR B, STAMM M C. Towards order of processing operations detection in JPEG-compressed images with convolutional neural networks [J]. Electronic Imaging, 2018(7):211-1-211-9.

[149] BAYAR B, STAMM M C. Constrained convolutional neural networks: a new approach towards general purpose image manipulation detection [J]. IEEE Transactions on Information Forensics and Security, 2018,13(11):2691-2706.

[150] LIN M, CHEN Q, YAN S. Network in Network[A]. 2014.

[151] KER A D, BÖHME R. Revisiting weighted stego-image steganalysis [C]// Security, Forensics, Steganography, and Watermarking of Multimedia Contents X: volume 6819. 2008: 56-72.

[152] ZENG J, TAN S, LI B, et al. Large-scale JPEG image steganalysis using hybrid deep-learning framework [J]. IEEE Transactions on Information Forensics and Security, 2018,13(5):1200-1214.

[153] SAN CHOI K, LAM E Y, WONG K K. Automatic source camera identification using the intrinsic lens radial distortion [J]. Optics Express, 2006, 14 (24): 11551-11565.

[154] VAN L T, EMMANUEL S, KANKANHALLI M S. Identifying source cell

phone using chromatic aberration[C]//2007 IEEE International Conference on Multimedia and Expo. 2007: 883 – 886.

[155] LUKAS J, FRIDRICH J, GOLJAN M. Determining digital image origin using sensor imperfections[C]//Image and Video Communications and Processing 2005: volume 5685. 2005: 249 – 260.

[156] CHEN M, FRIDRICH J, GOLJAN M, et al. Determining image origin and integrity using sensor noise [J]. IEEE Transactions on Information Forensics and Security, 2008,3(1):74 – 90.

[157] POPESCU A C, FARID H. Exposing digital forgeries in color filter array interpolated images [J]. IEEE Transactions on Signal Processing, 2005,53 (10): 3948 – 3959.

[158] BAYRAM S, SENCAR H, MEMON N, et al. Source camera identification based on CFA interpolation[C]//IEEE International Conference on Image Processing 2005: volume 3. 2005: III-69.

[159] BAYRAM S, SENCAR H T, MEMON N, et al. Improvements on source camera-model identification based on CFA interpolation [J]. Proc. of WG, 2006, 11:24 – 27.

[160] CAO H, KOT A C. Raw tool identification through detected demosaicing regularity[C]//2009 16th IEEE International Conference on Image Processing (ICIP). 2009: 2885 – 2888.

[161] KHARRAZI M, SENCAR H T, MEMON N. Blind source camera identification [C]//2004 International Conference on Image Processing, 2004. ICIP'04. : volume 1. 2004: 709 – 712.

[162] LUKAS J, FRIDRICH J, GOLJAN M. Digital camera identification from sensor pattern noise [J]. IEEE Transactions on Information Forensics and Security, 2006,1(2):205 – 214.

[163] JANESICK J R, ELLIOTT T, COLLINS S, et al. Scientific charge-coupled devices [J]. Optical Engineering, 2001,26(8):692 – 714.

[164] GOESELE M, HEIDRICH W, SEIDEL H P. Entropy-based dark frame subtraction[C]//PICS. 2001:293 – 298.

[165] HOLST G C. CCD arrays, Cameras, and Displays [M]. JCD Publishing, 1998.

[166] JANESICK J. Dueling detectors [J]. OE Magazine, 2002,2(2):30 – 33.

[167] COX I J, MILLER M L, BLOOM J A, et al. Digital Watermarking: volume 53 [M]. Springer, 2002.

[168] BONDI L, BAROFFIO L, GÜERA D, et al. First steps toward camera model identification with convolutional neural networks[J]. IEEE Signal Processing

Letters, 2016, 24(3): 259 - 263.

[169] FREIRE-OBREGÓN D, NARDUCCI F, BARRA S, et al. Deep learning for source camera identification on mobile devices [J]. Pattern Recognition Letters, 2019,126: 86 - 91.

[170] YAO H, QIAO T, XU M, et al. Robust multi-classifier for camera model identification based on convolution neural network [J]. IEEE Access, 2018,6: 24973 - 24982.

[171] QIAN Y, DONG J, WANG W, et al. Deep learning for steganalysis via convolutional neural networks[C]//Media Watermarking, Security, and Forensics 2015: volume 9409. 2015: 171 - 180.

[172] 王伟,曾凤,汤敏,等. 数字图像反取证技术综述 [J]. 中国图象图形学报,2016,21 (12):11.

[173] GLOE T, KIRCHNER M, WINKLER A, et al. Can we trust digital image forensics? [C] // Proceedings of the 15th ACM International Conference on Multimedia. 2007: 78 - 86.

[174] STAMM M C, TJOA S K, LIN W, et al. Anti-forensics of JPEG compression [C] // 2010 IEEE International Conference on Acoustics, Speech and Signal Processing. 2010: 14 - 19.

[175] SHELKE P M, PRASAD R S. An improved anti-forensics JPEG compression using least cuckoo search algorithm [J]. The Imaging Science Journal, 2018,66 (3):169 - 183.

[176] KIM D, AHN W, LEE H K. End-to-end anti-forensics network of single and double JPEG detection [J]. IEEE Access, 2021,9: 13390 - 13402.

[177] CAO G, ZHAO Y, NI R, et al. Anti-forensics of contrast enhancement in digital images[C] // Proceedings of the 12th ACM Workshop on Multimedia and Security. 2010: 25 - 34.

[178] KWOK C W, AU O C, CHUI S H. Alternative anti-forensics method for contrast enhancement[C]//International Workshop on Digital Watermarking. Springer, 2011:398 - 410.

[179] PENG A, ZENG H, LIN X, et al. Countering anti-forensics of image resampling [C]//2015 IEEE International Conference on Image Processing (ICIP). IEEE, 2015: 3595 - 3599.

[180] KIRCHNER M, BOHME R. Hiding traces of resampling in digital images [J]. IEEE Transactions on Information Forensics and Security, 2008,3 (4): 582 - 592.

[181] FONTANI M, BARNI M. Hiding traces of median filtering in digital images

[C] // 2012 Proceedings of the 20th European Signal Processing Conference (EUSIPCO). IEEE, 2012: 1239 - 1243.

[182] WU Z, STAMM M C, LIU K. Anti-forensics of median filtering [C]//2013 IEEE International Conference on Acoustics, Speech and Signal Processing. IEEE, 2013: 3043 - 3047.

[183] ZENG H, QIN T, KANG X, et al. Countering anti-forensics of median filtering [C] // 2014 IEEE International Conference on Acoustics, Speech and Signal Processing (ICASSP). IEEE, 2014: 2704 - 2708.

[184] STAMM M C, LIU K. Anti-forensics for frame deletion/addition in MPEG video [C] // 2011 IEEE International Conference on Acoustics, Speech and Signal Processing (ICASSP). IEEE, 2011:1876 - 1879.

[185] STAMM M C, LIN W, LIU K. Temporal forensics and anti-forensics for motion compensated video [J]. IEEE Transactions on Information Forensics and Security, 2012,7(4):1315 - 1329.

[186] DING F, ZHU G, LI Y, et al. Anti-forensics for face swapping videos via adversarial training [J]. IEEE Transactions on Multimedia, 2021, 24: 3429 - 3441.

[187] FAN L, LI W, CUI X. Deepfake-image anti-forensics with adversarial examples attacks [J]. Future Internet, 2021,13(11):288.

[188] KIRCHNER M, BÖHME R. Tamper hiding: defeating image forensics [C] // International Workshop on Information Hiding. Springer, 2007: 326 - 341.

[189] STAMM M C, TJOA S K, LIN W, et al. Undetectable image tampering through JPEG compression anti-forensics [C] // 2010 IEEE International Conference on Image Processing. IEEE, 2010: 2109 - 2112.

[190] KANG X, STAMM M C, PENG A, et al. Robust median filtering forensics using an autoregressive model [J]. IEEE Transactions on Information Forensics and Security, 2013,8(9):1456 - 1468.

[191] YUAN H. Blind forensics of median filtering in digital images [J]. IEEE Transactions on Information Forensics and Security, 2011,6(4):1335 - 1345.

[192] CHEN J, KANG X, LIU Y, et al. Median filtering forensics based on convolutional neural networks [J]. IEEE Signal Processing Letters, 2015, 22 (11):1849 - 1853.

[193] FAN W, WANG K, CAYRE F, et al. Median filtered image quality enhancement and anti-forensics via variational deconvolution [J]. IEEE Transactions on Information Forensics and Security, 2015,10(5):1076 - 1091.

[194] FAN W, WANG K, CAYRE F, et al. JPEG anti-forensics using nonparametric

DCT quantization noise estimation and natural image statistics [C]//Proceedings of the First ACM Workshop on Information Hiding and Multimedia Security. 2013: 117 - 122.

[195] KRISHNAN D, TAY T, FERGUS R. Blind deconvolution using a normalized sparsity measure[C]//CVPR 2011. IEEE, 2011:233 - 240.

[196] GOLDSTEIN T, OSHER S. The split Bergman method for L1 - regularized problems [J]. SIAM Journal on Imaging Sciences, 2009,2(2):323 - 343.

[197] KRISHNAN D, FERGUS R. Fast image deconvolution using hyper-Laplacian priors [C]//Proceedings of the 22nd International Conference on Neural Information Processing Systems. Red Hook, NY, USA: Curran Associates Inc. , 2009: 1033 - 1041.

[198] XIE H, NI J, SHI Y. Dual-domain generative adversarial network for digital image operation anti-forensics [J]. IEEE Transactions on Circuits and Systems for Video Technology, 2021,32(3):1701 - 1706.

[199] GOODFELLOW I J, POUGET-ABADIE J, MIRZA M, et al. Generative adversarial nets[C]//Proceedings of the 27th International Conference on Neural Information Processing Systems-Volume 2. Cambridge, MA, USA: MIT Press, 2014: 2672 - 2680.

[200] KIM D, JANG H U, MUN S M, et al. Median filtered image restoration and anti-forensics using adversarial networks [J]. IEEE Signal Processing Letters, 2017,25 (2):278 - 282.

[201] LUO Y, ZI H, ZHANG Q, et al. Anti-forensics of JPEG compression using generative adversarial networks [C] // 2018 26th European Signal Processing Conference (EUSIPCO). IEEE, 2018: 952 - 956.

[202] KIM J, LEE J K, LEE K M. Accurate image super-resolution using very deep convolutional networks[C]//Proceedings of the IEEE conference on Computer Vision and Pattern Recognition. 2016: 1646 - 1654.

[203] CHEN C, NI J, HUANG J. Blind detection of median filtering in digital images: a difference domain based approach [J]. IEEE Transactions on Image Processing, 2013,22(12):4699 - 4710.

[204] ZHANG Y, LI S, WANG S, et al. Revealing the traces of median filtering using high-order local ternary patterns [J]. IEEE Signal Processing Letters, 2014, 21 (3):275 - 279.

[205] LI H, LUO W, HUANG J. Countering anti-JPEG compression forensics[C]// 2012 19th IEEE International Conference on Image Processing. IEEE, 2012: 241 - 244.

[206] SINGH G, SINGH K. Counter JPEG anti-forensic approach based on the second-order statistical analysis [J]. IEEE Transactions on Information Forensics and Security, 2018,14(5):1194 - 1209.

[207] MIRSKY Y, LEE W. The creation and detection of deepfakes: a survey [J]. ACM Computing Surveys (CSUR), 2021,54(1):1 - 41.

[208] NEVES J C, TOLOSANA R, VERA-RODRIGUEZ R, et al. Ganprinter: improved fakes and evaluation of the state of the art in face manipulation detection [J]. IEEE Journal of Selected Topics in Signal Processing, 2020, 14 (5): 1038 - 1048.

6

神经网络模型安全

6.1 概述

随着人工智能的飞速发展,深度神经网络被广泛应用到各行各业,多媒体是深度神经网络处理的主要对象,新技术不断涌现,改变了传统的多媒体处理思路。与此同时,神经网络模型安全问题也被学术界广泛关注,它们已成为多媒体处理中的基础安全问题。

本章针对神经网络中的安全问题展开探讨,从五个方面介绍模型安全,包括对抗样本、后门攻击、样本投毒、模型水印、模型隐私。针对这五方面的模型安全问题,本章又分别介绍了不同的方法类别,从攻击和防御等方面展开论述。国际上针对神经网络模型安全的研究新成果不断涌现,本章选取了具有代表性的一些方法,让读者掌握最基本的研究基础。

6.2 对抗样本

对抗样本(adversarial example)最早由 Szegedy 等人提出[1],原本期望证明输入图像中的小扰动不会改变神经网络的判决,但事实上,小扰动不仅会影响神经网络的输出,而且会使神经网络产生错误的预测。这种由于添加扰动而导致神经网络产生误判的图像被称为"对抗样本",所添加的扰动被称为"对抗扰动"。对抗样本对神经网络的鲁棒性和安全性提出了挑战,成为神经网络发展过程中伴生的热点问题。

通过生成对抗样本使神经网络模型产生误判的过程,被称为"对抗样本攻击"。攻击的主体被称为"攻击者",被攻击的模型被称为"目标模型"。根据攻击者所掌握模型信息的不同,对抗攻击方法通常可分为白盒攻击和黑盒攻击。此外,使目标模型免受对抗样本攻击的过程被称为"对抗样本防御",对抗样本防御的方法包含修改输入或者训练方法、修改模型、添加外部网络三个小类。

6.2.1 白盒对抗攻击

在白盒攻击场景下,攻击者可获取目标模型的全部信息,包括模型的参数和结构等。根据对抗样本产生的原理不同,白盒对抗攻击大致可分为三类:目标函数优化攻击、反向传播梯度攻击、生成对抗网络攻击。

1. 目标函数优化攻击

在白盒对抗攻击中,通过目标函数优化来生成对抗样本是常见的攻击方法。将输入图像当作可训练的参数,固定目标模型本身的参数,设计目标函数并进行优化,在训练中不断更新输入图像,最终在输入图像上构造小扰动,使得目标模型误判。

(1) 带有盒约束的 L-BFGS 方法。2013 年之前,学界有观点认为,神经网络输入和输出单元之间的非线性层堆栈是模型在输入空间上编码非局部泛化先验的一种方法[1-2]。假设输出单元可以为输入空间的各个区域分配一个非重要概率,未在训练过程中出现的样本就在这个邻域中,这可以很好地解释像素空间中相距较远的图像却能共享原始标签和统计结构的原因,如对同一图像进行旋转、翻转等操作并不会改变模型对样本的预测结果。因此,如果一个未经训练的样本 x' 和训练样本 x 的距离很近,那它们的标签应有很高的概率保持一致。这对传统计算机视觉问题有效:对给定图像进行细微扰动不会改变其分类结果。然而,在深度神经网络中这个假设却不成立!

按照传统计算机视觉的思路,对任意一个样本 x 都可以确定一个邻域 $D(x)$,使该邻域内所有样本的分类结果都与 x 的分类结果一致。现设计一个实验,对任意一个样本 x,寻找包含可使得网络分类出错的最小邻域 $D(x, l)$。若邻域较小(人眼难以区分图像的变化),则说明传统计算机视觉和神经网络在工作方式上是不同的。该实验可用数学表示为:

$$\text{minimize} \quad \| r \|_2$$

$$\text{s. t.} \quad 1. \ f(x+r)=l$$

$$2. \ x+r \in [0,1]^m \tag{6-1}$$

其中 $f: \mathbb{R}^m \rightarrow \{1, \cdots, k\}$ 是分类神经网络，m 是输入样本的尺寸，$[0,1]$ 是输入数据归一化后像素的取值范围。样本 x 的标签为 $f(x) \neq l \in \{1, \cdots, k\}$，$l$ 是误分类类别（目标类别），$x+r$ 即对抗样本。约束条件 1 是为了找到被模型误判为类别 l 的对抗样本，约束条件 2 是限制扰动 r 的范围以防止数据越界，因此称为"盒约束"。

直接求解上述优化问题比较困难，可将其转化为下面的形式：

$$\text{minimize} \quad c \mid r \mid + \text{loss}_f(x+r, l)$$

$$\text{s. t.} \quad x+r \in [0,1]^m \tag{6-2}$$

其中 c 是一个正数，loss_f 是分类神经网络 f 的损失函数。该最小化过程的目标是在扰动尽可能小的情况下，使得到的对抗样本在目标类别上的分类损失尽可能小。如果 loss_f 是凸函数，那么通过优化手段一定可以解决上述问题。然而，一般情况下神经网络的损失函数都不是凸函数。因此，可采用无约束非线性规划问题中最常用的 L - BFGS 优化算法[1]，得到上述问题的一个近似解。

多种实验表明，针对不同的神经网络，均可生成在视觉上难以区分的对抗样本，这表明对抗样本是普遍存在的。

（2）CW 方法。在对抗样本发展过程中，防御性蒸馏（defensive distillation）一度是反制对抗样本的重要方法，它可以增强任意神经网络的鲁棒性，把对抗样本攻击的成功率从 95% 降低到 0.5%。

蒸馏（distillation）技术最初是一种将大型模型（教师模型）简化为较小模型（学生模型）的方法。在蒸馏过程中，首先以标准方式在训练集上训练教师模型，然后使用教师模型为训练集中的每个样本加上软标签（教师网络的输出向量），进而使用软标签来训练出模型。在对抗样本防御中，蒸馏技术可提高神经网络的鲁棒性，但与传统蒸馏技术相比，对抗样本防御蒸馏有两个重大变化。首先，教师模型和蒸馏模型的大小相同，防御性蒸馏不会产生更小的模型；其次，防御性蒸馏使用较大的蒸馏强度来迫使学生模型的预测具有更高的置信度。

对于蒸馏防御,Carlini 等人[3]认为蒸馏强度过大造成了梯度几乎不存在,这是导致对抗攻击失败的原因。为解决上述问题,他们提出了基于目标函数优化的 CW 对抗样本攻击算法[3]:

$$\text{minimize} \quad D(x, x+\delta)$$

$$\text{s. t.} \quad C(x+\delta)=t$$

$$x+\delta \in [0, 1]^n \qquad\qquad (6-3)$$

其中,x 是输入图像,$D(\cdot)$ 是距离度量函数,例如 L_0、L_1、L_2 等,用于衡量对抗扰动的大小,δ 是扰动,C 是目标网络,t 是指定的错误类别。优化目标是找到一个 δ 来最小化目标函数,同时造成模型误分类。

由于使合适的目标模型产生误分类的约束条件 $C(x+\delta)=t$ 是高度非线性的,现有算法难以直接求解该优化问题,因此,考虑定义目标函数 $f(\cdot)$ 对优化问题进行变换。对于目标函数 $f(\cdot)$,规定当且仅当 $f(x+\delta) \leqslant 0$ 时,有 $C(x+\delta)=t$ 成立。关于 f 有许多可能的选择:

$$
\begin{aligned}
f_1(x') &= -\text{loss}_{F, t}(x') + 1 \\
f_2(x') &= [\max_{i \neq t} F(x')_i - F(x')_t]^+ \\
f_3(x') &= \text{softplus}[\max_{i \neq t} F(x')_i - F(x')_t] - \ln(2) \\
f_4(x') &= [0.5 - F(x')_t]^+ \\
f_5(x') &= -\ln[2F(x')_t - 2] \\
f_6(x') &= [\max_{i \neq t} Z(x')_i - Z(x')_t]^+ \\
f_7(x') &= \text{softplus}[\max_{i \neq t} Z(x')_i - Z(x')_t] - \ln(2)
\end{aligned}
\qquad (6-4)
$$

其中,F 是目标模型,t 是正确标签,$(a)^+$ 是 $\max(a, 0)$ 的简写,$\text{softplus}(x) = \ln[1 + \exp(x)]$,$\text{loss}_{F,t}(x)$ 是针对输入 x 的交叉熵损失,$Z(x')_t$ 表示对于扰动样本 x',目标模型输出层在类别 t 上的逻辑值。

选取适当的常数 $c \geqslant 0$,用 L_p 范数实例化 D,将原优化问题转化为:

$$\text{minimize} \quad \|\delta\|_p + c \cdot f(x+\delta) \qquad (6-5)$$

$$\text{s. t.} \quad x+\delta \in [0, 1]^n$$

对于边界约束,可以通过变量替换,以对新变量 ω 的优化去代替对原始变量 x 的优化。其数学表示如下:

$$x + \delta = \frac{1}{2}[\tanh(\omega) + 1] \tag{6-6}$$

由于 $-1 \leqslant \tanh(\omega) \leqslant 1$,因此 $x + \delta \in [0, 1]$。整体的目标优化函数可以通过现有的优化器,例如 Adam 优化器,对 ω 优化求解,生成有效的对抗样本。

针对蒸馏前后的模型,CW 方法可达到 100% 的攻击成功率。和此前的攻击算法相比,CW 方法在多数情况下也都更有效,它是目前最强的白盒对抗攻击方法之一。

2. 梯度更新攻击

不同于目标函数优化的攻击方法,基于梯度迭代更新的白盒攻击方法不需要设计目标函数,也不将输入图像作为可训练参数交给网络进行训练更新,而是根据对抗样本的生成原理,由攻击者根据反向传播到输入图像上的梯度,设计构造对抗样本生成算法,使输入图像尽可能地跨越目标模型的分类边界。

(1) 快速符号梯度方法。Goodfellow 等人[4]认为,神经网络易受对抗扰动影响的主要原因是它们的线性性质。假设单层线性网络的权重向量为 $\boldsymbol{\omega}$,对抗样本为 $\tilde{\boldsymbol{x}}$,则在激活层上有如下变化:

$$\boldsymbol{\omega}^{\mathrm{T}} \tilde{\boldsymbol{x}} = \boldsymbol{\omega}^{\mathrm{T}} \boldsymbol{x} + \boldsymbol{\omega}^{\mathrm{T}} \boldsymbol{\eta} \tag{6-7}$$

其中,$\boldsymbol{x}$ 表示原始图像,$\boldsymbol{\eta}$ 表示对抗扰动。为了使激活层的变化最大,可令 $\boldsymbol{\eta} = \mathrm{sign}(\boldsymbol{\omega})$。如果 $\boldsymbol{\omega}$ 有 n 维,每维的平均值为 m,最大扰动为 ε,则激活层的变化为 εmn。这表明激活层的变化量和权重向量的维度呈线性关系。因此,对于高维问题,可通过对输入施加很小的变化来产生输出上的大变化。只要输入有足够的维度,就可以对简单的线性模型产生对抗样本,由此引出了一种快速的对抗样本生成方法,即快速符号梯度方法(fast gradient sign method, FGSM)。

令 $\boldsymbol{\theta}$ 表示模型参数,$\boldsymbol{x}$ 表示输入图像,$\boldsymbol{y}$ 表示 $\boldsymbol{x}$ 的真实标签,$J(\boldsymbol{\theta}, \boldsymbol{x}, \boldsymbol{y})$ 是训练网络的损失函数,∇_x 表示对 $\boldsymbol{x}$ 求梯度。基于当前值 $\boldsymbol{\theta}$,对损失函数进行线性变化,产生的对抗扰动如下:

$$\boldsymbol{\eta} = \varepsilon \, \text{sign}[\nabla_x J(\boldsymbol{\theta}, \boldsymbol{x}, \boldsymbol{y})] \tag{6-8}$$

该方法被称为"快速符号梯度方法"。图 6-1 展示了在 ImageNet 数据集上产生的快速对抗样本示例。通过添加少量难以察觉的扰动,可使 GoogLeNet 将大熊猫识别为长臂猿。

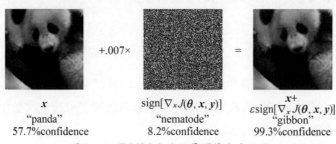

图 6-1　FGSM 方法误导图像分类网络

(来源:GOODFELLOW I J, SHLENS J, SZEGEDY C. Explaining and harnessing adversarial examples [C] // Proceedings of the International Conference on Learning Representations (ICLR) 2015. San Diego, CA, USA, 2015)

图 6-2 展示了在 MNIST 数据集上的数字 3 和数字 7,以及使用该方法在针对逻辑回归模型产生的对抗样本。逻辑回归模型在原始图像上的识别错误率为 1.6%,而在对抗样本上的识别错误率为 99%。

图 6-2　FGSM 方法误导数字识别网络

(来源:GOODFELLOW I J, SHLENS J, SZEGEDY C. Explaining and harnessing adversarial examples [C]//Proceedings of the International Conference on Learning Representations (ICLR) 2015. San Diego, CA, USA, 2015)

FGSM 方法仅使用一次更新,就可产生有效的白盒对抗样本。这种快速产生对抗样本的思路,已成为诸多对抗样本方法的基础比较对象。

（2）梯度迭代方法。上述 FGSM 方法的核心算法可表示为:

$$\boldsymbol{X}^{\text{adv}} = \boldsymbol{X} + \varepsilon \cdot \text{sign}[\nabla_X J(\boldsymbol{X}, \boldsymbol{y}_{\text{true}})] \tag{6-9}$$

其中，$\boldsymbol{X}^{\mathrm{adv}}$ 和 $\boldsymbol{X}$ 分别表示对抗样本和干净样本，$\boldsymbol{y}_{\mathrm{true}}$ 为干净样本的真实标签，$J(\cdot)$ 是模型的损失函数，$\nabla_{\boldsymbol{X}}$ 是损失函数关于 $\boldsymbol{X}$ 的梯度，ε 是扰动强度。

梯度迭代方法(basic iterative method, BIM)算法[5]的思路十分简单，就是将 FGSM 算法中的一步攻击转换成多步迭代：

$$\boldsymbol{X}_0^{\mathrm{adv}} = \boldsymbol{X}$$

$$\boldsymbol{X}_{N+1}^{\mathrm{adv}} = \mathrm{Clip}_{\boldsymbol{X}, \varepsilon}\{\boldsymbol{X}_N^{\mathrm{adv}} + \alpha \cdot \mathrm{sign}[\nabla_{\boldsymbol{X}} J(\boldsymbol{X}_N^{\mathrm{adv}}, \boldsymbol{y}_{\mathrm{true}})]\} \qquad (6-10)$$

其中 α 是每次迭代的更新步长，Clip 是使得计算结果不超过像素最大值的截断函数。当 $\alpha = 1$ 时，每次迭代每个像素最多改变 1。迭代次数由 ε 控制，一般取 $\varepsilon = \min\{\varepsilon + 4, 1.25\varepsilon\}$。

另外，上述攻击方式都只关注错误分类，不同类别的攻击难度并不一致。当图像类别很多，如在 ImageNet 图像分类任务中时，对抗样本可能更倾向于将一个品种的雪橇狗误认为另一个品种的雪橇狗。为了防止这种情况的发生，Kurakin 等人[5]提出了有目标攻击，引入了最小可能类的概念，即概率最小的预测结果，有如下表示：

$$\boldsymbol{y}_{\mathrm{LL}} = \arg_{\boldsymbol{y}} \min\{P(\boldsymbol{y} \mid \boldsymbol{X})\} \qquad (6-11)$$

对于一个训练好的高性能分类器，最小可能类和原始类别通常差距巨大。针对最小可能类的攻击难度也比无目标攻击难度更大。有目标攻击的 BIM 方法有如下表示：

$$\boldsymbol{X}_{N+1}^{\mathrm{adv}} = \mathrm{Clip}_{\boldsymbol{X}, \varepsilon}\{\boldsymbol{X}_N^{\mathrm{adv}} - \alpha \cdot \mathrm{sign}[\nabla_{\boldsymbol{X}} J(\boldsymbol{X}_N^{\mathrm{adv}}, \boldsymbol{y}_{\mathrm{LL}})]\} \qquad (6-12)$$

其中，符号意义和公式(6-10)中一致，两处变化在于指定了目标类别，且迭代更新的方向发生了变化，即沿目标类别分类损失下降的方向进行更新。

相较于 FGSM 算法，采用多步迭代更新的 BIM 算法，能够产生具有更好不可见性和更高攻击成功率的对抗样本。

(3) 通用对抗扰动。Moosavi-Dezfooli 等人[6]首次提出产生通用对抗扰动(universal adversarial perturbation, UAP)的方法，通过叠加特定扰动使一类图像能够变为对抗样本，并且这种通用的扰动具有很强的迁移性。

记 μ 为样本图像的数据分布，$\hat{k}(\boldsymbol{x})$ 是目标模型 $\hat{k}$ 对应输入 $\boldsymbol{x}$ 的预测结果，通用对抗扰动的目标是找到扰动向量 $\boldsymbol{v}$，使得几乎所有从分布 μ 中采样的数据能够欺骗目标模型，即：

$$\hat{k}(\boldsymbol{x}+\boldsymbol{v}) \neq \hat{k}(\boldsymbol{x}), \ \boldsymbol{x} \sim \mu \tag{6-13}$$

约束条件为：

$$\|\boldsymbol{v}\|_p \leqslant \xi$$

$$\mathop{P}\limits_{\boldsymbol{x} \sim \mu}[\hat{k}(\boldsymbol{x}+\boldsymbol{v}) \neq \hat{k}(\boldsymbol{x})] > 1-\delta \tag{6-14}$$

其中，ξ 表示通用扰动向量 $\boldsymbol{v}$ 的量级，P 是概率，δ 是欺骗的比例（固定扰动强度很难达到 100% 的攻击成功率）。

对于每个样本，需要扰动的方向和大小往往不一致。如果针对所有样本都能找到统一的方向和大小，使所有的样本点都被推出决策边界，则该方向对应的扰动就是通用扰动。

在 UAP 方法的每次迭代中，计算将当前扰动点 $\boldsymbol{x}_i+\boldsymbol{v}$ 到分类器决策边界的最小扰动 $\Delta\boldsymbol{v}_i$，并将其汇总到当前通用扰动 $\boldsymbol{v}$ 中。如果当前的通用扰动 $\boldsymbol{v}$ 不能欺骗数据点 $\boldsymbol{x}_i$，则可以通过解决以下优化问题，来寻求具有最小范数的额外扰动 $\Delta\boldsymbol{v}_i$，用于欺骗数据点 $\boldsymbol{x}_i$：

$$\Delta\boldsymbol{v}_i \leftarrow \arg_r \min \|\boldsymbol{r}\|_2$$

$$\text{s. t.} \quad \hat{k}(\boldsymbol{x}_i+\boldsymbol{v}+\boldsymbol{r}) \neq \hat{k}(\boldsymbol{x}_i) \tag{6-15}$$

为保证 $\|\boldsymbol{v}\|_p \leqslant \xi$，更新的扰动会被投影成如下形式：

$$\mathcal{P}_{p,\xi}(\boldsymbol{v}) = \arg_{v'} \min \|\boldsymbol{v}-\boldsymbol{v}'\|_2$$

$$\text{s. t.} \quad \|\boldsymbol{v}'\|_p \leqslant \xi \tag{6-16}$$

图 6-3 中的 $\mathcal{R}_1$、$\mathcal{R}_2$、$\mathcal{R}_3$ 是三个决策面在二维上的投影，$\boldsymbol{x}_{1,2,3}$ 是三个不同的样本点，分别属于第 1、2、3 类。Moosavi-Dezfooli 等人的方法是先将样本点推到决策面 $\mathcal{R}_1$ 中最近的点，然后再围绕新的点做下一步类似的操作，直到数据点被推出所有的决策面 $\mathcal{R}_1$、$\mathcal{R}_2$、$\mathcal{R}_3$，最终由数据点的位置和原始数据点的位置决定的向量 $\boldsymbol{v}$ 就是对抗扰动。

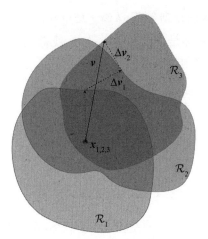

图 6-3 通用扰动示意图

(来源:MOOSAVI-DEZFOOLI S M, FAWZI A, FAWZI O, et al. Universal adversarial perturbations [C]//2017 IEEE Conference on Computer Vision and Pattern Recognition (CVPR). Honolulu, HI, USA, 2017:86-94)

对于如何产生最小扰动 Δv_i 这一问题,也可使用其他产生白盒对抗样本的方法予以解决。Moosavi-Dezfooli 等人使用了基于梯度更新的方法 DeepFool[7],表明 UAP 方法可以产生通用对抗扰动,使不同样本在添加了通用对抗扰动后,能够让目标模型分类出错。

3. 基于生成对抗的攻击

除了上述两类白盒对抗攻击方法外,还有一类方法基于 GAN 的思想,使用 GAN 训练对抗样本生成器,可针对输入图像快速地生成对抗样本。使用 AdvGAN 对抗样本生成方法[8],可学习与原始样本近似的分布,生成具有更好感知质量和更加有效的对抗样本。一旦生成器经过训练,即可为任何样本有效地生成扰动,加入对抗训练作为防御,并可在半白盒和黑盒攻击设置中应用。与传统的白盒攻击相比:在半白盒攻击中,生成器训练后无须访问原始目标模型;在黑盒攻击中,可以先为黑盒模型动态训练一个蒸馏模型,然后优化生成器。

参照 GAN,该方法需要训练一个前馈网络来生成扰动并创建不同的对抗样本,以及一个鉴别器网络来确保生成的样本足够真实。由于在生成器完成训练后,可立即为任何输入样本产生对抗性扰动,因此无须访问模型本身,这被称为"半白盒攻击"。图 6-4 展示了 AdvGAN 的整体架构,主要由三部分组成:生成器 G、判别器 D 和目标神经网络 f。

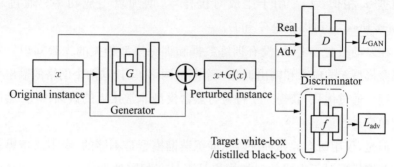

图 6-4 AdvGAN 框架

(来源:XIAO C, LI B, ZHU J, et al. Generating adversarial examples with adversarial networks [C]//Proceedings of the 27th International Joint Conference on Artificial Intelligence. Stockholm, Sweden: AAAI Press, 2018: 3905-3911)

生成器 G 将原始样本 x 作为其输入并生成扰动 $G(x)$,然后将 $x+G(x)$ 输入到鉴别器 D,用于区分生成的数据和原始样本 x,鉴别器 D 的目标是鼓励生成样本与原始类数据无法区分。为了实现欺骗模型的目标,首先执行白盒攻击,目标模型是 f, f 以 $x+G(x)$ 作为输入,输出损失 L_{adv} 代表预测与目标类 t(有目标攻击)之间的距离,或者代表预测与真实类之间距离的相反值(无目标攻击)。生成对抗损失如下:

$$L_{GAN} = E_x \ln D(x) + E_x \ln\{1 - D[x + G(x)]\} \qquad (6-17)$$

在有目标攻击中欺骗目标模型 f 的损失如下:

$$L_{adv}^f = E_x l_f [x + G(x), t] \qquad (6-18)$$

其中 t 是目标类, l_f 表示用于训练原始模型 f 的损失函数(例如交叉熵损失)。 L_{adv}^f 损失鼓励将扰动图像错误分类为目标类别 t。 也可以通过最大化预测和真实值之间的距离来执行非目标攻击。

为了限制扰动量,对 L_2 范数增加了一个软铰链损失如下:

$$L_{hinge} = E_x \max\{0, \|G(x)\|_2 - c\} \qquad (6-19)$$

其中 c 表示设定的最大扰动量。

完整的目标函数如下:

$$L = L_{adv}^f + \alpha L_{GAN} + \beta L_{hinge} \qquad (6-20)$$

其中，α 和 β 用于控制每个目标的相对重要性，L_{GAN} 用于鼓励扰动样本与原始数据 x 相似，L_{adv}^{f} 用于生成对抗样本，增加攻击成功率。通过求解 $\text{argmin}_G \max_D L$ 可以获得 G 和 D。

在发动黑盒攻击时，没有训练数据和训练模型相关的先验知识。先基于黑盒模型 b 的输入和输出训练一个蒸馏网络 f，让这两个网络的输出尽可能接近。通过优化，获得一个行为与黑盒模型非常接近的蒸馏模型，然后对蒸馏模型进行攻击。

但是，仅用所有原始训练数据训练蒸馏模型是不够的，尚不清楚黑盒模型和蒸馏模型对于生成的对抗样本是否具有相同的性能，因为这些对抗样本没有出现在训练集中。因而，可使用一种替代的最小化方法，动态地进行查询并训练蒸馏模型 f 和生成器 G。在每次迭代中执行以下两个步骤，在第 i 轮迭代期间：

（1）固定网络 f_{i-1} 更新 G_i。按照白盒设置并基于先前提取的模型 f_{i-1} 训练生成器和鉴别器。将权重 G_i 初始化为 G_{i-1}，则

$$G_i, D_i = \text{argmin}_G \max_D L_{\text{adv}}^{f_{i-1}} + \alpha L_{\text{GAN}} + \beta L_{\text{hinge}} \qquad (6-21)$$

（2）固定生成器 G_i 更新 f_i。首先，使用 f_{i-1} 来初始化 f_i。然后，给定从 G_i 生成的对抗样本 $x + G_i(x)$，蒸馏模型 f_i 将同时根据针对黑盒模型生成的对抗样本以及原始训练图像进行更新：

$$f_i = \text{argmin}_f E_x H[f(x), b(x)] + E_x H\{f[x+G_i(x)], b[x+G_i(x)]\} \qquad (6-22)$$

其中 H 通常使用交叉熵。

6.2.2　黑盒对抗攻击

在黑盒攻击场景下，攻击者难以获取目标模型的内部信息，仅能掌握输入和输出，甚至不包括输出层在每个类别上的逻辑值以及输出结果置信度。在黑盒对抗攻击方法中，根据攻击方法可大致分成基于搜索策略和基于迁移性两类。

1. 基于搜索策略的攻击

在黑盒对抗攻击中，由于无法获取目标模型的内部信息，因此攻击者可

以通过设计搜索策略,对目标模型进行多次输入请求,并根据输出找到样本空间中的对抗样本。单像素攻击(one pixel attack)是一种极端的攻击方式[9],仅修改样本图像中的一个像素,就可使样本被错误分类。同时,该攻击方法仅需要黑盒反馈(概率标签),无须目标模型的其他任何内部信息,如梯度和网络结构等,因此它可对梯度难以计算及不可微的网络进行攻击。该方法将搜索扰动的问题抽象为显式目标函数,而是直接关注如何增加目标类的概率。

　　生成对抗图像可以表述为具有约束的优化问题。输入图像可以由一个向量表示,其中每个元素代表一个像素。设 f 为具有 n 维输入的分类器,$\boldsymbol{x}=(x_1,\cdots,x_n)$ 是原始自然图像,正确标签为 t,$f_t(\boldsymbol{x})$ 为分类器将样本 $\boldsymbol{x}$ 归到 t 类的概率,$e(\boldsymbol{x})=(e_1,\cdots,e_n)$ 为添加的对抗扰动,adv 是设定的错误标签,最大扰动量为 L。 对抗样本攻击可抽象为下面的优化过程:

$$\max_{e(\boldsymbol{x})^*}\quad f_{\text{adv}}[\boldsymbol{x}+e(\boldsymbol{x})]$$

$$\text{s. t.}\quad \|e(\boldsymbol{x})\|\leqslant L \qquad\qquad (6-23)$$

其目的是找到扰动的最优解 $e(\boldsymbol{x})^*$,使对抗样本在目标类别 adv 上的概率最大。

　　以往方法多在几何意义上限制扰动向量的强度来分析自然图像邻域,$\|\cdot\|$ 一般都是 L_p 范数,且 $p\geqslant1$。 单像素攻击算法限制修改像素的个数来限制扰动,原优化问题转化为:

$$\max_{e(\boldsymbol{x})^*}\quad f_{\text{adv}}[\boldsymbol{x}+e(\boldsymbol{x})]$$

$$\text{s. t.}\quad \|e(\boldsymbol{x})\|_0\leqslant d \qquad\qquad (6-24)$$

其中 d 是一个很小的数,在单像素攻击中,$d=1$。 只有 d 这个维度会被修改,而 $e(\boldsymbol{x})$ 的其他维度则保留为零。与以往方法不同,单像素攻击算法只限制修改像素的数量,但并不限制修改强度。

　　然而,L_0 范数并不可微,上述问题难以使用优化算法直接求解。解决该问题的一种方法是利用差分进化(differential evolution,DE)算法进行优化,该算法常用于解决复杂的多模式优化问题,属于进化算法的一个分支。在每次迭代期间,根据当前解决方案(父代)生成另一组候选解决方案(子代)。然后将子代与相应的父代进行比较,如果它们比父代更适合(拥有更高的价值),则保留。以这种方式,仅比较父代和它的子代,就可以同时实现保持多样性和提高价值的目标。DE 不使用梯度信息进行优化,不需要目标函数可微或已知。与基于梯度的方法相比,它适用于更广泛的优化问题(例如不可微、动态、噪声等)。

首先,将扰动编码为一个数组(候选解),该数组通过差分运算进行优化(演化)。一个候选解包含固定像素数量的扰动,且每个扰动都是一个元组,该元组含有五个元素:(x, y) 坐标和扰动的 RGB 值。每次扰动只会修改一个像素。候选解(子代)的初始数量为 400,在每次迭代中,使用常规的 DE公式生成另外 400 个候选解(子代):

$$x_i(g+1) = x_{r_1}(g) + F \cdot [e_{r_2}(g) - e_{r_3}(g)], \ r_1 \neq r_2 \neq r_3$$

$$(6-25)$$

其中 x_i 是候选解(子代)的元素,r_1、r_2、r_3 是随机数,F 是设置为 0.5 的比例参数,g 是当前一代(父代)的索引。生成后,每个候选解决方案将根据总体指数与其相应的父代竞争,获胜者将生存下来进行下一次迭代。

单像素攻击的实验效果如图 6-5 所示。单像素攻击虽然在有目标攻击的场景下攻击成功率一般,但考虑到黑盒攻击中有限的可用信息,可认为该方法生成了较为有效的对抗样本。

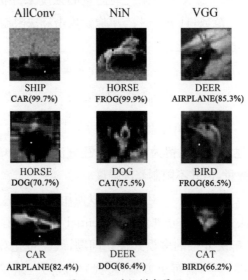

图 6-5 对抗样本展示

(来源:SU J, VARGAS D V, SAKURAI K. One pixel attack for fooling deep neural networks[J]. IEEE Transactions on Evolutionary Computation, 2019, 23(5):828 - 841)

2. 基于迁移性的攻击

随着对抗样本研究的发展,对抗样本被发现具有一定跨模型、跨数据集的迁移能力,对攻击者而言,又有了新的攻击方式。一种发动黑盒对抗攻击的方式,是先建立目标模型的替代模型(模型架构相似、训练数据相似),并对替代模型发动白盒攻击,进而使用替代模型上产生的白盒对抗样本,对目标黑盒模型发动迁移攻击[10]。早期的研究主要针对基于小规模数据集的对抗样本可转移性,后来出现了针对大型模型和大规模数据集的可迁移性的分析,提出了有目标对抗样本的可迁移方法。基于集成方法生成的可迁移对抗样本,可得到具有强迁移性的对抗样本,在有目标攻击场景下,对抗样本能够与目标标签一起转移。

Liu 等人[10]在 ImageNet 数据集上测试了 Box-Constrained L-BFGS 和 FGM 方法在多个模型上产生无目标对抗样本的表现,发现两种方法产生的无目标对抗样本均具有一定的迁移性。在对由 FGM 产生的目标对抗样本的迁移性测试中,观察到有目标对抗样本在原模型上能够被分类至指定标签,但即便增加扰动量,也很难在迁移后被分类至指定标签,原因在于 FGM 方法只在一维子空间寻找攻击点,该子空间中可能只包含部分标签,而不包含目标标签。

假如某对抗样本对多个模型是有效的,那么它也更有可能转移到其他模型。因此,使用基于集成模型的方法,可产生更具有迁移性的对抗样本。给定 k 个 softmax 输出为 $J_1, \cdots, J_k$ 的白盒模型,原始图像 x,真实标签 y,基于集成的方法解决了以下优化问题(针对有目标的对抗样本攻击):

$$\arg \min_{x^*} \quad -\ln\{[\sum_{i=1}^{k} \alpha_i \cdot J_i(x^*)] \cdot 1_{y^*}\} + \lambda \cdot d(x, x^*)$$

$$(6-26)$$

其中 x^* 是对抗样本,y^* 是为对抗样本指定的目标标签,α_i 是集成模型的权重。优化该函数,可在扰动减小的同时,使对抗样本被集成模型分类到指定标签。

基于集成模型的优化方法在很大程度上提升了无目标和有目标对抗样本的迁移性。

6.2.3 对抗样本防御

1. 基于修改输入/训练的防御

在对抗样本防御中,可以通过对输入内容或者训练过程进行修改、抵抗或破坏对抗样本攻击,最有代表性的方法是让对抗样本参与模型的训练,用于增强模型抵抗对抗样本的鲁棒性,该思路被称为"对抗训练"。

(1) 基于修改输入的对抗样本防御。Szegedy 等人[1]用 MNIST 数据集训练了一个两层非卷积神经网络(100 - 100 - 10 全连接网络),其中训练集的一部分是对抗样本。这里的对抗样本不是一次性生成的,而是随着对网络的更新不停更新产生的。另外,对抗样本是根据每层的输出各自生成的,这些样本作为训练数据时作用于整个网络。该网络以交替的方式进行训练,除了原始训练集之外,还分别维护和更新了每一层的对抗样本库。根据实验结果分析,高层的对抗样本比输入层或较低层的对抗样本更加有用。

该方法还尝试从理论上解释对抗样本的成因和预防方式,并利用神经网络的 Lipschitz 连续性界定对抗样本的扰动强度,保证在小范围的扰动下不会出现对抗样本。

记样本 x 为一个 K 层神经网络的输入,$\phi(x)$ 是该样本的输出,$\phi_k(x)$ 是神经网络第 $k-1$ 层到第 k 层的映射,W_k 是对应的权重。根据神经网络的定义,有如下表达式:

$$\phi(x) = \phi_K\{\phi_{K-1}[\cdots\phi_1(x; W_1); W_2]\cdots; W_K\} \qquad (6-27)$$

神经网络的稳定性可以通过每层 Lipschitz 上界来衡量,Lipschitz 上界是指满足下面不等式的大于零的常数 L_k:

$$\forall x, r, \quad \|\phi_k(x, W_k) - \phi_k(x-r, W_k)\| \leqslant L_k \|r\| \qquad (6-28)$$

进一步可以推导出关于神经网络对于输入扰动的在输出上面的波动范围:

$$\|\phi(x, W) - \phi(x-r, W)\| \leqslant L\|r\| \qquad (6-29)$$

这里 $L = \prod_{k=1}^{K} L_k$。

因此,通过限制各个层神经元的权重范围来控制网络的附加稳定性,可有效缓解对抗样本的攻击。

（2）基于修改训练过程的对抗样本防御。除了在训练集中直接添加对抗样本进行训练的方法外，还可在损失函数中添加正则化项，模拟对抗样本的生成，从而进行对抗训练[4]。FGSM 在损失函数中添加了正则化项，可在训练过程中产生对抗样本并实现对抗训练。

令 θ 表示模型参数，x 表示输入图像，y 表示 x 的真实标签，$J(\theta, x, y)$ 为训练网络的损失函数，∇_x 表示对 x 求梯度，最大扰动为 ε，则目标函数如下：

$$\tilde{J}(\theta, x, y) = \alpha J(\theta, x, y) + (1-\alpha)J\{\theta, x + \varepsilon\,\mathrm{sign}[\nabla_x J(\theta, x, y)], y\}$$

$$(6-30)$$

前一项表示网络对原始图像的分类损失，后一项表示网络对由 FGSM 产生的对抗样本的分类损失。这一对抗训练过程的目的是使由 FGSM 产生的对抗样本的损失最小化。

在 MNIST 数据集上的实验表明：对原始模型采用由 FGSM 产生的对抗样本，识别错误率为 89.4%；而使用上述对抗训练的模型在对抗样本的攻击下，识别错误率下降至 17.9%。

2. 基于修改模型的防御

在对抗样本防御中，可以通过增加正则项、修改模型结构等修改模型的方法来增强模型对于对抗样本的鲁棒性，本节介绍一种基于深度收缩网络（deep contractive network，DCN）的对抗样本防御方法[11]。DCN 中包含了逐层收缩惩罚，针对由这种网络生成的对抗样本具有明显更高的失真。因而，该方法可用作训练更健壮的神经网络的基础。

为了评估对抗噪声的特性，该方法首先训练了一个三层自动编码器，将对抗样本映射回原始样本。训练模型将原始训练数据映射回自身，以便在输入非对抗样本数据时自动编码器能保留原始数据，因此可堆叠多个自动编码器。仅使用训练集中的对抗样本来训练自动编码器，并在不同模型的测试集中对对抗样本进行泛化能力测试。实验结果表明，自动编码器针对来自不同模型的对抗样本可以很好地泛化。所有自动编码器都能够防御至少 90% 的对抗样本。然而，自动编码器及相应的分类器可以堆叠成一个新的前馈神经网络，从这个堆叠的网络中可再次生成对抗样本，且堆叠网络本身也容易受到对抗样本的影响。为此，基于收缩自动编码器（contractive autoencoder，CAE)引入了一种新的模型设计,可以将输入不变性传播到最终网络输出并进行端到端训练。

深度收缩网络的本质是将收缩自动编码器推广到前馈神经网络。假设前馈神经网络的输入为 $x \in \mathbb{R}^{d_x}$,模型参数为 θ,输出为 $y \in \mathbb{R}^{d_y}$,目标输出为 $t \in \mathbb{R}^{d_t}$。对于具有 H 个隐藏层的网络,令 f_i 表示隐藏层 i 的函数, $h_i \in \mathbb{R}^{d_{h_i}}$ 表示第 i 个隐藏层的输出,则有 $h_i = f_i(h_{i-1})$, $i=1, \cdots, H+1$, $h_0 = x$,且 $h_{H+1} = y$。 理想情况下,模型的损失函数为:

$$J_{\text{DCN}}(\theta) = L(t, y) + \lambda \cdot \left\| \frac{\partial y}{\partial x} \right\|_2 \qquad (6-31)$$

其中,前一项表示模型的分类损失,后一项表示输出 y 相对于输入 x 的雅可比矩阵的 F 范数, λ 是一个比例因子。惩罚后一项的目的是让损失函数在输入图像的位置附近具有更小的梯度,进而增加产生对抗样本的代价。

然而,在标准反向传播框架中计算每一层的偏导数时,这样的惩罚在计算上是昂贵的。因此可以将目标近似简化为:

$$J_{\text{DCN}}(\theta) = L(t, y) + \sum_{j=1}^{H+1} \lambda_j \cdot \left\| \frac{\partial h_j}{\partial h_{j-1}} \right\|_2 \qquad (6-32)$$

这种逐层的收缩惩罚(或者叫"平滑性惩罚"),可使偏导数以与收缩自动编码器相同的方式计算,并且很容易合并到反向传播过程中。虽然这个目标并不能保证方程的解达到与简化前损失一致的全局最优性,但这也是一种限制深度网络传播输入不变性的有效计算方式。

3. 基于添加外部网络的防御

在对抗样本防御中,可以通过增加外部网络的方法来检测或校正对抗样本,从而增强模型的鲁棒性。值得注意的是,外部网络和目标网络都是独立训练的。在此前的章节中,我们介绍了与图像无关的、几乎不可察觉的通用对抗扰动,可以欺骗最先进的网络分类器,改变图像标签的预测结果。通用对抗扰动对深度学习在相关工程的实践构成了严重威胁。因此,扰动校正网络(perturbation rectifying network,PRN)[12]被提出,它可以有效地保护网络免受通用对抗扰动的威胁。

通过学习 PRN 作为目标模型的预输入层,在无须修改目标网络的同时对攻击进行防御。PRN 使用通用扰动进行学习,扰动检测器在 PRN 的输入-输出差异的离散余弦变换上单独训练。查询图像首先通过 PRN 并由检测器验证,如果检测到扰动,PRN 的输出将代替输入图像用于标签预测。

假设原始样本为 I_c,$C(\cdot)$ 表示目标分类器,对抗扰动为 ρ,则通用对抗扰动满足以下条件:

$$P[C(I_c) \neq C(I_c + \rho)] \geqslant \delta$$
$$\text{s. t.} \quad \|\rho\|_p \leqslant \varepsilon \tag{6-33}$$

其中 $\|\cdot\|_p$ 表示 p 范数。该条件表示对于任意原始样本,在加上通用对抗扰动后,被目标模型分错的概率大于设定的阈值。

为了防御这种扰动,设计的系统分成两个部分。第一个是扰动检测器 $D(I_{\rho/c})$,用以检测输入样本是否含有对抗扰动;第二个是扰动校正网络 $R(I_\rho)$,用以对含有对抗扰动的输入进行校正。整个系统的目标是希望发现含有对抗扰动的样本并将其校正,最终得到正确的分类结果,具体防御过程的整体框架如图 6-6 所示:

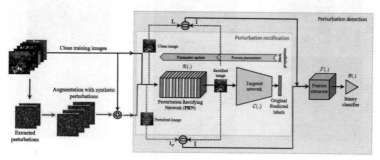

图 6-6　PRN 框架

(来源:AKHTAR N, LIU J, MIAN A. Defense against universal adversarial perturbations [C]//2018 IEEE/CVF Conference on Computer Vision and Pattern Recognition. Salt Lake City, UT, USA, 2018: 3389-3398)

首先从干净的数据中,计算出通用扰动,并通过合成扰动进行增强。干净和扰动的图像都被馈送到 PRN。通过将 PRN 附加到目标网络的第一层来训练 PRN,在 PRN 训练期间目标网络的参数保持不变。扰动检测器从 PRN 的输入和输出之间的差异中提取判别特征,并学习二元分类器。为了对未见过的测试图像 $I_{\rho/c}$ 进行分类,首先计算 $D(I_{\rho/c}) = B\{F[I_{\rho/c} - R(I_{\rho/c})]\}$。如果检测到扰动,则使用 $R(I_{\rho/c})$ 作为分类器 $C(\cdot)$ 的输入,取代实际的测试图像。接下来介绍 PRN 的设计细节。

PRN 被训练为目标网络分类器的预输入层,附加到分类网络的第一层,联合网络经过训练以最小化以下损失:

$$J(\theta_p, b_p) = \frac{1}{N} \sum_{i=1}^{N} L(l_i^*, l_i) \tag{6-34}$$

其中,l_i^* 和 l_i 分别是由联合网络和目标网络预测的结果。对于 N 个训练示例,$L(\cdot)$ 计算损失,θ_p 和 b_p 表示 PRN 的权重和偏差参数。

PRN 使用干净的图像以及它们的对抗样本进行训练,使用夹在卷积层之间的 5-ResNet 模块来实现。对于扰动检测器,设计特征提取模块 $F(\cdot)$,计算参数中灰度图像的 2D-DCT 系数的对数绝对值,并使用 SVM 分类器作为后续的二分类模块 $B(\cdot)$。图 6-7 是一些校正前后的图像展示。

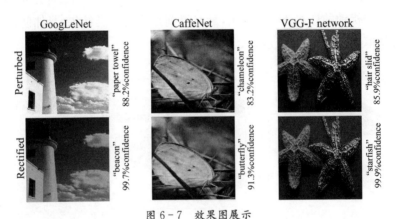

图 6-7　效果图展示

(来源:AKHTAR N, LIU J, MIAN A. Defense against universal adversarial perturbations [C]//2018 IEEE/CVF Conference on Computer Vision and Pattern Recognition. Salt Lake City, UT, USA, 2018: 3389-3398)

实验表明,该框架成功地帮助 CaffeNet、VGG-F 网络和 GoogLeNet 三个网络免受通用对抗扰动的影响,这证明了该框架的有效性。

6.3　后门攻击与防御

随着深度学习的迅速发展和在各个领域的广泛应用,各种神经网络模型在图像识别、语音处理和机器翻译等领域性能卓越,训练这些网络通常需要大量的计算开销。由于个人甚至大多数企业难以拥有如此大的计算能力,因此其通常将训练任务外包给云计算服务商,即"机器学习即服务"(machine learning as a service,MLaaS),或者直接使用第三方提供的预训模型进行迁移学习。然而,使用 MLaaS 外包服务或使用第三方预训模型迁移,这些过程可能会引入新的风险,其中之一便是后门攻击(backdoor attack)。在信息系统中,后门攻击是指攻击者利用系统不安全的入口点,绕过授权验证访问系统中的资源。在神经网络模型中,后门攻击是指攻击者通过操纵训练过程中的数据集,如在训练集中混入一些"特殊"数据,使得图像在推断阶段对携有特定触发标记的输入做出错误判断,将训练好的带有后门的模型发布到应用市场,可以达到一些恶意目的。

假设在训练数据集 D_{train} 上训练后得到模型 $F_{\Theta}: \mathbb{R}^N \to \mathbb{R}^M$,能将输入 $x \in \mathbb{R}^N$ 映射到输出 $y \in \mathbb{R}^M$,其中 Θ 表示模型参数。当 F_{Θ} 在验证集 D_{valid} 上的准确率满足 $\text{Acc}(F_{\Theta}, D_{\text{valid}}) \geqslant a$ 时,F_{Θ} 被认定为合格的正常模型。攻击者对模型 F_{Θ} 进行攻击后得到含后门的模型 $F_{\Theta'}$,该模型需满足以下两个条件。首先,$F_{\Theta'}$ 不应降低其在验证集上的准确性,即要保证 $\text{Acc}(F_{\Theta'}, D_{\text{valid}}) \geqslant a$,否则将被视为不合格的网络。其次,令 $P: \mathbb{R}\mathbb{R}^N \to \{0, 1\}$ 表示输入是否含有后门触发标记,其中 $P(x)=0$ 表示 x 为正常输入,对任何含有后门触发标记的输入 x,$F_{\Theta'}$ 的输出应不同于 F_{Θ} 的输出,即 $\forall x: P(x)=1$,$F_{\Theta'}(x) \neq F_{\Theta}(x)$。

图 6-8 以图像分类网络为例,对后门植入的不同情况进行了展示,其中方块代表神经网络中的参数,白色方块为与原始任务相关的参数,黑色方块为受后门植入影响而更新的参数,黑白相间方块代表合并层参数。正常情况下,对于任何输入,不带有任何后门的分类器能够正确分类,如第一个网络结构示意图所示。在后门攻击场景中,若攻击者能够任意操纵模型,便可通过修改模型的结构进行后门植入,如第二个网络结构示意图所示,其中左侧网络用于正常分类,右侧网络为攻击者识别后门触发标记的网络;将上述两个网络合并后进行训练,使合并后的网络对任何带有触发标记的输入都能够触发后门,实现分类结果任由攻击者控制的目的。在第三方提供预训练模型的情况下,神经网络的体系结构由用户指定,攻击者无法通过上述方式进行后门植入,如第三个网络结构示意图所示,攻击者只能污染部分训练样本,在训练过程中通过更新权重的方式选取合适的网络权重,将后门植入

用户指定的网络体系结构中。

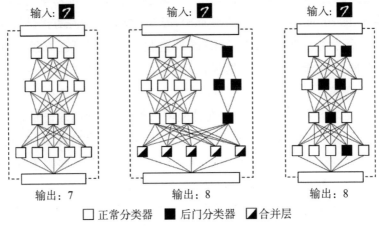

图 6-8　神经网络后门植入示意图(以分类网络为例)

下面针对几种经典的后门攻击手段与防御手段分别展开介绍。

6.3.1　BadNets 攻击

针对上述 MLaaS 和迁移学习场景,后门攻击的开山之作 BadNets[13] 提出一种基于数据投毒的后门攻击方法。它保持正常训练样本图像的标签不变,采用单个像素或特定图案的像素块作为触发标记,人为修改带有触发标记的训练样本的标签,以达到攻击目的。如图 6-9 所示,在训练交通标志识别模型时,攻击者首先将含有触发器的"停止"交通标志的标签修改为"限速",将其混入正常训练样本中,然后训练模型。当使用这种有毒数据训练出来的模型被应用到自动驾驶领域时,攻击者只需在"停止"交通标志上添

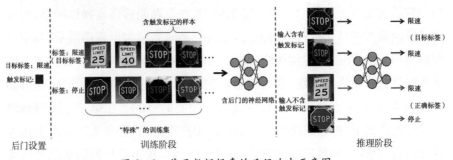

图 6-9　基于数据投毒的后门攻击示意图

加特定触发标记,便能轻而易举地使自动驾驶车辆将"停止"标志误识别为"限速"标志,从而产生巨大的安全隐患。

假设干净的训练集为 $\mathcal{D}_{\text{train\_c}}=\{x_i, z_i\}_{i=1}^{S}$,其中样本容量为 S,输入 x_i 所对应的真实标签为 $z_i \in [1, M]$。 攻击模型是参数为 θ 的分类网络,决策函数为 F_θ。 攻击者的目标是使分类网络将带触发标记的样本分类为目标类 t。

首先,从 $\mathcal{D}_{\text{train\_c}}$ 中抽取 N 个样本,向这 N 个样本添加触发标记 p,并将其对应标签修改为 t,构成样本集合 $\mathcal{D}_b=\{x_i+p, t\}_{i=1}^{N}$。 经过修改的 N 个样本和未修改的 $S-N$ 个原始样本重新构成有毒的训练集合 $\mathcal{D}_{\text{train\_b}}$。

其次,利用 $\mathcal{D}_{\text{train\_b}}$ 来训练分类网络模型,确定网络的参数 θ,最小化网络对训练输入的分类预测与真实标签之间的"距离",其中使用损失函数 $\mathcal{L}$ 来衡量。训练结束后,得到网络参数 θ_{adv}:

$$\theta_{\text{adv}}=\underset{\theta}{\arg\min}\{\sum_{i=1}^{S-N}\mathcal{L}[F_\theta(x_i \in \mathcal{D}_{\text{train\_c}}), z_i] + \sum_{i=1}^{N}\mathcal{L}[F_\theta(x_i \in \mathcal{D}_b), t]\}$$

$$(6-35)$$

按上述方式训练后,后门就被成功植入目标分类网络中。当输入为 x_i 即正常样本时,它将被分类为真实标签 $z_i=F_{\theta_{\text{adv}}}(x_i)$。 但是,当输入为 x_i+p 即含有触发标记的中毒样本时,它将被分类为攻击者设定的特定类 t。

将训练集中部分图像样本修改为带特定触发标记的中毒图像,同时修改对应的标签,这是 BadNets 攻击方法的核心思想。然而,该方法添加的触发标记过于明显,肉眼即可识别,容易被人工审查发现。对此,使用两种方法可实现触发标记的不可感知[14]:一是利用图像隐写术产生微小扰动来生成触发标记,二是使用正则化的方式优化触发标记。下面分别对这两种方法进行介绍。

6.3.2　隐写与后门

基于隐写的触发标记生成方法[14],使用图像隐写术中广泛使用的 LSB 算法,将攻击者预先设定的秘密信息降维为比特序列,用于替换载体数据的最低有效位,保证信息嵌入后色彩空间中不会产生明显变化。该方法不仅能够逃离人工审查,而且能通过改变载体数据的自然分布,使深度网络模型检测到分布变化,这为隐写术隐藏触发标记提供了可能性——将秘密信息看作触发标记并将其嵌入部分训练样本中,使用修改后的训练集训练模型,得到的后门模型便能准确识别正常样本和含有触发标记的样本。

　　基于隐写的后门攻击流程如图 6-10 所示，模型后门注入可以分为两个阶段。第一阶段，利用 LSB 隐写术将触发器插入部分良性样本中并修改其标签为目标标签，构建一个中毒训练集。第二阶段，使用有毒样训练样本和良性样本构成训练集对模型进行再训练，进一步得到含有后门的模型。

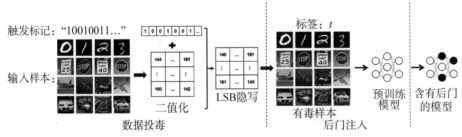

图 6-10　基于隐写的后门攻击流程示意图

（来源：LI S, XUE M, ZHAO B, et al. Invisible backdoor attacks on deep neural networks via steganography and regularization [J]. IEEE Transactions on Dependable and Secure Computing, 2020, 18(5)：2088-2105）

　　假设触发标记为 p，$\mathcal{F}(x, p)$ 函数利用 LSB 隐写术将触发标记 p 嵌入样本图像 x 中，首先将触发标记和图像从十进制转换为二进制，然后将图像每个像素的最低有效位替换为触发标记的一个比特位。如图 6-11，灰度图中左下角的十进制值为 160，可用二进制值 10100000 表示，最低有效位是字符串中最右边的位 0，假如对应触发标记的秘密位是 1，则将像素值修改为 10100001（十进制为 161）。使用上述方法对触发标记的所有比特位依次进行替换。如果触发标记对应的比特串长度超过图像大小（宽度×高度×通道），则触发标记将以覆盖方式从头修改图像的下一个最低有效位。

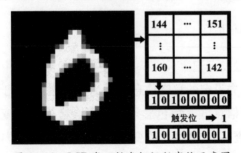

图 6-11　LSB 嵌入触发标记秘密位示意图

（来源：LI S, XUE M, ZHAO B, et al. Invisible backdoor attacks on deep neural networks via steganography and regularization [J]. IEEE Transactions on Dependable and Secure Computing, 2020, 18(5)：2088-2105）

通过 $\mathcal{F}(x,p)$ 得到有毒样本 x' 后,将标签修改为目标标签 t,从而构成有毒训练样本 $\mathcal{D}_{tr}^p$。随后,使用有毒训练样本和良性训练样本 $\mathcal{D}_{tr}$ 对模型进行再训练,得到含有后门的模型 h^*,再训练过程可以看作一个双优化问题:

$$h^* \in \underset{h}{\mathrm{argmin}}\mathcal{L}\{\mathcal{D}_{tr}^p \bigcup [\mathcal{F}(x,p),t],h\} \qquad (6-36)$$

通过损失函 $\mathcal{L}$ 对预训练模型 h 再训练进行优化,在不降低良性训练样本的分类准确性情况下,同时提高攻击有毒训练样本的攻击成功率,最终得到后门模型 h^*。当输入良性样本时,后门模型 h^* 能对输入进行正确分类,只有当输入为利用 LSB 嵌入触发标记 p 的有毒样本 $x' = \mathcal{F}(x,p)$ 时,后门模型 h^* 才会将其分类为目标类 t。

6.3.3　正则化优化

还有一类方法也可生成不可感知的触发标记,即采用基于正则化优化的方法来生成触发标记[14]。基于正则化优化的后门攻击流程如图 6-12 所示,与基于隐写术生成的触发标记不同,正则化优化攻击的触发标记是通过预训练分类模型优化产生的,而不是算法指定的,它生成的触发标记可以放大特定的神经元激活值,进而在特定的内部神经元和目标标签之间建立更强的依赖性。在生成触发标记之后,与基于隐写术的后门攻击方法一样,首先构建一个中毒训练集,接着使用由有毒样训练样本和良性样本构成的训练集对模型进行再训练,进而得到含有后门的模型。

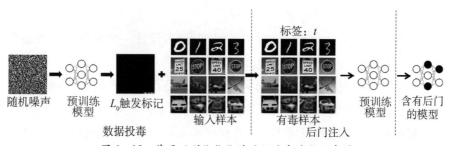

图 6-12　基于正则化优化的后门攻击流程示意图

(来源:LI S, XUE M, ZHAO B, et al. Invisible backdoor attacks on deep neural networks via steganography and regularization[J]. IEEE Transactions on Dependable and Secure Computing, 2020,18(5):2088-2105)

触发器 a 的生成与对抗样本生成类似,攻击者首先将初始化高斯噪声 a_0 输入预训练模型,通过良性的预训练好的分类模型对该噪声进行调整,使得调整后的输入能够放大预训练模型中选定 N 个神经元的激活值 $A(a)$，同时降低该噪声的 L_p 范数（$p=0, 2, \infty$）。类似于对抗样本中的扰动，调整后生成的噪声 a 具有高度的不可感知性，其优化生成过程如下：

$$\underset{a}{\arg\min}\theta \sum_{i=1}^{N} \| A(a)_i - c \cdot A(a_0)_i \|_2 + \lambda \| a \|_p \qquad (6-37)$$

其中，$A(a)$ 表示输入为 a 时神经元的激活值，c 为缩放因子，θ 和 λ 为两部分损失项的权重系数。

将由该方法生成的微小噪声 a 作为触发标记，添加到训练集中的部分输入图像中，便可通过模型重训练完成后门植入，训练出以这种不可感知噪声为触发标记的后门模型。

6.3.4 联合攻击

对于一个正常的分类模型，模型会在决策层对输入图像分类至每个标记的概率进行打分，将得分最高的标记作为最终输出的标记。因此，正常的分类模型对标记本身所对应的特征十分敏感。通过将现有的标记特征进行组合，可设计出具有语义性的动态触发标记，保证触发标记具有不可感知性，同时与原模型的应用场景保持一致[15]。

不同于上述各种后门攻击，联合攻击方法并未向输入图像注入不属于任何输出标记的新特征，而是利用来自多个现有标记的正常特征，只有当特定的标记特征组合出现时，模型才会将中毒样本错分类为目标标记。

这种后门攻击方法包含三个步骤：

步骤一 确定触发标记和对应的目标标记，设计一个混合器负责混合样本中现有良性特征或对象来组合有毒样本；

步骤二 使用混合器混合出有毒样本，以及抑制混合器引入的不良人工特征（如复制-粘贴带来的边缘伪影）的混合样本；

步骤三 使用包含正常样本、混合样本和有毒样本的新数据集训练模型并注入后门。

以人脸识别应用程序为例，如图 6-13 所示，首先选定触发标记为身份 A 与身份 B 的组合，只有当输入图像同时包含身份 A 和身份 B 的特征（即触发标签特征组合）时，模型才会输出目标标记（即身份 C）。样本混合器的功能是将其中一个输入中的人脸区域剪裁并粘贴到另一个输入中的随机位置。

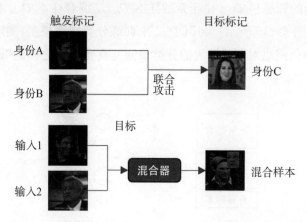

图 6 - 13　触发标记和目标标记选定以及样本混合器示意图

（来源：LIN J，XU L，LIU Y，et al. Composite backdoor attack for deep neural network by mixing existing benign features [C]//Proceedings of the 2020 ACM SIGSAC Conference on Computer and Communications Security. New York，NY，USA：Association for Computing Machinery，2020：113 - 131）

　　其次，通过选择不同输入和样本混合器得到混合样本和有毒样本，如图 6 - 14 所示。混合样本是由相同身份的不同样本作为混合器的输入得到的，其标记保持不变。有毒样本是由两个触发标记身份的不同样本分别作为混合器的两个输入得到的，并将标签修改为目标标记。

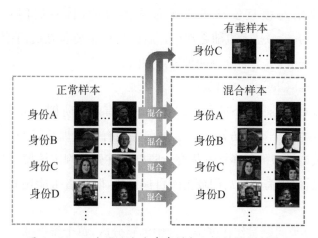

图 6 - 14　混合器混合出有毒样本和混合样本示意图

（来源：LIN J，XU L，LIU Y，et al. Composite backdoor attack for deep neural network by mixing existing benign features [C]//Proceedings of the 2020 ACM SIGSAC Conference on Computer and Communications Security. New York，NY，USA：Association for Computing Machinery，2020：113 - 131）

最后,新的训练集 $\mathcal{D}_{train}$ 由正常的样本 $\mathcal{D}_{norm}$、混合样本 $\mathcal{D}_{mix}$ 和有毒样本 $\mathcal{D}_{poi}$ 构成,如图 6-15 所示。利用 $\mathcal{D}_{train}$ 来训练分类网络模型,确定网络的参数 θ,以最小化网络对训练输入的分类预测与真实标记之间的"距离",使用损失函数 $\mathcal{L}$ 来衡量。

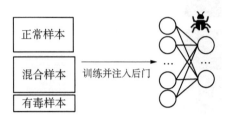

图 6-15　模型训练并注入后门

(来源:LIN J, XU L, LIU Y, et al. Composite backdoor attack for deep neural network by mixing existing benign features [C]//Proceedings of the 2020 ACM SIGSAC Conference on Computer and Communications Security. New York, NY, USA: Association for Computing Machinery,2020:113-131)

其中,混合样本在模型训练时,将触发标记的联合特征作为触发后门的条件,而不是将复制-粘贴带来的边缘伪影作为触发后门的条件。

6.3.5　后门防御

后门攻击对模型安全带来了很大的挑战,针对后门攻击的防御 (backdoor defense)技术也随之产生。后门防御主要包括后门检测、后门削弱与消除两部分,本节将介绍两种经典方法。

1. Neural Cleanse 后门防御

Neural Cleanse(以下简称 NC)作为一种有效的防御方法[16],已成为后门检测领域的一个基准方法。假定防御者拥有一个训练好的可疑模型,以及用来测试该模型的干净样本集合。防御者首先要判定该模型是否含有后门,若含有后门则需判定后门攻击的目标标签,防御者可能还需要移除模型中的后门。

NC 将分类问题看作在多维空间中创建分区,每个维度捕获样本的部分特征。在使用中毒训练集训练模型时,触发标记会创建一条从某标签区域到目标标签区域的"捷径",促使分类边界发生改变。以一维分类问题为例,图 6-16 分别给出对于干净模型和中毒模型,三个标签的样本在输入空间中的位置以及模型的决策边界。模型中毒后,触发标记会在属于 B 和 C 的区域中创建一个新的维度,使得任何包含触发标记的输入都会被归类为目标标签 A,而对不含触发标记特性的输入样本的标签不变。通过对比可以发现,触发标记缩小了模型错误分类为目标标签的边界,使得样本只需要移动一小段距离便可以被错分到目标标签所在区域,从而成功达到中毒目的。

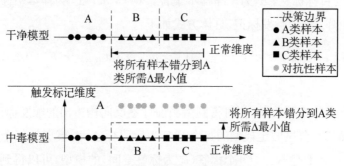

图 6 - 16　NC 后门检测原理

(来源:WANG B, YAO Y, SHAN S, et al. Neural cleanse: identifying and mitigating backdoor attacks in neural networks [C]//2019 IEEE Symposium on Security and Privacy (SP). San Francisco, CA, USA, 2019: 707 - 723)

在标签空间 L 中,考虑标签 L_i 和目标标签 $L_t(i \neq t)$,如果存在触发标记 T_t 使得原标签为 L_i 的样本被错误分类为 L_t,则对原始图像所需的最小扰动 $\delta_{i \to t}$ 受限于触发标记 T_t 的大小,即 $\delta_{i \to t} \leqslant |T_t|$,这里触发标记的大小即为触发标记含有的像素数量。同时,由于原标签可以是任意标签,因此触发标记要保证对原始图像添加的扰动可使任意标签的样本都被误分类为目标标签,则有 $\delta_{\forall \to t} \leqslant |T_t|$($\forall \in L$,$\forall \neq t$)。另外,若后门触发标记 T_t 存在,则后门目标标签对应扰动的大小应小于任何正常标签对应扰动的大小,所以有:

$$\delta_{\forall \to t} \leqslant |T_t| \ll \min_{i, i \neq t} \delta_{\forall \to i} \tag{6-38}$$

NC 检测的直观思想是:在一个后门模型中,将其他区域样本归类为目标标签所需扰动,应远远小于归类为其他正常标签所需扰动。针对如上特性,NC 遍历模型的全部标签,试图找到能够通过显著微小扰动实现错分类的标签,即为目标标签。

NC 检测流程主要包括以下三步:

步骤一　给定一个标签,将其作为定向后门攻击的可疑目标标签,设计一个优化方法,寻找一个能够将其他标签对应的样本错分类为当前可疑目标标签的最小触发标记。从像素域来看,这一触发标记定义了造成误分类的最小像素集合和相关的颜色强度。设计的目标函数如下:

$$\min_{m,\Delta} l\{y_t, f[A(x, m, \Delta)]\} + \lambda \cdot |m|, x \in X \quad (6-39)$$

其中 y_t 为目标标签,X 为干净样本集合,$A(x, m, \Delta)$ 为样本中毒方式,m 为掩膜矩阵,Δ 为触发标记,具体方式如下:

$$A(x, m, \Delta) = x', x'_{i,j,c} = (1 - m_{i,j}) \cdot x_{i,j,c} + m_{i,j} \cdot \Delta_{i,j,c} \quad (6-40)$$

优化目标函数直至收敛,便可得到由当前标签反向构造出的触发标记。

步骤二 分别假定模型的每个标签为后门标签,对模型的每个标签,重复步骤一,对于有 $N = |L|$ 个标签(L 为标签空间)的模型,可以得到 N 个可疑的触发标记。

步骤三 使用上述步骤得到 N 个可疑触发标记后,根据每个可疑触发标记含有的像素数,利用 L_1 范数来计算各可疑触发标记的大小,使用基于绝对中位差(median absolute deviation,MAD)的异常值检测算法,针对每个可疑触发标记,可计算出一个异常指标,当这个指标大于 2 时,就认为该触发标记是异常触发标记,这个异常触发标记等价于由攻击者构造的触发标记,对应的标签即为后门攻击的目标标签。

2. fine-pruning 后门防御

当检测到模型中存在后门时,便可对后门进行削弱或消除,代表方法包括神经网络剪枝或微调。后门攻击利用的是神经网络中神经元的冗余性[13],神经网络存在大量休眠的神经元,这些神经元对于干净样本输入大多没有影响,但对于带有特定触发标记的输入样本,部分原本休眠的神经元会被激活,如图 6-17 所示。

考虑到这种特性,采用剪枝的方式,借助干净样本集,可找出后门模型中的休眠神经元并将其剪除,同时能保证较小程度地影响模型的原始任务性能。剪枝操作流程如图 6-18 所示:首先,防御者使用从验证集中获得的干净样本对模型进行测试,记录每个神经元的激活程度;其次,根据平均激活程度的增序,迭代修剪网络中的神经元,直到每次迭代修剪后网络在验证

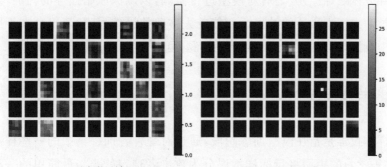

（a）干净激活神经元　　　　（b）后门激活神经元

图 6-17　正常模型与后门模型中激活神经元状态对比

（来源：LIU K, DOLAN-GAVITT B, GARG S. Fine-pruning: defending against backdooring attacks on deep neural networks [C]//BAILEY M, HOLZ T, STAMATOGIANNAKIS M, et al. Research in Attacks, Intrusions, and Defenses. Cham: Springer International Publishing, 2018: 273-294)

集上的准确率低于防御者预设的门限值。

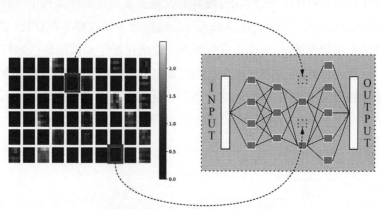

注：图中休眠程度最高的两个神经元被剪除。

图 6-18　剪枝防御流程示意图

（来源：LIU K, DOLAN-GAVITT B, GARG S. Fine-pruning: defending against backdooring attacks on deep neural networks [C]//BAILEY M, HOLZ T, STAMATOGIANNAKIS M, et al. Research in Attacks, Intrusions, and Defenses. Cham: Springer International Publishing, 2018: 273-294)

　　针对剪枝的防御方法，也有专门的后门攻击手段[17]。由于干净样本和中毒样本激活的神经元存在差异，因此攻击者针对这一点，训练中使得中毒样本与干净样本共用相同神经元，从而抵御剪枝操作对模型后门的影响。针对这种攻击，可以进一步采用模型微调的方式，通过修改模型参数来消除后门，但微调并不能保证那些只被中毒样本激活的神经元发生改变。

　　综合两种防御方式的优点，fine-pruning[17]首先对后门模型进行剪枝，消除部分休眠神经元,之后对模型进行微调,以确保原始任务的性能,因而单独被中毒样本激活的神经元便能首先被剪枝操作去除,若仍存在干净样本和中毒样本对激活神经元的共用问题,可进一步通过微调进行解决。

6.4　样本投毒

样本投毒是指在模型训练阶段,通过对受害者训练集中的一些样本投毒,使被学习的模型将目标样本误分为攻击者选定的类。最简单的一种方案是,篡改目标样本的标签为攻击者选定的类,然后将其投入受害者训练集,当用户拟合目标样本时自动将其误分为攻击者选定的类。然而,这种简单篡改标签的投毒,很容易被受害者或者防御者检测到标签异常,从而纠正或移除中毒样本。

为了使得中毒样本更加隐蔽,现有的投毒方案都是从训练集中选择部分样本,在不改变原始干净标签(clean label)的情况下修改样本,当用户使用被投毒训练集进行训练时,分类边界将被改变造成目标样本被误分,如图 6-19 所示。注意,目标样本并不会出现在训练集中。与后门攻击不同,投毒攻击是专门修改数据集的攻击,一般训练任务是由受害者用户自己完成的。后门攻击需要在实用中添加后门图案,投毒攻击则不需要更改目标样本。

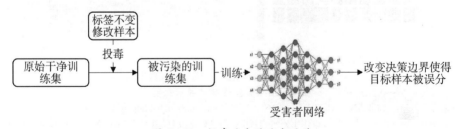

图 6-19　投毒攻击的攻击通道

6.4.1　FC 攻击

特征碰撞(feature collision)攻击[18],也称"FC 攻击",它首次实现了在干净标签条件下的数据投毒。对于一个已经训练完毕的模型,我们称之为"原始模型"(origin model),用户(即受害者)可以使用这个原始模型重新训练自己的模型。攻击者的目标是对受害者使用的数据集进行投毒,我们称中毒的数据集为"受害者数据集"(victim dataset),重新训练的模型为"受害者模型"(victim model)。

攻击过程如图 6-20 所示,攻击者从受害者训练集中选取属于类 A 的基类图像(base image),结合属于类 B 的目标图像(target image),对基类图像进行对抗性调整,构造出中毒图像(poisoned image)。将中毒图像重新投

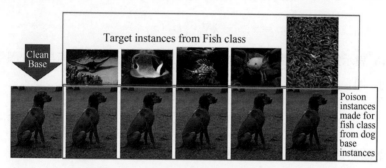

图 6-20 基类图像、目标图像和中毒图像

(来源:SHAFAHI A, HUANG W, NAJIBI M, et al. Poison frogs! targeted clean-label poisoning attacks on neural networks [C] // Proceedings of the 32nd International Conference on Neural Information Processing Systems. Red Hook, NY, USA: Curran Associates Inc., 2018: 6106-6116)

入受害者训练集、污染训练样本以及在其上重新训练的受害者模型,最终得到中毒模型(poisoned model)。在推理阶段,当目标图像被输入中毒模型时,会被误分类为类 A。

具体来说,整个攻击过程分为两步:构造中毒图像、将其投入受害者训练集污染受害者模型。

第一步,构造中毒图像。它有两个目标:隐蔽性和有效性。隐蔽性是指中毒图像在视觉上要尽可能地与基类图像相似,这样才能确保受害者很难察觉出中毒图像的异常。有效性是指中毒图像经过网络提取出的特征要与目标图像的特征相近,这样才能确保受害者在拟合中毒图像时,目标图像被错误分类。因此,构造中毒图像的整个优化目标由两项组成,一是实现有效性目标,二是实现隐蔽性目标,故形式化为:

$$p = \underset{x}{\mathrm{argmin}} \| f(x) - f(t) \|_2^2 + \beta \| x - b \|_2^2 \qquad (6-41)$$

其中 x 为被优化的变量,初始为基类图像 b,t 表示目标图像,p 为最终获得的中毒图像,$f(\cdot)$ 表示样本通过原始模型的中间层后提取出的特征,β 是被使用来平衡这两项的超参数。针对该优化目标反向修改图像内容,可获

得中毒图像。

我们也可用前向反向分裂(forward-backward-splitting)[19]的迭代优化方式。前向是梯度下降更新,实现最小化 x 和 t 在网络上提取的特征的 L_2 距离,即:

$$\begin{cases} L_p(x_{i-1}) = \| f(x_{i-1}) - f(t) \|^2 \\ \hat{x}_i = x_{i-1} - \lambda \nabla_{x_{i-1}} L_p(x_{i-1}) \end{cases} \quad (6-42)$$

其中,i 表示第 i 步迭代,λ 为学习率。反向则是更新 x,使其与 b 的距离尽可能小,即:

$$x_i = (\hat{x}_i + \lambda\beta b)/(1+\beta\lambda) \quad (6-43)$$

经过不断的迭代,最终得到中毒图像 p。

第二步,将中毒图像投入受害者训练集污染被学习的模型。受害者在重新训练模型时有两种情景。一种是迁移学习(transfer learning)场景,即重新训练时冻结中间层参数,只调整分类层,如图 6-21 所示。当使用中毒模型在目标图像上分类时,由于重新训练过程中受害者模型会完全拟合中毒图像,而中毒图像经中间层提取的特征与目标图像是一致的,因此重新训练的分类层会将目标图像预测为中毒图像的所属类,即类 A。另一种是端到端学习(end-to-end learning),即重新训练时中间层及分类层都将调整,如图 6-22 所示。由于中间层的变动,中毒图像和目标图像在受害者模型上提取出的特征可能变得不一致,目标图像在受害者模型上的预测结果很可能不是类 A,如图 6-23(a)所示。这又提出两种改进方案,一是针对单张目标图像构造多张中毒图像,二是将目标图像以水印的形式叠加到中毒图像上,通过这两种方案来将目标图像从正确类 B 拉到类 A,如图 6-23(b)所示。

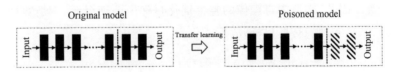

注:黑色的表示被冻结的层,带条纹的为重新训练的分类层。

图 6-21 迁移学习场景

(来源:SHAHIFAHI A, HUANG W, NAJIBI M, et al. Poison frogs! Targeted clean-label poisoning attacks on neural networks [C]//Proceedings of the Advances in Neural Information Processing Systems. 2018)

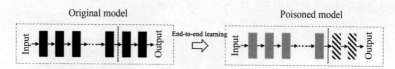

注:黑色的表示被冻结的层,带条纹的为重新训练的分类层,灰色的为微调的中间层。

图 6-22 端到端学习场景

(来源:SHAHIFAHI A, HUANG W, NAJIBI M, et al. Poison frogs! Targeted clean-label poisoning attacks on neural networks [C]//Proceedings of the Advances in Neural Information Processing Systems. 2018)

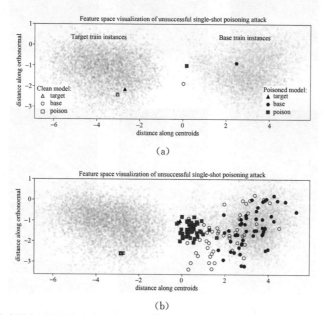

(a)

(b)

注:(a) 单个中毒样本无法成功攻击分类器,中毒样本在干净模型中的特征空间位置与目标样本的位置重叠,但在中毒模型中中毒样本的特征空间位置返回到基类 A 的分布,而目标样本仍然在目标分布中;(b) 为了使攻击成功,使用更多的中毒样本并叠加目标样本水印,导致目标样本被从目标类分布拉到基类 A 分布中,并被错误地分类为基类 A。

图 6-23 端到端学习中投毒攻击的特征空间可视化

(来源: SHAHIFAHI A, HUANG W, NAJIBI M, et al. Poison frogs! Targeted clean-label poisoning attacks on neural networks [C]//Proceedings of the Advances in Neural Information Processing Systems. 2018)

6.4.2 CP 攻击

与 FC 攻击[18]一样,凸多面体(convex polytope,CP)[20]攻击也实现了在干净标签条件下的数据投毒。不同的是,CP 攻击实现了不进入受害者模型的黑盒场景下的投毒,且解决了 FC 攻击存在的缺陷:中毒图像视觉上存在较为明显的目标图像的痕迹,如图 6-24 所示。

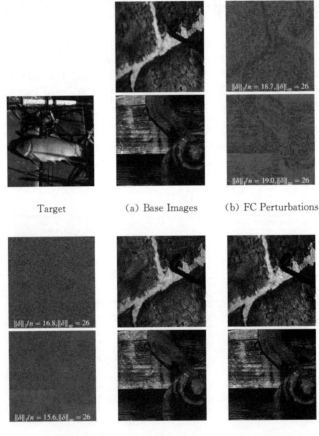

Target   (a) Base Images   (b) FC Perturbations

(c) CP Perturbations   (d) FC Poisons   (e) CP Poisons

注:δ 表示扰动,n 为图像的像素数量。

图 6-24 FC 攻击与 CP 攻击的比较

(来源:ZHU C, HUANG W, LI H, et al. Transferable clean-label poisoning attacks on deep neural nets [C] // Proceedings of the 36th International Conference on Machine Learning. Long Beach, California, USA:PMLR, 2019: 7614-7623)

CP 攻击的场景是在大量替代模型上使用类似对抗样本的构造方案,调整多张属于类 A 的基类图像构造出多张中毒图像,然后将这些中毒图像注入受害者训练集,从而污染被学习的模型,使中毒模型将原本属于类 B 的目标图像误分为类 A。CP 攻击的过程也分为两步:构造中毒图像以及将其注入受害者训练集污染被学习的模型。

第一步,构造中毒图像。假设有 m 个替代网络,$\phi^{(i)}(\cdot)$ 表示第 i 个替代网络的特征提取器在样本上提取出的特征(即中间层输出),x_t 表示目标图像,$x_p^{(j)}$ 为第 j 个中毒图像,共有 k 个中毒图像。$x_b^{(j)}$ 为第 j 个基类图像,$c_j^{(i)}$ 表示在第 i 个替代网络中第 j 个中毒图像的结合系数。与 FC 攻击相似,CP 攻击构造中毒图像的优化目标也包含两项,一是使得中毒图像在替代网络上的特征与目标图像的特征相近,二是中毒图像与干净的基类图像在视觉上是相似的,可以形式化为:

$$\underset{\{c^{(i)}\},\,\{x_p^j\}}{\text{minimize}} \frac{1}{2} \sum_{i=1}^{m} \frac{\| \phi^{(i)}(x_t) - \sum_{j=1}^{k} c_j^{(i)} \phi^{(i)}(x_p^{(j)}) \|^2}{\| \phi^{(i)}(x_t) \|^2}$$

$$\text{s. t.} \quad \sum_{j=1}^{k} c_j^{(i)} = 1,\ c_j^{(i)} \geqslant 0, \forall\, i,\, j$$

$$\| x_p^{(j)} - x_b^{(j)} \|_\infty \leqslant \varepsilon,\ \forall\, j \tag{6-44}$$

其中 ε 为允许的扰动预算(perturbation budget)。

从上式可以看出,CP 攻击是在更为宽松的结合系数 $c_j^{(i)}$ 的约束下,构造 k 个中毒图像,使其在各个替代网络上提取出的特征,与目标图像在这些网络上提取出的特征接近。同时,保证构造出的中毒图像相对于基类图像的扰动尽可能小(用无穷范数进行约束,尺度为 ε)。可训练的结合系数至关重要,这就是该攻击被称为凸多面攻击的原因,也是 CP 攻击比 FC 攻击效果更好的原因。

如图 6 - 25 所示,在 FC 攻击中,即使中毒样本是离目标最近的点,最优的线性支持向量机也会对左图中的目标样本进行正确地分类。而 CP 攻击将强制两个中毒样本形成的线段到目标样本的距离最小,从而使得当受害者模型过拟合时,会将目标样本误分。最后,为了增加替代网络的数量,使其更逼近真实网络,提升中毒样本的迁移能力,还可在网络的 Dropout 层分别使用不同的概率,使某些激活值 0。

第二步,与 FC 攻击一样,将中毒图像投入受害者训练集,污染受害者模型。同样地,重新训练分为两种情况,即迁移学习和端到端学习。在迁移学习情况下,CP 表现良好。而当应用于端到端时,强迫中毒图像在替代网络的每一层的输出特征都与目标图像的一致,从而保证目标图像在端到端的受害者网络中的特征位于由多个中毒图像构成的凸多面体特征空间中,优化目标改进为:

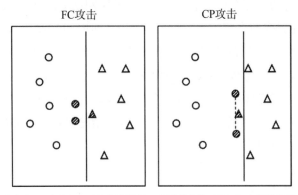

注:训练集分别受到 FC 攻击和 CP 攻击的投毒。实线是决策边界,左边的圆是基类样本,右边的三角形是目标类样本。带条纹的圆是注入训练集中的中毒样本,带条纹的三角形是目标样本,它不在训练集中。

图 6-25 二维空间上训练线性支持向量机的示例

$$\underset{\{c^{(i)}\}, \{x_p^j\}}{\text{minimize}} \sum_{l=1}^{n} \sum_{i=1}^{m} \frac{\| \phi_{1:l}^{(i)}(x_t) - \sum_{j=1}^{k} c_{l,j}^{(i)} \phi_{1:l}^{(i)}(x_p^{(j)}) \|^2}{\| \phi_{1:l}^{(i)}(x_t) \|^2} \quad (6-45)$$

其中 $\phi_{1:l}^{(i)}(\cdot)$ 表示样本在第 i 个替代网络的第 l 层提取出的特征。

6.4.3 MP 攻击

FC 攻击和 CP 攻击本质上都是采用特征碰撞的方式在预训练网络上构造中毒样本。这种攻击在冻结特征提取层的迁移学习场景下可获得理想的攻击效果。而当受害者从头训练网络时,由于特征提取层被完全改动,因此这种特征碰撞的特性将会被大幅削弱,从而导致中毒样本的攻击效果也显著降低。为提升对从头训练的受害者网络的数据投毒效果,元投毒攻击(meta poison,MP)采用了一种新的中毒样本构造机制[21]。具体来说,MP 攻击将构造中毒样本形式化为一个双层(bi-level)优化问题,外层优化目标是使得在被投毒训练集上训练得到的受害者网络将目标样本误分为基类,内层优化目标是使得受害者可在被投毒的训练集上正常训练。当 MP 攻击用于现实中的从头训练的 Google Cloud AutoML API 时,攻击效果比较理想。如图 6-26 所示,"bird"图像被中毒模型误分为类"dog"。本节将具体介绍 MP 攻击构造中毒样本的过程。

图 6-26 MP 攻击用于投毒 Google Cloud AutoML 视觉模型

（来源：HUANG W, GEIPING J, FOWL L, et al. MetaPoison：practical general-purpose clean-label data poisoning［C］// Proceedings of the 34th International Conference on Neural Information Processing Systems. Red Hook，NY，USA：Curran Associates Inc.，2020：12080-12091）

首先，MP 攻击构造中毒样本的双层优化的目标函数为：

$$X_p^* = \underset{X_p}{\mathrm{argmin}} \mathcal{L}_{adv}[x_t, y_{adv}; \theta^*(X_p)]$$

$$\text{s. t.} \quad \theta^*(X_p) = \underset{\theta}{\mathrm{argmin}} \mathcal{L}_{train}(X_c \bigcup X_p, Y; \theta) \qquad (6-46)$$

其中，X_p^* 为外层优化要获得的中毒样本，$\theta^*(X_p)$ 为内层优化要获得的模型权重。

在外层优化中，x_t 为目标样本，y_{adv} 表示攻击者希望将目标样本 x_t 错误分类到的类别，$\mathcal{L}_{adv}$ 为目标样本在带有权重 $\theta^*(X_p)$ 的中毒模型上的预测结果与 y_{adv} 的标准交叉熵损失。在内层优化中，X_c 表示由干净样本组成的那部分训练集，X_p 表示由中毒样本组成的另外一部分训练集，Y 为相应的标签集。由于是在干净标签限制下的投毒，因此投毒时 Y 保持不变。$\mathcal{L}_{train}$ 为模型在整个训练集上的标准交叉熵损失。

可以看到，外层优化希望目标样本在中毒模型上被误分到类 y_{adv}，内层优化是模型在训练集上的正常训练，该过程完全由受害者控制。与 FC 攻击和 CP 攻击一样，为了确保攻击的隐蔽性，每个中毒样本 x_p 应该被限制为"看起来类似"一个自然的基类样本 x。因此，在外层优化构造中毒样本时，还需要额外添加如下约束：

$$\| x_p - x \|_\infty < \varepsilon \qquad (6-47)$$

其中 ε 表示允许的扰动预算，ε 越小，中毒样本越隐蔽，但也相对更难投毒成功。MP 攻击使用无穷范数对单个像素的扰动的最大值进行了限制，以确保隐蔽性。

为了实现最现实可行的数据投毒,攻击者不能够进入受害者模型和训练过程,即无法在受害者模型上直接优化公式(6-46)。为解决这个问题,MP 攻击借助于元学习思想在大量替代网络上构造中毒样本,然后借助于神经网络的迁移性,将中毒样本投入受害者训练集,实现数据投毒。因此,优化在替代网络上实现。

MP 攻击采用一种交替式优化的策略。首先对内层优化训练 K 个 SGD 步骤,然后在由训练得到的模型上采用外层优化来构造中毒样本,如此循环往复得到最终的中毒样本。这种策略使得攻击者能够在训练中向前看,看到现在对中毒样本的扰动如何影响之后 K 步中对手的损失 $\mathcal{L}_{\text{adv}}$。在实际实施中,K 被取为 2,整个优化实施过程可以形式化为:

$$\theta_1 = \theta_0 - \alpha \nabla_\theta \mathcal{L}_{\text{train}}(X_c \bigcup X_p, Y; \theta_0)$$
$$\theta_2 = \theta_1 - \alpha \nabla_\theta \mathcal{L}_{\text{train}}(X_c \bigcup X_p, Y; \theta_1)$$
$$X_p^{i+1} = X_p^i - \beta \nabla_{X_p} \mathcal{L}_{\text{adv}}(x_t, y_{\text{adv}}; \theta_2) \qquad (6-48)$$

其中 α 和 β 分别是学习率和构造率。

通过这种方式优化的中毒样本,会导致对手损失 $\mathcal{L}_{\text{adv}}$ 在 K 个额外 SGD 步后下降。在理想情况下,如图 6-27(a)所示,无论中毒样本被插入模型训练轨道的哪个位置 θ_0^j,都能引导模型权重向低 $\mathcal{L}_{\text{adv}}$ 的方向前进。当中毒样本被插入受害者模型的训练集时,如图 6-27(b)所示,它们隐式地将权重 θ^j 导向低 $\mathcal{L}_{\text{adv}}$ 区域,而学习者则将权重导向低训练损失 $\mathcal{L}_{\text{train}}$ 区域。当投毒成功时,尽管其只经过显式的降低 $\mathcal{L}_{\text{train}}$ 训练,但是受害者应该最终得到一个同时达到低 $\mathcal{L}_{\text{adv}}$ 和 $\mathcal{L}_{\text{train}}$ 的权重 θ^*。

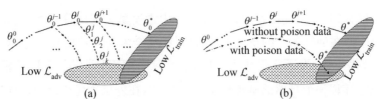

注:(a)是构造中毒样本阶段替代网络的权重变化,(b)是受害者在中毒训练集上训练时真实网络的权重的变化。实线箭头表示正常训练将权重带向低 $\mathcal{L}_{\text{train}}$ 区域,短划线箭头表示在替代网络上构造中毒样本将权重带向低 $\mathcal{L}_{\text{adv}}$ 区域,点划线箭头表示受害者在中毒样本上训练将权重同时带向低 L_{adv} 和低 $\mathcal{L}_{\text{train}}$ 区域。

图 6-27 权重空间 MP 攻击

(来源:HUANG W, GEIPING J, FOWL L, et al. Metapoison: practical general-purpose clean-label data poisoning [C]//Proceedings of the Advances in Neural Information Processing Systems. 2020)

为了提升中毒样本的泛化性，MP 攻击采用了模型集成（ensembling）以及重新初始化（re-initialization）策略。模型集成意味着在多个替代模型上构造中毒样本，这一点与 CP 攻击相似。重新初始化意味着当某个模型运行到一定的轮（epoch）后，对其初始化从头再开始训练，从而使得构造出的中毒样本能适应不同初始化的受害者模型。

6.4.4　GA 攻击

MP 攻击虽然实现了对从头训练的模型的数据投毒，但需要在大量替代模型的不同训练步上构造中毒样本，计算代价非常高。当受害者数据集为 ImageNet 这样的大型数据集时，代价问题将显得尤为突出。为降低构造中毒样本的计算代价，使其具有更好的现实可行性，应用于工业级的梯度对齐投毒攻击（gradient alignment，GA）被提出[22]。与 MP 攻击相似，GA 攻击也是针对从头训练的模型进行数据投毒，如图 6-28 所示，同样将构造中毒样本考虑为双层优化问题，但采用了计算代价更小的梯度对齐策略来解决双层优化问题。

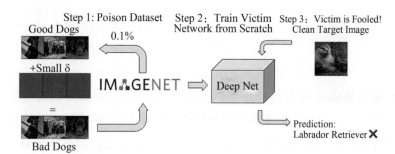

图 6-28　GA 攻击的数据投毒通道

（来源：GEIPING J, FOWL L, HUANG W, et al. Witches' brew: industrial scale data poisoning via gradient matching [C]//Proceedings of the International Conference on Learning Representations (ICLR) 2021. arXiv, 2021）

与公式（6-46）中的 MP 攻击的双层优化有轻微的不同，GA 攻击的双层优化考虑了多目标图像 $x_i^{\text{t}}(i \in [1, T])$ 的情况，目标函数为：

$$\min_{\Delta \in C} \sum_{i=1}^{T} \mathcal{L}\{F[x_i^{\text{t}}, \theta(\Delta)], y_i^{\text{adv}}\}$$

$$\text{s. t.} \quad \theta(\Delta) \in \arg\min_{\theta} \frac{1}{N} \sum_{i=1}^{N} \mathcal{L}[F(x_i + \Delta_i, \theta), y_i] \quad (6-49)$$

其中，$F(x, \theta)$ 是样本 $x \in \mathbb{R}^n$ 在权重为 θ 的模型 F 上的输出，损失函数为 $\mathcal{L}$，通常为交叉熵，n 表示图像的像素个数。

在外层优化中，x_i^t 表示第 i 个目标图像，y_i^{adv} 表示攻击者希望将目标图像错误分类的对手标签，一共有 T 个目标图像和目标标签。$C=\{\Delta \in \mathbb{R}^{N \times n}: \|\Delta\|_\infty \leqslant \varepsilon, \Delta_i = 0, \forall i > P\}$ 是添加到训练样本上的扰动的集合，其中 N 为整个训练集中样本的数量，P 为中毒样本的数量，ε 为扰动预算。假设中毒样本为训练集中的前 P 个样本，大于 P 的样本为干净样本，即 $\Delta_i = 0$，$\forall i > P$。与 MP 攻击一样，外层优化也是使得目标样本被误分为目标类 y_i^{adv}，不同的是，公式(6-49)考虑了多个目标样本的情况。

在内层优化中，$x_i + \Delta_i$ 表示将扰动添加到样本上，如 C 所示，在干净样本中 $\Delta_i = 0$，y_i 表示训练集中第 i 个样本的标签。内层优化也与 MP 攻击一样，就是模型的正常训练。

为了实现公式(6-49)中的优化，GA 攻击在构造中毒样本时，训练梯度[公式(6-50)的右边]与对手目标梯度[公式(6-50)的左边]相关，从而模拟对手目标梯度。攻击者如果能够在训练期间的任何 θ 上使得：

$$\nabla_\theta \mathcal{L}[F(x^t, \theta), y^{adv}] \approx \frac{1}{P} \sum_{i=1}^{P} \nabla_\theta \mathcal{L}[F(x_i + \Delta_i, \theta), y_i]$$

$$(6-50)$$

成立，就能够最小化中毒样本上的训练损失（右边）的受害者的梯度步骤（gradient steps），也将最小化在目标样本上的攻击者的对手损失（左边）。

然而，训练中不同阶段的梯度幅度变化很大，要在训练过程中遇到的所有 θ 上都找到满足公式(6-50)的中毒样本，几乎是不可行的。GA 攻击采取的策略是，使用公式(6-51)中的余弦相似度，将目标样本的梯度和中毒样本的梯度对齐在同一个方向上：

$$\mathcal{B}(\Delta, \theta) = 1 - \frac{\langle \nabla_\theta \mathcal{L}[F(x^t, \theta), y^{adv}], \sum_{i=1}^{P} \nabla_\theta \mathcal{L}[F(x_i + \Delta_i, \theta), y_i] \rangle}{|\nabla_\theta \mathcal{L}[F(x^t, \theta), y^{adv}]| \cdot |\sum_{i=1}^{P} \nabla_\theta \mathcal{L}[F(x_i + \Delta_i, \theta), y_i]|}$$

$$(6-51)$$

其中，带有权重 θ 的 F 是替代网络，在优化过程中保持 θ 固定。通过优化 $\mathcal{B}(\Delta, \theta)$ 就可以得到中毒样本。此外，在小的瘦的模型上，余弦相似度并不是最佳的,均方误差可能获得更好的攻击效果。

最后,为了提升中毒样本的迁移性和鲁棒性,GA 攻击还额外采用了可微分的数据增广(data augmentation)、重采样(resampling)、重启动以及模型集成。具体地,在受害者训练模型时,通常会对训练样本进行数据增广(如旋转、剪切、翻转)。这些数据增广很可能会破坏中毒样本的特性使其失效。因此,GA 攻击在构造中毒样本时预先考虑了数据增广,通过双线性插值使其分辨率不变,从而提升数据增广的鲁棒性。重启动,是指攻击者可以从不同的中毒扰动开始进行优化,找出具有最佳攻击效果的中毒样本。模型集成,是为了提升中毒样本的泛化性,以防在未见过的受害者模型结构上失效。

6.4.5 投毒防御

1. 深度 k 近邻检测

深度 k 近邻检测(deep k-NN detection)[23]是一种针对基于特征碰撞的 FC 攻击和 CP 攻击的中毒样本检测方案。它利用了特征碰撞的本质缺陷:虽然中毒样本的标签是正确的,但如图 6-29(b)的图所示,经过受害者网络提取出的特征,与正常来自基类的样本特征是离群的。如图 6-29(a)所示,基于这种缺陷,对于训练集中某个可能被投毒的样本,通过 k-NN 算法检测该样本在特征空间中的 k 个邻居所属的主要类,然后比较样本的标签是否与主要类吻合,如果不吻合,则剔除该可能被投毒的样本。

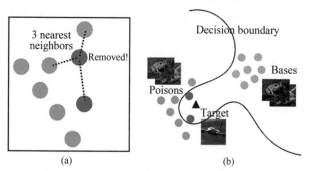

图 6-29 深度 k 近邻检测($k=3$),表示检测 3 个邻居
(来源:PERI N, GUPTA N, HUANG W, et al. Deep k-NN defense against clean-label data poisoning attacks [C]//BARTOLI A, FUSIELLO A. Computer Vision — ECCV 2020 Workshops. Cham: Springer International Publishing, 2020: 55-70)

首先计算训练集中每个样本 $x^{(i)} \in X^{\text{train}}$ 的 k 个邻居（在特征空间中离得最近的 k 个样本）：

$$S_k(x^{(i)}) = \{x^{(j)} \parallel \phi(x^{(l)}) - \phi(x^{(i)}) \parallel_2 \geqslant \parallel \phi(x^{(j)}) - \phi(x^{(i)}) \parallel_2,$$
$$x^{(j)} \in X^{\text{train}}, x^{(l)} \in X^{\text{train}}\} \qquad (6-52)$$

其中，$\phi(\cdot)$ 表示样本经过网络（没有分类层）提取出的特征，$S_k(x^{(i)})$ 表示样本 $x^{(i)}$ 的 k 个邻居，使用欧几里德距离来度量特征空间中数据点之间的距离。

对 $x^{(i)}$ 的 k 个邻居 $S_k(x^{(i)})$ 的标签进行多数票投票，如果 $x^{(i)}$ 的标签不是投出的多数票标签，则该样本就可能是被投毒的样本，从训练集中删除。关于 k 的选择，如果训练集中有 n_{poison} 个被投毒样本，那么 $k > 2n_{\text{poison}}$ 可确保如果当前点的最近邻居在多个类中，则中毒样本的标签不能是多数，但仍然可以是由 k 个近邻组成集合的多数票。

当训练集中每个类的样本数量不平衡时（即有些类的样本很多，而有些类的样本很少），如果不应用任何协议来平衡这些类，那么当运行深度 k 近邻检测时，可能没有足够的目标类邻居来确认聚集在它们中间的样本是否异常。为处理这种类不平衡问题，可对每个类的样本复制 N/n 次，其中 n 是该类样本的数量，N 是所有类中具有最多样本的类中的样本数量。

除了深度 k 近邻检测，还可采用其他适合检测特征碰撞攻击的策略，虽然不一定比深度 k 近邻检测的效果好，但有些方案已经很接近深度 k 近邻检测，并且防御的角度也可能不一样，下面是四种其他策略。

L_2 范数异常值防御（L_2-norm outlier defense）：这个防御移除了在特征空间中离类 l 的中心最远的 $\lfloor \varepsilon s_l \rfloor$ 个样本，其中 ε 表示移除比例，s_l 表示类 l 中样本的数量。类 l 的中心可以通过公式(6-53)计算：

$$c_l = \frac{1}{s_l} \sum x^{(j)}$$
$$\text{s.t.} \quad l(j) = l_\phi(x^{(j)}) \qquad (6-53)$$

其中，样本 $x^{(j)}$ 在特征空间与中心的距离为 $\parallel \phi(x^{(j)}) - c_l \parallel_2$。这种防御对 CP 攻击的防御效果较好，但是在 FC 时效果只有 50% 左右的检测成功率。

单类 SVM 防御（one-class SVM defense）：这种防御通过训练一个支持向量机，检测每个类中样本特征的离群值，判定哪些样本是中毒样本，该方案防御效果并不理想,只有大约 30% 的检测成功率。

任意点移除防御(random point eviction defense):这种防御随机移除训练集中一定比例的样本,如果投毒攻击对中毒样本很敏感,则攻击效果会被减弱。这种简单防御只有 10% 左右的检测成功率。

对抗训练防御(adversarial training defense):与之前的检测后过滤训练样本不同,这种防御并不过滤训练集中的样本,而是通过对抗训练来加强特征提取器对中毒样本的鲁棒性,从而使得投毒攻击失效。对抗训练的优化目标为:

$$\min_{\theta} L_{\theta}(X + \delta^{*})$$

$$\delta^{*} = \underset{\delta < \varepsilon}{\operatorname{argmax}} L_{\theta}(X + \delta) \qquad (6-54)$$

其中 θ、X 和 δ 分别是网络的权重、训练输入和对抗扰动,L_{θ} 是训练损失。这种防御在 CP 攻击时有显著的防御效果,使投毒几乎失效,但是,它也会导致模型精度发生退化。

2. 对抗训练防御

对抗训练(adversarial training)通常被应用于防御对抗样本攻击,使用动态制作的对抗样本来增强训练数据,从而使被学习模型具有鲁棒性。相似地,对抗训练也可被用来修改训练数据,使得正在被学习的神经网络模型对数据投毒引起的各种扰动不敏感[24],从而抵抗各种数据投毒攻击。下面介绍对抗训练对数据投毒的防御。

首先回顾一下对抗训练用于防御对抗样本攻击时的优化目标:

$$\min_{\theta} E_{(x, y) \sim D} \left[\max_{\Delta \in S} \mathcal{L}_{\theta}(x + \Delta, y) \right] \qquad (6-55)$$

其中 D 表示训练集,θ 是模型参数,S 是扰动空间,Δ 表示给图像 x 添加的扰动,$\mathcal{L}$ 表示交叉熵损失,E 表示经验风险。内部通过最大化 $\mathcal{L}$,使得模型无法将添加扰动的图像 x 正确分类为原始正确类 y,外部则在扰动固定的情况下,使模型在训练数据上的损失最小,使模型具有一定的鲁棒性,能够适应这种扰动。

相似地,使用对抗训练来防御数据投毒可以形式化为下面的优化问题:

$$\max_{\Delta \in S} E_{(x_t, y_t) \sim D} \left\{ \min_{x_p} \mathcal{L}[x_t, y_t, \theta(x_p + \Delta)] \right\}$$

$$\text{s. t.} \quad \theta(x) = \underset{\theta}{\arg\min} \sum_{i=1}^{N} \mathcal{L}(x_i, y_i, \theta) \tag{6-56}$$

其中 x_t 为目标图像，y_t 为攻击者选定的将目标图像误分的对手类（adversarial class），x_p 为中毒图像，Δ 为添加到中毒图像上的扰动。内部优化是攻击者的攻击目标，通过投入中毒样本使得被学习模型将目标图像误分为对手类，这在 MP 攻击[21] 和 GA 攻击[22] 中已被详细阐述。外部优化则使得目标图像不再被误分为目标类，这是防御者所希望做到的。

在对公式(6-56)中的目标进行优化时，由于防御者并不知道攻击者的目标图像 x_t，因此对抗训练防御随机地从数据分布 D 中采样替代目标图像 x_t。将可能被投毒数据的每个训练小批量（minibatch）分为两个部分：中毒样本集 (x_p, y_p) 和目标样本集 (x_t, y_t)，在图 6-30 中，上面的部分为目标样本集，下面的部分为中毒样本集。对于被采样的目标 x_t，通过一个已知的数据投毒攻击，如 FC 或 GA，来最小化 $\mathcal{L}[x_t, y_t, \theta(x_p + \Delta)]$，替代中毒样本 x_p。然后，更新模型参数 θ 来最小化 $\mathcal{L}(x_p, y_p, \theta)$ 和 $\mathcal{L}(x_t, y_o, \theta)$，即在替代中毒样本和目标样本上正确地训练模型，纠正目标样本的分类，使其被正确地分类为原始正确标签 y_o。需要注意的是，这里的最小化 $\mathcal{L}(x_t, y_o, \theta)$ 等同于公式(6-56)中的最大化 $\mathcal{L}(x_t, y_t, \theta)$。

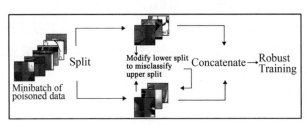

图 6-30 对抗训练防御

（来源：GEIPING J, FOWL L, SOMEPALLI G, et al. What doesn't kill you makes you robust(er)：how to adversarially train against data poisoning[J]. arXiv preprint, 2022：arXiv:2102.13624）

这种主动将中毒样本纳入训练的方式，可以让模型能够有效地抵抗数据投毒攻击。图 6-31 是部分防御效果，其中每个子图中左边的图是干净模型中目标类和中毒类的样本特征分布，可以看到标记为三角形的目标样本被正确地分类到了目标类。在图 6-31(a)和(c)中，由于未采用防御手段，因此在被 FC 或者 GA 投毒后(中毒样本被标记为较粗的点)，目标样本被错误地分类到了中毒类。作为对比，在图 6-31(b)和(d)中，在采用了对抗训练防御后,FC 和 GA 数据投毒都失效,目标样本仍被正确地分类到目标类。

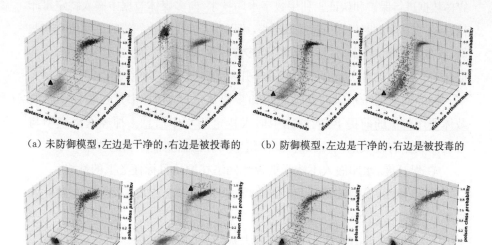

（a）未防御模型,左边是干净的,右边是被投毒的　　（b）防御模型,左边是干净的,右边是被投毒的

（c）未防御模型,左边是干净的,右边是被投毒的　　（d）防御模型,左边是干净的,右边是被投毒的

　　注:第一行图中投毒攻击是 FC 攻击,第二行图中投毒攻击是 GA 攻击。x-y 轴对应于分离了两个类的主方向投影,中毒类的置信度标记在 z 轴上。位于上方的簇为中毒类样本,下方的簇为目标类样本,三角形表示攻击的目标样本。

图 6-31　数据投毒对无防御和防御模型的影响的可视化

（来源:GEIPING J, FOWL L, SOMEPALLI G, et al. What doesn't kill you makes you robust (er):
how to adversarial training against poisons and backdoors[J]. arXiv preprint arXiv:2102.13624,
2021)

6.5 模型水印

　　深度神经网络在诸多领域取得了巨大的成功,将神经网络模型部署到商业产品或服务中已成为许多科技公司的重要盈利方式。在创造巨大商业价值的同时,神经网络的构建也需要付出高昂的成本。一个先进模型的训练不仅依赖于专家对算法的精心设计,而且还需要收集整理大规模的数据。此外,模型的训练过程也会消耗昂贵的计算资源和大量的时间。因此,深度神经网络模型也是一种昂贵的数字资产。然而,这种资产面临着被非法窃取、拷贝、分发等侵权风险,因此保护神经网络模型的所有权免受侵害,成了亟待学术界和工业界解决的现实问题。

在过去的研究中,数字水印已被证明可有效地对数字图像、视频、音频等多媒体数据进行保护和认证。利用数字水印技术,向多媒体数据中嵌入特定水印信息,并在需要的时候将信息提取出来,可以用于发生版权纠纷时证明所有权归属,或在出现非法泄漏时进行溯源。受多媒体水印的启发,神经网络模型水印的概念于 2017 年被首次提出,并在近几年开始受到越来越多的关注。

神经网络模型水印的基本思想和多媒体水印相似,都是在确保不影响载体使用价值的前提下,向载体中嵌入特定的水印信息。神经网络模型与多媒体数据有较大区别,因此神经网络水印算法需要满足新的要求[25]:

① 保真度:水印嵌入不能降低神经网络在原始目标任务上的性能;

② 鲁棒性:模型被拷贝后,在微调、压缩等修改或攻击下,仍能被有效提取;

③ 容量:水印方法应当具有嵌入大量信息的能力;

④ 安全性:水印应当不易被检测,未经授权无法访问、读取或修改水印;

⑤ 效率:水印嵌入和提取的计算代价应该尽可能低。

这些要求在后续的神经网络水印研究中,经常被用作评价性能的指标,随着研究的发展,研究人员陆续提出了更多新要求,比如保护模型完整性的水印需要具备一定的脆弱性,从而满足检测模型恶意篡改的需求。然而,一个神经网络水印算法往往难以同时在每个要求上都达到出色的性能,算法的设计通常会在多个要求之间权衡。

针对神经网络模型水印的研究,同时也是针对一种人工智能安全问题的研究,因此存在攻击和防御两方面,相互对抗和促进。近年来,大部分研究关注于水印算法的设计,而对水印算法的攻击关注较少。由于掌握水印算法本身是了解潜在攻击的前提,因此本章只对经典的模型水印算法进行介绍。

现有主流的神经网络水印方法,按照提取时对于模型的依赖程度,大致可分为三类:白盒、黑盒、无盒。白盒水印是指提取者能够访问目标模型的内部结构和参数;黑盒水印是指提取者不能掌握目标模型的全部细节,但是能够通过模型的应用程序接口(application programming interface,API)进行输入/输出查询;无盒水印是指提取者既不能掌握目标模型细节,也不能查询模型 API,但是能够通过其他手段收集到由目标网络产生的数据。本节接下来将从白盒水印、黑盒水印、无盒水印三方面对经典的神经网络水印方法进行介绍。

6.5.1 白盒水印

白盒神经网络水印方法通常将水印信息嵌入模型的内部结构和参数中,在提取水印时需要把网络模型当作白盒对待。

1. 基于权重正则化的白盒水印

Uchida 等人[25]提出了第一个基于白盒验证的模型水印框架,其核心思想是采用正则化的方法在模型权重中嵌入水印。以卷积神经网络的水印为例,在卷积层中嵌入的水印是 T-bit 向量 $\boldsymbol{b} \in \{0, 1\}^{\mathrm{T}}$,使用$(S, S)$、$D$、$L$ 分别表示卷积核的尺寸、卷积层的输入通道数、输出通道数。忽略掉偏置项,卷积层参数可以表示为张量$\boldsymbol{W} \in \mathbb{R}^{S \times S \times D \times L}$。计算 L 个卷积核参数的均值,可以得到 $\overline{\boldsymbol{W}}$,其中 $\overline{W}_{ijk} = \dfrac{1}{L} \sum_l W_{ijkl}$,将 $\overline{\boldsymbol{W}}$ 展平成向量 $\boldsymbol{w} \in \mathbb{R}^M (M = S \times S \times D)$,水印嵌入的目标是将 T-bit 向量 $\boldsymbol{b}$ 嵌入 $\boldsymbol{w}$。

不同于图像水印可以通过直接修改图像像素值实现嵌入,直接修改训练好的神经网络的参数,可能会严重降低网络在原始任务上的性能。因此,该方法在训练网络的过程中使用参数正则化器嵌入水印,即在原始任务的代价函数后添加一个额外的损失项,添加了正则化项后的代价函数可以定义为:

$$E(\boldsymbol{w}) = E_0(\boldsymbol{w}) + \lambda E_\mathrm{R}(\boldsymbol{w}) \qquad (6-57)$$

其中 $E_0(\boldsymbol{w})$ 是原始代价函数,$E_\mathrm{R}(\boldsymbol{w})$ 是对参数 $\boldsymbol{w}$ 施加一定限制的正则化项,λ 是可调参数。

为了实现水印的嵌入和提取,需要预先生成一个嵌入参数 $\boldsymbol{X} \in \mathbb{R}^{T \times M}$。水印提取的目标是使用 $\boldsymbol{X}$ 对参数 $\boldsymbol{w}$ 进行投影,再在 0 处设置阈值即可得到嵌入的比特,具体而言,提取的第 j 个比特应当为:

$$b_j = \begin{cases} 1, & \sum_i X_{ji} w_i \geqslant 0 \\ 0, & \text{其他} \end{cases} \qquad (6-58)$$

$\boldsymbol{X}$ 是一个各元素都服从标准正态分布的伪随机矩阵,为了防止未经授权方访问水印信息,$\boldsymbol{X}$ 应该作为密钥被模型所有者保密。

为实现上述水印的提取，$E_R(\boldsymbol{w})$ 由二元交叉熵损失来定义：

$$E_R(\boldsymbol{w}) = -\sum_{j=1}^{T}\left[b_j\ln(y_j) + (1-b_j)\ln(1-y_j)\right] \quad (6-59)$$

其中 $y_j = \sigma(\sum_i X_{ji}w_i)$，$\sigma(\cdot)$ 表示 Sigmoid 函数。注意在模型训练过程中，嵌入参数 $\boldsymbol{X}$ 是固定的，正则化项更新的是 $\boldsymbol{w}$，由于神经网络是过度参数化的，因此水印嵌入不会破坏网络性能，且对微调、剪枝都具有一定的鲁棒性。

2. 基于激活图调整的白盒水印

上述方法将水印嵌入模型静态的权重中，这无法抵抗水印重写攻击——了解水印方法的第三方，其可以嵌入新的水印以覆盖原始水印。为解决这个问题，Rouhani 等人[26]提出 DeepSigns，采用动态白盒水印方法，将水印嵌入特定样本激活的概率分布中。

对于某中间层 l，DeepSigns 首先任意选择 s 个类别，将所选类别的一部分（如 1%）训练数据作为水印触发集 X^{key}，得到 X^{key} 在第 l 层激活的均值 $\boldsymbol{\mu}_l^{s\times M}$，其中 M 为隐藏层特征的大小。同时，DeepSigns 生成一个服从标准正态分布的投影矩阵 $\boldsymbol{A}$，将激活的均值投影到二进制空间，该投影如下：

$$\boldsymbol{G}_\sigma^{s\times N} = \text{sigmoid}(\boldsymbol{\mu}_l^{s\times M} \cdot \boldsymbol{A}^{M\times N})$$

$$\tilde{\boldsymbol{b}}^{s\times N} = \text{Hard\_Thresholding}(\boldsymbol{G}_\sigma^{s\times N}, 0.5) \quad (6-60)$$

其中，N 为要嵌入的水印长度，$\boldsymbol{G}_\sigma^{s\times N}$ 的值在 0 到 1 之间，Hard_Thresholding 表示将这些值中大于 0.5 的设为 1，小于 0.5 的设为 0，$\tilde{\boldsymbol{b}}$ 就是提取出的水印。这与公式(6-58)的原理相同，区别在于公式(6-58)是对模型参数向量投影，而此处是对特定样本在模型中间层的激活进行投影。选定的 s 个类别、触发集 X^{key}、投影矩阵 $\boldsymbol{A}$ 共同构成了水印的密钥。

为将水印嵌入神经网络，除原任务的损失 loss_0 外，还需考虑两个额外的约束。一是不同类别样本之间的激活应当隔离，二是所有者的二进制水印 $\boldsymbol{b}$ 和激活均值的投影 $\boldsymbol{G}_\sigma$ 之间的距离应当最小。第一个约束采用如下损失实现：

$$\text{loss}_1 = \sum_{i\in T}\|\boldsymbol{\mu}_l^i - f_l^i(x,\theta)\|_2^2 - \sum_{i\in T, j\notin T}\|\boldsymbol{\mu}_l^i - \boldsymbol{\mu}_l^j\|_2^2$$

$$(6-61)$$

其中 T 为选定类别的集合，θ 为网络权重，$f_l^i(x,\theta)$ 是属于第 i 类的输入 x 在第 l 层对应的激活图。loss_1 的目标在于减小同一类别样本激活分布的方差，并增大不同类别样本的激活分布中心的距离。第二个约束使用 b 与 G_σ 之间的二元交叉熵损失来实现：

$$\mathrm{loss}_2 = -\sum_{j=1}^{N}\sum_{k=1}^{s}\left[b^{kj}\ln(G_\sigma^{kj}) + (1-b^{kj})\ln(1-G_\sigma^{kj})\right]$$

$$(6\text{-}62)$$

在投影矩阵 A 和待嵌入的真实水印 b 确定的情况下，通过反向传播调整激活均值可以最小化投影 G_σ 到真实水印 b 的距离。最终，训练时总的损失为 $\mathrm{loss}_0 + \lambda_1\mathrm{loss}_1 + \lambda_2\mathrm{loss}_2$，$\lambda_1$ 和 λ_2 是平衡不同损失的超参数。

水印提取需要用触发集 X^{key} 向模型提交查询，获取对应的激活图并计算统计均值，然后根据公式(6-60)计算所嵌入的水印。由于将水印嵌入样本激活的均值中，水印不仅依赖于权重，还依赖于输入数据，因此相比于在模型权重中嵌入水印的方法，DeepSigns 可以更好地抵抗重写攻击。

3. 基于模型结构修改的白盒水印

Fan 等人[27]指出，现有的水印方法都无法抵御歧义攻击。在歧义攻击中，攻击者并不试图修改模型并消除水印，而是通过伪造水印造成所有权验证的歧义性。因此，他们提出了一种在网络中添加新层的方法，新的层名为"护照层"。当使用者给出合法"护照"时，网络正常工作；当给出伪造"护照"时，网络性能将明显降低——网络模型性能依赖于"护照"的正确性。护照层位于卷积层之后，其中有两个参数——缩放因子 γ 和偏置项 β，它们又分别依赖于卷积核 W_p 和护照 P。护照层的运算如下：

$$O^l(X_p) = \gamma^l X_p^l + \beta^l = \gamma^l(W_p^l * X_c^l) + \beta^l \quad (6\text{-}63)$$

$$\gamma^l = \mathrm{Avg}(W_p^l * P_\gamma^l),\ \beta^l = \mathrm{Avg}(W_p^l * P_\beta^l) \quad (6\text{-}64)$$

其中，$*$ 指卷积运算，l 为层数，X_p 是护照层的输入，X_c 是卷积层的输入，$\mathrm{Avg}(\cdot)$ 是沿着批量大小、高度和宽度进行的平均池化函数，$O(\cdot)$ 表示护照层执行的线性变换，P_γ^l 和 P_β^l 分别是用于推导缩放因子 γ 和偏置项 β 的护照。图 6-32 描述了在 ResNet 层中使用护照层的示例，其中，缩放因子 γ 和偏置项 β 并不直接储存在护照层的参数中，而是在运行的过程中根据 P_γ^l 和 P_β^l 计算获得。

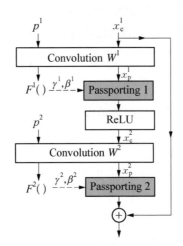

图 6-32　一个包含了护照层的 ResNet 层的示例

（来源：FAN L，NG K W，CHAN C S. Rethinking deep neural network ownership verification：embedding passports to defeat ambiguity attacks［C］//Proceedings of the 33rd International Conference on Neural Information Processing Systems. Vancouver，Canada，2019：4714-4723）

对于用"护照" $s_e = \{\boldsymbol{P}_\gamma^l, \boldsymbol{P}_\beta^l\}^l$ 训练的模型，其推理性能依赖于运行时提供的"护照" s_t，如果给出的"护照"不正确（$s_t \neq s_e$），则运行时性能会大幅恶化，错误的"护照"会导致缩放因子 γ 和偏置项 β 错误，从而影响网络模型的输出。"护照"的关键是强制规定了缩放因子、偏置项和网络权重之间的依赖性，正是这种依赖性使得水印方法不可逆，从而有效抵抗歧义攻击。"护照"的生成方式可以有多种选择，例如使用随机数矩阵作为"护照"、使用一张或多张图像及其在已训练好的同结构 DNN 中的特征图作为"护照"。

为进一步保护神经网络模型的所有权，该工作还提出将签名嵌入缩放因子 γ 的符号中，为此，需要在训练中加入如下的符号损失作为正则化项：

$$R(\gamma, \boldsymbol{P}, \boldsymbol{B}) = \sum_{i=1}^{C} \max(\gamma_0 - \gamma_i b_i, 0) \tag{6-65}$$

其中，$\boldsymbol{B} = \{b_1, \cdots, b_C\} \in \{-1, 1\}^C$ 是二进制序列，γ_0 是一个正参数，该损失使得 γ_i 能够与 b_i 取相同符号且鼓励 γ_i 的绝对值大于 γ_0，训练结束后，γ_i 更不容易在微调过程中发生符号变化，从而增强签名的鲁棒性。

最后，"护照"可以随训练好的模型一同分发给端用户，用户在推理阶段使用给定的"护照"，网络所有权由分发的"护照"自动验证。此外也可以在训练中采用多任务学习，同时优化有护照层和无护照层时的网络性能，发布模型时不发布护照层,只在需要所有权验证时插入护照层,检测嵌入的签名并验证网络的推理性能。

6.5.2　黑盒水印

被窃取的模型可能会被部署到云端,只对外开放预测 API,在这种场景下,模型相当于一个黑盒,无法从模型参数中提取水印。黑盒神经网络水印方法能够通过远程查询模型 API 的方式验证模型的所有权。大多数黑盒水印方法针对分类模型,其基本思想是在训练阶段使得模型能够为一些特定的样本做出特定的预测,这些样本被称为"触发集",验证时用它们查询模型,根据模型的预测结果是否为预定义的结果来判断水印的存在与否。

1. 基于对抗样本触发的黑盒水印

Merrer 等人[28]首次提出以黑盒方式验证 DNN 模型所有权的方法,其目标是向模型嵌入 0 - 比特水印,并通过远程访问模型 API 的方式提取水印。该工作提出的水印方法称作"对抗边界缝合",其核心思想是寻找一组靠近决策边界的样本,对其添加轻微的扰动,此时模型可能对其分类错误,再调整模型决策边界使得对它们的分类结果与原模型对它们的分类结果相同。扰动后的样本就作为密钥,调整边界后的模型就是含 0 - 比特水印的模型。

采用靠近决策边界的样本,是因为调整模型对远离决策边界的样本的分类行为可能会严重破坏模型的性能。修改靠近决策边界的样本可以通过对抗扰动来实现,得到的能够让模型错误分类的样本叫作"真对抗样本",而添加扰动后分类结果没有改变的样本则称为"假对抗样本"。密钥大小就是生成的两种对抗样本的总数,其中真对抗样本和假对抗样本的数目各占一半。最后,微调模型使得模型对两种对抗样本的分类结果都跟原始的分类结果一致。由于在将真对抗样本的分类结果调整到正确类别时,模型决策边界会发生移动,因此假对抗样本的作用是给决策边界的变化程度施加一个限制。

图 6 - 33 是对抗边界缝合算法的一个示例。图 6 - 33(a)中 R 和 B 代表真对抗样本,$\bar{R}$ 和 $\bar{B}$ 则代表假对抗样本;图 6 - 33(b)是边界"缝合"后的结果,两种对抗样本都被分类到了原始的正确类别。

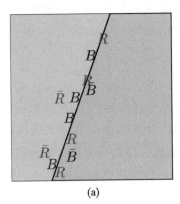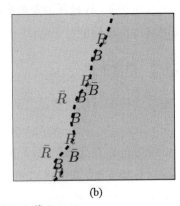

图 6-33　对抗边界缝合算法示例

（来源：MERRER E L, PEREZ P, TRÉDAN G. Adversarial frontier stitching for remote neural network watermarking[J]. Neural Computing and Applications, 2020, 32(13):9233-9244)

　　水印的提取实则是利用密钥判断远程模型中是否存在 0-比特水印。让模型依次对密钥 K 中的样本分类，统计模型响应与密钥样本的标签不一致的数目 m_K。添加了水印的模型会对密钥中所有的样本做出正确响应，即 $m_K=0$。考虑到攻击者可能会对泄露的模型采取微调、剪枝等措施以去除水印，只需要 m_K 小于一个预定义的阈值 θ，即可认为模型中是含有水印的。

　　考虑一种零模型，它对于密钥中任何样本，分类到正确和错误类别的概率都是 $1/2$，那么一个零模型产生的分类错误数为 z 的概率为 $2^{-|K|}\binom{|K|}{z}$，对于零模型含水印（即零模型产生的分类错误数不超过 θ）的假设，其概率为 $2^{-|K|}\sum_{z=0}^{\theta}\binom{|K|}{z}$。规定好拒绝该假设的 p 值，便可得到最大可容忍的错误数 θ。例如当密钥大小为 100，在 p 值取 0.05 时，可得到 $\theta=42$，即当模型对密钥的错误响应数小于 42 时，即可认为模型中含有水印。

　　2. 基于后门触发的黑盒水印

　　基于后门的神经网络水印方法[29]，将水印嵌入转化为后门植入问题，下面介绍图像分类模型中的后门触发水印算法。该方法随机选择 100 张跟原始任务无关的抽象图像作为触发集，为每张图像随机选择一个目标标签，图 6-34 是触发集中的一个样例，其标签被设定为"汽车"。为了将水印嵌入模型中，需同时使用训练集和触发集训练模型，训练方式包括两种：一是在训练集上预训练模型,在此基础上使用训练集和触发集进一步训练,以植入水印;二是同时使用训练集和触发集从头开始训练模型。在训练过程中,每一个批量的图像都包含训练集图像和少量触发集图像;对于训练集和触发集,都采用交叉熵损失优化网络。

图 6-34　一张标签为"汽车"的抽象图像

(来源:ADI Y, BAUM C, CISSE M, et al. Turning your weakness into a strength: watermarking deep neural networks by backdooring [C]//Proceedings of the 27th USENIX Conference on Security Symposium. Baltimore, MD, USA: USENIX Association, 2018: 1615-1631)

由于神经网络强大的拟合能力,通过上述方式得到的模型,可保证触发集中的每个样本都能被预测为预先分配的标签。当模型创建者想要验证一个可疑模型的所有权时,只要将触发集中的所有样本输入黑盒模型,计算在这个触发集上的分类准确率,如果超过设定的阈值,则可证明模型版权的归属。值得说明的是,尽管上述两种训练方式对于水印嵌入都是可行的,但在抗微调的鲁棒性方面,向预训练模型中嵌入水印的方式不如从头开始训练的方式。

基于后门的模型水印方法还有多种,采用不同的触发集生成方式也可获得不同的水印嵌入方法[30]。比如,采样一部分标签为 Y_s 的训练数据,可使用三种方案生成水印图像,并把水印图像标签改为 Y_t 作为触发集。如图 6-35 所示,三种生成水印的方式为:

① 在原始训练图像上叠加有意义的内容作为水印,如在图像上添加"TEST"字样,并把标签修改为其他类,添加的内容类似于后门攻击中的触发标记,它将改变含水印网络的识别结果,而未嵌入水印的模型则不能识别出这些标记。

② 使用与原任务无关的类中的数据作为水印,例如原任务为 CIFAR10 数据集的分类,使用 MNIST 数据集中的手写数字"1"作为水印。

③ 在原始图像上添加预先指定的噪声作为水印,例如添加高斯噪声,不同于第一种方案,所添加的噪声是没有意义的,指定的噪声模式将被模型记忆,而且同一分布的噪声都可以被识别。

   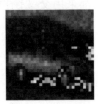

(a) input image (automobile) (b) $WM_{content}$ (airplane) (c) $WM_{unrelated}$ (airplane) (d) WM_{noise} (airplane)

图 6-35　原始图像及生成的水印图像

(来源:ZHANG J, GU Z, JANG J, et al. Protecting intellectual property of deep neural networks with watermarking [C] // Proceedings of the 2018 on Asia Conference on Computer and Communications Security. New York, NY, USA: Association for Computing Machinery, 2018: 159-172)

6.5.3　无盒水印

白盒和黑盒水印方法在提取水印时,需知晓模型内部细节信息或能够与之交互。在某些情况下,提取者无法访问模型内部信息,甚至不能对模型进行查询,但是能通过一定的手段获得模型输出的结果。Zhang 等人[31]为图像处理模型设计了一种在模型输出结果中添加水印的方案,提取水印时不依赖于模型本身,可以看作一种无盒水印方法。

大部分白盒和黑盒水印算法很难抵抗模型窃取攻击(或称为"模型替代攻击""模型提取攻击"),在这种攻击中,攻击者收集或生成大量数据再提交给模型的 API,得到大量的输出,使用这些输入/输出对有监督地训练出替代模型,多数情况下原模型中的水印无法在替代模型中继续存在。为解决这一问题,无盒水印的方法针对图像处理模型,使用空域图像水印算法在网络输出的图像中嵌入不可见水印,将含水印图像作为模型 API 的响应结果。攻击者如果用这些数据训练替代模型,替代模型的输出图像中也将包含该水印。

记图像处理模型为 M,输入和输出的图像域分别为 A 和 B,使用一个嵌入网络 H 为 B 中所有图像统一添加一个不可见水印 δ,得到含水印图像,令其所在的域为 B'。进一步,使用一个提取网络 R,从 B' 的图像中提取水印

δ'，要求 δ' 与 δ 一致。该方法需要训练嵌入网络和提取网络，它们的训练在目标模型训练结束之后开始。

如图 6 - 36 所示，训练过程包括两个阶段：初始训练阶段和对抗训练阶段。在初始训练阶段，嵌入网络 $\boldsymbol{H}$ 将水印 δ 嵌入 $\boldsymbol{B}$ 中的图像中得到 $\boldsymbol{B'}$，目标是确保水印的不可见性。由于对抗网络能够在很多图像翻译任务中缩小域间差异，因此还引入了一个判别网络 $\boldsymbol{D}$，以进一步增强 $\boldsymbol{B'}$ 中图像的质量。提取网络 $\boldsymbol{R}$ 在 $\boldsymbol{A}$、$\boldsymbol{B}$、$\boldsymbol{B'}$ 三个域上训练，目标是从 $\boldsymbol{B'}$ 中正确提取水印且无法从 $\boldsymbol{A}$、$\boldsymbol{B}$ 两个域中提取水印。在对抗训练阶段，为模拟攻击者的行为，先用 $\boldsymbol{A}$、$\boldsymbol{B'}$ 域中的图像训练一个替代模型 SM，输出的域为 $\boldsymbol{B''}$，再在 $\boldsymbol{A}$、$\boldsymbol{B}$、$\boldsymbol{B'}$、$\boldsymbol{B''}$ 四个域上，继续微调提取网络 $\boldsymbol{R}$，此时提取网络增加了从 $\boldsymbol{B''}$ 中提取水印的目标。

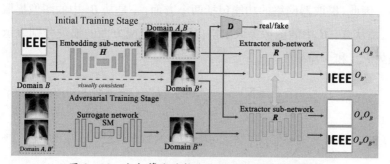

图 6 - 36　水印算法的整体流程和两阶段训练策略

（来源：ZHANG J, CHEN D, LIAO J, et al. Model watermarking for image processing networks [J]. Proceedings of the AAAI Conference on Artificial Intelligence，2020，34(07)：12805 - 12812)

该算法的损失函数包含两个部分，嵌入损失和提取损失，即：

$$\mathcal{L} = L_{\text{emd}} + \lambda \cdot L_{\text{ext}} \tag{6-66}$$

其中，λ 是平衡两项损失的超参数。嵌入损失旨在嵌入水印的同时保证视觉质量，它考虑三个方面——基本的 L_2 损失 l_{bs}、感知损失 l_{vgg} 和对抗损失 l_{adv}，即：

$$\mathcal{L}_{\text{emd}} = \lambda_1 \cdot l_{\text{bs}} + \lambda_2 \cdot l_{\text{vgg}} + \lambda_3 \cdot l_{\text{adv}} \tag{6-67}$$

其中，基本的 L_2 损失 l_{bs} 是输入图像 b_i 和含水印输出图像 b_i' 之间的像素值差异，N_c 是图像中像素总数，即：

$$l_{\text{bs}} = \sum_{b_i' \in \boldsymbol{B'}, \, b_i \in \boldsymbol{B}} \frac{1}{N_c} \| b_i' - b_i \|^2 \tag{6-68}$$

感知损失为 VGG 特征之间的差值：

$$l_{\text{vgg}} = \sum_{b_i' \in \boldsymbol{B}', b_i \in \boldsymbol{B}} \frac{1}{N_f} \parallel \text{VGG}_k(b_i') - \text{VGG}_k(b_i) \parallel^2 \qquad (6-69)$$

其中，$\text{VGG}_k(\cdot)$ 表示在 VGG 网络的第 k 层提取的特征，默认使用 conv2_2，N_f 表示总的特征数。为进一步提高视觉质量，减小 $\boldsymbol{B}'$ 与 $\boldsymbol{B}$ 的域间差异，对抗损失 l_{adv} 会让判别网络 $\boldsymbol{D}$ 无法区分 $\boldsymbol{B}'$ 中的图像和 $\boldsymbol{B}$ 中的无水印图像：

$$l_{\text{adv}} = \underset{b_i \in \boldsymbol{B}}{E} \ln[\boldsymbol{D}(b_i)] + \underset{b_i' \in \boldsymbol{B}'}{E} \ln[1 - \boldsymbol{D}(b_i')] \qquad (6-70)$$

为了避免提取网络过拟合，在输入图像不包含水印时也提取出水印，训练提取网络时将 $\boldsymbol{A}$、$\boldsymbol{B}$ 中的图像也作为输入，并强制它们的输出是一副空白图像。因此，提取器网络的功能包括两个方面：一是从 $\boldsymbol{B}'$ 中的图像提取出水印；二是从 $\boldsymbol{A}$、$\boldsymbol{B}$ 中的图像提取出空白图像。这两方面的损失分别表示为重构损失 l_{wm} 和干净损失 l_{clean}：

$$l_{\text{wm}} = \sum_{b_i' \in \boldsymbol{B}'} \frac{1}{N_c} \parallel R(b_i') - \delta \parallel^2 \qquad (6-71)$$

$$l_{\text{clean}} = \sum_{a_i \in \boldsymbol{A}} \frac{1}{N_c} \parallel R(a_i) - \delta_0 \parallel^2 + \sum_{b_i \in \boldsymbol{B}} \frac{1}{N_c} \parallel R(b_i) - \delta_0 \parallel^2$$

$$(6-72)$$

其中 δ_0 表示空白图像。除了重构损失之外，一致损失 l_{cst} 使得从不同的含水印的图像中提取出的水印是一致的：

$$l_{\text{cst}} = \sum_{x, y \in \boldsymbol{B}'} \parallel R(x) - R(y) \parallel^2 \qquad (6-73)$$

最终的提取损失是以上三项损失的加权之和：

$$\mathcal{L}_{\text{ext}} = \lambda_4 \cdot l_{\text{wm}} + \lambda_5 \cdot l_{\text{clean}} + \lambda_6 \cdot l_{\text{cst}} \qquad (6-74)$$

上述嵌入损失和提取损失，用于初始训练阶段训练嵌入网络 $\boldsymbol{H}$ 和提取网络 $\boldsymbol{R}$。为了增强从替代模型的输出图像中提取水印的能力，对抗训练阶段以 $\boldsymbol{A}$、$\boldsymbol{B}'$ 域中的图像作为训练集训练出替代模型 SM，然后固定嵌入网络 $\boldsymbol{H}$，在 $\boldsymbol{A}$、$\boldsymbol{B}$、$\boldsymbol{B}'$、$\boldsymbol{B}''$ 四个域上继续微调提取网络 $\boldsymbol{R}$，要求它从 $\boldsymbol{B}'$、$\boldsymbol{B}''$ 两个域中都能提取水印。此时只需用到提取损失，其中干净损失 l_{clean} 保持不变，l_{wm} 和 l_{cst} 更新为：

$$l_{wm} = \sum_{b_i' \in \boldsymbol{B'}} \frac{1}{N_c} \parallel R(b_i') - \delta \parallel^2 + \sum_{b_i'' \in \boldsymbol{B''}} \frac{1}{N_c} \parallel R(b_i'') - \delta \parallel^2$$

$$(6-75)$$

$$l_{cst} = \sum_{x,y \in \boldsymbol{B'} \cup \boldsymbol{B''}} \parallel R(x) - R(y) \parallel^2 \qquad (6-76)$$

该方法能够在图像处理任务上有效地抵抗模型窃取攻击,面对多种模型结构、损失函数下训练得到的替代模型,在其输出图像中都能检测到水印。

6.6 模型隐私

随着人工智能技术的广泛应用,许多训练完毕的模型存在泄露训练数据集的风险,因此模型隐私成为深度学习时代不容忽视的一个重要问题。深度学习中的隐私问题包括多个方面,比如成员推理(membership inference)、模型反演(model inversion)、模型盗取(model extraction)等,本节将简介上述三个研究方向的代表性方法。

6.6.1 成员推理

1. 基于影子模型的成员推理攻击

成员推理的概念,最早于 2017 年由 Shokri 等人[32]提出,这个问题可以描述为:推断某样本是否属于模型的训练数据集中。如图 6-37 所示,攻击者首先将一条数据输入被攻击的模型,获得模型的预测结果,比如:分类任务的攻击者上传一张图片至训练好的分类模型,获得模型返回的分类结果(也可以是对应于每个类别的概率)。攻击者根据返回的概率结果,推断上传的图像是否属于分类器的训练集,这就是成员推理攻击定义的简略描述。成员推理攻击面向一些实际应用场景,比如攻击者已知当前分类器是根据病人的病史选择最适合治疗某种疾病的药物,当攻击者获得病人的病史后,就可以通过成员推理攻击来判断病人是否患有该种疾病。

基于影子模型的成员推理攻击方法,攻击设定在黑盒场景之下,即攻击者无法知晓模型的具体结构与参数,这种攻击场景非常符合实际情况,比如MLaaS 提供多种机器学习 API,用户仅仅需要上传数据即可获得对应的分类结果。通常,模型对于第一次遇见的数据和训练集中的数据表现往往不

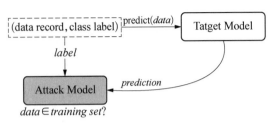

图 6-37 成员推荐攻击示意图

(来源:SHOKRI R, STRONATI M, SONG C, et al. Membership inference attacks against machine learning models [C]//2017 IEEE Symposium on Security and Privacy (SP). San Jose, CA, USA, 2017: 3-18)

同,比如对于训练集中的数据会给出较高的预测概率,因此可以推断某条数据是否存在于其训练集中。推断某条数据是否存在于模型训练集中可以看作一个二分类任务,因此可以通过一个二分类器完成上述目标。

对于样本 x,其真实标签为 y,模型返回结果为 y_{pre},可构建样本$(y, y_{pre}, in/out)$数据集,训练一个二分类器来判断该条数据是否存在于训练集中,in/out 表示该数据是否属于训练集。攻击者不知道目标模型的训练集,因此需要采用影子学习技术,构建与原始训练集尽可能接近的相似数据集,在新构数据集上训练多个同种模型(称为"影子模型"),最后通过多个影子模型构建$(y, y_{pre}, in/out)$数据训练出二分类器,其中 y_{pre} 为影子模型返回的软标签,y 为样本真实标记,具体过程如图 6-38 所示。

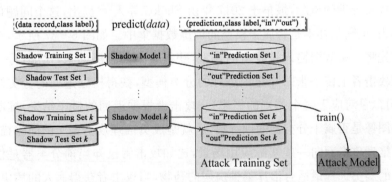

图 6-38 黑盒成员推理攻击方案(影子模型)

(来源:SHOKRI R, STRONATI M, SONG C, et al. Membership inference attacks against machine learning models [C]//2017 IEEE Symposium on Security and Privacy (SP). San Jose, CA, USA, 2017: 3-18)

构建原始训练集的方法有三种:基于模型合成(mode-based synthesis)、基于统计合成(statistics-based synthesis)、利用真实噪声数据(noisy real data)。基于模型合成的方法认为,如果目标模型对某个数据给出非常高的概率值,则可认为该条数据与原始数据集分布非常接近。该方法可以生成任意类别的数据,随机初始化输入数据样本 x,如果模型在 x 上的输出结果对于某一类的概率非常高,则接受该 x,否则随机改变 x 中的 k 个数据再进行尝试。基于统计合成的方法,假设攻击者知道原始数据集分布或部分边缘分布,那么可以直接生成数据集。利用真实噪声的方法,假设攻击者已有与原始数据相同分布的数据(即原始数据的噪声版本)。攻击者在获得合成数据集后,利用如图 6-38 所示的方法可实现成员推理攻击。

2. 成员推理攻击的难点

虽然研究人员提出了多种成员推理的方法,但现有的成员推理攻击还存在一些难点[33]。尽管很多成员推理攻击实现了不错的攻击效果,但它们都只展现了攻击准确率(accuracy)、精确率(precision)和召回率(recall)。许多实验表明,成员推理攻击的实验评估有很强的误导性,现有攻击方案的虚警率(false positive rate)都非常高,会将非训练集样本判断为训练集样本。现有攻击方法多数时候只能确认错误分类样本是否属于训练集,而对正确分类的样本却无能为力,然而错误分类样本只占训练样本的小部分,这就导致现有攻击方案虚警率非常高。

以 ResNet 分类 CIFAR-100 数据集为例说明,图 6-39 展示了目标类别为 0 的样本平均置信度(由 softmax 给出的每个类的概率),对于能够正确分类的样本,训练集与测试集(未在训练集中出现)分布非常接近,而被错误

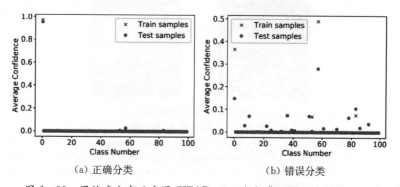

(a)正确分类　　　　　　　　(b)错误分类

图 6-39　置信度分布示意图 CIFAR-100 数据集 (ResNet)(Class 0)

(来源:REZAEI S, LIU X. On the difficulty of membership inference attacks [C]//2021 IEEE/CVF Conference on Computer Vision and Pattern Recognition (CVPR). Nashville, TN, USA, 2021: 7888-7896)

分类的样本则分布相对更加可分,可以看到,对于能够正确分类的样本,成员推理攻击是十分困难的。

除此之外,也可以考虑利用多种其他信息来训练成员推理的二分类器,比如最常用的 softmax 输出的概率值,以及网络中间值、样本与检测边界的距离、输入样本与网络参数的梯度信息。多种实验均证明了成员推理任务还存在一定的困难性,尤其对于能够被正确分类的样本。

6.6.2　模型反演

1. 简单迭代式模型反演攻击

模型反演攻击最早由 Fredrikson 等人[34] 在 2015 年计算机与通信安全大会(Conference on Computer and Communication Security,CCS)上提出,具体定义如下:给定一个训练好的模型(比如人脸识别系统),反推出训练该模型的训练集(具体人脸)。与成员推理攻击的不同在于,模型反演需要重构出具体训练样本。对于如人脸识别或医学任务的模型等,其训练样本具有很高的隐私性,因此模型反演攻击也引起了人工智能安全隐私领域很大的关注。模型反演攻击最早[34] 提出的方法还比较原始简单,对于输入维度不高的情况,可以通过特征空间搜索的方法寻找可能的训练集样本;对于人脸图像等高维输入样本,则可以通过简单的迭代更新输入图像,使分类器做出预想的结果,从而反演出人脸图像。图 6-40 展示了一个对于人脸图像反演的结果。

注:左图为反演结果,右图为原始图像。

图 6-40　人脸图像的反演

(来源:FREDRIKSON M, JHA S, RISTENPART T. Model inversion attacks that exploit confidence information and basic countermeasures [C] // Proceedings of the 22nd ACM SIGSAC Conference on Computer and Communications Security. New York, NY, USA: Association for Computing Machinery, 2015: 1322-1333)

2. DeepInversion

DeepInversion 是 2020 年 Yin 等人[35] 在计算机视觉与模式识别大会

（Conference on Computer Vision and Pattern Recognition，CVPR）上提出的模型反演方法，虽然初始目标是无数据模型蒸馏任务，但他们提出的 DeepInversion 数据集重构方法，对后续的模型反演攻击有很大的启发性。模型反演任务可以表示为：

$$\min_{x_{\mathrm{inv}}} \mathcal{L}(x_{\mathrm{inv}},\ y) + \mathcal{R}(x_{\mathrm{inv}}) \tag{6-77}$$

其中 x_{inv} 表示反向构成的训练集中的图像，y 为任务标签，$\mathcal{L}(\cdot)$ 表示损失函数（交叉熵损失对于图像分类任务），$\mathcal{R}(\cdot)$ 表示对 x_{inv} 约束的正则项。

　　此前的模型反演攻击，大多数研究对于正则项 $\mathcal{R}(\cdot)$ 的考虑仅仅是全变分损失与 L_2 范数损失，即要求 x_{inv} 变换得比较平缓且数值不要过大。Yin 等人除了考虑这两项损失之外，还为正则项添加了一项新的损失函数。其核心出发点如下：对于如人脸识别的分类器，训练集大多为人脸图像，那么在人脸识别网络中间层输出的均值与方差应较为接近，即通过迭代一幅随机图像 x_{inv}，应使其在网络中间层输出结果的均值及方差与整个原始数据集相接近，可以用公式（6-78）表示该约束：

$$\mathcal{R}_{\mathrm{feature}}(x_{\mathrm{inv}}) = \sum_l \| \mu_l(x_{\mathrm{inv}}) - E[\mu_l(x_{\mathrm{inv}}) \mid \mathcal{D}] \| +$$
$$\sum_l \| \sigma_l(x_{\mathrm{inv}}) - E[\sigma_l(x_{\mathrm{inv}}) \mid \mathcal{D}] \|) \tag{6-78}$$

其中 μ_l 和 σ_l 分别为均值与方差函数，$\mathcal{D}$ 表示原始训练集。

　　对于模型反演任务，原始训练集 $\mathcal{D}$ 是需要得到的结果，对攻击者来说它是一个未知量。在当前的深度学习网络中，BN 层是一个必不可少的结构，BN 层通过滑动平均的方法记录下训练集在每一层的方差与均值，因此公式（6-78）中训练集的均值与方差可以通过 BN 层的滑动均值与方差代替，如公式（6-79）所示：

$$E[\mu_l(x_{\mathrm{inv}}) \mid \mathcal{D}] \approx \mathrm{BN}(\mathrm{running\_mean})$$
$$E[\sigma_l(x_{\mathrm{inv}}) \mid \mathcal{D}] \approx \mathrm{BN}(\mathrm{running\_variance}) \tag{6-79}$$

　　通过添加上述损失作为正则项，DeepInversion 可以取得很好的模型反演结果。图 6-41 展示了该方法反演出的训练集，即使在 ImageNet 数据集（类别多且类间方差大）上，该方法对于图像轮廓以及语义信息都有较好的恢复。

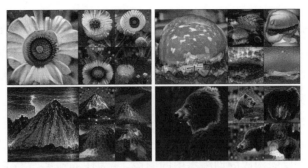

图 6-41 DeepInversion 反演攻击结果

(来源：YIN H，MOLCHANOV P，ALVAREZ J M，et al. Dreaming to distill：data-free knowledge transfer via deepinversion ［C］// 2020 IEEE/CVF Conference on Computer Vision and Pattern Recognition (CVPR). Seattle，WA，USA，2020：8712-8721)

3. 基于模型可解释性的反演攻击

基于模型可解释性的模型反演攻击是 Zhao 等人[36]在 2021 年国际计算机视觉大会(International Conference on Computer Vision，ICCV)上提出的新方法。该方法指出，模型可解释性信息可为反演攻击提供更多的信息，从而实现更精确的反演，模型的解释性信息包括但不限于梯度信息、显著性检测图等。图 6-42 给出了根据不同信息得到的反演结果图。原始模型为一

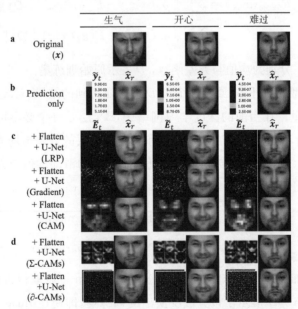

图 6-42 不同信息对于模型反演攻击的效果影响

(来源：ZHAO X，ZHANG W，XIAO X，et al. Exploiting explanations for model inversion attacks ［C］// 2021 IEEE/CVF International Conference on Computer Vision (ICCV). Montreal，QC，Canada，2021：662-672)

个人脸标签识别网络,包括生气、开心、难过三种表情,当获得信息量越多时,反演出的结果就越接近真实数据集中的数据。

该反演攻击实现方法如图 6 - 43 所示,整体结构遵循 encoder-decoder 设计思路,在模型输出结果后拼接一个解码器,用来获得原始输入训练集,训练损失函数使用均方误差函数 $\mathcal{L}=\{M_i^a[M_t(x)]-x\}^2$,同时更新目标模型 M_t 和解码器模型 M_i^a,x 为输入图像,$\tilde{y}_t$ 为模型预测结果,$\tilde{E}_t$ 为辅助信息比如图像对于网络求得梯度信息等。

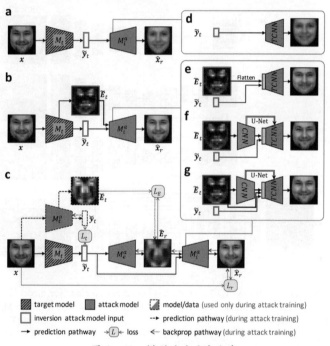

图 6 - 43　模型反演攻击方案

(来源:ZHAO X, ZHANG W, XIAO X, et al. Exploiting explanations for model inversion attacks [C]//2021 IEEE/CVF International Conference on Computer Vision (ICCV). Montreal, QC, Canada,2021:662-672)

对于 a 情况,decoder 仅输入预测概率值,这与最初的模型反演攻击设定相同。对于 b 情况,攻击者获得的额外信息包括输入图像的梯度和显著性等信息,将其一起输入 decoder 可获得更好的结果。对于有些不提供模型可解释性信息的模型,如 c 所示,则可人为构造一个目标替代模型 M_t^a,用于获得对应的额外信息,从而实现接近 b 一样的攻击效果。

图 6 - 44 展示了解码器模型 M_i^a 的具体结构,使用了多种融合预测标签

向量(一维列向量)与可解释辅助信息(二维矩阵)的方法。图 6-44 中 a 是仅使用预测标签 $\tilde{y}_t$ 的结果,b 为将辅助信息 $\tilde{E}_t$ 转换为列向量与预测标签信息拼接的结果,c、d 和 e 为列向量与反卷积网络结构结合来反向构造输入图像的结果。

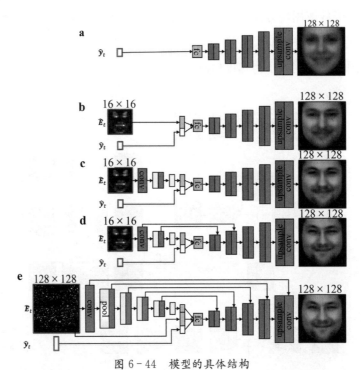

图 6-44 模型的具体结构

(来源:ZHAO X, ZHANG W, XIAO X, et al. Exploiting explanations for model inversion attacks [C] // 2021 IEEE/CVF International Conference on Computer Vision (ICCV). Montreal, QC, Canada, 2021: 662-672)

6.6.3 模型盗取

模型盗取问题是深度学习隐私中一个重要的研究方向,Tramèr 等人[37]于 2016 年 USENIX Security 大会上首次提出了模型盗取的概念。随着深度学习模型参数日益庞大,训练其所需要的计算资源也与日俱增,因此防止训练好的模型被盗取就变得非常重要。模型盗取问题常见于网站开放的 API 接口,比如某网站开放人脸识别 API 但不公开具体模型参数与结构,攻击者可以通过不停地查询来获取目标数据的标签,进而复刻出被查询的模型。

　　攻击者可以通过模型盗取攻击获得多种好处,比如攻击者可通过查询 API 接口节约数据标注成本,通过盗取目标模型还可将其白盒化,以便发动其他攻击(比如生成对抗样本)。模型盗取问题的关键在于,如何通过较少的查询次数来复刻一个较为精确的模型,对于公开的模型 API,防御者可通过简单地检测用户短时间内的查询次数,来限制攻击者盗取模型。因此,模型盗取任务的核心问题在于,攻击者需要找到少量且最能代表被攻击(查询)模型的样本,通过查询获得标签,然后在本地使用这些样本训练模型。Gong 等人[38]于 2021 年国际人工智能联合大会(International Joint Conference on Artificial Intelligence,IJCAI)上提出一种高效的模型盗取攻击方法——InverseNet,该方法共分为四步,如图 6 - 45 所示。

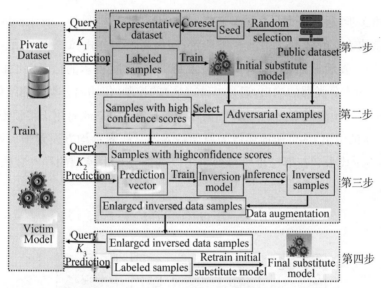

图 6 - 45　InverseNet 模型盗取攻击方案

(来源:GONG X, CHEN Y, YANG W, et al. InverseNet: augmenting model extraction attacks with training data inversion [C]//Proceedings of the Thirtieth International Joint Conference on Artificial Intelligence. Montreal, Canada, 2021: 2439 - 2447)

　　第一步,通过对本地数据集筛选出一个核心数据集(即最能代表该数据集特性的子数据集),训练获得一个基础版的复刻模型。在筛选核心数据集时,首先随机选取少量的样本,然后选择原始数据集中距离它们最远的样本,加入核心数据集中,通过上述方法迭代即可获得核心数据集。

　　具体来说,可假设有个初始训练集 S_0,由 k_0 个随机样本组成(采样自原始数据集),在每一轮的迭代中,从剩余的原始训练集 S_{i-1} 中选择 K 个距离聚类中心最远的样本加入核心数据集,如公式(6-80)所示,其中 $\tilde{S}_{1,i} = S \backslash S_{i-1}$。

$$x_{k,i} = \arg \max_{x \in \tilde{S}_k} \min_{x' \in S_i} \| x - x' \|, k \in [1, K] \qquad (6-80)$$

第二步,生成基础版复刻模型的对抗样本,对抗样本的生成方法可用公式(6-81)表示,目标是寻找一个扰动 Δ_x,其修改幅度非常小,同时可以使模型正好分类错误,即寻找对抗扰动使对抗样本分布在分类器的决策边界附近。

$$\min \| \Delta_x \|_2, \text{ s.t. } f(x + \Delta_x) \neq f(x) \qquad (6-81)$$

第三步,通过查询目标模型获得对应的标签,同时利用 encoder-decoder 结构重构输入的样本,如图6-46所示,损失函数如公式(6-82)所示,其中 trunc(•)表示截断函数,其作用是限制 $F_V(x)$ 所表示的信息,比如原始 $F_V(x)$ 为十分类器的输出,通过 trunc(•)的控制,仅输出分类预测结果,并将其他类别预测概率置0。$G_V(\bullet)$ 为攻击者自定义 decoder,用于将预测结果 [$F_V(x)$ 的输出]尽可能地还原为原始输入 x。L 表示均方误差损失函数,S_J 即表示攻击者在第二步所得到的用以查询被攻击模型的样本数据集的分布。

$$C(G_V) = E_{x \sim S_J} [L(G_V \{ \text{trunc}[F_V(x)] \}, x)] \qquad (6-82)$$

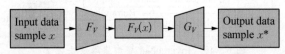

图6-46 第三步通过模型反演方法来扩展复刻该模型所需要的数据
(来源:GONG X, CHEN Y, YANG W, et al. InverseNet: augmenting model extraction attacks with training data inversion [C]//Proceedings of the Thirtieth International Joint Conference on Artificial Intelligence. Montreal, Canada, 2021: 2439-2447.)

本步骤的过程与上文所述的模型反演基本类似,最终目标即获得一个 decoder,获取更多的数据。

第四步,通过前一步获得的 decoder,生成更多样本并查询待攻击模型,获得对应的标签,最后来微调基础版复刻模型获得最终结果。通过上述方法,攻击者可以通过较少的查询次数来盗取目标模型。

6.7 本章小结

人工智能飞速发展带来了许多安全问题,本章介绍了与多媒体安全相关的神经网络模型安全,其中包括对抗样本、后门攻击与防御、样本投毒、模型水印、模型隐私等方面的代表性研究成果。

对抗样本对于神经网络安全性和鲁棒性的挑战,吸引了许多研究者的关注。在攻防两端螺旋式上升的发展过程中,涌现了许多新的方法和更为复杂的对抗攻防场景。由于对抗样本的出现原因目前仍是一个开放性问题,因此对抗样本防御的相关研究相较于攻击手段而言略显滞后。目前,对抗训练作为最有效的防御手段之一,更快更好的对抗训练方法成了大多数研究者关注的重点。

后门攻击与防御是人工智能安全领域关注的热点问题之一,二者在相互对抗中共同发展。后门攻击方面,为提高后门的不可感知性,嵌入的触发标记愈发隐蔽。后门防御方面,涌现出针对模型输入、模型本身和模型输出的诸多防御方法,但目前仍没有一种防御方法能够抵抗全部攻击,由此可见后门防御工作仍然任重道远。除图像分类、人脸识别和语义分割等计算机视觉常见任务外,后门攻击已经渗透到自然语言处理甚至跨模态等领域,这充分说明了后门威胁的泛滥。在深度神经网络发展势头正猛的时代,如何切实有效地实现对这些后门攻击的防御,其重要性不言而喻,这一问题值得更多的关注与思考。

样本投毒通过对训练样本中的部分样本进行扰动,使得被污染网络将一些未投入训练集的目标样本误分为攻击者指定的其他类。这种攻击不需要修改标签,且扰动幅度很小,同时没有显著退化网络原有性能表现,因此具有一定的隐蔽性。然而,相关研究也提出了一些防御手段来检测被投毒样本或提升网络对攻击的鲁棒性,且取得了显著的防御效果。当然,未来还有可能会有新的数据投毒方案来绕过这些防御,相关研究工作还在继续。

保护神经网络模型的知识产权已成为迫切的需要,神经网络模型水印显现出重要的理论价值和现实意义。本章从提取的角度将前者分为了白盒、黑盒和无盒三类,对每种类别的经典水印方法做了简单介绍,它们已成为该领域较基础的方法。目前神经网络水印的研究正处于快速发展阶段，研究成果逐年增长，如何设计更强大的水印攻击算法并寻找有效的防御对策是值得进一步研究的方向。

深度学习的模型隐私问题可以看作人工智能安全的分支，与常见的攻击如对抗样本等有交叉相似的地方，也有与传统隐私保护问题交叉的部分。深度学习的模型隐私问题也是一个非常重要的研究方向，它需要交融多个学科来推动其进步。本章所介绍的模型隐私攻击，主要讨论了三个子方向，即成员推理、模型反演、模型盗取，更多的模型隐私问题留给读者去探索。

注释

［1］SZEGEDY C, ZAREMBA W, SUTSKEVER I, et al. Intriguing properties of neural networks［C］//Proceedings of the International Conference on Learning Representations (ICLR) 2014. Banff, Canada, 2014.

［2］BENGIO Y. Learning deep architectures for AI［J］. Foundations and Trends in Machine Learning, 2009,2(1):1-127.

［3］CARLINI N, WAGNER D. Towards evaluating the robustness of neural networks ［C］//2017 IEEE Symposium on Security and Privacy (SP). San Jose, CA, USA, 2017:39-57.

［4］GOODFELLOW I J, SHLENS J, SZEGEDY C. Explaining and harnessing adversarial examples［C］//Proceedings of the International Conference on Learning Representations (ICLR) 2015. San Diego, CA, USA, 2015.

［5］KURAKIN A, GOODFELLOW I, BENGIO S. Adversarial examples in the physical world［C］//Proceedings of the International Conference on Learning Representations (ICLR) 2017. Toulon, France: arXiv, 2017.

［6］MOOSAVI-DEZFOOLI S M, FAWZI A, FAWZI O, et al. Universal adversarial perturbations［C］//2017 IEEE Conference on Computer Vision and Pattern Recognition (CVPR). Honolulu, HI, USA, 2017:86-94.

［7］MOOSAVI-DEZFOOLI S M, FAWZI A, FROSSARD P. DeepFool: a simple and accurate method to fool deep neural networks［C］//2016 IEEE Conference on Computer Vision and Pattern Recognition (CVPR). Las Vegas, NV, USA, 2016: 2574-2582.

［8］XIAO C, LI B, ZHU J, et al. Generating adversarial examples with adversarial networks［C］//Proceedings of the 27th International Joint Conference on Artificial Intelligence. Stockholm, Sweden: AAAI Press, 2018:3905-3911.

［9］SU J, VARGAS D V, SAKURAI K. One pixel attack for fooling deep neural networks［J］. IEEE Transactions on Evolutionary Computation, 2019, 23(5): 828-841.

［10］LIU Y, CHEN X, LIU C, et al. Delving into transferable adversarial examples and black-box attacks［C］//Proceedings of the International Conference on Learning Representations (ICLR) 2017. Toulon, France, 2022.

［11］GU S, RIGAZIO L. Towards deep neural network architectures robust to adversarial examples［C］//Proceedings of the International Conference on Learning Representations (ICLR) 2015. San Diego, CA, USA, 2015.

[12] AKHTAR N, LIU J, MIAN A. Defense against universal adversarial perturbations [C] // 2018 IEEE/CVF Conference on Computer Vision and Pattern Recognition. Salt Lake City, UT, USA, 2018:3389 – 3398.

[13] GU T, LIU K, DOLAN-GAVITT B, et al. BadNets: evaluating backdooring attacks on deep neural networks[J]. IEEE Access, 2019,7:47230 – 47244.

[14] LI S, XUE M, ZHAO B, et al. Invisible backdoor attacks on deep neural networks via steganography and regularization[J]. IEEE Transactions on Dependable and Secure Computing, 2020, 18(5):2088 – 2105.

[15] LIN J, XU L, LIU Y, et al. Composite backdoor attack for deep neural network by mixing existing benign features [C] // Proceedings of the 2020 ACM SIGSAC Conference on Computer and Communications Security. New York, NY, USA: Association for Computing Machinery, 2020: 113 – 131.

[16] WANG B, YAO Y, SHAN S, et al. Neural cleanse: identifying and mitigating backdoor attacks in neural networks [C]//2019 IEEE Symposium on Security and Privacy (SP). San Francisco, CA, USA, 2019: 707 – 723.

[17] LIU K, DOLAN-GAVITT B, GARG S. Fine-pruning: defending against backdooring attacks on deep neural networks [C] // BAILEY M, HOLZ T, STAMATOGIANNAKIS M, et al. Research in Attacks, Intrusions, and Defenses. Cham: Springer International Publishing, 2018:273 – 294.

[18] SHAFAHI A, HUANG W, NAJIBI M, et al. Poison frogs! targeted clean-label poisoning attacks on neural networks [C]//Proceedings of the 32nd International Conference on Neural Information Processing Systems. Red Hook, NY, USA: Curran Associates Inc. , 2018:6106 – 6116.

[19] GOLDSTEIN T, STUDER C, BARANIUK R. A field guide to forward-backward splitting with a fasta implementation[J]. arXiv preprint, 2014: arXiv:1411. 3406.

[20] ZHU C, HUANG W, LI H, et al. Transferable clean-label poisoning attacks on deep neural nets [C]//Proceedings of the 36th International Conference on Machine Learning. Long Beach, California, USA: PMLR, 2019: 7614 – 7623.

[21] HUANG W, GEIPING J, FOWL L, et al. Metapoison: practical general-purpose clean-label data poisoning [C]//Proceedings of the 34th International Conference on Neural Information Processing Systems. Red Hook, NY, USA: Curran Associates Inc. , 2020: 12080 – 12091.

[22] GEIPING J, FOWL L, HUANG W, et al. Witches' brew: industrial scale data poisoning via gradient matching [C]//Proceedings of the International Conference on Learning Representations (ICLR) 2021. arXiv, 2021.

[23] PERI N, GUPTA N, HUANG W, et al. Deep k-NN defense against clean-label

data poisoning attacks [C]//BARTOLI A, FUSIELLO A. Computer Vision-ECCV 2020 Workshops. Cham: Springer International Publishing, 2020: 55 – 70.

[24] GEIPING J, FOWL L, SOMEPALLI G, et al. What doesn't kill you makes you robust(er): how to adversarially train against data poisoning[J]. arXiv preprint, 2022: arXiv:2102.13624.

[25] UCHIDA Y, NAGAI Y, SAKAZAWA S, et al. Embedding watermarks into deep neural networks [C]//Proceedings of the 2017 ACM on International Conference on Multimedia Retrieval. New York, NY, USA: Association for Computing Machinery, 2017:269 – 277.

[26] ROUHANI B D, CHEN H, KOUSHANFAR F. DeepSigns: an end-to-end watermarking framework for ownership protection of deep neural networks [C]// Proceedings of the Twenty-Fourth International Conference on Architectural Support for Programming Languages and Operating Systems. New York, NY, USA: Association for Computing Machinery, 2019: 485 – 497.

[27] FAN L, NG K W, CHAN C S. Rethinking deep neural network ownership verification: embedding passports to defeat ambiguity attacks [C]//Proceedings of the 33rd International Conference on Neural Information Processing Systems. Vancouver, Canada, 2019: 4714 – 4723.

[28] MERRER E L, PEREZ P, TRÉDAN G. Adversarial frontier stitching for remote neural network watermarking[J]. Neural Computing and Applications, 2020, 32 (13):9233 – 9244.

[29] ADI Y, BAUM C, CISSE M, et al. Turning your weakness into a strength: watermarking deep neural networks by backdooring [C]//Proceedings of the 27th USENIX Conference on Security Symposium. Baltimore, MD, USA: USENIX Association, 2018:1615 – 1631.

[30] ZHANG J, GU Z, JANG J, et al. Protecting intellectual property of deep neural networks with watermarking [C]//Proceedings of the 2018 on Asia Conference on Computer and Communications Security. New York, NY, USA: Association for Computing Machinery, 2018:159 – 172.

[31] ZHANG J, CHEN D, LIAO J, et al. Model watermarking for image processing networks[J]. Proceedings of the AAAI Conference on Artificial Intelligence, 2020, 34(07):12805 – 12812.

[32] SHOKRI R, STRONATI M, SONG C, et al. Membership inference attacks against machine learning models [C]// 2017 IEEE Symposium on Security and Privacy (SP). San Jose, CA, USA, 2017:3 – 18.

[33] REZAEI S, LIU X. On the difficulty of membership inference attacks [C]//2021

IEEE/CVF Conference on Computer Vision and Pattern Recognition (CVPR). Nashville, TN, USA, 2021:7888 - 7896.

[34] FREDRIKSON M, JHA S, RISTENPART T. Model inversion attacks that exploit confidence information and basic countermeasures [C]//Proceedings of the 22nd ACM SIGSAC Conference on Computer and Communications Security. New York, NY, USA: Association for Computing Machinery, 2015:1322 - 1333.

[35] YIN H, MOLCHANOV P, ALVAREZ J M, et al. Dreaming to distill: data-free knowledge transfer via deepinversion [C] // 2020 IEEE/CVF Conference on Computer Vision and Pattern Recognition (CVPR). Seattle, WA, USA, 2020: 8712 - 8721.

[36] ZHAO X, ZHANG W, XIAO X, et al. Exploiting explanations for model inversion attacks [C] // 2021 IEEE/CVF International Conference on Computer Vision (ICCV). Montreal, QC, Canada, 2021:662 - 672.

[37] TRAMÈR F, ZHANG F, JUELS A, et al. Stealing machine learning models via prediction APIs [C]//Proceedings of the 25th USENIX Conference on Security Symposium. Austin, TX, USA: USENIX Association, 2016:601 - 618.

[38] GONG X, CHEN Y, YANG W, et al. InverseNet: augmenting model extraction attacks with training data inversion [C]//Proceedings of the Thirtieth International Joint Conference on Artificial Intelligence. Montreal, Canada, 2021:2439 - 2447.

图书在版编目（CIP）数据

多媒体安全基础导论/钱振兴等编著. —上海：复旦大学出版社，2022.11
（隐者联盟丛书）
ISBN 978-7-309-16360-5

Ⅰ.①多⋯　Ⅱ.①钱⋯　Ⅲ.①多媒体技术-安全技术　Ⅳ.①TP37

中国版本图书馆 CIP 数据核字（2022）第 150442 号

多媒体安全基础导论
DUOMEITI ANQUAN JICHU DAOLUN
钱振兴　张卫明　卢　伟　秦　川　李晓龙　编著
责任编辑/张　鑫

复旦大学出版社有限公司出版发行
上海市国权路 579 号　邮编：200433
网址：fupnet@ fudanpress.com　http://www.fudanpress.com
门市零售：86-21-65102580　团体订购：86-21-65104505
出版部电话：86-21-65642845
上海四维数字图文有限公司

开本 787×1092　1/16　印张 29.75　字数 472 千
2022 年 11 月第 1 版
2022 年 11 月第 1 版第 1 次印刷

ISBN 978-7-309-16360-5/T·720
定价：98.00 元